高等学校规划教材·力学

结构力学

于克萍　编著

西北工业大学出版社

【内容简介】 本书是根据国家教育部审定的结构力学课程教学基本要求编写的。其内容包括结构力学的基本知识、平面体系的几何组成分析、静定梁、静定平面刚架、静定拱式结构、静定平面桁架、影响线及其应用、静定结构的位移计算、力法、力法应用、位移法、渐近法和矩阵位移法计算连续梁。本书思路清晰、概念正确、内容精练，结构安排合理，叙述深入浅出。

本书可作为高等院校道路桥梁与渡河工程、铁道工程等专业教材，也可作为土建、水利类专业教材，同时可供有关工程技术人员参考。本书既适合于应用型本科院校学生、继续教育学院本专科学生、高等职业院校专升本学生使用，也可作为自学考试等的参考教材。

图书在版编目(CIP)数据

结构力学/于克萍编著. —西安:西北工业大学出版社，2011.1(2014.9重印)
ISBN 978-7-5612-2991-0

Ⅰ.①结… Ⅱ.①于… Ⅲ.①结构力学—高等学校—教材 Ⅳ.①O342

中国版本图书馆 CIP 数据核字(2010)第 264740 号

出版发行:西北工业大学出版社
通信地址:西安市友谊西路 127 号　　　　**邮编**:710072
电　　话:(029)88493844　88491757
网　　址:www.nwpup.com
印 刷 者:兴平市博闻印务有限公司
开　　本:787 mm×1 092 mm　1/16
印　　张:15.75
字　　数:381 千字
版　　次:2011 年 1 月第 1 版　　2014 年 9 月第 4 次印刷
定　　价:33.00 元

前　言

本书是根据国家教育部审定的结构力学课程教学基本要求编写的，内容上与教育部颁布实施的《普通高等学校本科专业目录》中规定的土木工程专业的培养目标相一致。针对土建、水利、道路桥梁和渡河工程等相关专业学生结构力学课程的学习，本书主要适合应用型本科院校学生、继续教育学院本专科学生以及高等职业专科学校专升本学生使用。

本书在编写过程中，注意吸收众多同类教材的长处和多年来丰富的教学经验，力图贯彻“重基础，理论联系实际及由浅入深”等原则，在内容的阐述上尽可能做到由具体到抽象，由简单到复杂，以符合学生的认识规律，既方便教学也有利于学生自学。在例题和习题的安排上比较全面，且大部分习题附有答案。

本书中冠以“*”号的章节，根据专业的差异，可由使用本教材的教师根据实际情况加以取舍。

限于水平，书中难免有错误和不妥之处，恳请读者指正，以便进一步完善。

编著者
2010 年 6 月

目　录

第 1 章　绪论 …… 1

1.1　结构力学的研究对象和基本任务 …… 1

1.2　荷载的分类 …… 1

1.3　结构的计算简图 …… 2

1.4　杆件结构的分类 …… 5

第 2 章　平面体系的几何组成分析 …… 7

2.1　基本概念 …… 7

2.2　平面体系的计算自由度 …… 7

2.3　几何不变体系的基本组成规则 …… 10

2.4　瞬变体系 …… 12

2.5　几何组成分析示例 …… 15

2.6　几何组成与静定性的关系 …… 17

习题 …… 18

第 3 章　静定梁 …… 20

3.1　单跨静定梁的计算 …… 20

3.2　用叠加法绘弯矩图 …… 23

3.3　多跨静定梁 …… 26

3.4　简支斜梁的计算 …… 30

习题 …… 32

第 4 章　静定平面刚架 …… 34

4.1　静定平面刚架的几何构成和特点 …… 34

4.2　静定平面刚架的内力分析 …… 35

4.3　少求或不求反力快速绘制弯矩图 …… 42

4.4　静定结构的特性 …… 44

习题 …… 46

第 5 章　静定拱式结构 …… 49

5.1　概述 …… 49

5.2　三铰拱的数解法 …… 50

5.3　三铰拱的压力线……………………………………………………… 55
5.4　三铰拱的合理拱轴线………………………………………………… 55
习题 ………………………………………………………………………… 58

第6章　静定平面桁架 ……………………………………………………… 60

6.1　概述…………………………………………………………………… 60
6.2　结点法………………………………………………………………… 61
6.3　截面法………………………………………………………………… 63
6.4　截面法和结点法的联合应用………………………………………… 66
6.5　各类平面桁架的比较………………………………………………… 68
6.6　组合结构的计算……………………………………………………… 69
习题 ………………………………………………………………………… 71

第7章　影响线及其应用 …………………………………………………… 75

7.1　概述…………………………………………………………………… 75
7.2　静力法作单跨静定梁的影响线……………………………………… 76
7.3　机动法作单跨静定梁的影响线……………………………………… 80
7.4　多跨静定梁的影响线………………………………………………… 82
7.5　间接荷载作用下的影响线…………………………………………… 85
*7.6　三铰拱的影响线 …………………………………………………… 87
*7.7　桁架的影响线 ……………………………………………………… 88
7.8　利用影响线求量值…………………………………………………… 91
7.9　公路和铁路的标准荷载制…………………………………………… 93
7.10　最不利荷载位置 …………………………………………………… 94
7.11　简支梁的绝对最大弯矩 …………………………………………… 99
7.12　简支梁的内力包络图……………………………………………… 101
习题………………………………………………………………………… 103

第8章　静定结构的位移计算……………………………………………… 107

8.1　概述 ………………………………………………………………… 107
8.2　变形体系的虚功原理 ……………………………………………… 109
8.3　结构位移计算的一般公式——单位荷载法 ……………………… 112
8.4　静定结构在荷载作用下的位移计算 ……………………………… 114
8.5　图乘法 ……………………………………………………………… 118
8.6　温度变化时的位移计算 …………………………………………… 124
8.7　支座移动时的位移计算 …………………………………………… 127
8.8　线弹性变形体的互等定理 ………………………………………… 128

习题……………………………………………………………………………………………… 130

第9章　力法………………………………………………………………………………… 134

9.1　超静定结构的概述 ……………………………………………………………………… 134
9.2　超静定次数的确定 ……………………………………………………………………… 135
9.3　力法的基本概念 ………………………………………………………………………… 137
9.4　力法的典型方程 ………………………………………………………………………… 139
9.5　力法的计算步骤和示例 ………………………………………………………………… 142
9.6　对称性的利用 …………………………………………………………………………… 149
9.7　温度变化时超静定结构的计算 ………………………………………………………… 155
9.8　支座移动时超静定结构的计算 ………………………………………………………… 157
9.9　超静定结构的位移计算 ………………………………………………………………… 158
9.10　超静定结构计算结果的校核………………………………………………………… 160
9.11　超静定结构的特性…………………………………………………………………… 162
习题……………………………………………………………………………………………… 163

第10章　力法应用 ………………………………………………………………………… 168

10.1　超静定结构的影响线………………………………………………………………… 168
10.2　连续梁的均布荷载最不利位置及包络图…………………………………………… 171
10.3　超静定拱概述………………………………………………………………………… 173
10.4　两铰拱及系杆拱的计算……………………………………………………………… 175
10.5　对称无铰拱的简化计算方法——弹性中心法……………………………………… 178
10.6　对称无铰拱在荷载作用下的计算…………………………………………………… 179
习题……………………………………………………………………………………………… 185

第11章　位移法 …………………………………………………………………………… 187

11.1　概述…………………………………………………………………………………… 187
11.2　等截面直杆的转角位移方程………………………………………………………… 188
11.3　位移法的基本未知量和基本结构…………………………………………………… 194
11.4　位移法的典型方程…………………………………………………………………… 196
11.5　位移法的计算步骤与示例…………………………………………………………… 198
11.6　按平衡条件建立位移法典型方程…………………………………………………… 207
*11.7　力法和位移法的联合应用 ………………………………………………………… 208
习题……………………………………………………………………………………………… 211

***第12章　渐近法** ………………………………………………………………………… 214

12.1　概 述 ………………………………………………………………………………… 214

12.2　力矩分配法的基本概念…………………………………………………………… 214
12.3　力矩分配法计算连续梁……………………………………………………………… 220
12.4　无剪力分配法………………………………………………………………………… 224
习题……………………………………………………………………………………… 227

第 13 章　矩阵位移法计算连续梁 ……………………………………………………… 229

13.1　概述…………………………………………………………………………………… 229
13.2　矩阵位移法的基本概念……………………………………………………………… 229
13.3　计算步骤及示例……………………………………………………………………… 236
习题……………………………………………………………………………………… 237

附录　习题答案………………………………………………………………………… 238

参考文献………………………………………………………………………………… 244

第1章 绪 论

1.1 结构力学的研究对象和基本任务

工程中能承受荷载并起骨架作用的部分称为结构。例如，公路、铁路上的桥梁和隧道，房屋中的梁柱体系以及挡土墙、水坝、涵洞等都是典型的结构实例。

按结构构件的几何特征，结构分为以下三大类：

(1)杆件结构：这类结构是由若干根长度远远大于其它两个尺寸的杆件组成的，如建筑物中梁和柱组成的梁柱体系。

(2)板壳结构：这类结构也称薄壁结构，它的厚度远远小于其它两个尺寸。若中面为平面的，称之为薄板，如屋面；若中面为曲面的，称之为薄壳，如双曲拱桥。

(3)实体结构：它的三个方向的尺寸基本为同量级的结构，如基础、桥墩、挡土墙等。

结构力学是一门专业基础课，与理论力学、材料力学、弹性力学之间有着密切的关系。理论力学着重讨论物体机械运动的基本规律。其它三大力学着重讨论结构及其构件的强度、刚度和稳定性问题。材料力学以单个杆件作为研究对象；结构力学是在材料力学的基础上以杆件结构作为研究对象；弹性力学是以板壳结构和实体结构作为研究对象的。

结构力学的基本任务主要有以下三个方面：

(1)研究结构的组成规律及合理形式。

(2)研究结构的内力和变形的计算原理与计算方法，即结构的强度和刚度计算。

(3)研究结构的稳定性以及结构在动力荷载作用下的特性和反应。

1.2 荷载的分类

荷载是指主动作用在结构上的外力，如结构的自重、桥梁上行驶车辆的载重、水压力和土压力等。除荷载外，还有其它因素也可以使结构产生内力和变形，如温度变化、支座移动、制造误差和材料收缩等。

荷载可根据不同特征进行分类。

一、按荷载作用时间的长短分

(1)恒载：指长期作用在结构上的不变荷载，如结构的自重、固定在结构上的永久性设备。

(2)活载：指暂时作用在结构上的可变荷载，如风、雪荷载，行驶在桥梁上的人流及车辆。

二、按荷载作用性质分

(1)静力荷载：指大小、方向、作用位置不随时间变化或变化缓慢的荷载。它不致使结构产生明显的加速度，因而可以不考虑惯性力的影响，如结构的自重。

(2)动力荷载：指随时间迅速变化的荷载。它将引起结构明显的振动，产生显著的加速度，因而惯性力的影响不可忽略，如打桩机产生的冲击荷载及动力机械产生的振动荷载。

三、按荷载的作用位置是否变化分

(1)固定荷载：指在结构上的作用位置不发生变化的荷载，如结构的自重。

(2)移动荷载：指在结构上的作用位置发生变化的荷载，如公路、桥梁上的汽车荷载。

四、按荷载作用的范围可分

(1)分布荷载：指连续分布在结构上的荷载，如水压、风荷载。当分布荷载为常量时，称为均布荷载。

(2)集中荷载：当荷载作用区域很小时，可认为此荷载是作用在结构的一点上，称为集中荷载，如火车铁轨上的轮压。

1.3 结构的计算简图

实际结构复杂多样，完全按照结构的实际工作状态进行力学分析是不可能的，也是没有必要的。因此，在对实际结构进行力学分析之前，必须加以简化，略去次要的因素，突出其主要特点，用一个简化的力学模型或图形来代替实际结构，这个简化的力学模型或图形称为此结构的计算简图。

计算简图的选择是力学计算的基础，选择的好坏直接影响着我们计算上的工作量和精确程度。如果选择得不恰当，那么计算结果不能反映结构的实际工作状态，严重的将会造成工程事故，所以应慎重选择。

选择计算简图应遵循的原则：

(1)尽可能地反映实际情况，使计算结果精确可靠。

(2)略去某些次要的因素，以便简化计算。

对于同一结构，在设计的不同阶段或采用不同的计算手段时，可以采用不同的计算简图。如在初步设计阶段，可采用较粗糙的计算简图；而在设计阶段，计算简图则应准确和完善。若用手算，可采用较为简单的计算简图；若用电算，则可采用较复杂的计算简图。

结构的简化工作分为三个方面：

(1)荷载的简化；

(2)杆件的简化；

(3)支座和结点的简化。

1.杆件的简化

杆件的截面尺寸通常比杆件的长度小得多，因此可以近似地采用平截面假定，截面上的应力可根据截面的内力来计算，截面上的变形也可根据轴线上的变形来确定。所以，在计算简图中，杆件用其轴线表示。若轴线是直线，则用直线表示；若轴线是曲线，即用曲线表示。

2.结点的简化

在杆件结构中，杆件与杆件之间连接的地方称为结点。在计算简图中，结构的结点有两种基本类型，即铰结点和刚结点。

（1）铰结点：被连接的杆件间在连接处允许有相对转动，但不允许发生相对移动，其受力特征是能承受和传递力，但不能承受和传递力矩。这种理想情况，实际上很难遇到，但木结构中的榫接结点可以作为铰结点对待（见图 1.1）。

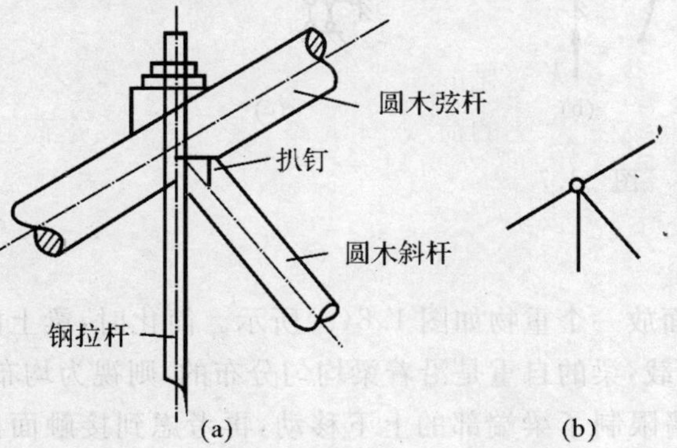

(a)　(b)

图　1.1

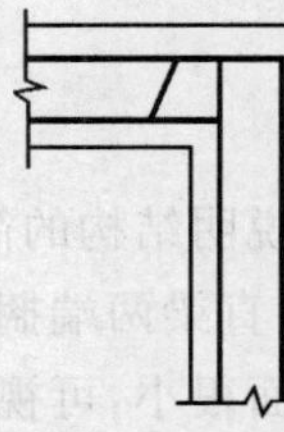
(a)　(b)

图　1.2

（2）刚结点：被连接的杆件在连接处既不能相对移动，也不能相对转动，其受力特征是既能承受和传递力，也能承受和传递力矩。现浇的钢筋混凝土结点通常属于这类结点（见图 1.2）。

3. 支座的简化

将结构与基础联系起来的装置称为支座。支座的形式很多，在计算简图中常见的有辊轴支座、铰支座、定向滑动支座和固定支座。

（1）辊轴支座：也称活动铰支座。被支承的部分可以转动和水平移动，不能竖向移动。这类支座所提供的反力只有竖向反力。在计算简图中，可以用一根垂直于支承面的链杆来表示（见图 1.3）。

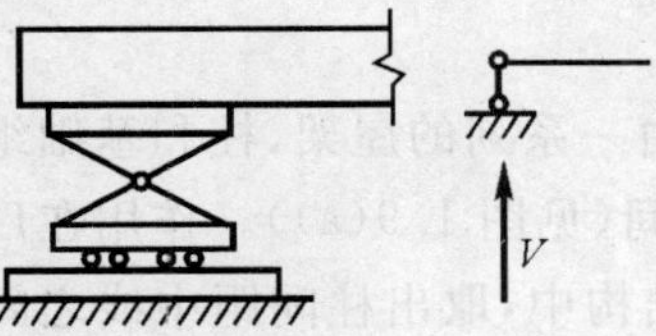

(a)　(b)

图　1.3

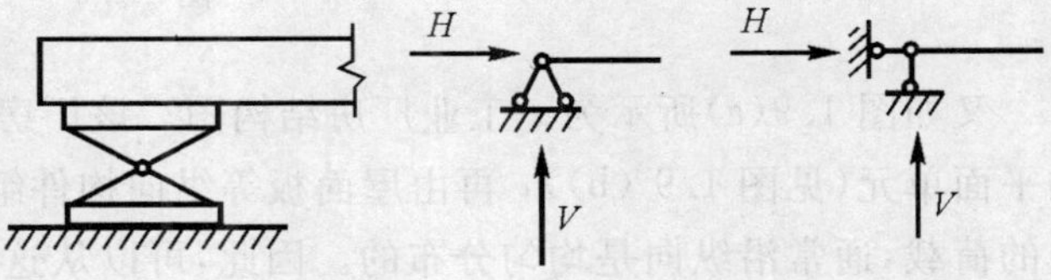

(a)　(b)　(c)

图　1.4

（2）固定铰支座：被支承的部分可以转动，但不能移动。这类支座所提供的反力有水平方向和竖直方向的反力。在计算简图中，用两根相交的支座链杆表示（见图 1.4）。

（3）定向滑动支座：又称滑动支座。被支承的部分不能沿垂直于支承面的方向移动，也不能转动，但可以沿支承面方向移动。提供的反力有垂直于支承面的反力和一个反力偶。在计算简图中，可用垂直于支承面的两根平行的支座链杆表示（见图 1.5、图 1.6）。

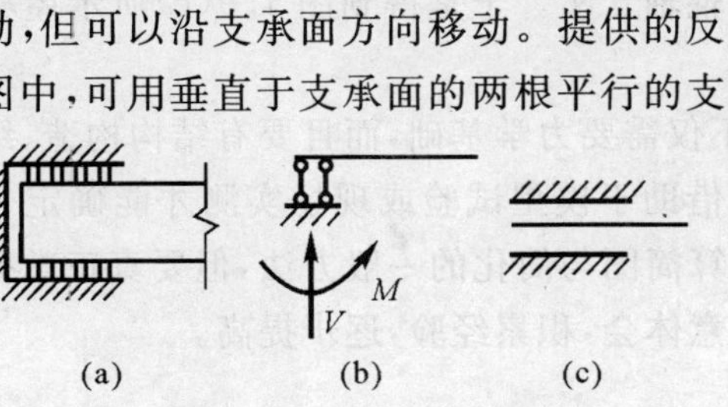

(a)　(b)　(c)

图　1.5

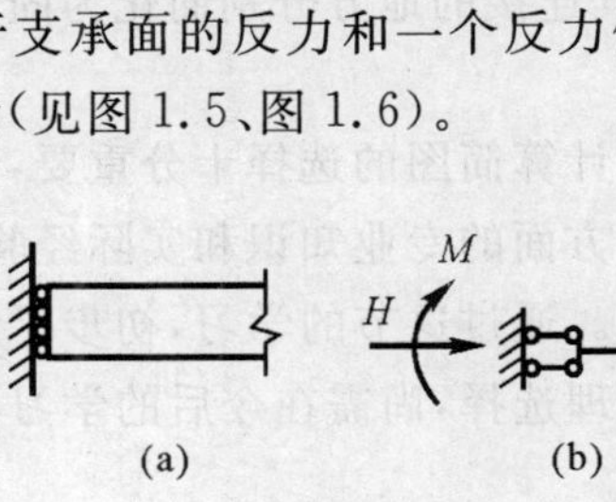

(a)　(b)

图　1.6

(4)固定支座:被支承的部分不允许有任何移动和转动。它提供的反力有水平方向和竖直方向的反力以及反力偶(见图 1.7)。

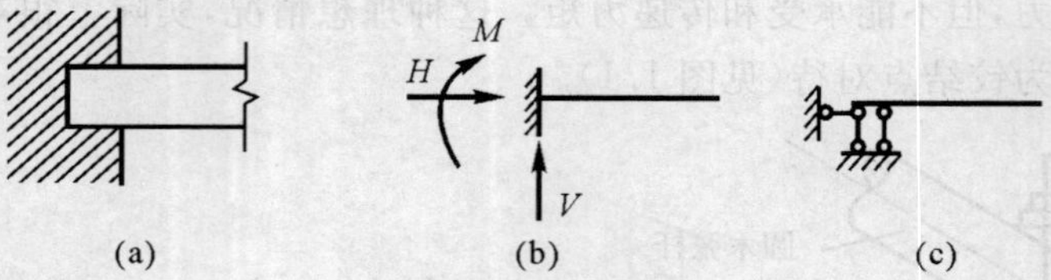

图 1.7

下面以实例说明结构的简化过程。

例如,有一根直梁两端搁在墙上,上面放一个重物如图 1.8(a)所示。简化时,梁上的重物由于与梁的接触面很小,可视为一集中荷载,梁的自重是沿着梁均匀分布的,则视为均布荷载。梁可用其轴线来表示。至于支座,由于墙限制了梁端部的上下移动,再考虑到接触面比较粗糙,有摩擦,因此梁不能左右移动。但是因为材料的热胀冷缩,所以可将一端视为固定铰支座,而另一端视为辊轴支座。这样,就得到了图 1.8(b)所示的计算简图。

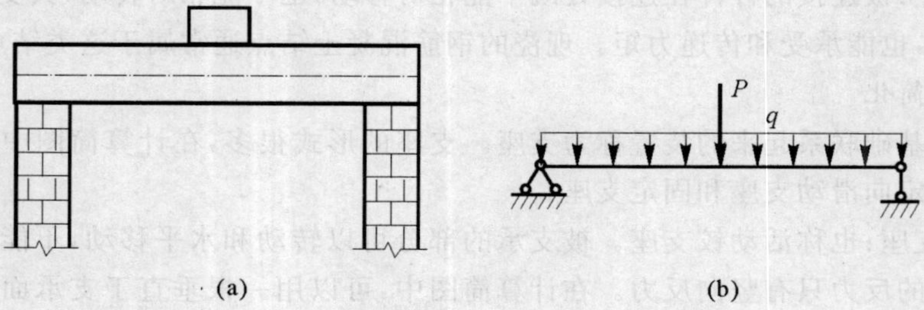

图 1.8

又如图 1.9(a)所示为一工业厂房结构图。该厂房结构是由一系列的屋架、柱和基础组成的平面单元(见图 1.9 (b)),再由屋面板等纵向构件组成的空间(见图 1.9(a))。作用在厂房上的荷载,通常沿纵向是均匀分布的。因此,可以从这个空间结构中,取出柱间距中线之间的部分作为力计算单元。在计算单元中,荷载和杆件都在同一平面中,因而简化为平面结构(见图 1.9(b))。

对于图 1.9(b)所示平面结构,讨论其屋架的计算简图。

在竖向荷载作用下,简化时,屋架的杆件用其轴线表示;屋架杆件之间的结点简化为铰结点;屋面荷载通过屋面板以集中力的形式作用在屋架上弦上;屋架的两端通过钢板焊接在柱上,可将其连接的地方分别简化为固定铰支座和辊轴支座。于是得到图 1.9(c)所示屋架的计算简图。

结构计算简图的选择十分重要,又很复杂,不仅需要力学基础,而且要有结构构造、结构设计与施工方面的专业知识和实际经验,有时还需借助于模型试验或现场实测才能确定合理的计算简图。通过这节的学习,初步了解到选择计算简图与简化的一般方法,但要真正掌握计算简图的合理选择,尚需在今后的学习与工作中注意体会,积累经验,逐步提高。

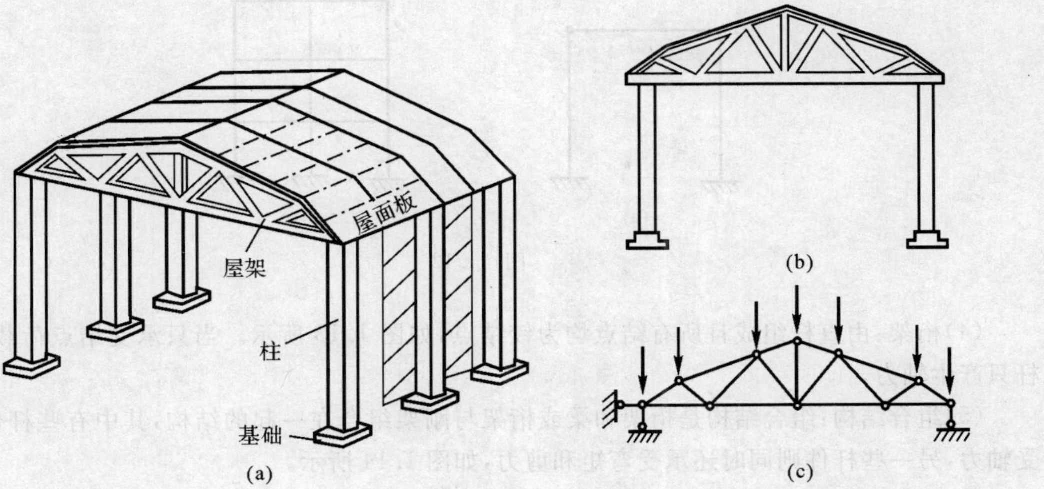

图 1.9

1.4 杆件结构的分类

如上所述，结构力学研究的并不是实际的结构，而是代表实际结构的计算简图，因此结构的分类实际上是指计算简图的分类。

杆件结构按其受力特点不同，可分为以下几种：

(1)梁：梁是一种受弯杆件，杆件轴线一般为直线。梁有单跨梁和多跨梁，如图 1.10 所示。

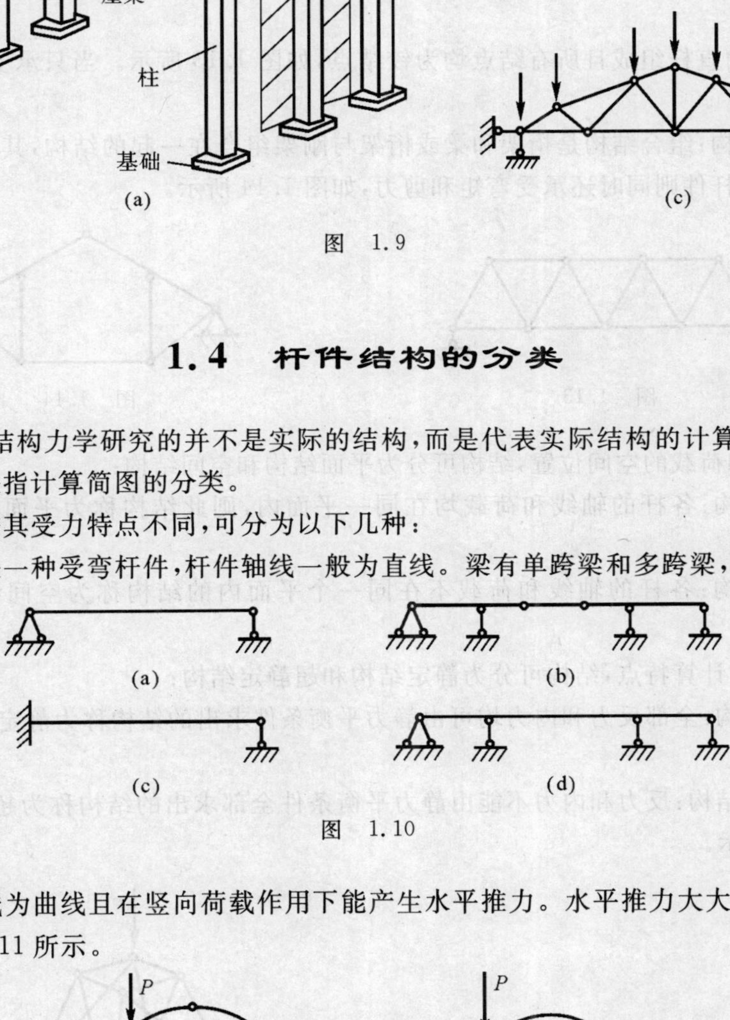

图 1.10

(2)拱：轴线为曲线且在竖向荷载作用下能产生水平推力。水平推力大大地改变了拱的受力特性，如图 1.11 所示。

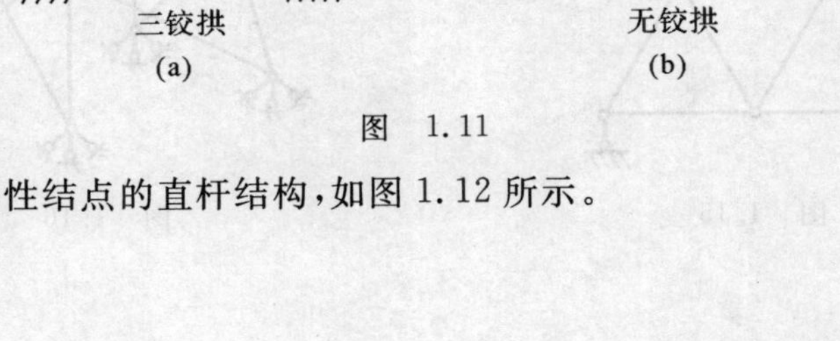

图 1.11

(3)刚架：具有刚性结点的直杆结构，如图 1.12 所示。

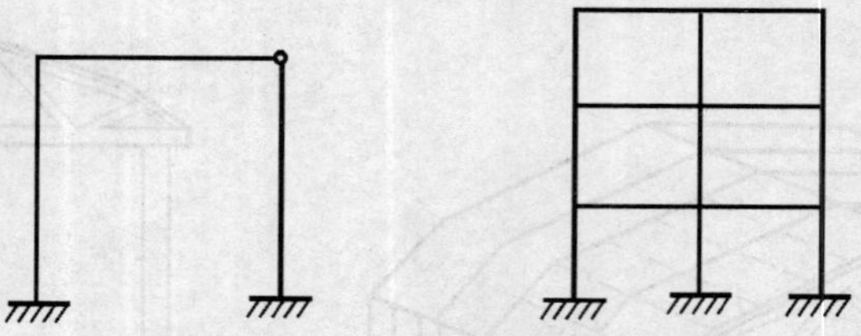

(a)　　　(b)

图　1.12

(4)桁架:由直杆组成且所有结点均为铰结点,如图 1.13 所示。当只承受结点荷载时,各杆只产生轴力。

(5)组合结构:组合结构是桁架和梁或桁架与刚架组合在一起的结构,其中有些杆件只承受轴力,另一些杆件则同时还承受弯矩和剪力,如图 1.14 所示。

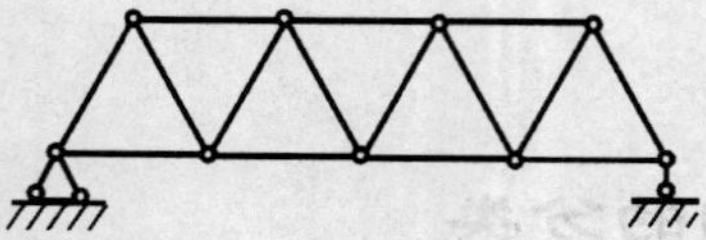

图　1.13

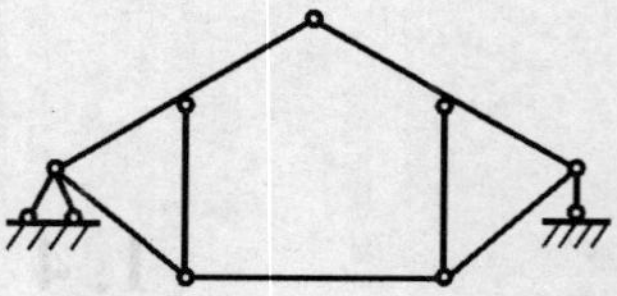

图　1.14

根据杆件和荷载的空间位置,结构可分为平面结构和空间结构:

(1)平面结构:各杆的轴线和荷载均在同一平面内,则此结构称为平面结构,如图 1.15 所示。

(2)空间结构:各杆的轴线和荷载不在同一个平面内的结构称为空间结构,如图 1.16 所示。

按照结构的计算特点,结构可分为静定结构和超静定结构:

(1)静定结构:全部反力和内力均可由静力平衡条件求出的结构称为静定结构,如图 1.10 (a),(b)所示。

(2)超静定结构:反力和内力不能由静力平衡条件全部求出的结构称为超静定结构,如图 1.10(c),(d)所示。

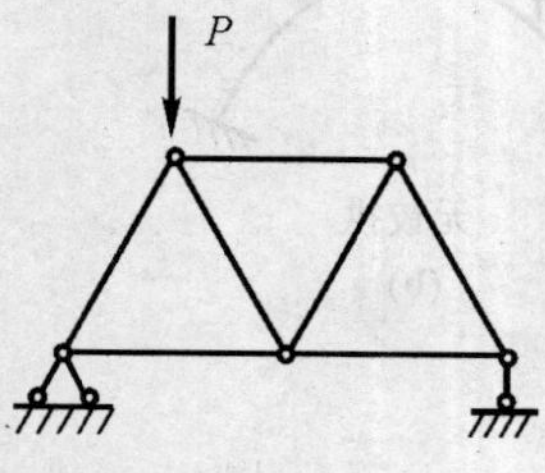

图　1.15

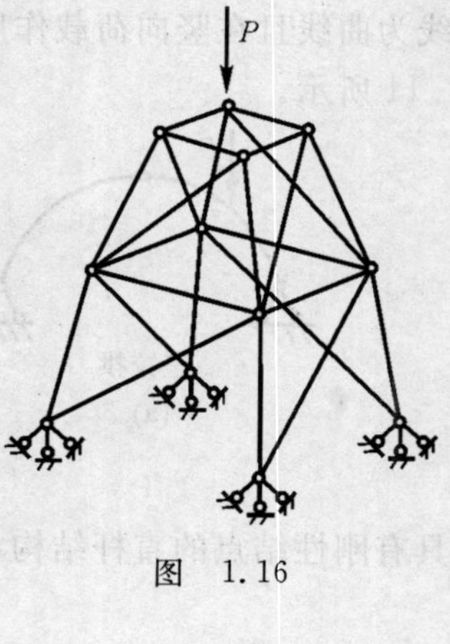

图　1.16

第 2 章　平面体系的几何组成分析

2.1　基本概念

为了能够承受荷载，结构的几何形状和位置是不能发生改变的。如果一个体系的几何形状和位置发生变化，即不能作为工程结构。

在任意荷载作用下，结构中的杆件由于材料产生微小的变形，结构的几何形状会发生微小的变化。在分析杆件体系的形状时，可不考虑材料自身变形而引起的形状变化，即将杆件看成是没有变形的刚性杆件。在进行几何组成分析时，将杆件看作刚片。

根据杆件体系的形状和位置，杆件体系可分为两大类：

(1)几何不变体系(见图 2.1(a))。在不考虑材料自身变形的前提下，在任意荷载作用下，体系的几何形状和位置均不发生变化。

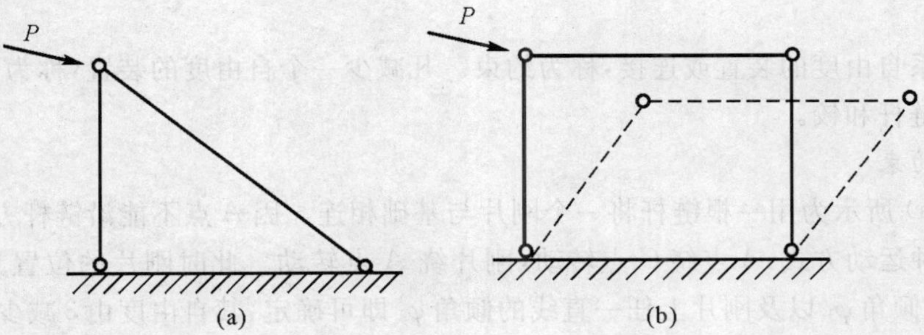

图　2.1

(2)几何可变体系(见图 2.1(b))。在不考虑材料自身变形的前提下，即使在很小的荷载作用下，体系也会发生机械运动而不能保持原有的几何形状和位置。

工程结构都必须是几何不变体系，而不能采用几何可变体系，否则将不能承受任意荷载而维持平衡。因此，在设计结构和选取其计算简图时，首先必须判别它是否几何不变，从而决定能否采用。这一工作就称为体系的几何组成分析或机动分析。

在几何组成分析时，由于不考虑材料的自身变形，所以可以将一根杆件或已知为几何不变的一部分作为一个整体来分析，这个整体在平面体系的几何组成分析时称为刚片。

2.2　平面体系的计算自由度

分析一个体系是否几何不变，实际上就是判断该体系是否存在运动的方式，即体系的自由度。

一、自由度

所谓体系的自由度，是指体系具有几种独立的运动方式，也就是确定体系位置所需要的独立坐标的数目。例如，平面中一个点在自由运动时，其位置要用两个坐标 x 和 y 来确定(见图 2.2(a))。所以，平面中一个点的自由度等于 2 。又如，平面中一个刚片在自由运动时，其位置可由它上面任一点 A 的坐标 x，y 和任一直线 AB 的倾角 φ 来确定(见图 2.2(b))。因此，平面中一个刚片的自由度等于3。

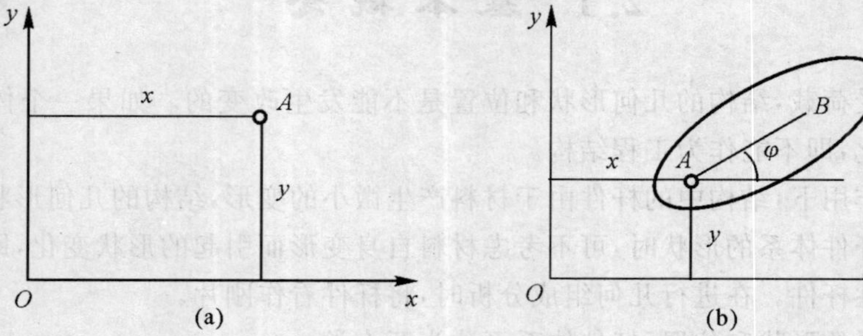

图 2.2

二、约束

减少体系自由度的装置或连接，称为约束。凡减少一个自由度的装置，称为一个约束。常用的约束有链杆和铰。

1. 链杆约束

图 2.3(a) 所示为用一根链杆将一个刚片与基础相连。因 A 点不能沿链杆方向移动，故刚片将只有两种运动方式：A 点绕 C 点转动，刚片绕 A 点转动。此时刚片的位置只需用两个参数，如链杆的倾角 φ_1 以及刚片上任一直线的倾角 φ_2 即可确定，其自由度由 3 减少为 2。由此可知，一根链杆为一个约束。

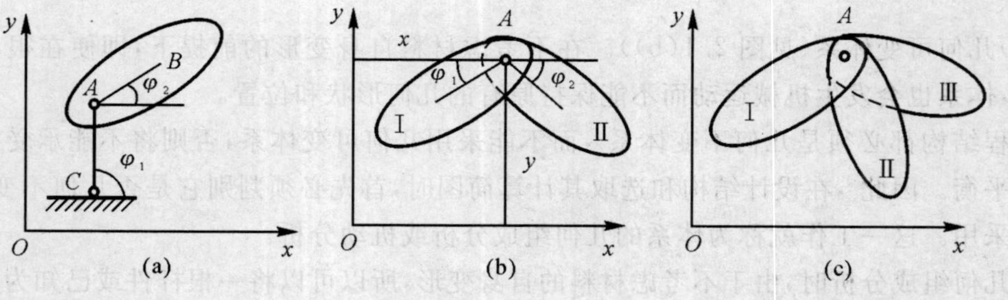

图 2.3

2. 铰约束

如图 2.3(b) 所示，刚片 Ⅰ 和刚片 Ⅱ 用一个铰 A 连接起来，这种连接两个刚片的铰称为单铰。刚片 Ⅰ 的位置由 A 点的坐标 x，y 和倾角 φ_1 确定后，刚片 Ⅱ 只能绕 A 点转动，其位置只需一个参数倾角 φ_2 即可确定。这样，两个刚片总的自由度就由 6 减为 4。由此可见，一个单铰为两个约束，也就是相当于两根链杆的作用。

有时一个铰同时连接两个以上刚片，这种铰称为复铰 。如图 2.3(c) 所示 ，三个刚片共享一个铰 A 相连 。若刚片 Ⅰ 的位置已确定 ，则刚片 Ⅱ，Ⅲ 都只能绕 A 点转动 ，从而各减少了两个自由度。因此 ，连接三个刚片的复铰相当于两个单铰的作用。由此可推知 ，连接 n 个刚片的复铰相当于$(n-1)$ 个单铰。

在体系中如遇复铰，应会将它换算为单铰。如果用 h 表示单铰的数目，图 2.4 所示的几种情况，相当的单铰数目分别为 3，2，1。

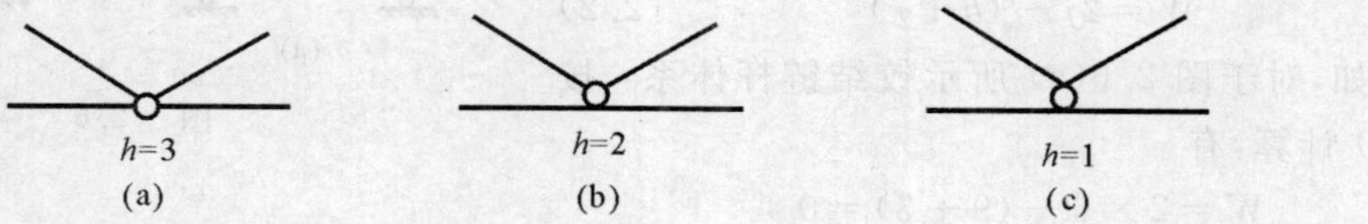

图　2.4

如果在体系中加入一个约束，而体系的自由度并不因此而减少，则此约束称为多余约束。

三、平面体系的计算自由度

一个平面体系，通常是由若干个刚片彼此用铰相连并用支座链杆与基础相连而组成的。设其刚片数为 m，单铰数为 h ，支座链杆数为 r，则当各刚片都是自由的时，它们所具有的自由度总数为 $3m$；而所加入的单铰约束和支座约束的总数为$(2h+r)$。设每个约束都使体系减少一个自由度 ，则体系的自由度为

$$W=3m-(2h+r) \tag{2.1}$$

实际上每个约束不一定都能使体系减少一个自由度 ，因为这与约束所在的具体位置有关。因此，W 不一定能反映体系的真实自由度。为此，把 W 称为体系的计算自由度。

下面举例说明 W 的计算。

例 2.1　计算图 2.5 所示体系的自由度。

解　图 2.5 所示体系 ，可将除支座链杆外的各杆件均视为刚片 ，其中 CD 与 BD 两杆在结点 D 处为刚结 ，因而 CDB 为一整体 ，故可作为一个刚片。这样，总的刚片数 $m=8$。在计算单铰数 h 时 ，应正确识别各复铰所连接的刚片数。例如在结点 D 处，折算单铰数应为2。其余各结点处的折算单铰数均在图中括号内标出。这样，体系的单铰数共为 $h=10$。注意到固定支座 A 处相当于有三根支座链杆，故体系总的支座链杆数 $r=4$。于是由式(2.1)，可算出此体系的自由度为

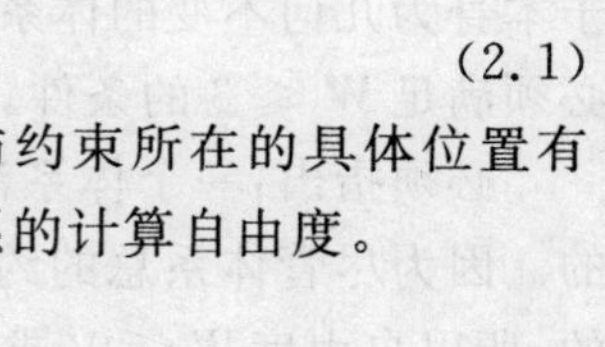

图　2.5

$$W=3m-(2h+r)=3\times 8-(2\times 10+4)=0$$

例 2.2　计算图 2.6(a) 所示体系的自由度。

解　如图 2.6(a) 所示，则有

$$m=9,\quad h=12,\quad r=3$$

代入式(2.1)，其自由度为

$$W=3\times 9-(2\times 12+3)=0$$

图 2.6(a) 所示这种完全由两端铰结的杆件所组成的体系，称为铰结链杆体系 。这类体

系的自由度，除可用式(2.1)计算外，还可用下面更简便的公式来计算。设 j 代表结点数，b 表示杆件数，r 为支座链杆数。若每个结点均为自由的，则有 $2j$ 个自由度，但连接结点的每根杆件都起一个约束的作用，则约束总数为 $(b+r)$，此时体系的计算自由度为

$$W = 2j - (b + r) \qquad (2.2)$$

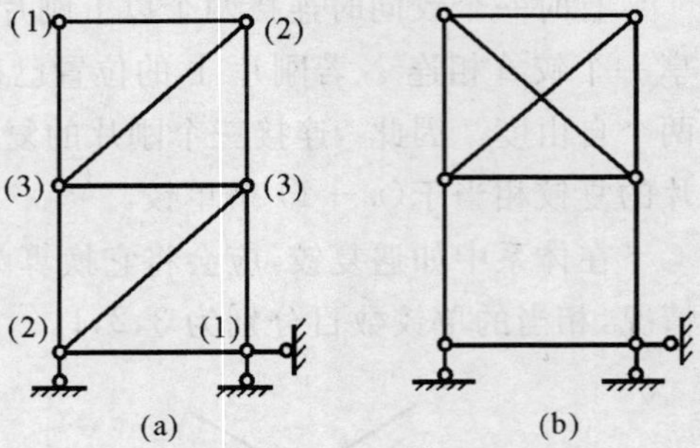

图 2.6

例如，对于图 2.6(a) 所示铰结链杆体系，按式(2.2)计算，有

$$W = 2 \times 6 - (9 + 3) = 0$$

与上面结果相同。

任何平面体系的自由度，按式(2.1)或式(2.2)计算的结果，将有以下三种情况：

(1)$W > 0$，表明体系缺少足够的约束，因此，体系一定是几何可变。

(2)$W = 0$，表明体系具有成为几何不变所必需的最少约束数目。如果布置合理，则是几何不变的(见图 2.6(a))；如果布置不合理，则是几何可变的(见图 2.6(b))。

(3)$W < 0$，表明体系具有多余约束，但体系是否几何不变同样要看约束布置是否合理。

由上可见，一个几何不变体系必须满足 $W \leqslant 0$ 的条件。

有时可以不考虑支座影响，而只检查体系本身(或称体系内部)的几何不变性。这时，由于本身为几何不变的体系作为一个刚片在平面内有 3 个自由度，因此体系本身为几何不变时必须满足 $W \leqslant 3$ 的条件。

必须指出，一个体系满足了 $W \leqslant 0$(或体系本身 $W \leqslant 3$)的条件，不一定就是几何不变的。因为尽管体系总的约束数目足够甚至还有多余，但若布置不合理，则仍可能是几何可变的，所以自由度 $W \leqslant 0$(或体系本身 $W \leqslant 3$)，只是几何不变体系的必要条件。为了判别体系是否几何不变，还需进一步研究其充分条件，即几何不变体系的几何组成规则。

2.3 几何不变体系的基本组成规则

在平面中，几何不变体系的基本组成规则如下：

一、三刚片规则

三个刚片用不在同一直线上的三个单铰两两相连，则所组成的体系是几何不变的，且没有多余约束。

如图 2.7(a) 所示，刚片 Ⅰ，Ⅱ，Ⅲ 用不在同一直线上的 A，B，C 三个单铰两两相连。假定刚片 Ⅰ 不动(例如把 Ⅰ 看成基础)，则刚片 Ⅱ 只能绕铰 A 转动，其上的 C 点只能在以 A 为圆心、以 AC 为半径的圆弧上运动；刚片 Ⅲ 只能绕铰 B 转动，其上的 C 点只能在以 B 为圆心、以 BC 为半径的圆弧上运动。由于刚片 Ⅱ，Ⅲ 又用铰 C 相连，铰 C 不可能同时沿两个方向不同的圆弧运动，因而只能在两个圆弧的交点处固定不动。于是各刚片间不可能发生任何相对运动。因此，这样组成的体系是几何不变的，且没有多余约束。

由于两根链杆的作用相当于一个单铰的作用，故可将任一个单铰换成两根链杆所构成的

虚铰。由此可知，图 2.7(b)，(c) 所示体系也是没有多余约束的几何不变体系。

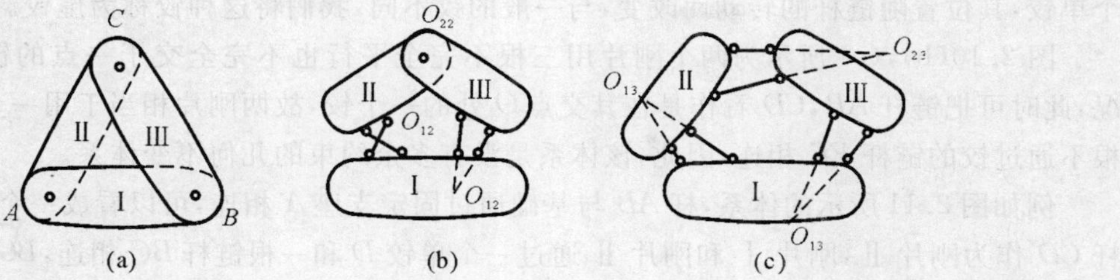

图　2.7

例如图 2.8(a) 所示为铰结三角形，每根杆件均可作为一个刚片，每两两刚片间均用一个单铰相连。因为三铰不共线，符合三刚片规则，所以为没有多余约束的几何不变体系。以后在几何组成分析时，铰结三角形可以作为一个大的刚片进行分析。图 2.8(b) 所示其左、右两曲杆可作为刚片 Ⅰ，Ⅱ，基础为一个刚片 Ⅲ，因三个刚片用不在一条直线上的三个单铰 A,B,C 两两相连，故此体系为没有多余约束的几何不变体系。

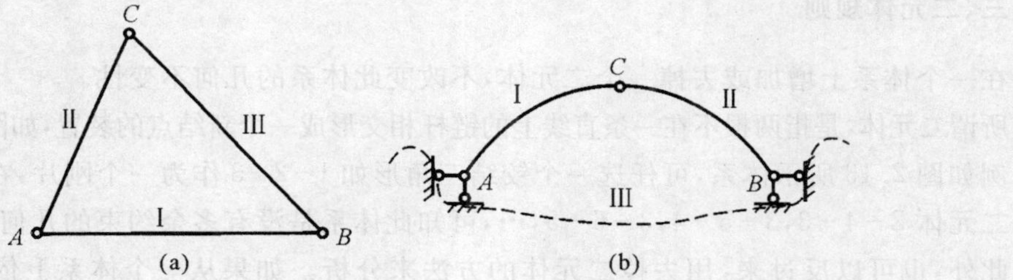

图　2.8

二、两刚片规则

两个刚片用一个单铰和一根不通过铰的链杆相连，或两个刚片用不完全平行也不完全交于一点的三根链杆相连，所形成的体系是几何不变的，且没有多余约束。

如图 2.9 所示，刚片 Ⅰ，Ⅱ 用一个单铰和一根不通过铰的链杆相连。若将此链杆也作为一个刚片，这与三刚片规则相一致，即为几何不变体系。

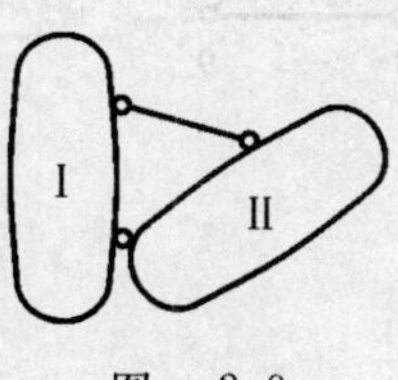

图　2.9

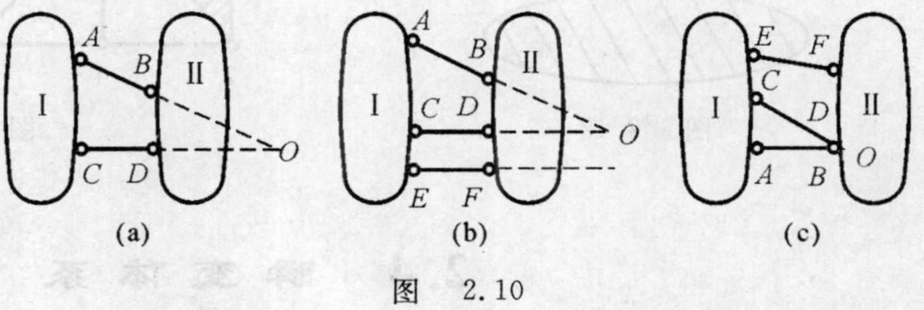

图　2.10

两个刚片用三根链杆相连的情况，为了分析，先来讨论两个刚片用两根链杆相连时的运动情况。如图 2.10(a) 所示，若刚片 Ⅰ 和刚片 Ⅱ 用两根不平行的链杆 AB 和 CD 相连，设刚片 Ⅰ 固定不动，则 A,C 两点将被固定；当刚片 Ⅱ 运动时，其上 B,D 两点分别沿杆 AB 和杆 CD 的垂直方向运动，故刚片 Ⅱ 将绕杆 AB 和杆 CD 延长线的交点 O 而转动。同理，若刚片 Ⅱ 固定，则刚片Ⅰ也将绕交点O转动。点O称为刚片Ⅰ和刚片Ⅱ的相对转动瞬心。其约束作用相当一个单铰，其位置随链杆的转动而改变，与一般的铰不同，我们将这种铰称为虚铰。

图2.10(b)，(c)所示为两个刚片用三根不完全平行也不完全交于一点的链杆相连的情况，此时可把链杆AB，CD看作是在其交点O处的一个铰，故两刚片相当于用一个单铰O和一根不通过铰的链杆EF相连，因此，该体系是没有多余约束的几何不变体系。

例如图2.11所示的体系，杆AB与基础通过固定支座A相连，可以看成一个大的刚片Ⅰ，杆CD作为刚片Ⅱ，刚片Ⅰ和刚片Ⅱ通过一个单铰D和一根链杆BC相连，BC不通过铰D，因此，此体系是几何不变的，并且没有多余约束。

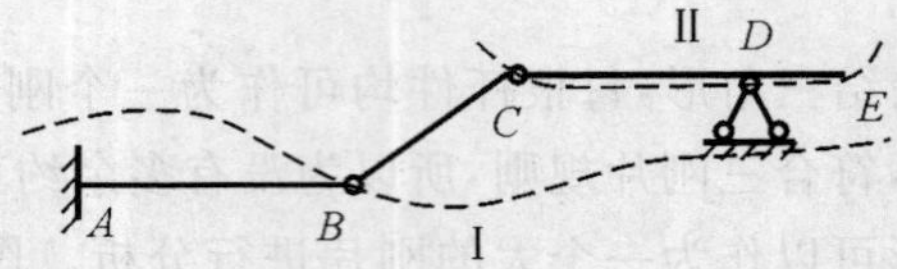

图 2.11

三、二元体规则

在一个体系上增加或去掉一个二元体，不改变此体系的几何不变性。

所谓二元体，是指两根不在一条直线上的链杆相交形成一个新结点的装置，如图2.12所示。

例如图2.13所示体系，可任选一个铰结三角形如1-2-3作为一个刚片，在此刚片上依次增加二元体2-4-3，3-5-4，3-6-5，…，可知此体系是没有多余约束的几何不变体系。

此外，也可以反过来，用去掉二元体的方法来分析。如果从一个体系上依次去掉二元体后，所剩下的部分是几何不变的，则说明原体系一定是几何不变体系；如果所剩下的部分是几何可变的，则说明原体系一定是几何可变体系。

例如图2.13所示体系，依次去掉二元体7-10-9，7-9-8，7-8-3，…，最后剩下铰结三角形1-2-3，显然，此体系是几何不变体系。

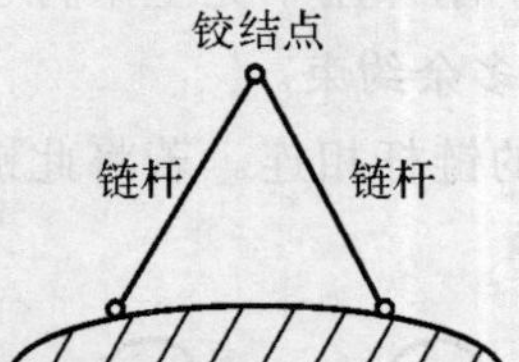

图 2.12

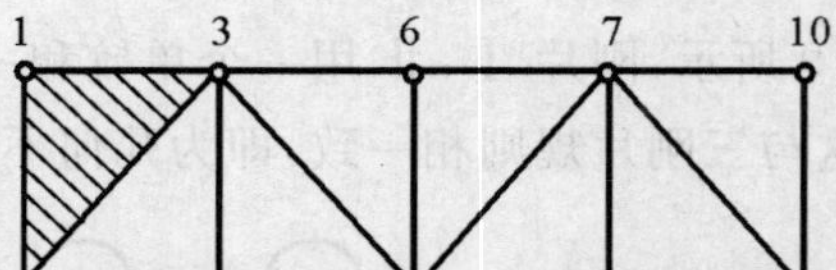

图 2.13

2.4 瞬变体系

在上述的三个规则中，都有一定的限制条件，如三刚片规则中的三个单铰不能在同一条直线上，两刚片规则中的三根链杆不完全平行也不完全交于一点等。现在就这些限制条件进行讨论。

如图2.14所示的三个刚片，它们之间用在一条直线上的三个单铰两两相连。此时，点C

位于以 AC 和 BC 为半径的两圆弧的公切线上。因两个圆弧相切，故在这一瞬间，点 C 可沿此公切线方向作微小运动。不过一旦发生微小位移（铰 C 移动到 C'）后，三铰就不再共线，运动也就不再继续发生。这种原为几何可变，经微小位移后即转化为几何不变的体系，称为瞬变体系。

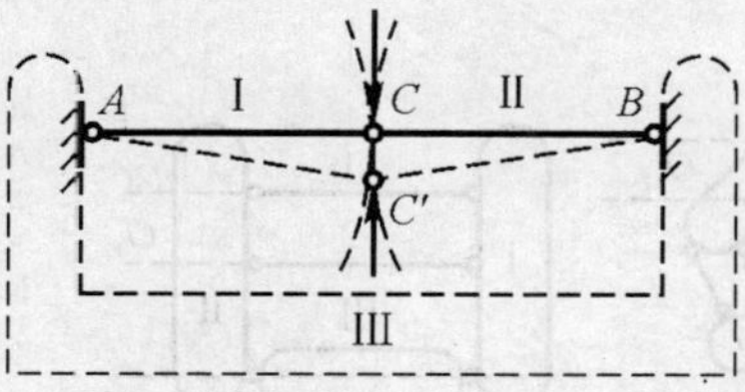

图　2.14

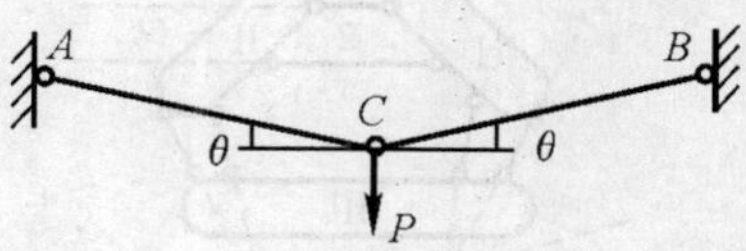

图　2.15

瞬变体系在工程结构中能否采用？现在来分析图 2.15 所示体系的内力。以结点 C 作为研究对象，由平衡条件可知，杆 AC 和杆 BC 的轴力为

$$N=\frac{P}{2\sin\theta}$$

当 $\theta=0$ 时，便是瞬变体系。此时，若 $P=0$（称为零荷载 ），则 N 为不定值；若 $P\neq0$，则 N 趋于无穷大。这表明，瞬变体系即使在很小的荷载作用下，也会产生巨大的内力，从而可导致体系的破坏。因此，工程结构中不能采用瞬变体系，而且对于接近瞬变的体系也应避免。

又如图 2.16 所示的两个刚片，它们之间用三根链杆相连。若三根链杆实交于一点 O（见图 2.16(a)），此时刚片 Ⅰ 始终可以绕着点 O 转动，故此体系是几何可变的；若三根链杆虚交于一点 O（见图 2.16(b)），此时两个刚片可绕交点 O 作相对转动，但发生转动后三根链杆不再交于同一点，从而不再继续发生相对转动，故此体系为瞬变体系。如图 2.16(c) 所示的两个刚片，用三根平行但不等长的链杆连接时，两个刚片发生微小相对移动后三根链杆不再相互平行，故此体系也属瞬变体系；若用三根平行且等长的链杆相连，如图 2.16(d) 所示，刚片发生相对运动后，三根链杆仍保持平行，运动继续发生，这样的几何可变体系称为常变体系。因此，几何可变体系包括常变体系和瞬变体系两种。

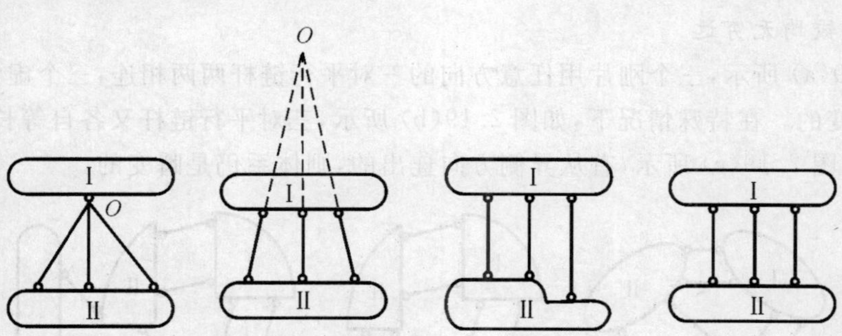

图　2.16

在几何组成分析中，有时会遇到虚铰在无穷远处的情况，此时如何判定体系是否几何不变呢？下面给出三种分析结论。

1. 一个虚铰无穷远

如图 2.17(a) 所示，虚铰 O_{12} 在无穷远处，而虚铰 O_{13} 和 O_{23} 不在无穷远。此时，若组成无穷远虚铰的平行链杆与两铰连线不平行，则体系为几何不变体系；若平行，则体系为瞬变体系，如图 2.17(b) 所示。在特殊情况下，如图 2.17(c) 所示，O_{13} 和 O_{23} 为实铰，其连线和杆 1,2 平行，且三者等长，则体系为常变体系。

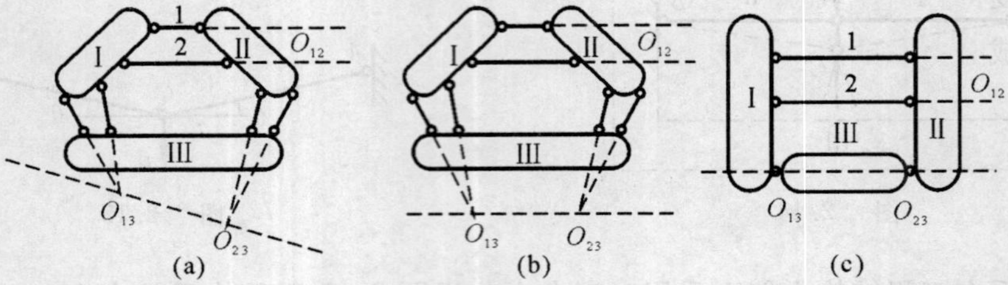

图 2.17

2. 两个虚铰无穷远

如图 2.18(a) 所示，虚铰 O_{12} 不在无穷远处，而虚铰 O_{13} 和 O_{23} 均在无穷远。此时，若组成两个无穷远虚铰的两对平行链杆互不平行，则体系为几何不变体系；若两对平行链杆相互平行，则体系为瞬变体系，如图 2.18(b) 所示；若四根链杆均平行且等长，则体系为常变体系，如图 2.18(c) 所示。

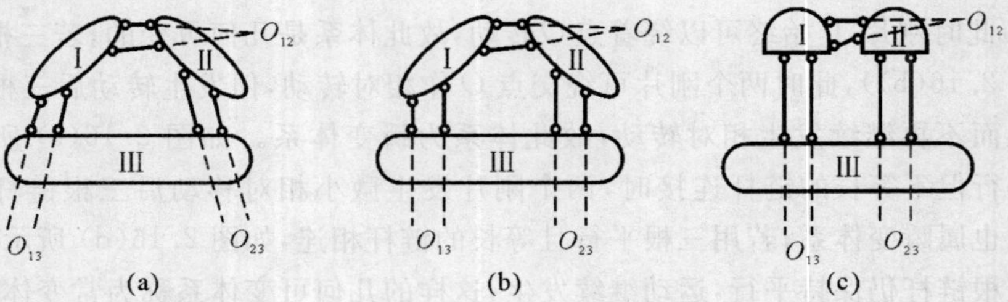

图 2.18

3. 三个虚铰均无穷远

如图 2.19(a) 所示，三个刚片用任意方向的三对平行链杆两两相连，三个虚铰均在无穷远处，体系是瞬变的。在特殊情况下，如图 2.19(b) 所示，三对平行链杆又各自等长，则体系是常变的。如果如图 2.19(c) 所示，有从异侧方向连出的，则体系仍是瞬变的。

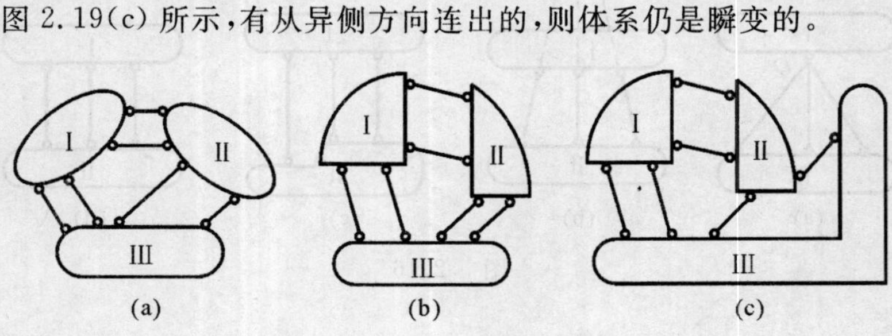

图 2.19

2.5　几何组成分析示例

对一个体系进行几何组成分析时，可首先计算其自由度 W。若 $W>0$（或体系本身 $W>3$），则体系一定是几何可变的；若 $W\leqslant 0$（或体系本身 $W\leqslant 3$），再进行几何组成分析，判定它是否是几何不变的。但通常也可略去 W 的计算，而直接进行几何组成分析。

几何组成分析的依据就是几个基本组成规则，问题在于正确和灵活地运用它们去分析各种各样的体系。下面是几种常见的分析方法。

(1) 去掉二元体，将体系简化以后再分析。

(2) 上部体系和基础之间仅用满足要求的三根链杆相连，此时可不考虑基础，只分析上部体系。

(3) 当上部体系和基础之间多于三个链杆相连时，这时基础必须作为一个刚片连同上部一起分析。

(4) 从体系内找出一个（或几个）基本刚片，逐步增加二元体，扩充刚片后作为大刚片，再利用规则进行分析。

(5) 利用约束和刚片的等效代换，在不改变与周围的连接方式的前提下，可以改变它的大小、形状及内部组成。例如，折杆和曲杆可以用直杆等效代换，如图 2.20 所示。

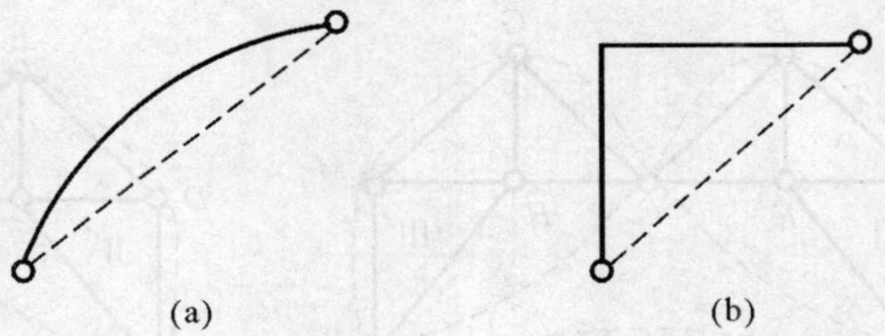

图　2.20

例 2.3　试对图 2.21 所示体系进行几何组成分析。

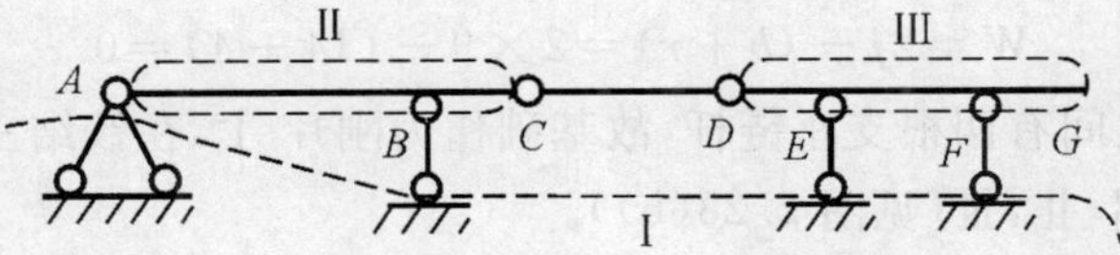

图　2.21

解　(1)　$$W=3m-(2h+r)=3\times 3-(2\times 2+5)=0$$

(2) 基础视为刚片 Ⅰ，ABC 梁视为刚片 Ⅱ，两刚片间用一个单铰和一根不通过铰的链杆相连。由两刚片规则可知，所组成的是几何不变体系，且没有多余约束。这样可将 ABC 梁与基础同视为一扩大了的刚片。再视 $DEFG$ 梁为刚片 Ⅲ，它与扩大了的刚片之间用三根链杆按两刚片规则相连。由此可知，此体系是几何不变的，且没有多余约束。

例 2.4　试对图 2.22(a) 所示体系进行几何组成分析。

解 (1) $W=2j-(b+r)=2\times6-(9+3)=0$

(2) 支座链杆只有三根，且不全平行也不交于一点。若体系本身为一刚片，则它与地基按两刚片规则组成，故只需分析体系本身是不是一个几何不变的刚片即可。可不考虑基础，只分析上部体系(见图 2.22(b))。将链杆 12 作为刚片，再依次增加二元体 1-3-2,2-4-3,3-5-4,5-6-4，就可得到图 2.22(b)。由二元体规则可知，此体系是几何不变的，且没有多余约束。

此体系也可以采取去掉二元体的方法分析，从 6 结点(或 1 结点)开始，依次去掉二元体。这样分析更为简便。

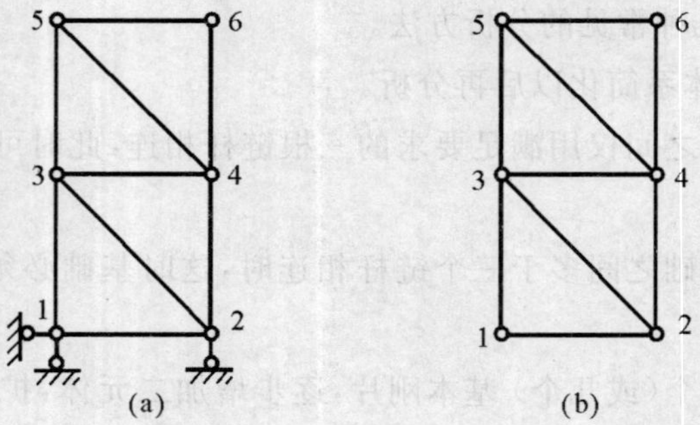

图 2.22

例 2.5 试对图 2.23(a) 所示体系进行几何组成分析。

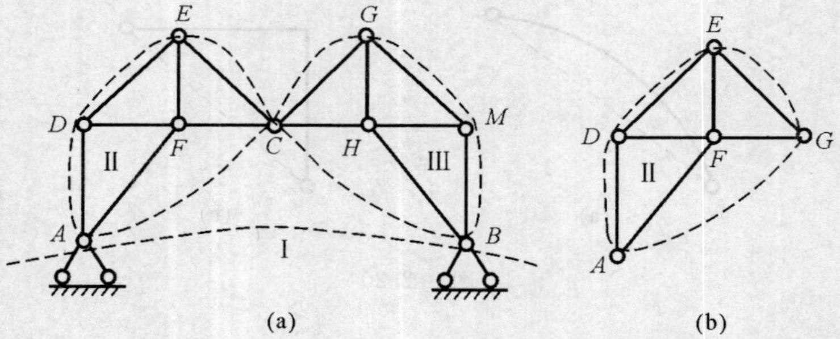

图 2.23

解 (1) $W=2j-(b+r)=2\times9-(14+4)=0$

(2) 体系与基础之间有四根支座链杆，故基础作为刚片 Ⅰ，在铰结三角形的基础上利用二元体规则形成大的刚片 Ⅱ，Ⅲ(见图 2.23(b))。

(3) 刚片 Ⅰ 和刚片 Ⅱ 之间由铰 A 连接，刚片 Ⅱ 和刚片 Ⅲ 之间由铰 C 连接，刚片 Ⅲ 和刚片 Ⅰ 之间由铰 B 连接。因为三铰不共线，由三刚片规则可知，此体系是几何不变体系，且没有多余约束。

例 2.6 试对图 2.24 所示体系进行几何组成分析。

解 在进行几何组成分析时，也可以不计算自由度直接分析。

(1) 将基础视为刚片 Ⅰ，BEF 视为刚片 Ⅱ。

(2) 刚片 Ⅰ 和刚片 Ⅱ 之间通过 AE，DF(根据等效代换如图中虚线链杆)，BC 三根链杆相连，由于三根链杆的延长线相交于一点，所以此体系是一个瞬变体系。

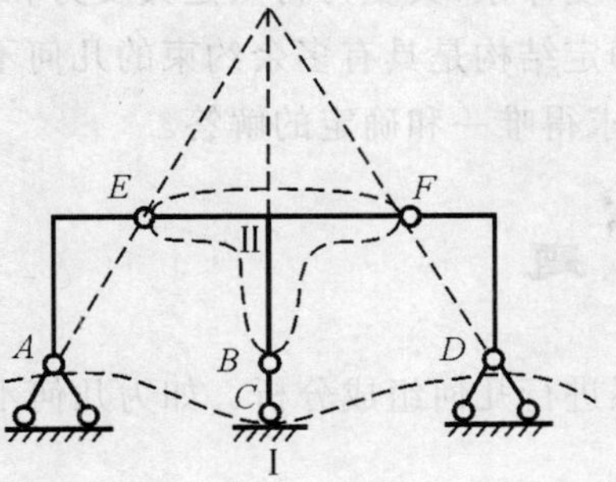

图　2.24

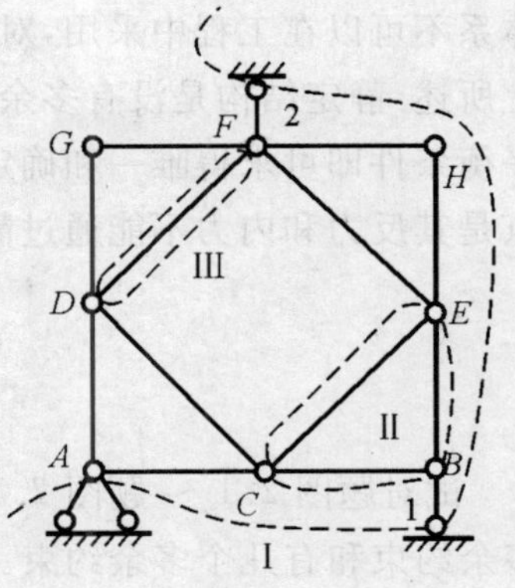

图　2.25

例 2.7　试对图 2.25 所示体系进行几何组成分析。

解　(1) 首先去掉两个二元体 $D-G-F$ 和 $E-H-F$。将基础视为刚片 Ⅰ，将铰结三角形 CBE 视为刚片 Ⅱ，链杆 DF 视为刚片 Ⅲ。

(2) 刚片 Ⅰ 和刚片 Ⅱ 之间由支座链杆 1 和链杆 AC 相连，它们构成的虚铰在 B 处；刚片 Ⅱ 和刚片 Ⅲ 之间由链杆 CD 和链杆 EF 相连，它们所形成的虚铰在无穷远；刚片 Ⅲ 和刚片 Ⅰ 之间由支座链杆 2 和链杆 AD 相连，它们所形成的虚铰也在无穷远；两个无穷远处的虚铰与虚铰 B 三铰不共线。由三刚片规则可知，此体系是几何不变体系，且没有多余约束。

2.6　几何组成与静定性的关系

几何组成分析还有一个重要的作用，就是通过判定几何不变体系是否有多余约束，来判定是静定结构还是超静定结构。

静定结构，几何组成上是几何不变的，没有多余约束的体系。如图 2.26(a) 所示，有三个支座反力，可以由平面一般力系的三个平衡方程 $\sum X=0$，$\sum Y=0$ 和 $\sum M=0$ 求出。通过支座反力可进一步确定任一指定截面的内力，且解答也是唯一的。

超静定结构，几何组成上是几何不变的，但是有多余约束的体系。如图 2.26(b) 所示，有四个支座反力，但是整体只能建立三个独立的平衡方程，显然未知力的数目大于平衡方程的数目，不能通过三个方程求解四个未知反力。当然，也无法进一步确定其内力。

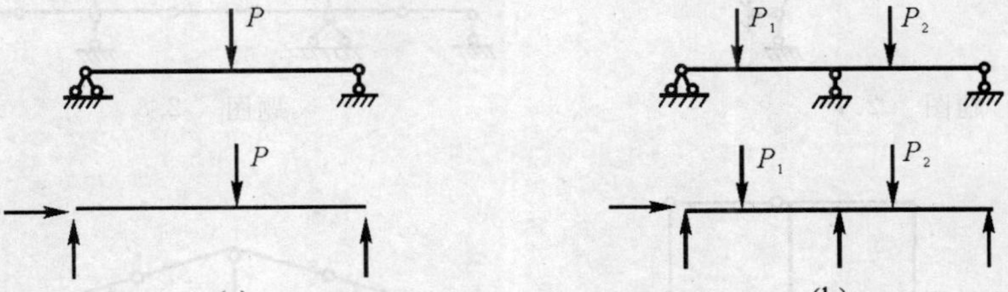

(a)　　(b)

图　2.26

对于几何可变体系，由于在任意荷载作用下一般是不能维持平衡而会运动的，因而也就没有静力学的解答。

至于瞬变体系，前已叙述，在一般荷载作用下其内力为无穷大，也就是平衡方程无解，这表明瞬变体系不可以在工程中采用，对于接近于它的体系，也应避免。

综上所述，静定结构是没有多余约束的几何不变体系，其受力特点是其反力和内力仅仅通过静力平衡条件即可求得唯一和确定的解答；超静定结构是具有多余约束的几何不变体系，其受力特点是其反力和内力不能通过静力平衡条件求得唯一和确定的解答。

习　题

2.1　试对题图 2.1 ～ 题图 2.15 所示各体系进行几何组成分析。如为几何不变体系，指出有无多余约束和有几个多余约束。

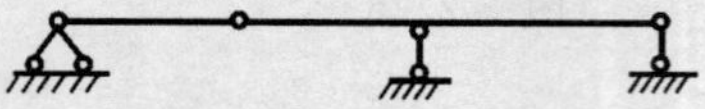

题图　2.1

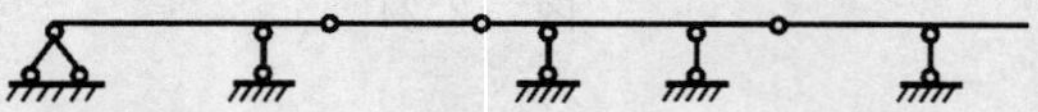

题图　2.2

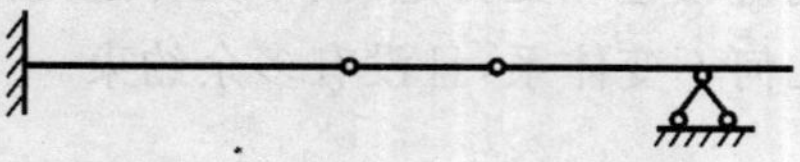

题图　2.3

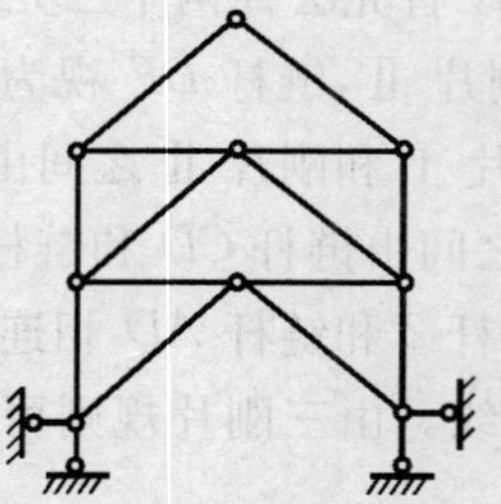

题图　2.4

题图　2.5

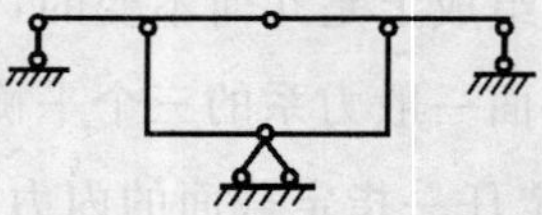

题图　2.6

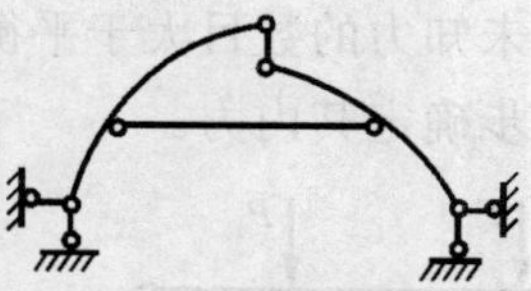

题图　2.7

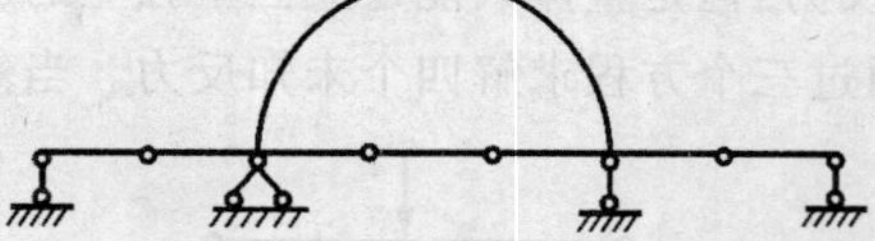

题图　2.8

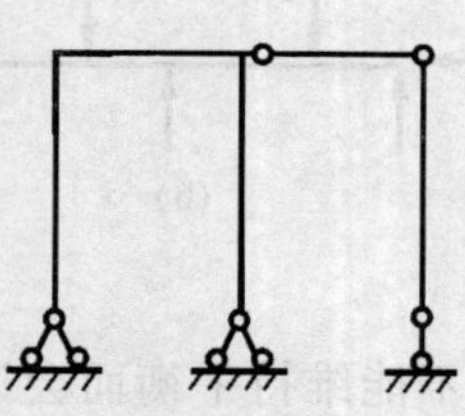

题图　2.9

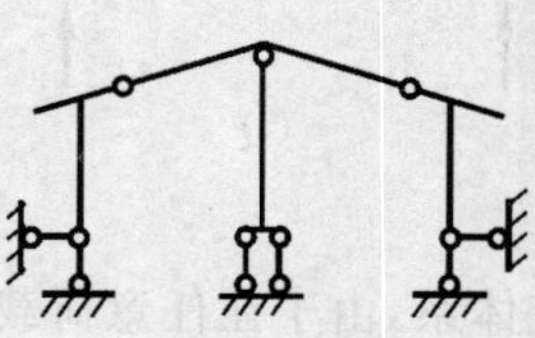

题图　2.10

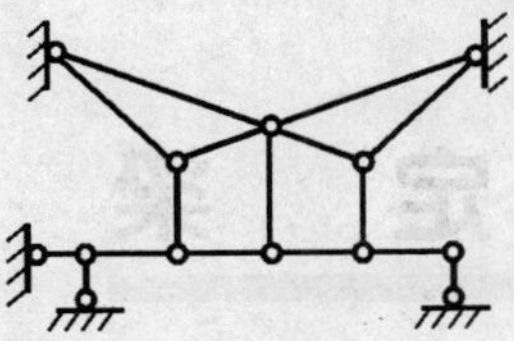
题图　2.11

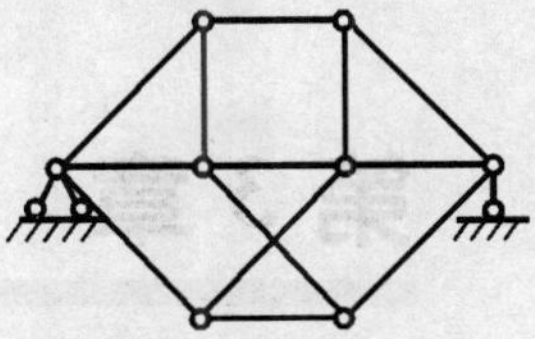
题图　2.12

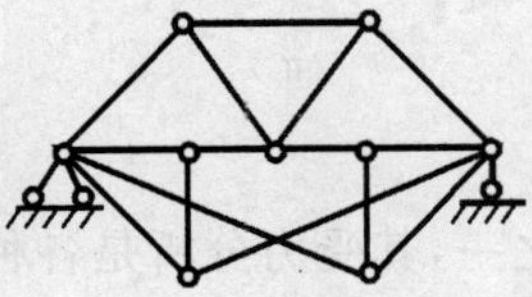
题图　2.13

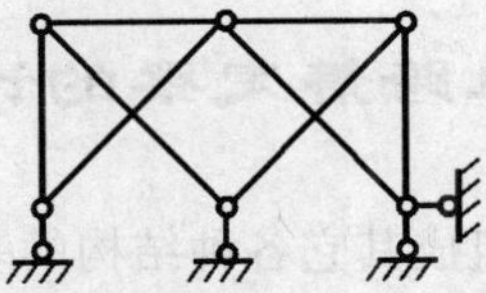
题图　2.14

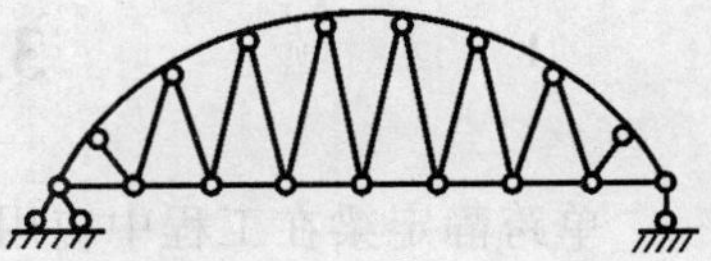
题图　2.15

第3章　静　定　梁

3.1　单跨静定梁的计算

单跨静定梁在工程中应用很广，是组成其它各种结构的基本构件之一，其受力分析是各种结构受力分析的基础。尽管在材料力学课程中已学习过静定梁的计算，在这里仍有必要对这部分内容加以回顾，以利于更好的学习。

常见的单跨静定梁有简支梁、伸臂梁和悬臂梁 3 种(见图 3.1)。

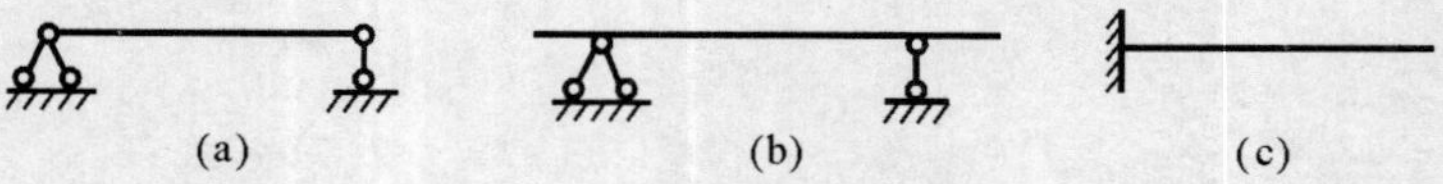

图　3.1

一、支座反力的计算

由于单跨静定梁都是由梁和基础按“两刚片规则”组成的静定结构，因而其支座反力都只有 3 个，可取整个梁为隔离体，通过平面一般力系的 3 个平衡方程求出。

二、截面的内力分量及其正负号的规定

在平面杆件的任意截面上，一般有 3 个内力分量：轴力 N、剪力 Q 和弯矩 M(见图 3.2)。

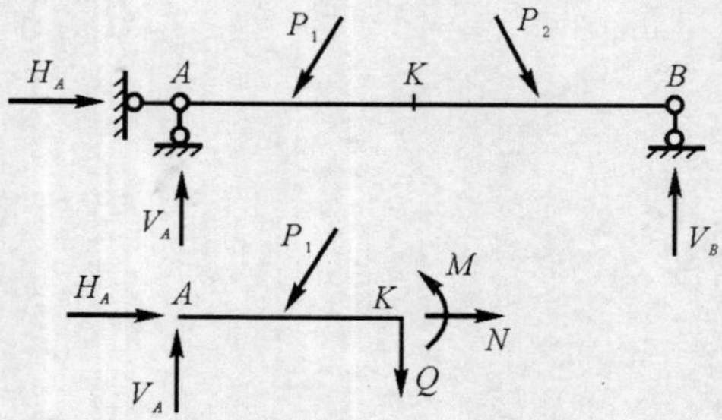

图　3.2

轴力 N：指截面上应力沿截面法线方向的合力。轴力以拉力为正，压力为负(见图 3.3(a))。

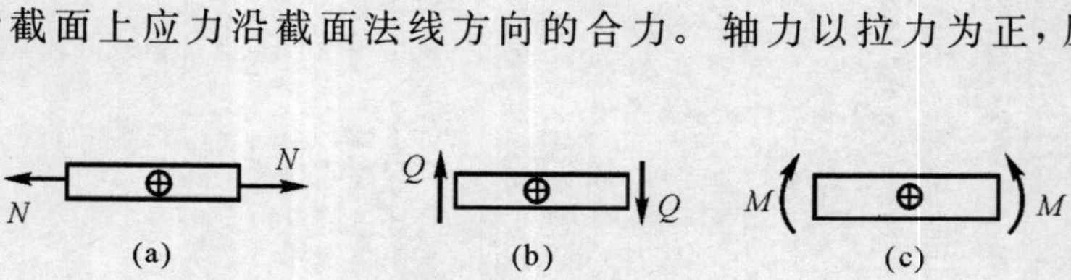

图　3.3

剪力 Q:指截面上应力沿截面方向的合力。剪力以绕隔离体顺时针方向转为正,反之为负(见图 3.3(b))。

弯矩 M:指截面上应力对截面形心的力矩。弯矩以使梁的下部纤维受拉为正,反之为负(见图 3.3(c))。

三、求任意指定截面的内力

计算任意指定截面内力的基本方法是截面法,即将指定截面切开,取任意一部分作为隔离体,利用隔离体的平衡条件,求出此截面的 3 个内力分量。

由截面法可以得出截面内力的计算方法如下:

轴力 N 等于截面一侧的所有外力沿截面法线方向的投影代数和;

剪力 Q 等于截面一侧的所有外力沿截面方向的投影代数和;

弯矩 M 等于截面一侧的所有外力对截面形心的力矩代数和。

对于直梁,当所有外力均垂直于梁轴线时,截面上将只有剪力和弯矩,没有轴力。

四、利用微分关系绘内力图

内力图:表示结构上各截面内力变化规律的函数图形。绘制时,以杆轴线为横坐标,表示截面的位置(此坐标轴通常又称为基线),而用垂直于杆轴线的坐标表示内力的数值。在土木工程中,弯矩图绘在杆件受拉的一侧,图上不注明正负号。 剪力图和轴力图可绘在杆件的任意一侧,但需注明正负号(对水平杆件,一般将正号剪力和轴力绘在杆件上方)。绘制内力图的基本方法是利用内力方程绘内力图,但通常更多采用的是利用微分关系来绘内力图的简便方法。

在材料力学中,曾讨论过水平直梁的荷载、剪力、弯矩之间的微分关系。在结构力学课程的学习中,要求进一步熟练掌握这些微分关系,以便能根据内力图形状的特点迅速分段绘制内力。

下面结合图 3.4(a) 所示简支梁所受荷载讨论如下:设竖向荷载向下为正,x 轴向右为正。 在荷载连续分布的直杆段内,取微段 $\mathrm{d}x$ 为隔离体(见图 3.4(b)),由微段的平衡条件可得出荷载集度与内力之间具有如下微分关系:

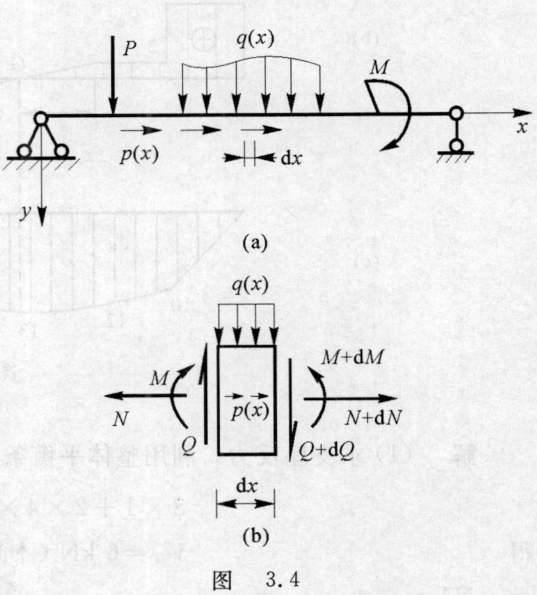

图　3.4

$$\left.\begin{aligned}\frac{\mathrm{d}Q}{\mathrm{d}x}&=-q(x)\\\frac{\mathrm{d}M}{\mathrm{d}x}&=Q\\\frac{\mathrm{d}N}{\mathrm{d}x}&=-p(x)\end{aligned}\right\}\tag{3.1}$$

以上微分关系的几何意义是:剪力图上某点处切线斜率等于该点的横向荷载集度,但符号相反;弯矩图上某点处的切线斜率等于该点处的剪力;轴力图上某点处切线斜率等于该点处的轴向荷载集度，但符号相反。据此，可以推知荷载情况与内力图形状之间的一些对应关系，如表3.1所示。掌握内力图形状上的这些特征，对于正确和迅速地绘制内力图有很大帮助。

表 3.1　内力图形状特征

荷载情况	无荷载区段	横向均布荷载区段	集中力作用处
剪力图	水平线	斜直线	有突变（突变值 ＝ 集中力）
弯矩图	一般为斜直线	抛物线（凸向与外荷载 q 方向一致）	有尖角（尖角指向同集中力方向）

荷载情况	集中力偶作用处	铰处	自由端	
			有集中力作用	有集中力偶作用
剪力图	无变化	无影响	有突变	为零
弯矩图	有突变（突变值 ＝ 集中力偶）	为零	为零	有突变

根据表 3.1 可将结构按荷载情况划分区段，只要求出各分段截面的内力数值，即可将全部图形绘出。

例 3.1　试作图 3.5(a) 所示简支梁的内力图。

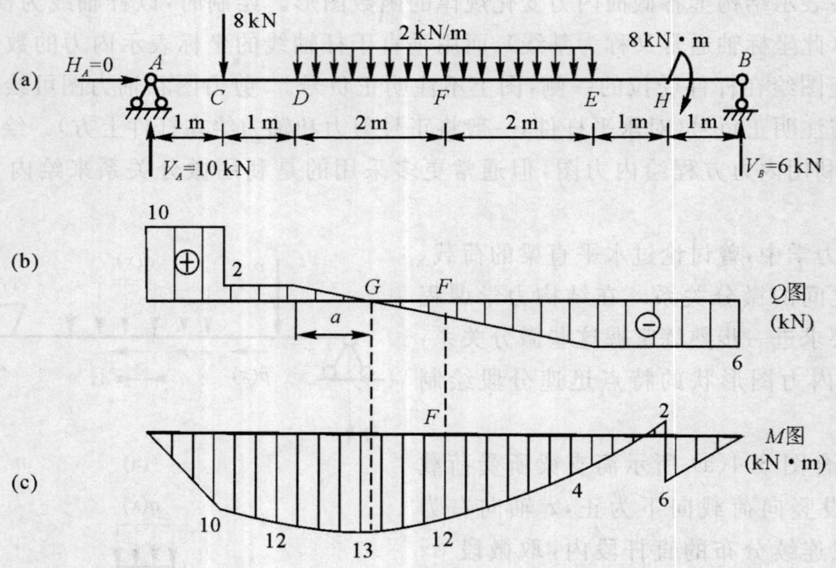

图　3.5

解　(1) 求支座反力。利用整体平衡条件，由 $\sum M_A = 0$，有

$$8\times1+2\times4\times4+8-V_B\times8=0$$

得
$$V_B=6\ \text{kN}\ (\uparrow)$$

再由 $\sum Y=0$，有

$$8+2\times4+8-V_A-6=0$$

得
$$V_A=10\ \text{kN}\ (\uparrow)$$

(2) 作剪力图。用截面法求出下列各截面的剪力值，即

$$Q_{A右}=Q_{C左}=V_A=10\ \text{kN}$$
$$Q_{C右}=Q_D=V_A-8=2\ \text{kN}$$
$$Q_E=Q_{B左}=V_B=-6\ \text{kN}$$

然后即可绘出剪力图(见图 3.5(b))。

(3) 作弯矩图。用截面法求出下面各分段截面的弯矩值,即

$$M_A=0$$
$$M_C=10\times1=10\ \text{kN}\cdot\text{m}$$
$$M_D=10\times2-8\times1=12\ \text{kN}\cdot\text{m}$$
$$M_E=6\times2-8=4\ \text{kN}\cdot\text{m}$$
$$M_B=0$$
$$M_{H左}=6\times1-8=-2\ \text{kN}\cdot\text{m}$$
$$M_{H右}=6\times1=6\ \text{kN}\cdot\text{m}$$

便可绘出弯矩图(见图 3.5(c))。

在梁上有均布荷载的 DE 段,弯矩图为二次抛物线,至少要有 3 个点才能比较准确地画出图形。现已有 M_D 和 M_E,在 D 和 E 之间所缺少的一个纵坐标值,可取 DE 段中点 F 处的弯矩值,也可取 D 和 E 之间的 $M_{\max}$ 值。现分别计算如下:

DE 段中点 M_F 值为

$$M_F=10\times4-8\times3-2\times2\times1=12\ \text{kN}\cdot\text{m}$$

由 Q 图可确定 M 的极值点位置

$$a=\frac{10-8}{2}=1\ \text{m}$$

故
$$M_{\max}=10\times3-8\times2-2\times\frac{1}{2}\times1^2=13\ \text{kN}\cdot\text{m}$$

3.2 用叠加法绘弯矩图

力学分析中的叠加原理,是指结构中一组荷载作用所产生的效果等于每一荷载单独作用所产生的效果的总和。根据这个原理,当遇到梁承受几个荷载作用时,我们可以用几个简单图形叠加的方法绘制其弯矩图,方法非常简便。有时,甚至可以不求支座反力。

当用叠加法作弯矩图时,通常是以简支梁的弯矩图为基础。例如,图 3.6(a) 所示 AB 是一简支梁,在两端 A 和 B 作用有端部力偶 M_A 和 M_B,且在梁上作用有均布荷载 q。由叠加原理,将梁 AB 所承受的荷载分为两组:一组是梁两端的端部力偶 M_A 和 M_B,当端部力偶单独作用时,弯矩图如图 3.6(b) 所示;一组是梁上的均布荷载 q,当均布荷载单独作用时,弯矩图如图 3.6(c) 所示。然后,将两图相应的数标叠加,即得到简支梁 AB 在两端部力偶和梁上均布荷载共同作用下的弯矩图(见图 3.6(d))。

当实际作图时,通常不必作出图 3.6(b) 和图 3.6(c) ,而是直接作出图 3.6(d)。方法是:先将两端部力偶作用下的弯矩图绘出,如图 3.6(d) 中虚线所示,然后以此虚线作为暂时基线绘出简支梁在均布荷载 q 作用下的弯矩图形。这里,必须注意,弯矩图的叠加是指其纵坐标的叠加,而不是图形的简单拼合。

图 3.6(d) 所示任意截面的 3 个纵坐标 $\overline{M}$，M_0 与 M 之间的叠加关系为

$$M(x)=\overline{M}(x)+M_0(x)$$

注意，图 3.6(d) 中的纵坐标 M_0 同 $\overline{M}$，M 一样，也是垂直于杆轴线 AB，而不是垂直于图中的虚线。

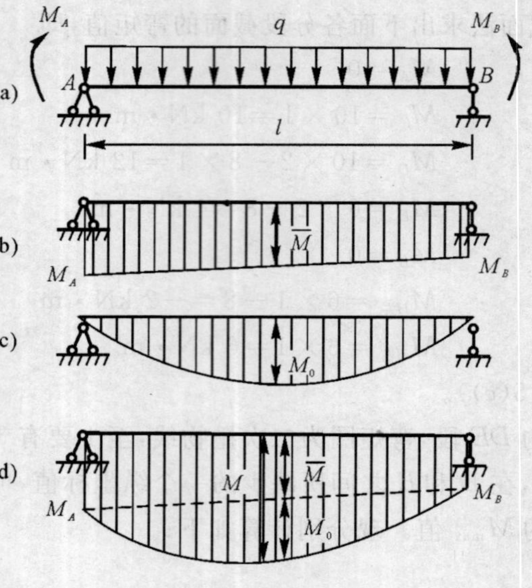

图 3.6

例 3.2 用叠加法作图 3.7(a)，(b) 所示简支梁的弯矩图。

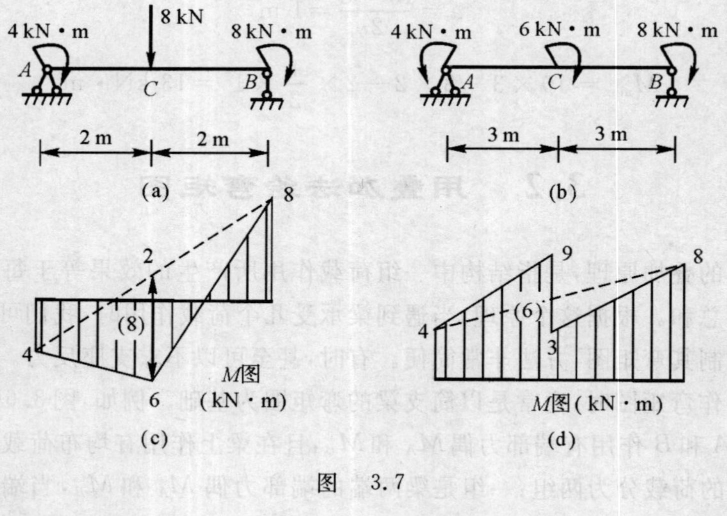

图 3.7

解 (1) 在简支梁基本弯矩图的基础上，先将两端部力偶作用下的弯矩图绘出，如图 3.7(c)，(d) 中虚线所示。

(2) 以虚线作为暂时基线，在图 3.7(c) 中虚线上叠加以 AB 长度为跨度的简支梁在跨中集中力作用下的弯矩图，即 M_0 图。M_0 图在跨中的纵坐标为

$$\frac{1}{4}Pl=\frac{1}{4}\times 8\times 4=8\ \text{kN}\cdot\text{m}$$

因此，AB 梁跨中截面 C 的弯矩值为

$$M_C=\left(-\frac{8+4}{2}+4\right)+8=6\ \text{kN}\cdot\text{m}$$

(3) 在图 3.7(d) 中虚线上叠加以 AB 长度为跨度的简支梁在跨中集中力偶作用下的弯矩图，即 M_0 图。M_0 图在跨中的纵坐标被基线平分，即基线上、下的数标值均为

$$\frac{1}{2}M=\frac{1}{2}\times 6=3\ \text{kN}\cdot\text{m}$$

因此，AB 梁跨中 C 的左、右截面的弯矩值分别为

$$M_{C左}=-\frac{8+4}{2}-3=-9\ \text{kN}\cdot\text{m},\quad M_{C右}=-\frac{8+4}{2}+3=-3\ \text{kN}\cdot\text{m}$$

最后弯矩图如图 3.7(c)，(d) 所示。

例 3.3　作图 3.8(a) 所示伸臂梁的弯矩图。

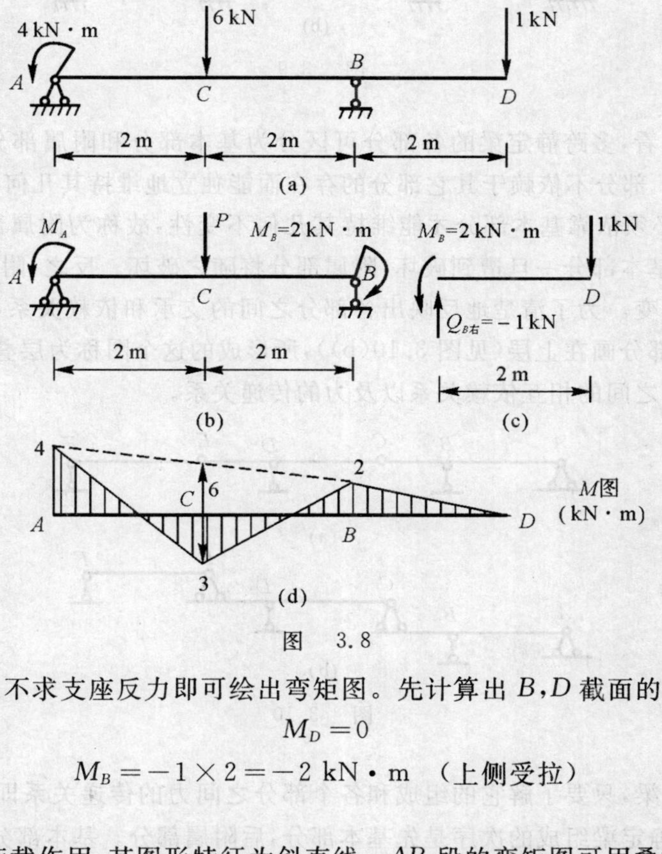

图　3.8

解　本题可以不求支座反力即可绘出弯矩图。先计算出 B，D 截面的弯矩值为

$$M_D=0$$

$$M_B=-1\times 2=-2\ \text{kN}\cdot\text{m}\quad(上侧受拉)$$

如图 3.8(c) 所示。

BD 段无均布荷载作用，其图形特征为斜直线。AB 段的弯矩图可用叠加法绘出。不难看出 AB 段的受力情况与一个跨度等于此段长度并承受同样荷载 P 及端部弯矩 M_A，M_B 作用的相应简支梁(见图 3.8(b))是相同的。于是，在绘 AB 段的弯矩图时，先将其两端弯矩 M_A，M_B 绘出并连以直线(图中虚线)，然后以此虚线为基线叠加相应简支梁在跨中集中力作用下的弯矩图。最后弯矩图如图 3.8(d) 所示。AB 段中点 C 的弯矩值为

$$M_C=-\frac{4+2}{2}+\frac{1}{4}\times 6\times 4=3\ \text{kN}\cdot\text{m}\quad(下侧受拉)$$

3.3　多跨静定梁

多跨静定梁是由若干根梁用铰相连，并用若干支座与基础相连而组成的静定结构。这种结构形式在公路桥梁（见图 3.9(a)）中较多采用，相应的计算简图如图 3.9(b) 所示。

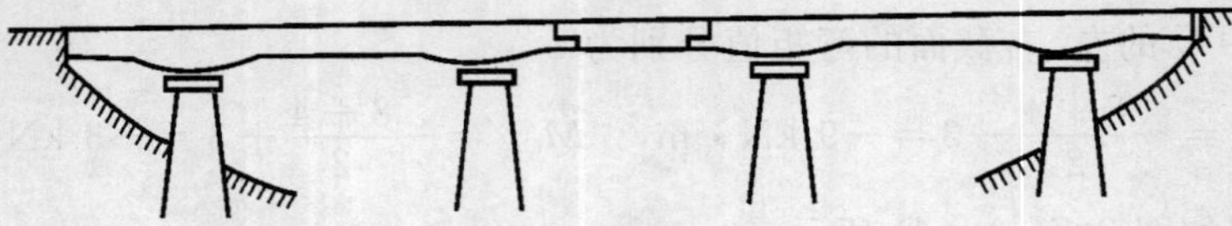

(a)

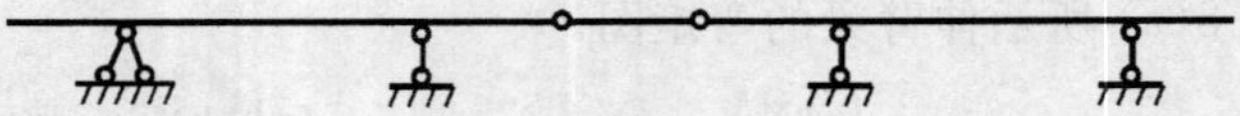

(b)

图　3.9

从几何组成上看，多跨静定梁的各部分可区分为基本部分和附属部分。例如图 3.10(a) 所示的梁，其中 AC 部分不依赖于其它部分的存在而能独立地维持其几何不变性，称为基本部分；而 CE 部分则必须依靠基本部分才能维持其几何不变性，故称为附属部分；同理，EF 也是附属部分。显然，基本部分一旦遭到破坏，附属部分将随之破坏。反之，附属部分遭到破坏，基本部分仍为几何不变。为了清楚地反映出各部分之间的支承和依赖关系，可以把基本部分画在下层，而把附属部分画在上层（见图 3.10(b)），所形成的这个图称为层叠图。由层叠图可以清楚地反映出它们之间的相互依赖关系以及力的传递关系。

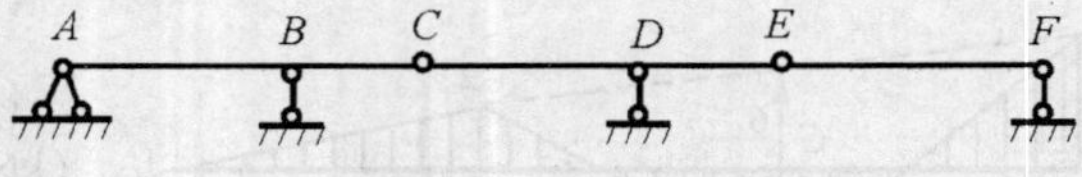

(a)

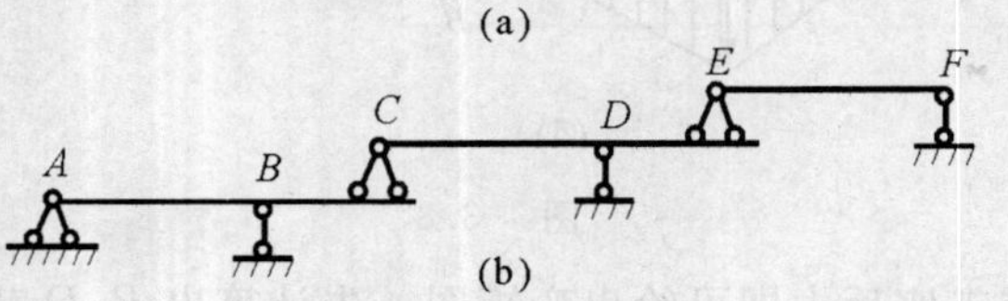

(b)

图　3.10

对于多跨静定梁，只要了解它的组成和各个部分之间力的传递关系即不难计算。从层叠图可以看出，多跨静定梁组成的次序是先基本部分，后附属部分。基本部分的荷载不影响附属部分，而附属部分的荷载必传至基本部分。因此，当计算多跨静定梁时，应先计算附属部分，再计算基本部分。在计算的过程中，注意将附属部分的支座反力反其方向加在其基本部分上。这样，多跨静定梁即可拆成若干个单跨静定梁，分别计算并绘出内力图，将各单跨静定梁的内力图连在一起，就是多跨静定梁的内力图。

例 3.4　试作图 3.11(a) 所示多跨静定梁的内力图。

解　先作出层叠图如图 3.11(b) 所示。由该图可知，应先计算附属部分 CE。铰 C 上作用的集中力可认为加在梁 CDE 上，也可认为加在梁 ABC 上，对多跨静定梁的反力和内力没有影响。点 C 反力 V_C 求出后，反其方向就是加在梁 ABC 上点 C 的荷载（见图 3.11(c)），然后再计

算梁 ABC。

(1) 计算约束力和支座反力。如图 3.11(c) 所示,由附属部分开始,因集中荷载作用在 CDE 段的中点,故

$$V_C = V_E = 20\ \text{kN}\ (\uparrow)$$

再由基本部分梁 ABC 的平衡条件,可得

$$V_A = 60\ \text{kN}\ (\uparrow),\quad V_B = 140\ \text{kN}\ (\uparrow)$$

(2) 作内力图。在铰的约束力和支座反力求出后,梁的弯矩图和剪力图即不难绘出,分别如图 3.11(d) 和(e) 所示。

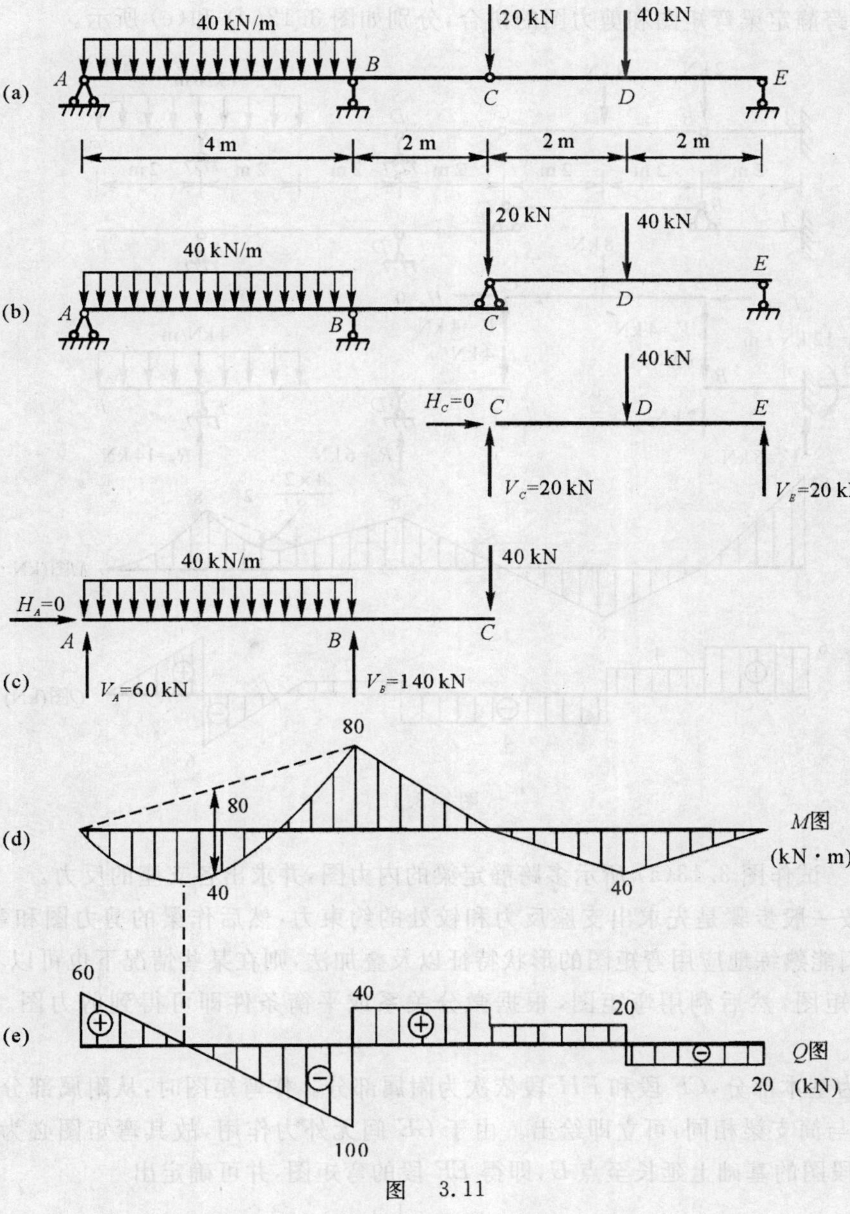

图　3.11

例 3.5　试作图 3.12(a) 所示多跨静定梁的内力图。

解 (1) 组成分析。此梁中虽然 $CDEF$ 只有两根竖向支座链杆与基础相连，但在竖向荷载作用下它能独立维持平衡，故图 3.12(a) 多跨静定梁在竖向荷载作用下 AB 和 $CDEF$ 都是基本部分，层叠图如图 3.12(b) 所示。分析先从附属部分梁 BC 开始，然后再分析梁 AB 和梁 $CDEF$，分析各梁的脱离体图如图 3.12(c) 所示。

(2) 支座反力分析及内力图的绘制。因梁只承受竖向荷载的影响，故由梁的整体平衡条件 $\sum X=0$，可知水平支反力 $H_A=0$，从而可分析知各铰结处的水平约束力都为零，即整个梁没有轴力。先求梁 BC 的支反力，然后反方向分别加在梁 AB 和梁 $CDEF$ 上计算，各支座反力及约束力的结果标在图中。在支座反力和铰的约束力求出后，多跨静定梁的弯矩图和剪力图就是 3 个单跨静定梁弯矩图和剪力图的拼合，分别如图 3.12(d) 和(e) 所示。

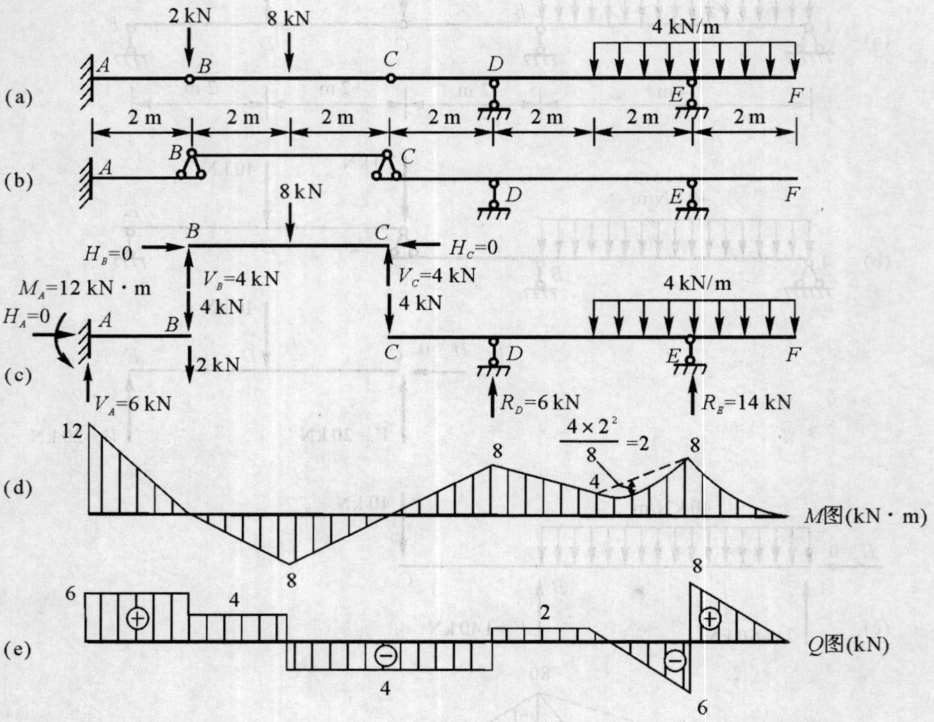

图 3.12

例 3.6 试作图 3.13(a) 所示多跨静定梁的内力图，并求出各支座的反力。

解 按一般步骤是先求出支座反力和铰处的约束力，然后作梁的剪力图和弯矩图。但是，如果我们能熟练地应用弯矩图的形状特征以及叠加法，则在某些情况下也可以不求反力而直接先绘弯矩图，然后利用弯矩图，根据微分关系或平衡条件即可得到剪力图。本题即是一例。

AC 段为基本部分，CF 段和 FH 段依次为附属部分。作弯矩图时，从附属部分开始。FH 段的弯矩图与简支梁相同，可立即绘出。由于 GE 间无外力作用，故其弯矩图必为一段直线，于是在 GF 段图的基础上延长至点 E，即得 EF 段的弯矩图，并可确定出

$$M_E=-\frac{1}{2}qa^2$$

CE 段的弯矩图便可用叠加法绘出。*CB* 段的弯矩图与 *EF* 段的绘制方法相同。最后，*AB* 段的弯矩图同样用叠加法即可绘出。这样，未经计算反力而绘出了全梁的弯矩图，如图 3.13(b) 所示。

绘出了弯矩图，剪力图即可根据微分关系或平衡条件求得。对于弯矩图为直线的区段，利用弯矩图的坡度(即斜率) 来求剪力非常方便，例如 *GE* 段的剪力值为

$$Q_{GE}=\frac{\frac{1}{2}qa^2+\frac{1}{2}qa^2}{2a}=\frac{1}{2}qa$$

至于剪力的正、负号，可按下述方法判定：若弯矩图是从基线顺时针方向转(小于90° 的转角)，则剪力为正，反之为负。据此，可知 Q_{GE} 为正。又如 *BD* 段的剪力值为

$$Q_{BD}=-\frac{\frac{3}{4}qa^2+\frac{3}{4}qa^2}{2a}=-\frac{3}{4}qa$$

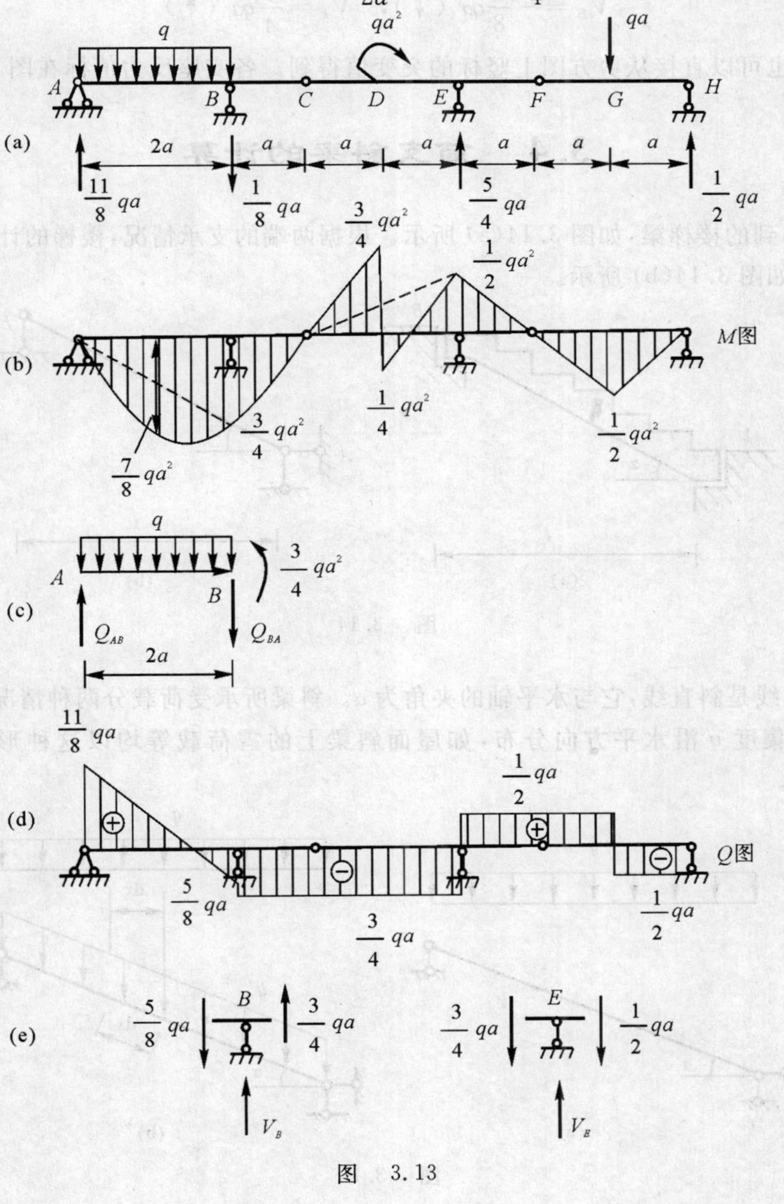

图 3.13

对于弯矩图为曲线的区段，利用杆件的平衡条件来求得其两端剪力。例如 AB 段梁，可取出该段梁 AB 为隔离体（在截面 A 右和 B 左处切断），如图 3.13(c) 所示。由 $\sum M_B=0$ 和 $\sum Y=0$，可分别求得

$$Q_{A右}=\frac{q\times 2a\times a+\frac{3}{4}qa^2}{2a}=\frac{11}{8}qa$$

$$Q_{B左}=-2qa+\frac{11}{8}qa=-\frac{5}{8}qa$$

整个梁的剪力图，如图 3.13(d) 所示。

剪力图绘出后，取结点作为研究对象，考虑其平衡条件 $\sum Y=0$，即可求出支座反力。如求支座 B 和 E 的反力，隔离体如图 3.13(e) 所示，求得

$$V_B=-\frac{1}{8}qa\ (\downarrow),\quad V_E=\frac{5}{4}qa\ (\uparrow)$$

当然，反力值也可以直接从剪方图上竖标的突变值得到。各支座反力值标在图 3.13(a) 中。

3.4 简支斜梁的计算

工程上遇到的楼梯梁，如图 3.14(a) 所示。根据两端的支承情况，楼梯的计算简图通常取为简支斜梁，如图 3.14(b) 所示。

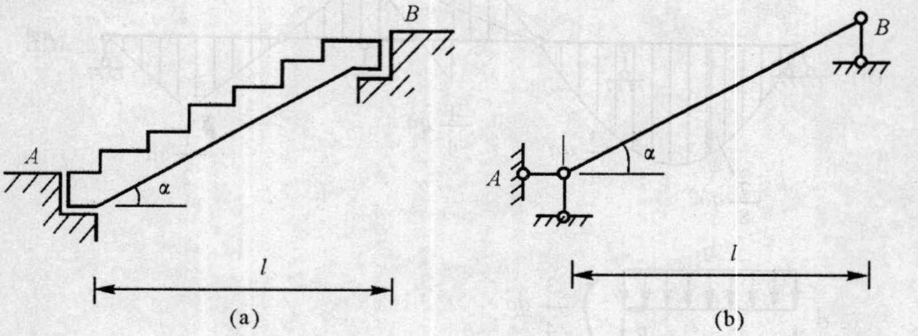

图 3.14

斜梁的轴线是斜直线，它与水平轴的夹角为 α。斜梁所承受荷载分两种情况：

(1) 荷载集度 q 沿水平方向分布，如屋面斜梁上的雪荷载等均以这种形式给出，如图 3.15(a) 所示。

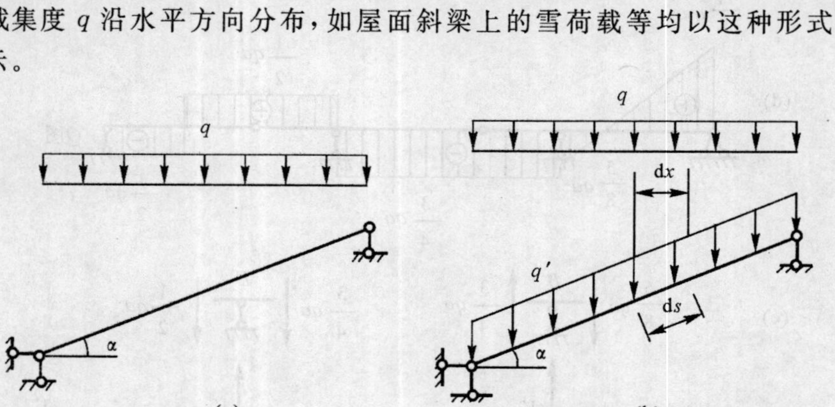

图 3.15

(2) 荷载集度 q' 沿杆轴方向分布,如楼梯梁的自重就属于这种情况,如图 3.15(b) 所示。

计算时为了统一,可将沿杆轴方向分布荷载集度 q' 化为沿水平方向分布的荷载集度 q,根据同一微段合力相等的原则,图 3.15(b) 中两个微段荷载应相等,即

$$q\mathrm{d}x = q'\mathrm{d}s$$

由此得

$$q = \frac{q'}{\frac{\mathrm{d}x}{\mathrm{d}s}} = \frac{q'}{\cos\alpha}$$

下面以沿水平方向分布的竖向均布荷载为例说明斜梁计算的特点。

例 3.7　作图 3.16(a) 所示简支斜梁的内力图,斜梁承受沿水平方向作用的均布荷载 q。

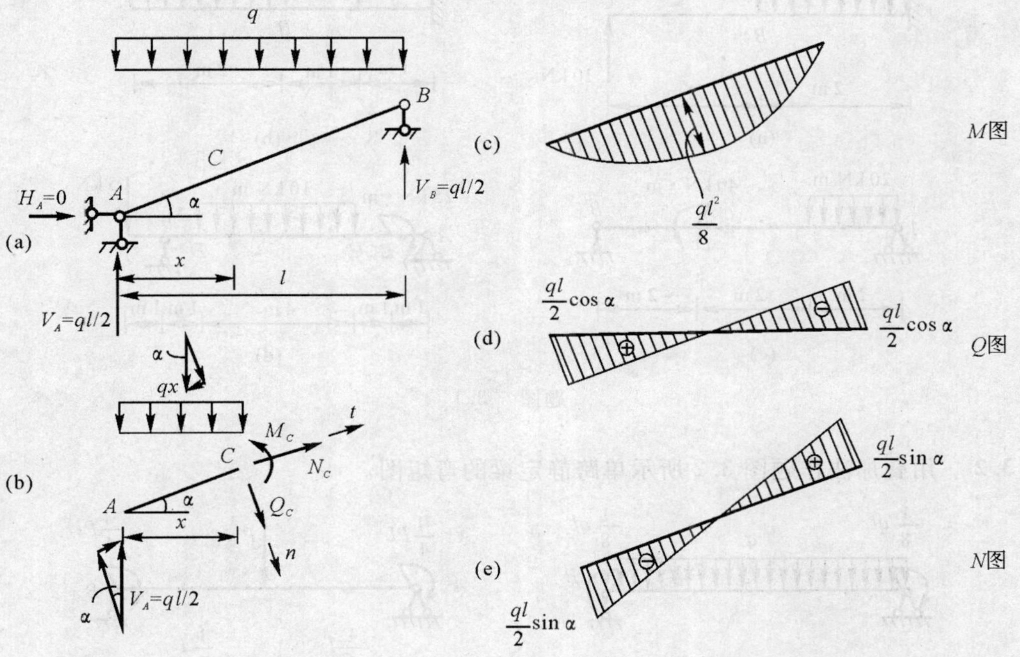

图　3.16

解　(1) 利用整体平衡条件求出支座反力:

$$\sum M_A = 0,\quad V_B = \frac{ql}{2}(\uparrow)$$

$$\sum M_B = 0,\quad V_A = \frac{ql}{2}(\uparrow)$$

$$\sum X = 0,\quad H_A = 0$$

(2) 求内力时,任一截面 C,距支座 A 的水平距离为 x。将 C 截面切开,取 AC 段为隔离体,隔离体的受力情况如图 3.16(b) 所示。C 截面上内力有 M_C,Q_C 和 N_C,根据平衡条件可求出 C 截面各内力:

$$\sum M_C = 0,\quad M_C = V_A x - qx\,\frac{x}{2} = \frac{1}{2}qx(l-x)$$

$$\sum n = 0,\quad Q_C = V_A\cos\alpha - qx\cos\alpha = \frac{1}{2}q(l-2x)\cos\alpha$$

$$\sum t=0,\quad N_C=-V_A\sin\alpha+qx\sin\alpha=-\frac{1}{2}q(l-2x)\sin\alpha$$

由内力方程可绘出斜梁的 M 图、Q 图和 N 图，如图 3.16(c)，(d)，(e) 所示。

习　题

3.1　试作题图 3.1 所示单跨静定梁的内力图。

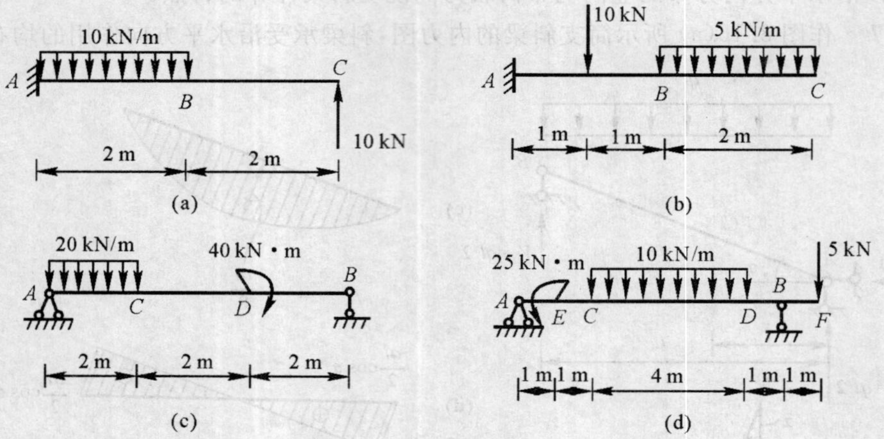

题图　3.1

3.2　用叠加法作题图 3.2 所示单跨静定梁的弯矩图。

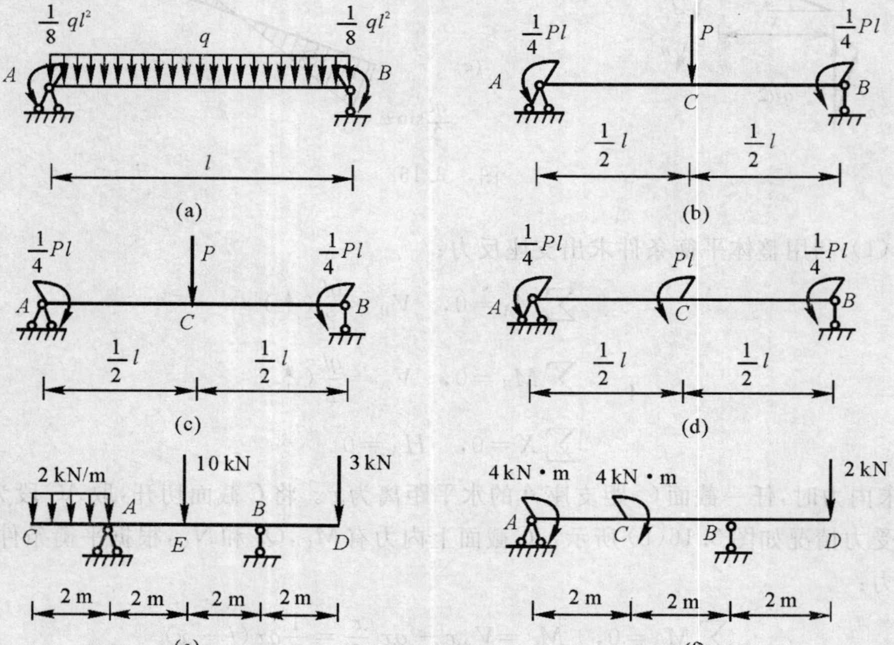

题图　3.2

3.3　作出题图 3.3 所示斜梁的内力图。

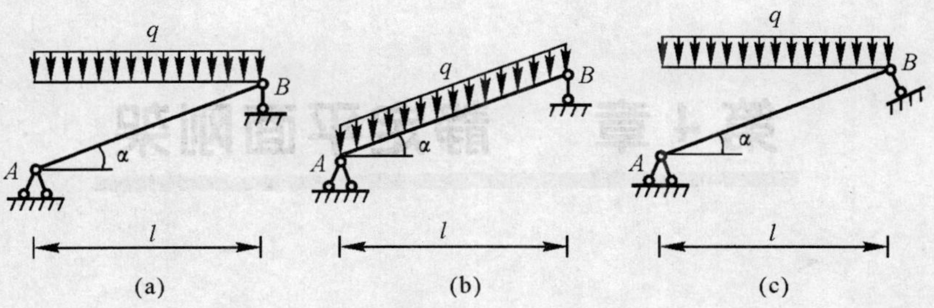

题图　3.3

3.4　求题图 3.4 所示梁的支座反力，并绘梁的内力图。

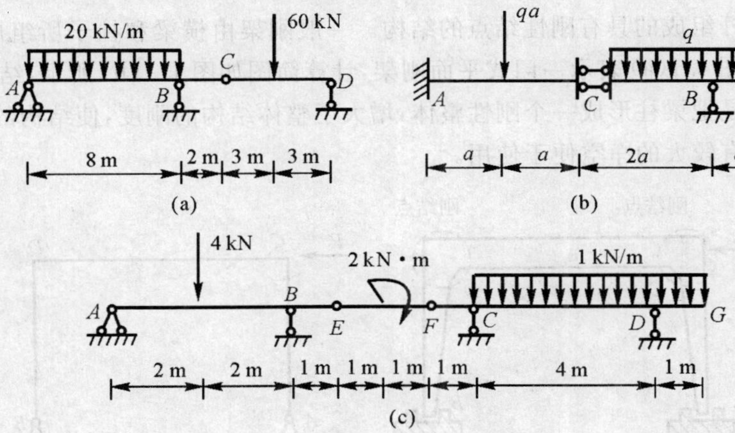

题图　3.4

3.5　不求题图 3.5 所示梁的支座反力，速绘弯矩图。

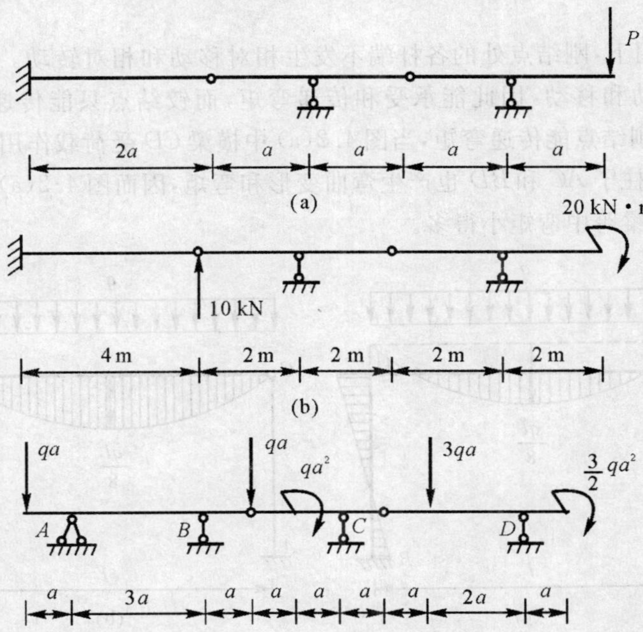

题图　3.5

第 4 章　静定平面刚架

4.1　静定平面刚架的几何构成和特点

刚架是由直杆组成的具有刚性结点的结构。一般刚架由横梁和柱子所组成，杆件之间用刚性结点连接。图 4.1(a) 表示一门式平面刚架，计算简图如图 4.1(b) 所示，结点 C,D 为刚结点。刚架的优点是把梁柱形成一个刚性整体，增大了整体结构的刚度，使结构的内力分布比较均匀，此外，还具有较大的净空便于使用。

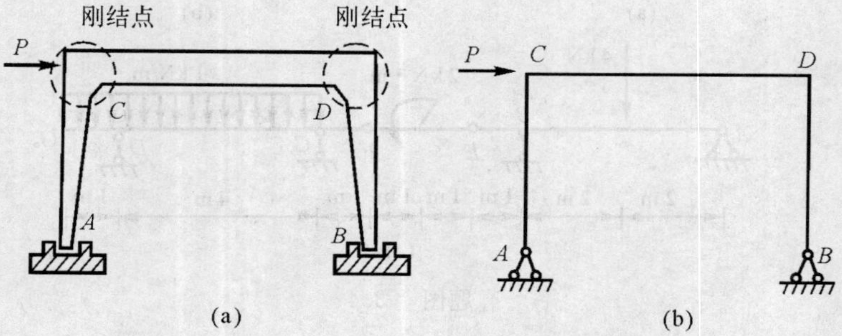

图　4.1

在任意荷载作用下，刚结点处的各杆端不发生相对移动和相对转动。由于刚结点能约束杆端之间的相对转动和移动，因此能承受和传递弯矩，而铰结点只能传递力。如图 4.2(a)，(b) 所示结构，由于刚结点能传递弯矩，当图 4.2(a) 中横梁 CD 受荷载作用时，不但横梁 CD 产生弯曲变形和弯矩，柱子 AC 和 BD 也产生弯曲变形和弯矩，因而图 4.2(a) 中横梁跨中弯矩峰值要比图 4.2(b) 横梁跨中弯矩小得多。

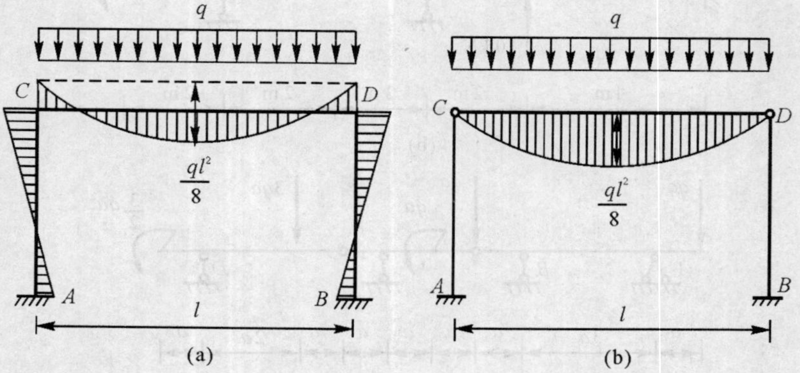

图　4.2

在工程中静定平面刚架常见的形式有悬臂刚架(见图 4.3(a) 所示站台雨棚)、简支刚架(见图 4.3(b) 所示渡槽的横向计算简图)及三铰刚架(见图 4.3(c))等。

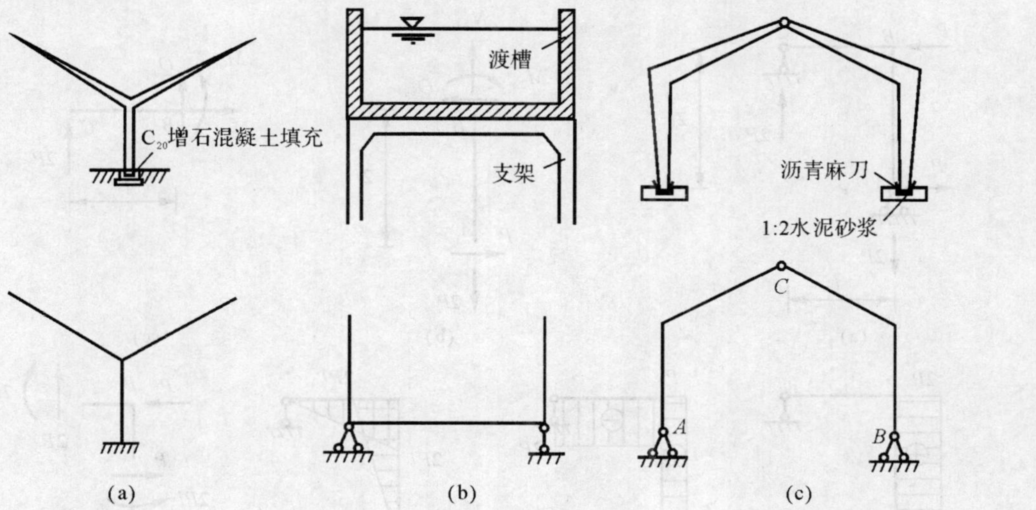

图　4.3

4.2　静定平面刚架的内力分析

刚架的各杆主要承受弯矩,故有梁式杆之称,因此静定平面刚架的内力计算方法原则上与静定梁相同。

首先以整体作为研究对象计算支座反力。当刚架与地基按两刚片规则组成时,支座反力只有三个,很容易求得;当刚架与地基按三刚片规则组成时(如三铰刚架),支座反力有四个,除考虑结构整体的三个平衡方程外,还需再取刚架的左半部分(或右半部分)为隔离体补充一个平衡方程(通常是 $\sum M_C=0$),这样即可求出全部反力;当刚架比较复杂(属于由基本部分与附属部分组成)时,反力应遵循先附属部分后基本部分的计算顺序计算。注意:在计算反力时,尽可能地避免解联立方程,最好一个方程求解一个未知力。

反力求出后,即可将刚架沿刚结点处的杆端截面截开成为若干直杆,将它们看成简支梁,然后利用 3.1 节所示梁的内力图的形状特征和叠加法分别作出每根直杆的内力图,最后将每根杆的内力图拼在一起即是刚架的内力图。

下面结合刚架特点说明在刚架计算中的几个问题。

(1) 注意内力符号的有关规定。在刚架中,弯矩通常规定以刚架内侧受拉为正。但当不便区分内外侧时,可假设左侧受拉为正。弯矩图绘在杆件受拉一侧,图上不标正负号。剪力和轴力的符号规定与梁相同。 剪力图和轴力图可绘在杆件的任意一侧,但是在图上必须标出正负号。

(2) 明确表示刚架上不同截面的内力,尤其是汇交于同一结点的各杆端截面的内力,使之不要混淆。我们采用了在内力符号后面引用两个脚标的方法,第一个脚标表示内力所在截面的位置,第二个脚标表示该截面所在杆件的另一端。如 M_{AB} 表示杆 AB 的 A 端截面的弯矩。

(3) 注意内力图的校核。通常是利用刚结点处力和力矩的平衡进行校核，如图 4.4(a) 所示刚架。

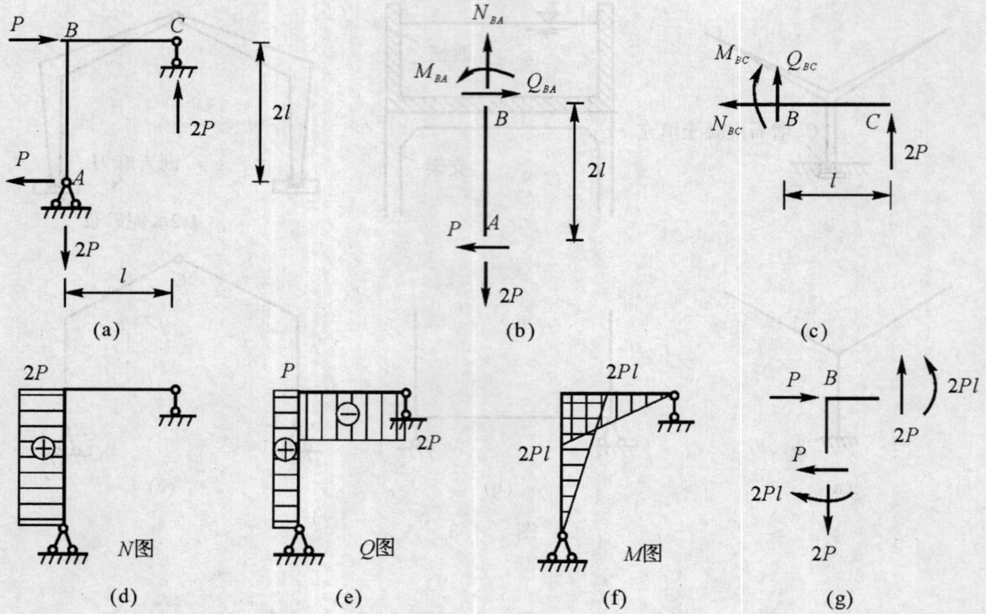

图 4.4

1) 求支座反力。

由 $\sum X=0$，有　　　　$H_A=P\ (\leftarrow)$

由 $\sum M_A=0$，有　　　　$V_C=2P\ (\uparrow)$

由 $\sum Y=0$，有　　　　$V_A=2P\ (\downarrow)$

2) 求杆端内力。先考虑杆 AB，取隔离体如图 4.4(b) 所示，由隔离体的平衡条件可求得

$N_{BA}=2P$　（拉力）

$Q_{BA}=P$

$M_{BA}=2Pl$　（右侧受拉）

再考虑杆 BC，其隔离体如图 4.4(c) 所示，由隔离体的平衡条件可求得

$N_{BC}=0$

$Q_{BC}=-2P$

$M_{BC}=2Pl$　（下侧受拉）

3) 作内力图。根据上面计算结果，可直接绘出 N，Q 和 M 图，如图 4.4(d)，(e)，(f) 所示。

4) 校核。取刚结点 B 为隔离体（见图 4.4(g)），由平衡条件得

$$\begin{cases}\sum X=P-P=0\\ \sum Y=2P-2P=0\\ \sum M=2Pl-2Pl=0\end{cases}$$

故可知计算结果无误。

例 4.1　计算图 4.5(a) 所示刚架刚结点处各杆端截面的内力，并绘内力图。

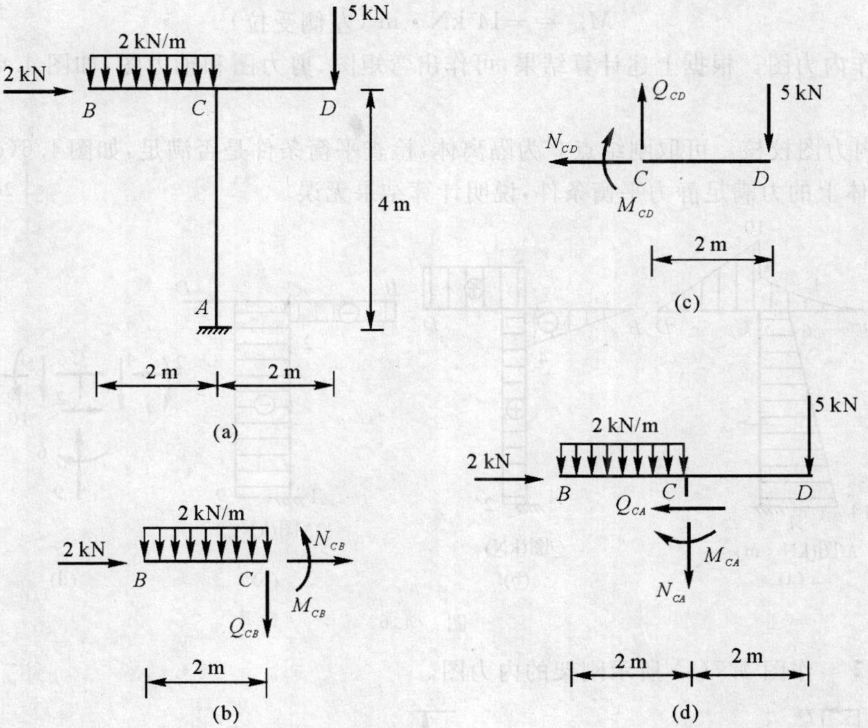

图　4.5

解　(1) 悬臂刚架可以不计算反力，直接取悬臂部分进行各杆指定截面内力的计算。

(2) 计算刚结点处各杆端截面的内力：可逐杆考虑。

取 BC 为隔离体，如图 4.5(b) 所示。

由 $\sum X=0, N_{CB}+2=0$，得 $N_{CB}=-2$ kN(压力)；

由 $\sum Y=0, Q_{CB}+2\times 2=0$，得 $Q_{CB}=-4$ kN；

由 $\sum M_C=0, M_{CB}+2\times 2\times 1=0$，得 $M_{CB}=-4$ kN·m (上侧受拉)。

取 CD 为隔离体，如图 4.5(c) 所示。

由 $\sum X=0$，得 $N_{CD}=0$；

由 $\sum Y=0, Q_{CD}-5=0$，得 $Q_{CD}=5$ kN；

由 $\sum M_C=0, M_{CD}+5\times 2=0$，得 $M_{CD}=-10$ kN·m(上侧受拉)。

取 BCD 为隔离体，如图 4.5(d) 所示。

由 $\sum X=0, Q_{CA}-2=0$，得 $Q_{CA}=2$ kN；

由 $\sum Y=0, N_{CA}+2\times 2+5=0$，得 $N_{CA}=-9$ kN(压力)；

由 $\sum M_C=0, M_{CA}+5\times 2-2\times 2\times 1=0$，得 $M_{CA}=-6$ kN·m (左侧受拉)。

以整体作为研究对象，由

$$\sum M_A = 0,\quad M_{AC} + 5\times 2 - 2\times 2\times 1 + 2\times 4 = 0$$

得
$$M_{AC} = -14\ \mathrm{kN\cdot m}\,(\text{左侧受拉})$$

(3) 作内力图。根据上述计算结果，可作出弯矩图、剪力图和轴力图，如图 4.6(a)、(b) 和 (c) 所示。

(4) 内力图校核。可取刚结点 C 为隔离体，检查平衡条件是否满足，如图 4.6(d) 所示。作用在隔离体上的力满足静力平衡条件，说明计算结果无误。

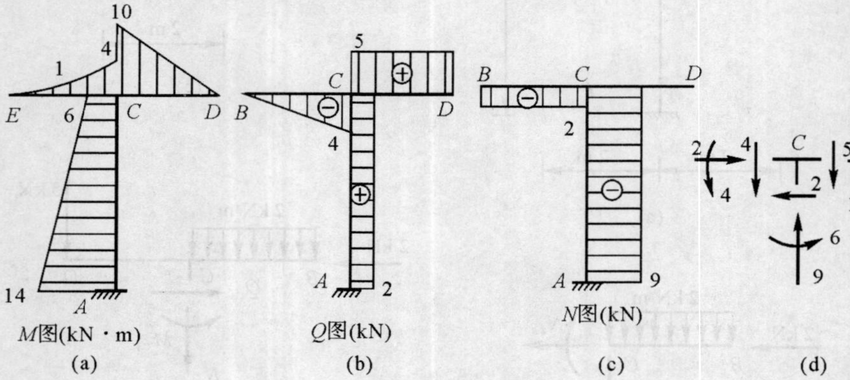

图 4.6

例 4.2 作图 4.7(a) 所示刚架的内力图。

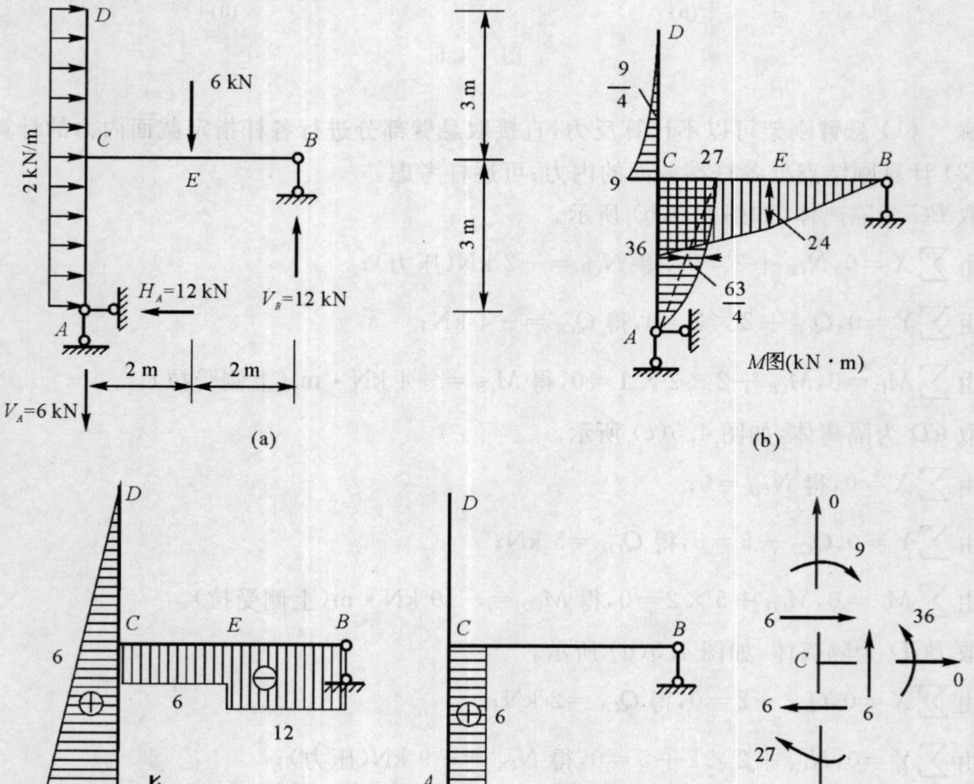

图 4.7

解　(1) 计算支座反力。

由刚架的整体平衡条件 $\sum X=0$,得 $H_A=12$ kN (←) ;

由 $\sum M_A=0, 6\times 2+2\times 6\times 3-V_B\times 4=0$,可得 $V_B=12$ kN (↑);

由 $\sum Y=0$,可得 $V_A=12-6=6$ kN (↓)。

(2) 绘制弯矩图:作弯矩图时应逐杆考虑。

杆 CD:　$M_{DC}=0$,　$M_{CD}=-2\times 3\times \frac{3}{2}=-9$ kN·m (左侧受拉)

杆 CB:　$M_{BC}=0$,　$M_{CB}=12\times 4-6\times 2=36$ kN·m (下侧受拉)

杆 CB 的中截面 E(即集中力作用截面) 的弯矩值,可利用叠加法计算,即

$$M_E=\frac{36+0}{2}+\frac{1}{4}\times 6\times 4=24\ \text{kN·m (下侧受拉)}$$

杆 AC:　$M_{AC}=0$,　$M_{CA}=12\times 3-2\times 3\times \frac{3}{2}=27$ kN·m (右侧受拉)

杆 AC 的中截面的弯矩值,利用叠加法计算,即

$$M_{中}=\frac{27+0}{2}+\frac{1}{8}\times 2\times 3^2=\frac{63}{4}\ \text{kN·m (右侧受拉)}$$

根据上述结果,可作出图 4.7(b) 所示弯矩图。

(3) 绘剪力图和轴力图。

杆 CD 的剪力和轴力,可根据杆 CD 的平衡条件求得

$$N_{CD}=0,\quad Q_{DC}=0,\quad Q_{CD}=2\times 3=6\ \text{kN}$$

杆 CB 的剪力和轴力,利用杆 CB 的平衡求知

$$N_{BC}=0,\quad Q_{BC}=-V_B=-12\ \text{kN},\quad Q_{CB}=6-12=-6\ \text{kN}$$

杆 AC 的剪力和轴力,可由支座 A 的反力和杆 AC 的平衡求得

$$N_{AC}=V_A=6\ \text{kN (拉力)}$$

$$Q_{AC}=H_A=12\ \text{kN}$$

$$Q_{CA}=12-2\times 3=6\ \text{kN}$$

根据上述计算结果,可分别绘出剪力图和轴力图,如图 4.7(c),(d) 所示。

(4) 内力图的校核。可取出刚结点 C 为隔离体,检查平衡条件是否满足,如图 4.7(e) 所示。作用在隔离体上的力满足静力平衡条件,说明计算结果无误。

例 4.3　作图 4.8(a) 所示刚架的内力图。

解　(1) 求支座反力。

由刚架的整体平衡条件 $\sum X=0$,得 $H_B=8$ kN (←);

由 $\sum M_A=0, 8+50\times 3+8\times 2-V_B\times 6=0$,可得 $V_B=29$ kN (↑);

由 $\sum Y=0$,可得 $V_A=50-29=21$ kN (↑)。

(2) 绘制弯矩图:作弯矩图时应逐杆考虑。

杆 AC: $M_{AC}=0$,　$M_{CA}=-8\times 4=-32$ kN·m (左侧受拉),　$M_{EA}=0$

杆 CD: $M_{CD}=-8\times 4=-32$ kN·m (上侧受拉)

$M_{DC}=21\times 6-8\times 4-50\times 3=-56$ kN·m (上侧受拉)

杆 CD 的中截面 F（即集中力作用截面）的弯矩值，可利用叠加法计算，即

$$M_F = -\frac{32+56}{2} + \frac{1}{4} \times 50 \times 6 = 31\ \text{kN}\cdot\text{m}\ (\text{下侧受拉})$$

杆 BD：　　$M_{BD} = 0$，　$M_{DB} = -8 \times 6 = -48\ \text{kN}\cdot\text{m}$（右侧受拉）

根据上述结果，可作出图 4.8(b) 所示弯矩图。

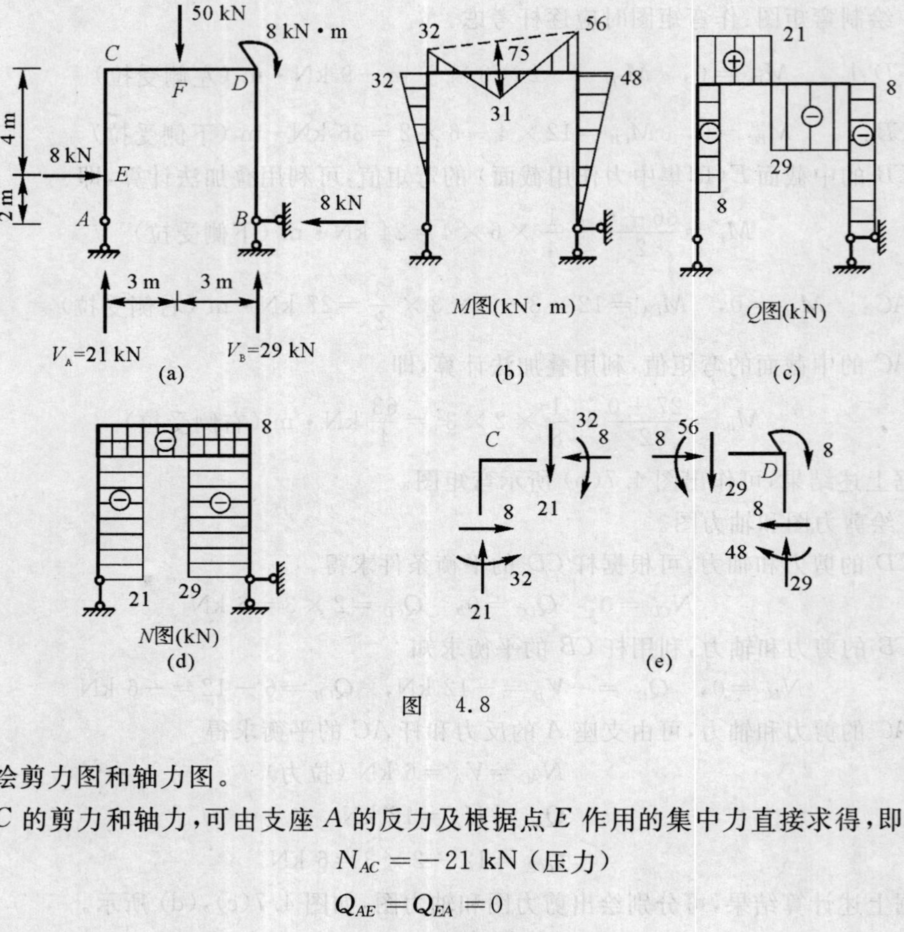

图　4.8

(3) 绘剪力图和轴力图。

杆 AC 的剪力和轴力，可由支座 A 的反力及根据点 E 作用的集中力直接求得，即

$$N_{AC} = -21\ \text{kN}\ (\text{压力})$$

$$Q_{AE} = Q_{EA} = 0$$

$$Q_{EC} = Q_{CE} = -8\ \text{kN}$$

杆 BD 的剪力和轴力，可由支座 B 的反力直接求得，即

$$N_{BD} = -29\ \text{kN}\ (\text{压力})$$

$$Q_{BD} = Q_{DB} = H_B = 8\ \text{kN}$$

杆 CD 的剪力和轴力，可由支座 A 的反力和支座 B 的反力求得，即

$$N_{CD} = -H_B = -8\ \text{kN}\ (\text{压力})$$

$$Q_{CF} = Q_{FC} = V_A = 21\ \text{kN}$$

$$Q_{FD} = Q_{DF} = -V_B = -29\ \text{kN}$$

根据上述计算结果，可分别绘出剪力图和轴力图，如图 4.8(c)，(d) 所示。

(4) 内力图的校核。可取出刚结点 C 或 D 为隔离体，检查平衡条件是否满足，如图 4.8(e) 所示。作用在隔离体上的力满足静力平衡条件，说明计算结果无误。

例 4.4　作图 4.9(a) 所示三铰刚架在左半跨作用均布荷载时的内力图。

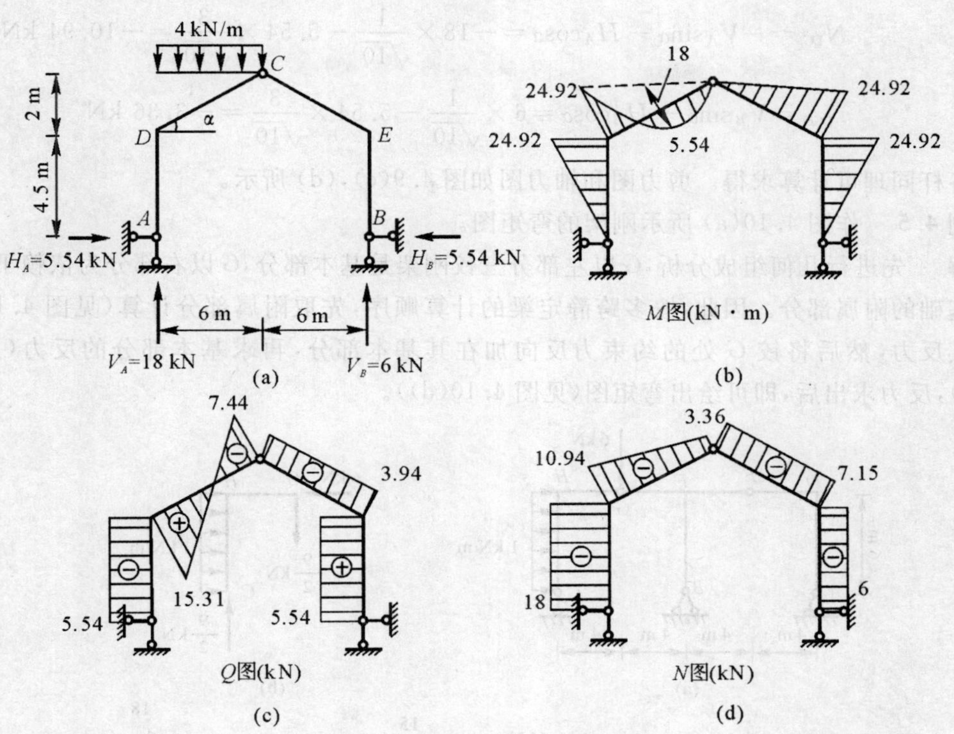

图　4.9

解　(1) 计算支座反力。

由 $\sum M_A = 0$，即 $4 \times 6 \times 3 - V_B \times 12 = 0$，得 $V_B = 6\ \text{kN}\ (\uparrow)$；

由 $\sum Y = 0$，可得 $V_A = 4 \times 6 - V_B = 24 - 6 = 18\ \text{kN}\ (\uparrow)$；

由 $\sum X = 0$，知 $H_A = H_B = H$。

利用铰 C 的 $M_C = 0$，取铰 C 以右部分计算，有

$$6 \times 6 - H \times 6.5 = 0$$

得

$$H = 5.54\ \text{kN}$$

(2) 作弯矩图。以杆 CD 为例，先求杆端弯矩，即

$$M_{DC} = -H \times 4.5 = 5.54 \times 4.5 = -24.92\ \text{kN} \cdot \text{m}\ (\text{外侧受拉})$$

$$M_{CD} = 0$$

杆 CD 中截面的弯矩值，可利用叠加法计算，即

$$M_{中} = -\frac{24.92 + 0}{2} + \frac{1}{8} \times 4 \times 6^2 = 5.54\ \text{kN} \cdot \text{m}\ (\text{内侧受拉})$$

其余各杆同理可计算求得。弯矩图如图 4.9(b) 所示。

(3) 作剪力图和轴力图。以杆 CD 为例，由截面法求出其两端剪力和轴力，即

$$Q_{DC} = V_A \cos\alpha - H_A \sin\alpha = 18 \times \frac{3}{\sqrt{10}} - 5.54 \times \frac{1}{\sqrt{10}} = 15.31\ \text{kN}$$

$$Q_{CD} = -V_B \cos\alpha - H_B \sin\alpha = -6 \times \frac{3}{\sqrt{10}} - 5.54 \times \frac{1}{\sqrt{10}} = -7.44\ \text{kN}$$

$$N_{DC}=-V_A\sin\alpha-H_A\cos\alpha=-18\times\frac{1}{\sqrt{10}}-5.54\times\frac{3}{\sqrt{10}}=-10.94\ \text{kN}$$

$$N_{CD}=V_B\sin\alpha-H_B\cos\alpha=6\times\frac{1}{\sqrt{10}}-5.54\times\frac{3}{\sqrt{10}}=-3.36\ \text{kN}$$

其余各杆同理可计算求得。剪力图和轴力图如图 4.9(c),(d) 所示。

例 4.5 作图 4.10(a) 所示刚架的弯矩图。

解 先进行几何组成分析,G 以左部分三铰刚架是基本部分,G 以右部分为依赖于左边部分和基础的附属部分。因此,按多跨静定梁的计算顺序,先取附属部分计算(见图 4.10(b)),求出其反力,然后将铰 G 处的约束力反向加在其基本部分,再求基本部分的反力(见图 4.10(c)),反力求出后,即可绘出弯矩图(见图 4.10(d))。

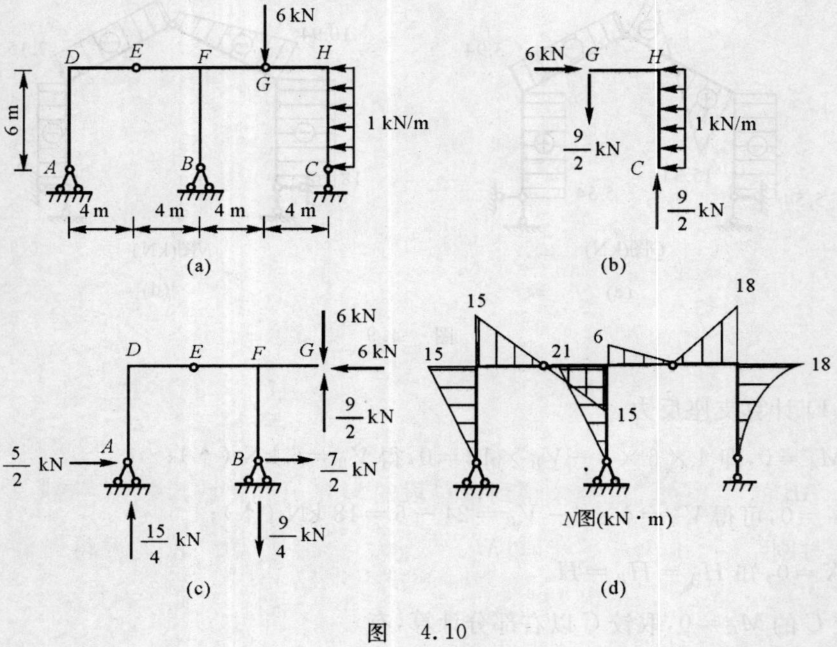

图 4.10

4.3 少求或不求反力快速绘制弯矩图

静定结构的内力分析,不仅为强度计算所必需的,而且是以后进行结构位移计算和超静定结构计算的基础,尤其是弯矩图的绘制,因此熟练地绘制弯矩图是很必要的。

所谓快速绘制弯矩图,是指只需经过少量的计算即可绘出弯矩图。若能掌握好弯矩图的一些特点,对一些简单结构快速绘出弯矩图是不难的。

下面举例说明如何快速绘制弯矩图。

例 4.6 试绘图 4.11(a) 所示刚架的弯矩图。

解 图中 AB 属于悬臂杆,由于只受端部集中力的作用,所以弯矩图呈斜直线(外部受拉)。根据刚结点 B 的弯矩平衡,知 M_{BC} 的大小与 M_{BA} 大小相等(上部受拉)。由于所受外荷载作用方向是水平的,BC 段无剪力,所以 BC 段的弯矩图呈平行线。由刚结点 C 的弯矩平衡,知 $M_{CD}=M_{CB}$,因为集中力通过 D 截面,即 $M_D=0$。刚架的弯矩图如图 4.11(b) 所示。

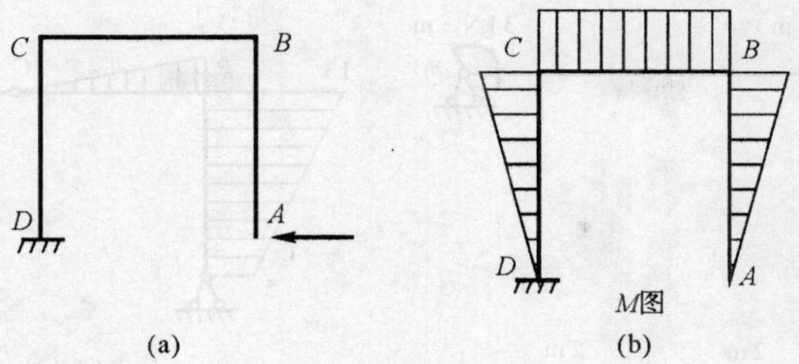

图　4.11

例 4.7　绘图 4.12(a) 所示刚架的 M 图。

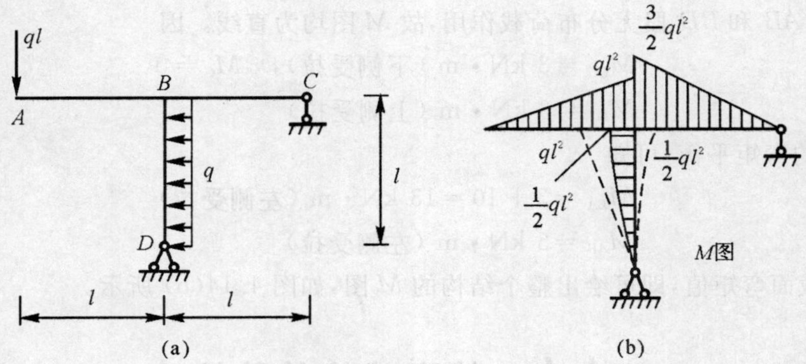

图　4.12

解　由刚架的整体平衡可得

$$H_D = ql\ (\rightarrow)$$

图中杆 AB 的 M 图可由悬臂梁得到；BD 段的 M 图可利用悬臂梁弯矩图形的叠加绘出；对于杆 BC，通过刚结点 B 的弯矩平衡，知 $M_{BC}=\frac{3}{2}ql^2$（上部受拉）。因此，可得到整个刚架的弯矩图如图 4.12(b) 所示。

例 4.8　绘图 4.13(a) 所示刚架的 M 图。

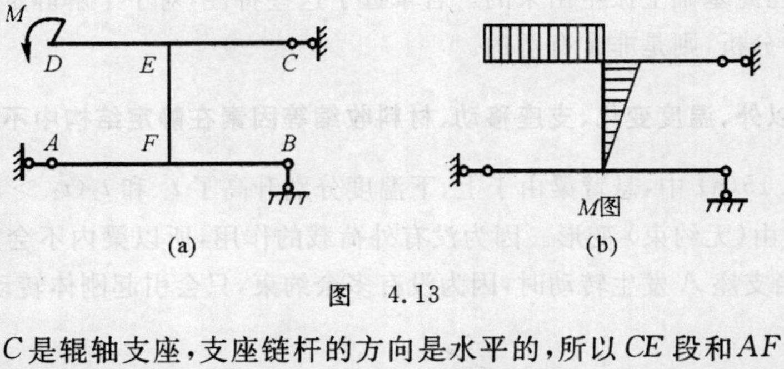

图　4.13

解　由于 A,C 是辊轴支座，支座链杆的方向是水平的，所以 CE 段和 AF 段无剪力，故 CE 段和 AF 段无弯矩。因为刚架只有一个竖向支座链杆，且无竖向荷载作用，所以 $Y_B=0$。对于杆 BF 无外力作用，所以其弯矩值为零。杆 DE 是悬臂杆，由于只有端部力偶作用，所以 M 图呈平行线（上侧受拉）。根据结点 E 的弯矩平衡，知 $M_{EF}=M$（右侧受拉）。由结点 F 的弯矩平衡，知 $M_{FE}=0$。刚架的弯矩图如图 4.13(b) 所示。

例 4.9　绘图 4.14(a) 所示刚架的 M 图。

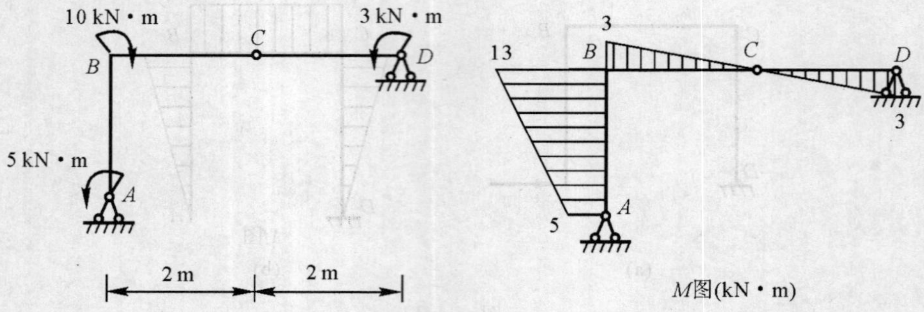

(a) (b)

图 4.14

解 在 AB 和 BD 段无分布荷载作用，故 M 图均为直线。因

$$M_{DC}=3\ \text{kN}\cdot\text{m}\ (\text{下侧受拉}),\quad M_C=0$$

故

$$M_{BC}=3\ \text{kN}\cdot\text{m}\ (\text{上侧受拉})$$

根据结点 B 的弯矩平衡，可知

$$M_{BA}=3+10=13\ \text{kN}\cdot\text{m}\ (\text{左侧受拉})$$

$$M_{AB}=5\ \text{kN}\cdot\text{m}\ (\text{左侧受拉})$$

根据各控制截面弯矩值，即可绘出整个结构的 M 图，如图 4.14(b) 所示。

4.4 静定结构的特性

静定结构和超静定结构都是几何不变体系，但是两者之间存在着差别。在几何组成方面，静定结构是无多余约束的几何不变体系，而超静定结构是具有多余约束的几何不变体系。在受力方面，静定结构的全部反力和内力均可通过静力平衡条件来确定，得到的解是唯一的；而超静定结构的反力和内力仅通过静力平衡条件不能全部确定，还必须考虑变形连续条件后才能得到唯一的解答。

由此可知，满足静力平衡条件的内力解答的唯一性，是静定结构的基本特性。下面提到的一些特性，都是在此基础上派生出来的。若掌握了这些特性，对于了解静定结构的性能和正确迅速地进行内力分析，则是非常有益的。

一、除荷载以外，温度变化、支座移动、材料收缩等因素在静定结构中不引起内力

例如在图 4.15(a) 中，悬臂梁由于上、下温度分别升高了 t_1 和 t_2（$t_2>t_1$），因而梁产生如图虚线所示的自由（无约束）变形。因为没有外荷载的作用，所以梁内不会产生内力。又如图 4.15(b) 所示，当支座 A 发生转动时，因为没有多余约束，只会引起刚体转动，所以梁内也不会引起内力。

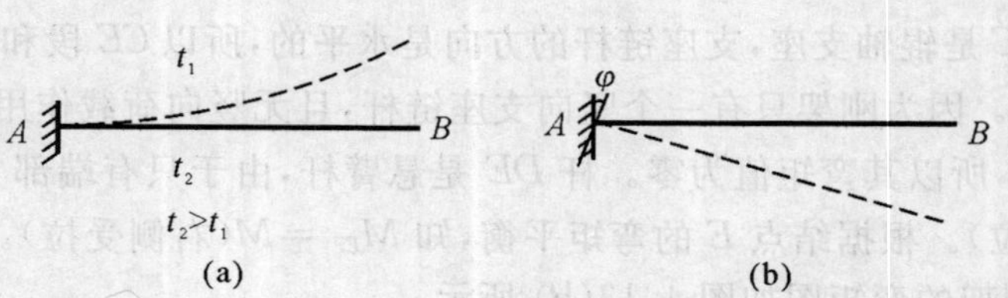

(a) (b)

图 4.15

二、平衡力系的影响

当平衡力系作用在静定结构的某一几何不变的部分上时，则只有此部分受力，而其它部分均不受力，即内力和反力都等于零。

如图 4.16(a) 所示多跨静定梁，当基本部分 AB 承受荷载时，附属部分将不受力，即内力为零。

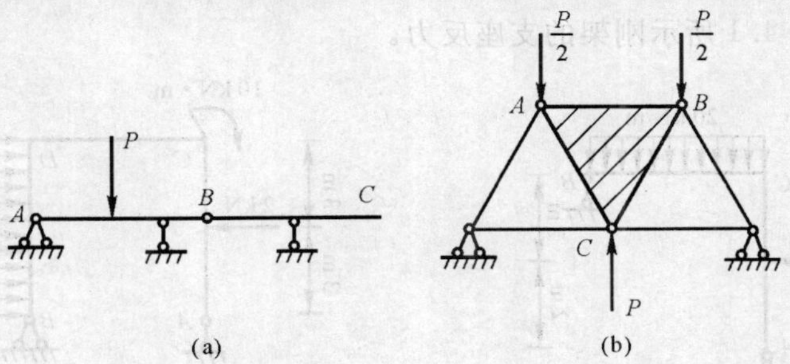

图　4.16

图 4.16(b) 所示桁架，在平衡力系作用下，只有 ABC 部分（阴影部分）受力，其余各杆内力均为零。

三、荷载等效变换的影响

具有同一合力的各种荷载，称为静力等效荷载。对于一个静定结构，当荷载等效变换时，只影响变换部分的内力，其余部分的内力则不发生变化。如图 4.17 (a) 所示，简支梁受集中力 P 的作用，弯矩图如图 4.17(a) 所示。当荷载变换为图 4.17(b) 所示时，M 图如图 4.17(b) 所示。显然，AC 段和 DB 段的弯矩没有变化，只有 CD 段的内力发生了变化。静定结构在等效荷载作用下的这一特性可以用平衡力系的影响来证明（见图 4.17(c)）。

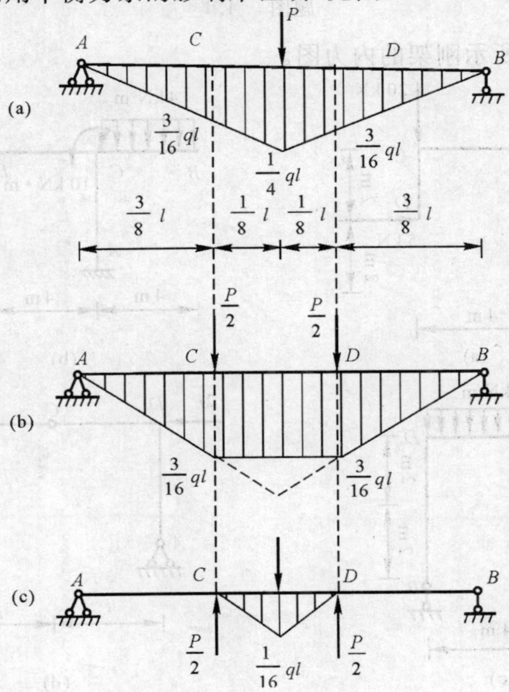

图　4.17

值得注意的是，在静定结构的反力和内力分析中，仅利用了静力平衡方程而未涉及杆件截面的尺寸、材料性质，所以静定结构的反力和内力不随截面尺寸、材料性质而变化。

习 题

4.1 计算题图 4.1 所示刚架的支座反力。

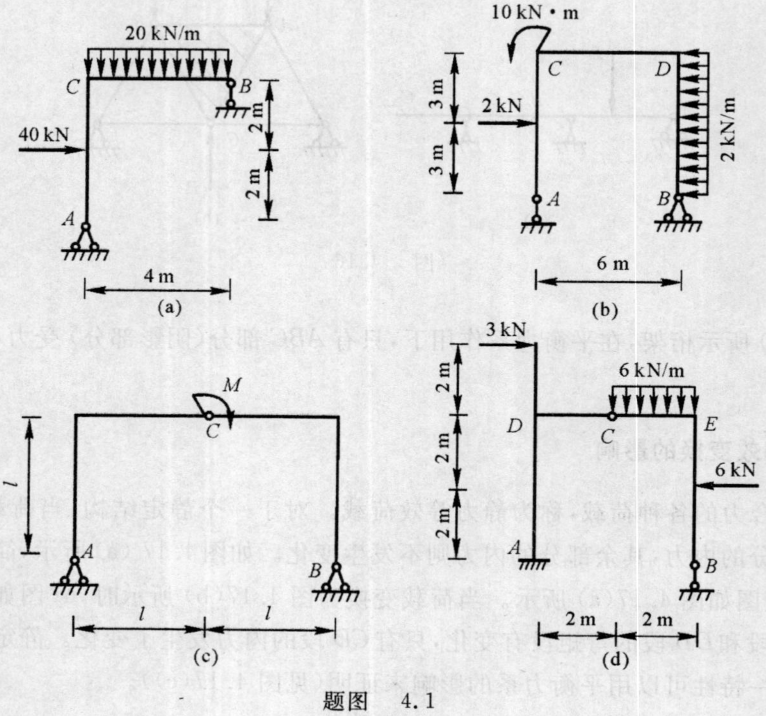

题图 4.1

4.2 试作题图 4.2 所示刚架的内力图。

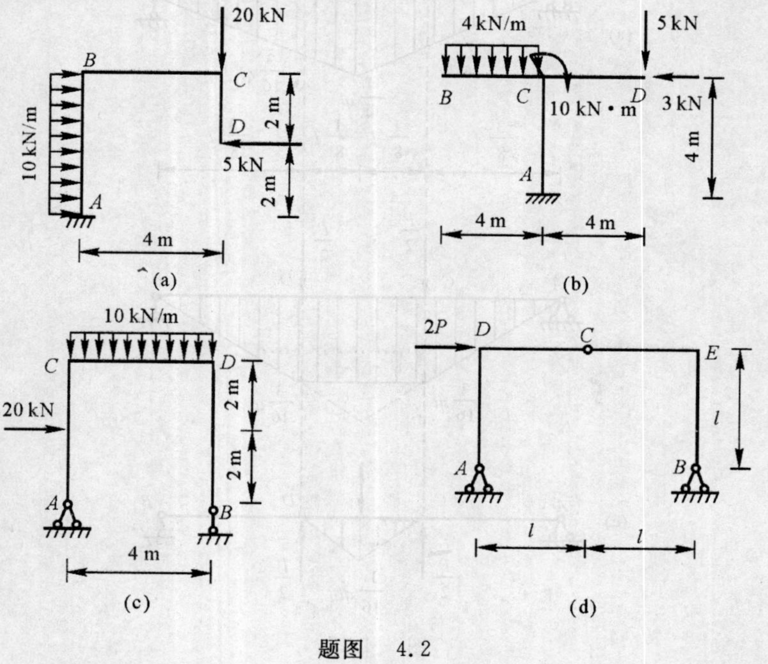

题图 4.2

4.3　试作题图 4.3 所示刚架的 M 图。

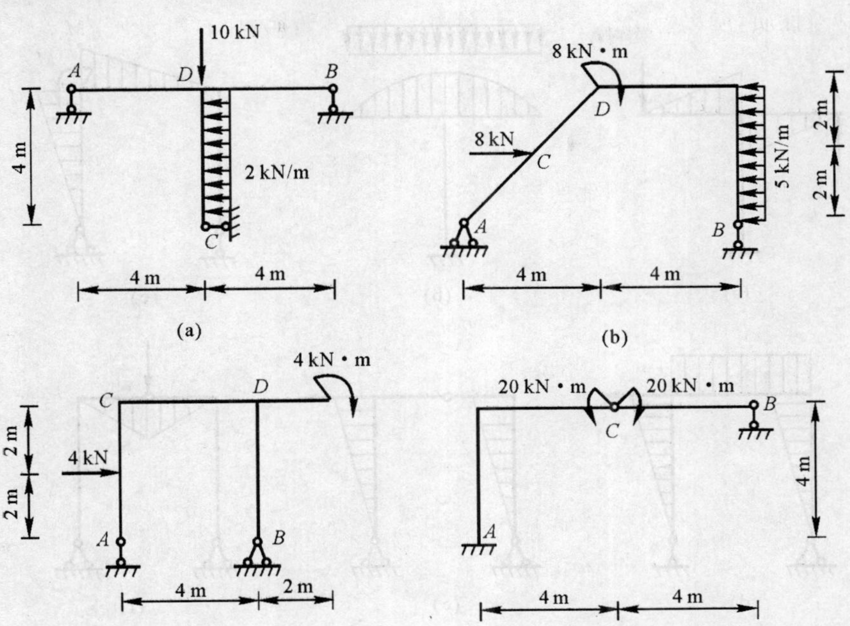

题图　4.3

4.4　快速绘出题图 4.4 所示刚架的 M 图。

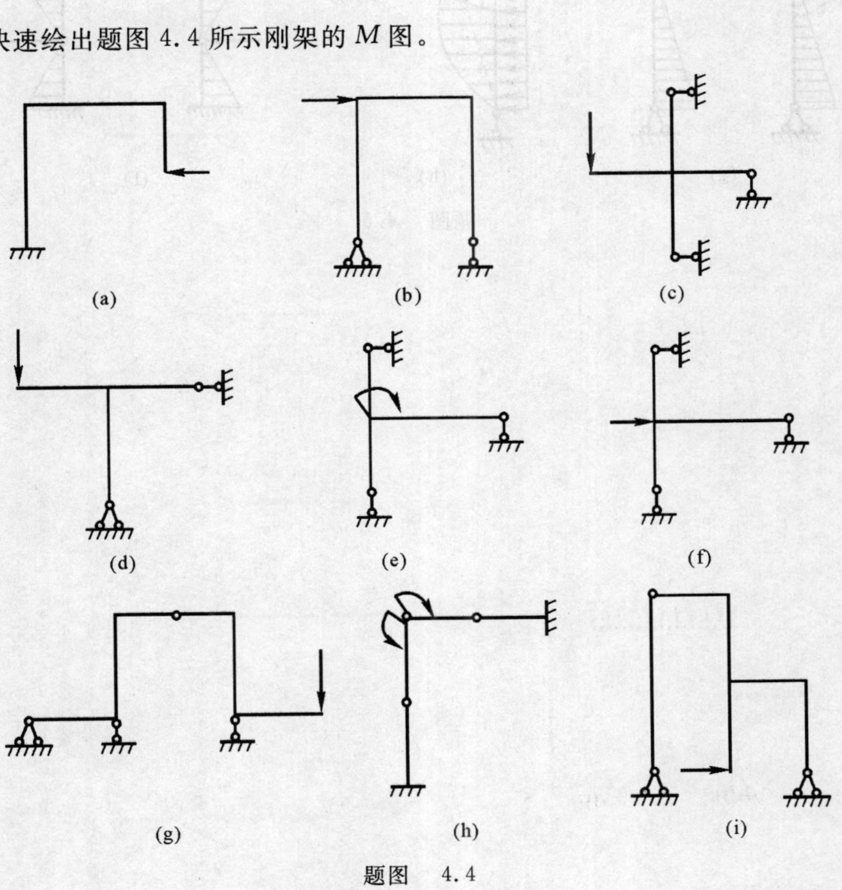

题图　4.4

4.5 题图 4.5 所示各 M 图是否正确，如有错误请加以改正。

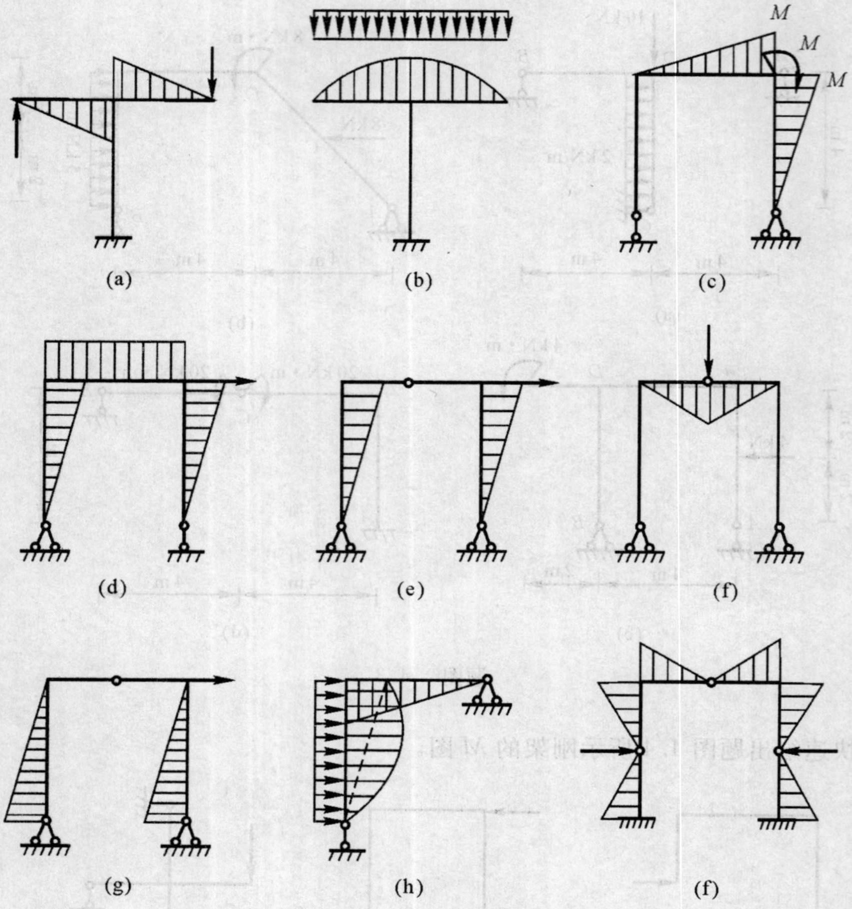

题图 4.5

第5章 静定拱式结构

5.1 概 述

杆轴是曲线，并在竖向荷载作用下，能产生水平推力的结构，称为拱式结构。拱的基本型式有三铰拱、两铰拱和无铰拱，如图 5.1(a)，(b)，(c) 所示。其中三铰拱为静定拱，其它两种都是超静定拱。本章讨论静定拱。

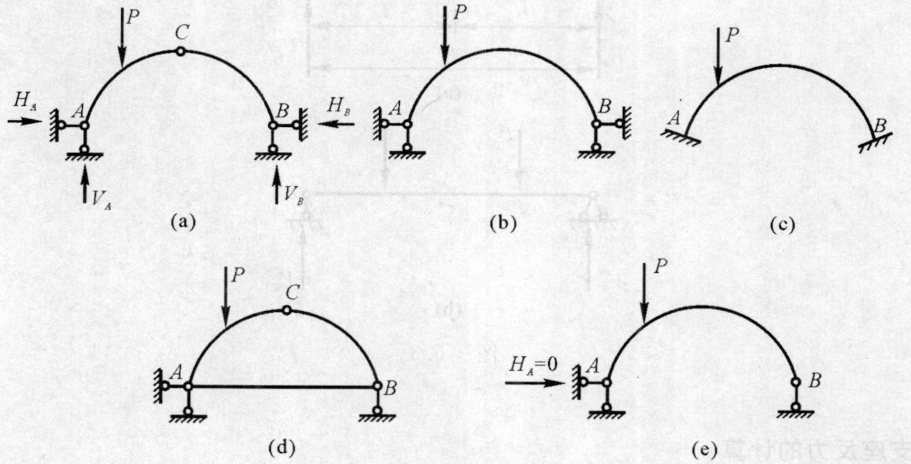

图 5.1

拱与梁的区别不仅在于杆轴线的曲直，更重要的是拱在竖向荷载作用下会产生水平支座反力，水平支座反力又称为推力。而曲梁在竖向荷载作用下不会产生这种水平支座推力。如图 5.1(e) 所示，正是拱的水平推力的存在，使得其比跨度、荷载相同的梁弯矩小得多，且主要承受压力。这就使得拱截面上的应力分布较为均匀，因而更能发挥材料的作用，并能利用抗拉性较差而抗压较强的材料，如砖、石、混凝土等来建造，这就是拱的主要优点。拱的主要缺点也正是支座要承受水平推力，因而要求比梁具有更坚固的地基或支承结构(墙、柱、墩、台等)。对于不能承受推力的基础，则需加拉杆以消除拱对基础的水平推力，如图 5.1(d) 所示。

拱的各部分名称如图 5.2 所示。拱身各横截面形心的连线叫拱轴线。拱的两端支座处叫拱脚。两拱脚间的水平距离称为拱的跨度。两拱脚的连线叫起拱线。拱轴上距起拱线最远的一点称为拱顶，三铰拱通常在拱顶处设置铰。拱顶至起拱线之间的竖向距离称为拱高。拱高与跨度之比$\frac{f}{l}$称为高跨比。两拱脚在同一

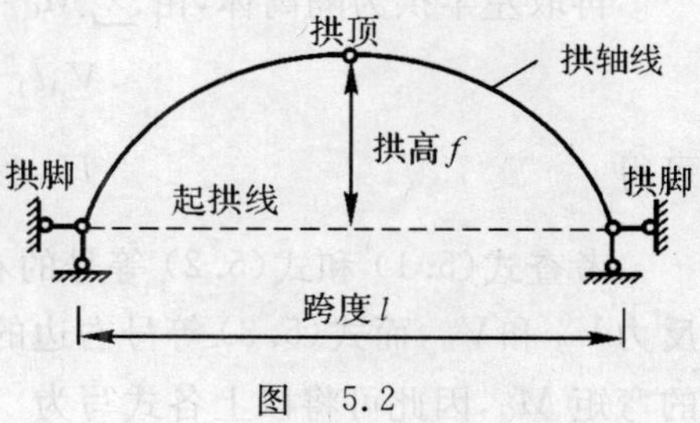

图 5.2

水平线上的拱称为平拱,不在同一水平线上的称为斜拱。

5.2 三铰拱的数解法

下面以图 5.3(a) 所示平拱为例,研究三铰拱的计算,并与单跨静定梁作对比说明。

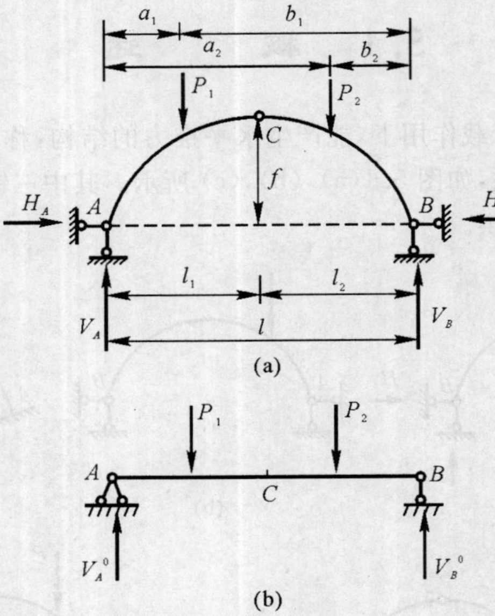

图 5.3

一、支座反力的计算

由三铰拱整体的平衡条件 $\sum M_B=0$ 及 $\sum M_A=0$,可求得两支座的竖向反力为

$$V_A=\frac{\sum P_i b_i}{l} \tag{5.1}$$

$$V_B=\frac{\sum P_i a_i}{l} \tag{5.2}$$

由 $\sum X=0$,可得

$$H_A=H_B=H$$

再取左半拱为隔离体,由 $\sum M_C=0$,有

$$V_A l_1-P_1(l_1-a_1)-Hf=0$$

可得

$$H=\frac{V_A l_1-P_1(l_1-a_1)}{f} \tag{5.3}$$

考查式(5.1) 和式(5.2) 等号的右边,可知其恰等于相应简支梁(见图 5.3(b) 的支座竖向反力 V_A^0 和 V_B^0,而式(5.3) 等号右边的分子则等于相应简支梁上与拱的中间铰处对应的截面 C 的弯矩 M_C^0,因此可将以上各式写为

$$\left.\begin{aligned} V_A &= V_A^0 \\ V_B &= V_B^0 \\ H &= \frac{M_C^0}{f} \end{aligned}\right\} \tag{5.4}$$

式(5.4)说明，三铰拱支座的竖向反力等于同跨简支梁(代梁)的竖向支座反力，三铰拱支座的水平推力 H 等于相应简支梁截面 C 的弯矩 M_C^0 除以拱高 f。可见，水平推力与拱轴线形状无关，只与铰 C 的位置及拱高有关，且与拱高成反比。即：f 愈小，拱愈平坦，推力愈大；f 愈大，拱愈陡，推力愈小。当 $f \to 0$ 时，则推力无穷大，此时三铰在同一直线上，拱成为瞬变体系。

二、内力的计算

反力求出后，用截面法即可求出拱上任一横截面的内力。任一横截面 K 的位置可由其形心的坐标 x，y 和该处拱轴切线的倾角 φ 确定(见图 5.4(a))。在拱中，通常规定弯矩以使拱内侧受拉者为正。由图 5.4(b) 所示隔离体可求得截面 K 的弯矩为

$$M = [V_A x - P_1(x - a_1)] - Hy$$

由于 $V_A = V_A^0$，可见式中方括号内的值即为相应简支梁(见图 5.4(d))截面 K 的弯矩 M_K^0，因此上式可写为

$$M = M^0 - Hy$$

即拱内任一截面的弯矩 M_K 等于相应简支梁对应截面的弯矩 M_K^0 减去推力所引起的弯矩 Hy。可见，由于推力的存在，拱的弯矩比梁的要小。

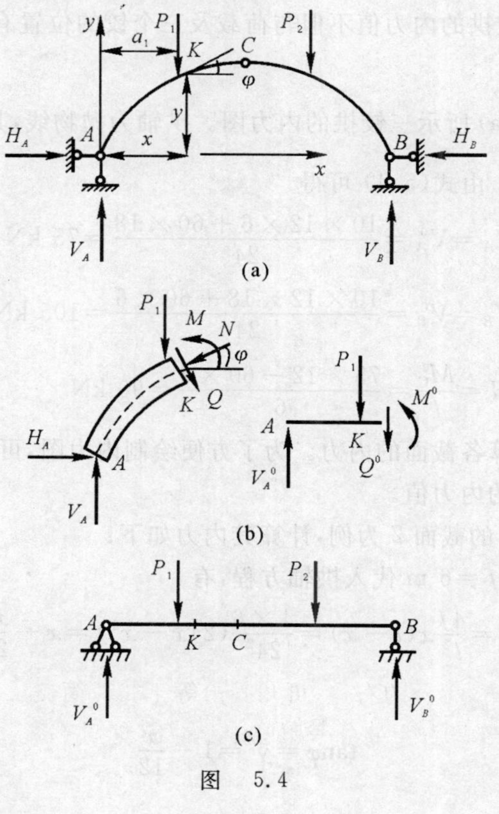

图 5.4

剪力以绕隔离体顺时针转动为正,反之为负。任一截面 K 的剪力 Q_K 等于该截面一侧所有外力在该截面方向上的投影代数和,由图 5.4(b) 可得

$$Q=V_A\cos\varphi-P_1\cos\varphi-H\sin\varphi=(V_A-P_1)\cos\varphi-H\sin\varphi=Q^0\cos\varphi-H\sin\varphi$$

式中 $Q^0=V_A-P_1$,为相应简支梁截面 K 的剪力;φ 的符号在图示坐标系中左半拱取正,右半拱取负。

因拱常受压,故规定轴力以压力为正。任一截面 K 的轴力等于该截面一侧所有外力在该截面法线方向上的投影代数和,由图 5.4(b) 有

$$N=(V_A-P_1)\sin\varphi+H\cos\varphi=Q^0\sin\varphi+H\cos\varphi$$

综上所述,三铰平拱在竖向荷载作用下任意截面的内力计算公式可写为

$$\left.\begin{aligned}M&=M^0-Hy\\Q&=Q^0\cos\varphi-H\sin\varphi\\N&=Q^0\sin\varphi+H\cos\varphi\end{aligned}\right\}\tag{5.5}$$

若该截面在某一集中力作用点处,则集中力作用的左截面内力为

$$\left.\begin{aligned}M&=M^0-Hy\\Q_{左}&=Q^0_{左}\cos\varphi-H\sin\varphi\\N_{左}&=Q^0_{左}\sin\varphi+H\cos\varphi\end{aligned}\right\}\tag{5.5a}$$

右截面内力为

$$\left.\begin{aligned}M&=M^0-Hy\\Q_{右}&=Q^0_{右}\cos\varphi-H\sin\varphi\\N_{右}&=Q^0_{右}\sin\varphi+H\cos\varphi\end{aligned}\right\}\tag{5.5b}$$

由式(5.5)可知,三铰拱的内力值不但与荷载及三个铰的位置有关,而且与各铰间拱轴线的形状有关。

例 5.1 试作图 5.5(a) 所示三铰拱的内力图。拱轴为抛物线,其方程为 $y=\frac{4f}{l^2}x(l-x)$。

解 先求支座反力。由式(5.4)可得

$$V_A=V_A^0=\frac{10\times12\times6+60\times18}{24}=75\text{ kN }(\uparrow)$$

$$V_B=V_B^0=\frac{10\times12\times18+60\times6}{24}=105\text{ kN }(\uparrow)$$

$$H=\frac{M_C^0}{f}=\frac{75\times12-60\times6}{6}=90\text{ kN}$$

反力求出后,即可计算各截面的内力。为了方便绘制内力图,可将拱沿跨径方向均分 8 个等分,计算各等分点截面的内力值。

下面以距左支座 6 m 的截面 2 为例,计算其内力如下:

首先,将 $l=24$ m 及 $f=6$ m 代入拱轴方程,有

$$y=\frac{4f}{l^2}x(l-x)=\frac{4\times6}{24^2}(24x-x^2)=x-\frac{x^2}{24}$$

由此可得

$$\tan\varphi=y'=1-\frac{x}{12}$$

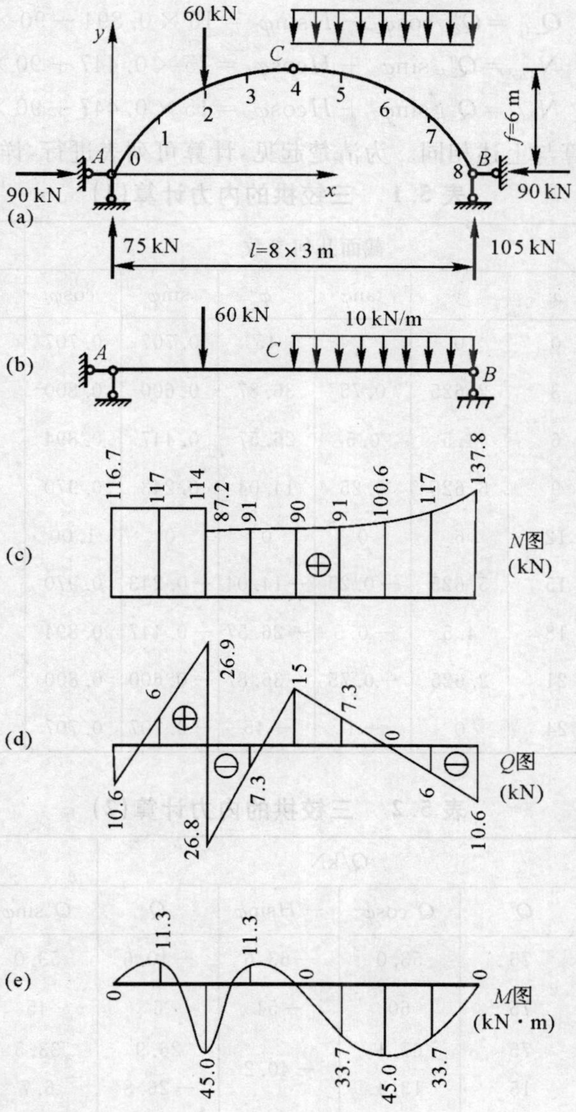

图　5.5

截面 2 的横坐标 $x_2=6$ m，代入以上二式，可求得其纵坐标 y_2 及 $\tan\varphi_2$ 为

$$y_2=x-\frac{x^2}{24}=6-\frac{6^2}{24}=4.5\ \text{m}$$

$$\tan\varphi_2=1-\frac{x}{12}=1-\frac{6}{12}=0.5,\quad \varphi_2=26°34'$$

并有

$$\sin\varphi_2=0.447,\quad \cos\varphi_2=0.894$$

于是由公式(5.5)可得

$$\begin{cases} M_2^0=75\times 6=450\ \text{kN}\cdot\text{m} \\ Q_{2左}^0=75\ \text{kN},\quad Q_{2右}^0=15\ \text{kN} \end{cases}$$

$$M_2 = M_2^0 - Hy_2 = 450 - 90 \times 4.5 = 45 \text{ kN·m}$$

$$Q_{2左} = Q_{2左}^0 \cos\varphi_2 - H\sin\varphi_2 = 75 \times 0.894 - 90 \times 0.447 = 26.9 \text{ kN}$$

$$Q_{2右} = Q_{2右}^0 \cos\varphi_2 - H\sin\varphi_2 = 15 \times 0.894 - 90 \times 0.447 = -26.8 \text{ kN}$$

$$N_{2左} = Q_{2左}^0 \sin\varphi_2 + H\cos\varphi_2 = 75 \times 0.447 + 90 \times 0.894 = 114.0 \text{ kN}$$

$$N_{2右} = Q_{2右}^0 \sin\varphi_2 + H\cos\varphi_2 = 15 \times 0.447 + 90 \times 0.894 = 87.2 \text{ kN}$$

其它各截面的计算与上述相同。为清楚起见，计算可列表进行，详见表 5.1、表 5.2。

表 5.1　三铰拱的内力计算(1)

截面号	截面几何参数						M/(kN·m)		
	x	y	$\tan\varphi$	φ	$\sin\varphi$	$\cos\varphi$	M^0	$-Hy$	M
0	0	0	1	45	0.707	0.707	0	0	0
1	3	2.625	0.75	36.87	0.600	0.800	225	−236.3	−11.3
2	6	4.5	0.5	26.57	0.447	0.894	450	−405	45
3	9	5.625	0.25	14.04	0.243	0.970	495	−506.3	−11.3
4	12	6	0	0	0	1.00	540	−540	0
5	15	5.625	−0.25	−14.04	−0.243	0.970	540	−506.3	33.7
6	18	4.5	−0.5	−26.57	−0.447	0.894	450	−405	45
7	21	2.625	−0.75	−36.87	−0.600	0.800	270	−236.3	33.7
8	24	0	−1	−45	−0.707	0.707	0	0	0

表 5.2　三铰拱的内力计算(2)

截面号	Q/kN				N/kN		
	Q^0	$Q^0\cos\varphi$	$-H\sin\varphi$	Q	$Q^0\sin\varphi$	$H\cos\varphi$	N
0	75	53.0	−63.6	−10.6	53.0	63.6	116.6
1	75	60	−54	6	45	72	117.0
2左	75	67.1	−40.2	26.9	33.5	80.5	114.0
2右	15	13.4		−26.8	6.7		87.2
3	15	14.6	−21.9	−7.3	3.7	87.3	91
4	15	15	0	15	0	90	90
5	−15	−14.6	−21.9	7.3	3.7	87.3	91
6	−45	−40.2	40.2	0	20.1	80.5	100.6
7	−75	−60	54	−6	45	72	117
8	−105	−74.2	63.6	−10.6	74.2	63.6	137.8

为作图方便，将内力图绘制在拱轴的水平投影轴上。它表示内力沿拱轴变化的情形，实际内力作用在垂直于拱轴的截面上。根据表中算得的结果绘出 N,Q,M 图，如图 5.5(c)，(d)，(e) 所示。

上述为平拱的计算。对于斜拱,可同样根据全拱的整体平衡及半拱 $\sum M_C = 0$ 的条件建立关于支座反力的四个方程,解此方程组即可求出支座反力,毋需赘述。

5.3　三铰拱的压力线

三铰拱任一截面上一般有弯矩、剪力和轴力三个内力,它们可以合成为作用于截面的一个合力。如图 5.6(b) 所示,在拱的任意截面 K 上,先将弯矩 M 与轴力 N 合成一个偏心的轴力,由 $M = Ne$ 得 $e = \frac{M}{N}$(见图 5.6(c)),再将偏心力与剪力 Q 合成,最后得到合力 R(见图 5.6(d))。合力 R 一般为压力,拱的各个截面合力着力点的连线,称为压力线。它表示拱截面合力偏离形心的程度,偏心距离愈小,则作用于截面上的弯矩愈小。由于支座 A,B 及顶铰 C 处弯矩为零,因此压力线必定通过三个铰的中心,如图 5.6(a) 中虚线所示。对于砖、石及混凝土一类拱,若要求截面不出现拉应力,则压力线不应超出截面核心的范围。

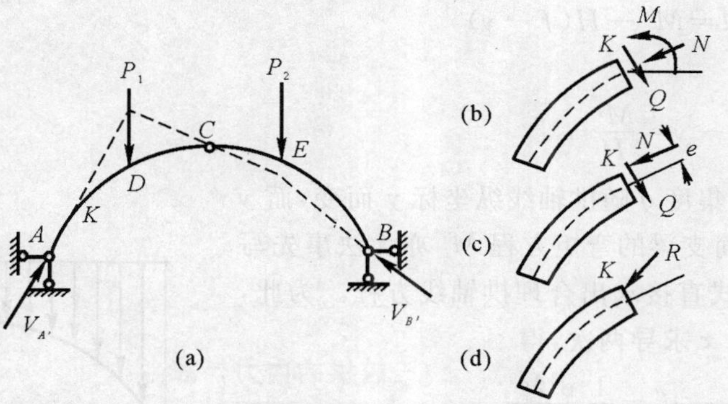

图　5.6

5.4　三铰拱的合理拱轴线

当拱的轴线与压力线完全重合时,各截面的弯矩和剪力都为零,而只有轴力。此时拱截面上的正应力是均匀分布的,材料能得到充分的利用。单从力学观点来看,这是最经济的,故称这时的拱轴线为合理拱轴线。

合理拱轴线可根据弯矩为零的条件来确定。在竖向荷载作用下,三铰拱任一截面的弯矩由式(5.5) 计算,故合理拱轴线方程可由

$$M = M^0 - Hy = 0$$

得

$$y = \frac{M^0}{H} \tag{5.6}$$

式(5.6) 表明,在竖向荷载作用下,三铰拱合理拱轴的纵坐标 y 与相应简支梁弯矩图的竖标成正比。当荷载已知时,只需求出相应简支梁的弯矩方程,然后除以常数 H,便得到合理拱轴线方程。

例 5.2　试求图 5.7(a) 所示对称三铰拱在均布荷载 q 作用下的合理拱轴线。

解 相应简支梁(见图 5.7(b))的弯矩方程为

$$M^0=\frac{ql}{2}x-\frac{qx^2}{2}=\frac{1}{2}qx(l-x)$$

$$H=\frac{M_C^0}{f}=\frac{ql^2}{8f}$$

由式(5.6)得

$$y=\frac{M^0}{H}=\frac{4f}{l^2}x(l-x)$$

可见,在竖向均布荷载作用下,三铰拱的合理拱轴线是二次抛物线。

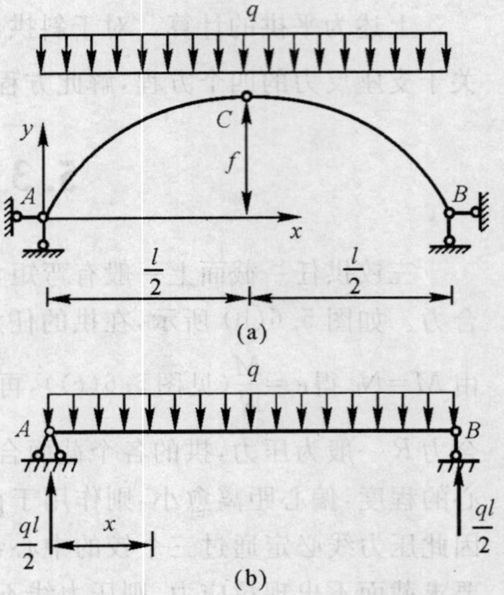

图 5.7

例 5.3 试求图 5.8 所示对称三铰拱上填料重力作用下的合理拱轴线。拱上荷载集度按 $q=q_C+\gamma y$ 变化,其中 q_C 为拱顶处的荷载集度,γ 为填料重度。

解 根据图示的坐标系,式(5.5)第一式成为

$$M=M^0-H(f-y)$$

由 $M=0$,有

$$f-y=\frac{M^0}{H}$$

本题由于荷载集度 q 随拱轴线纵坐标 y 而变,而 y 尚属未知,故相应简支梁的弯矩方程 M^0 亦无法事先写出,因而不能由上式直接求出合理拱轴线方程。为此,将上式两边分别对 x 求导两次,得

$$-y''=\frac{1}{H}\frac{\mathrm{d}^2M^0}{\mathrm{d}x^2}$$

注意到 q 以向下为正时,有

$$\frac{\mathrm{d}^2M^0}{\mathrm{d}x^2}=-q$$

故得

$$y''=\frac{q}{H} \tag{5.7}$$

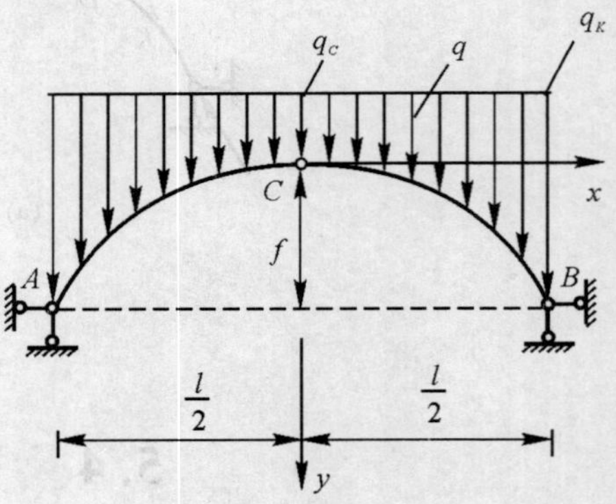

图 5.8

这就是竖向荷载作用下合理拱轴线的微分方程。求解此微分方程并结合边界条件,即可确定合理拱轴线方程。

对于本例,将 $q=q_C+\gamma y$ 代入式(5.5),可得

$$y''-\frac{\gamma}{H}y=\frac{q_C}{H}$$

这是一个二阶常系数线性非齐次微分方程,它的一般解可用双曲线函数表示,即

$$y=A\mathrm{ch}\sqrt{\frac{\gamma}{H}}x+B\mathrm{sh}\sqrt{\frac{\gamma}{H}}x-\frac{q_C}{\gamma}$$

常数 A,B 可由边界条件确定

当 $x=0$ 时,$y=0$,得 $A=\frac{q_C}{\gamma}$

当 $x=0$ 时，$y'=0$，得　　　　　　　$B=0$

于是可得合理拱轴线的方程为

$$y=\frac{q_C}{\gamma}\left(\operatorname{ch}\sqrt{\frac{\gamma}{H}}x-1\right)$$

为了实际应用方便，避免直接计算推力 H，可将上式改写为另一种形式。为此，引入比值

$$m=\frac{q_K}{q_C} \tag{5.8}$$

由于 $q_K=q_C+\gamma f$，因此有

$$m=\frac{q_C+\gamma f}{q_C}$$

可得

$$\frac{q_C}{\gamma}=\frac{f}{m-1}$$

再引入无量纲的自变量 $\xi=\dfrac{x}{l/2}$，并令 $K=\dfrac{l}{2}\sqrt{\dfrac{\gamma}{H}}$，则合理拱轴线方程可写为

$$y=\frac{f}{m-1}(\operatorname{ch}K\xi-1) \tag{5.9}$$

这一方程所代表的曲线称为列格氏悬链线。式中 K 值可由比值 m 和下述第三个边界条件确定。当 $\xi=1$ 时，$y=f$ 代入式(5.9)，得

$$\operatorname{ch}K=m \tag{5.10}$$

或

$$K=\ln(m+\sqrt{m^2-1}) \tag{5.11}$$

可见，只要当拱脚与拱顶处的荷载集度之比 $m=\dfrac{q_K}{q_C}$ 给定时，合理拱轴线方程即可确定。但当 $m=1$ 时，式(5.9) 不再适用，此时 $q_K=q_C$，拱上荷载为均布荷载，合理拱轴线应为抛物线 $y=f\xi^2$。

例 5.4　试求三铰拱在垂直于拱轴线的均布荷载(例如水压力) 作用下的合理拱轴线(见图 5.9(a))。

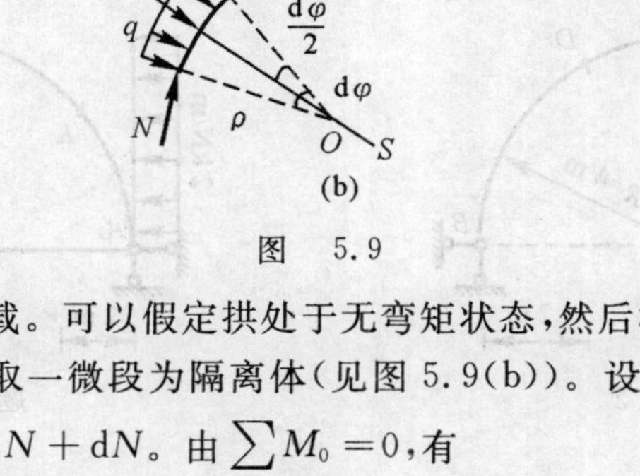

图　5.9

解　本题为非竖向荷载。可以假定拱处于无弯矩状态，然后根据平衡条件推求合理拱轴线的方程。为此，从拱中截取一微段为隔离体(见图 5.9(b))。设微段两端横截面上弯矩、剪力均为零，而只有轴力 N 和 $N+\mathrm{d}N$。由 $\sum M_0=0$，有

$$N\rho-(N+\mathrm{d}N)\rho=0$$

式中 ρ 为微段的曲率半径。由上式可得

$$\mathrm{d}N=0$$

由此可知

$$N=常数$$

再沿 S-S 轴写出投影方程，有

$$2N\sin\frac{\mathrm{d}\varphi}{2}-q\rho\mathrm{d}\varphi=0$$

因 $\mathrm{d}\varphi$ 角极小，故可取 $\sin\frac{\mathrm{d}\varphi}{2}=\frac{\mathrm{d}\varphi}{2}$，于是上式成为

$$N-q\rho=0$$

因 N 为常数，荷载 q 亦为常数，故

$$\rho=\frac{N}{q}=常数$$

这表明合理拱轴线是圆弧线。

习　题

5.1　题图 5.1 所示抛物线三铰拱的拱轴线方程为 $y=\frac{4f}{l^2}x(l-x)$，试求截面 K 的内力。

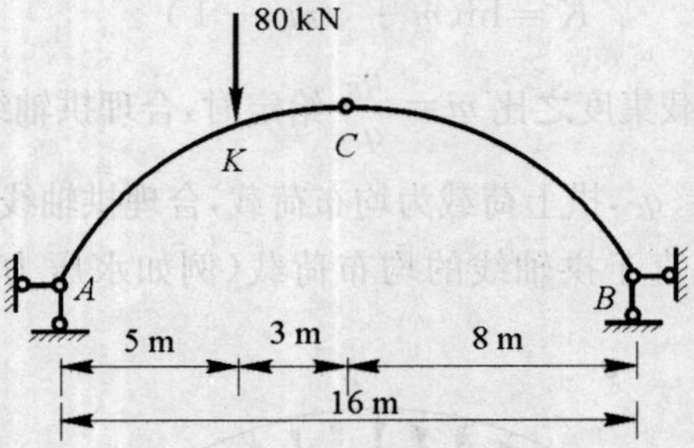

题图　5.1

5.2　试求题图 5.2 所示圆弧形三铰拱 3/4 截面 D 的内力。

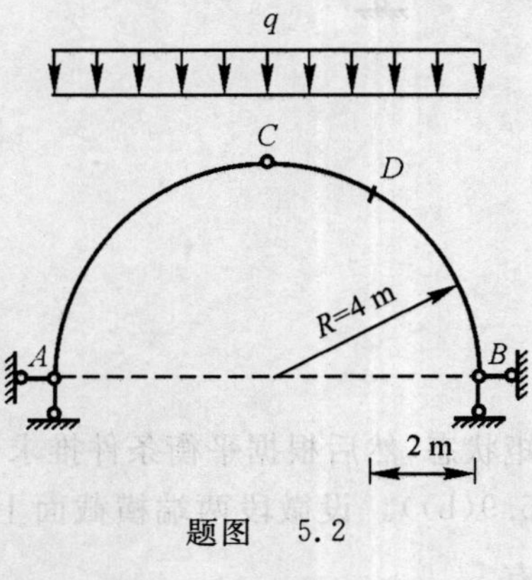

题图　5.2

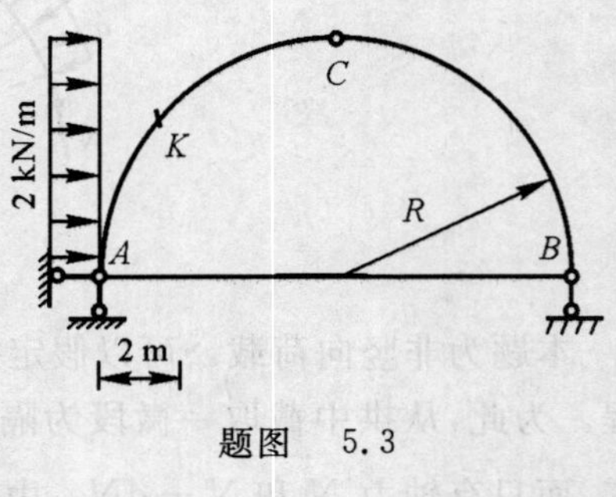

题图　5.3

5.3　题图 5.3 所示为带拉杆的半圆三铰拱，半径 $R=10$ m，试求截面 K 的内力。

5.4　试求题图 5.4 所示三铰拱在各荷载作用下的合理拱轴线方程，并绘出合理拱轴线形状。

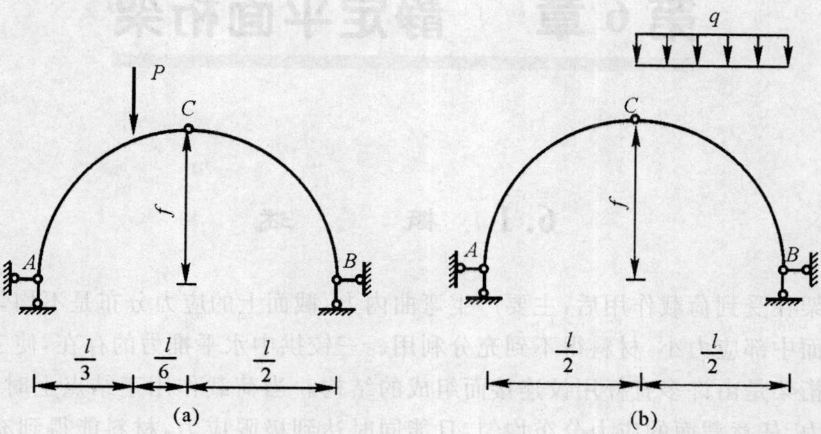

题图　5.4

第 6 章　静定平面桁架

6.1　概　　述

梁和刚架在受到荷载作用后，主要产生弯曲内力，截面上的应力分布是不均匀的。边缘部分应力较大而中部应力小，材料得不到充分利用。三铰拱中水平推力的存在，使三铰拱的受力较梁合理。桁架是由许多直杆用铰连接而组成的结构。当荷载作用于结点上时，桁架的各杆只承受轴向力，任意截面的应力分布均匀，且能同时达到极限应力，材料能得到充分利用。所以说，桁架与梁、拱相比，用料要省，自重要轻，是大跨度结构常用的一种形式。

在平面桁架的计算简图中，常引用如下假定：

(1) 桁架中的结点均是光滑的、无摩擦的理想铰。

(2) 各杆的轴线都是直线，并在同一平面内且通过铰的中心。

(3) 所有的外力(荷载和支座反力) 都作用在结点上，并位于桁架平面内。

图 6.1(a) 就是根据上述假定作出的一个桁架的计算简图。显然，桁架中各杆都是只承受轴力的二力杆(见图 6.1(b))，我们将符合上述三条假定的桁架称为理想平面桁架。

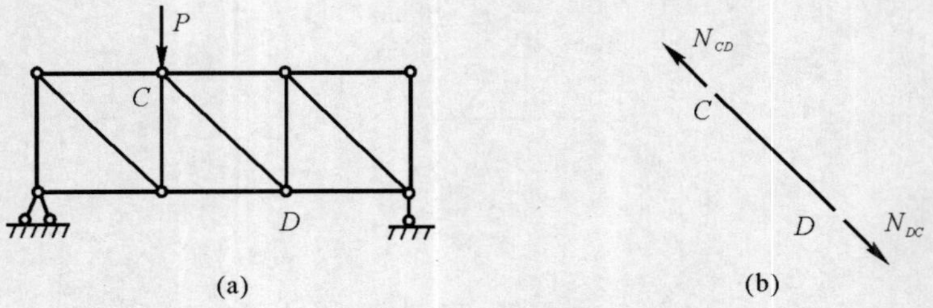

图　6.1

实际桁架与理想平面桁架有很大差异。如结点，除了木桁架中的榫接结点比较接近于铰结点外，钢桁架和钢筋混凝土桁架的结点处都有一定的刚性。此外，各杆的轴线不一定绝对平直，且在结点处并非都汇交于一点等。由于以上原因，桁架上各杆件必将发生局部弯曲，从而产生弯曲应力，并不是理想情况下产生轴向均匀分布应力。在工程设计中，将按理想平面桁架算得的应力称为主应力，而将由于不满足理想假定而产生的应力称为次应力。通常次应力的影响不大，可以忽略，这里只研究主应力的计算。

桁架的杆件根据其位置的不同，分为弦杆和腹杆。弦杆是指桁架上、下外围的杆件，具体分为上弦杆和下弦杆。腹杆是指位于弦杆之间的杆件，具体分为竖杆和斜杆。弦杆上相邻两结点间的区间称为节间，用符号 d 表示节间长度。桁架最高点与支座连线的距离 h 称为桁高(见图 6.2)。

桁架构造形式多种多样，按不同特征可分为以下几类。

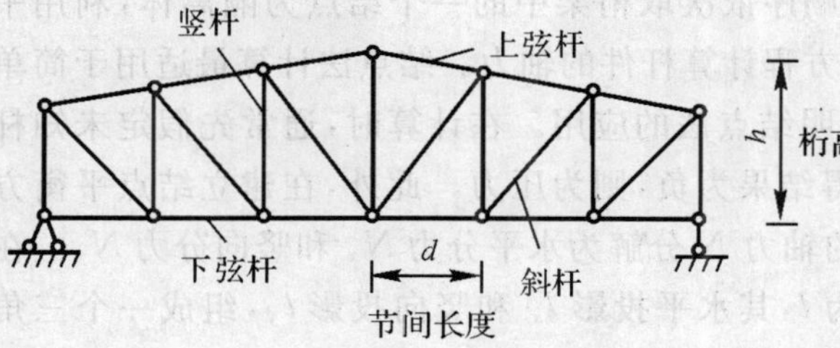

图　6.2

1. 按几何组成划分

(1) 简单桁架：在一个基本铰结三角形上，依次增加二元体所组成的桁架（见图 6.3(a)，(e)，(f))。

(2) 联合桁架：由几个简单桁架按照两刚片规则或三刚片规则所组成的桁架（见图6.3(b)，(d))。

(3) 复杂桁架：不属于以上两类组成方式的其它桁架（见图 6.3(c))。

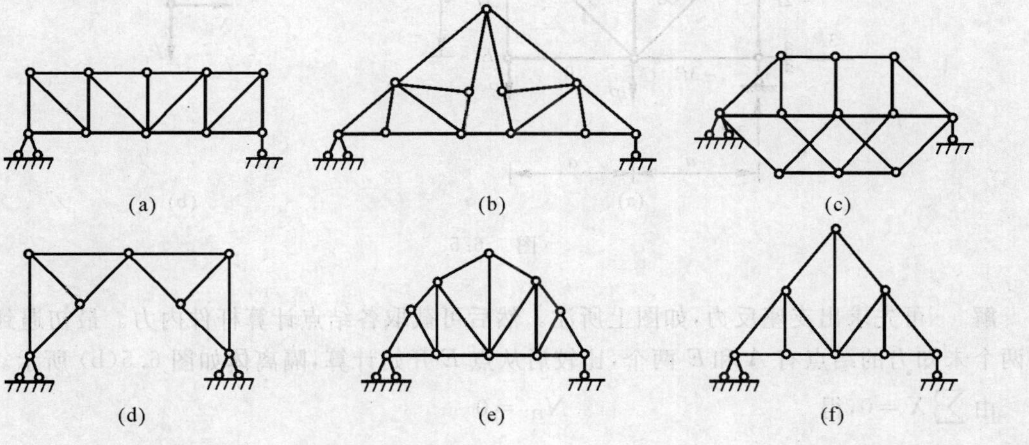

图　6.3

2. 按外观形状划分

(1) 平行弦桁架（见图 6.3(a))。

(2) 三角形桁架（见图 6.3(b)，(f))。

(3) 折弦桁架或多边形桁架（见图 6.3(e))。

3. 按有无水平推力划分

(1) 无推力桁架或梁式桁架（见图 6.3(a))。

(2) 有推力桁架或拱式桁架（见图 6.3(d))。

6.2　结　点　法

为了求得桁架中各杆的轴力，可以截取桁架中的一部分为隔离体，通过隔离体的平衡条件计算所求杆件的轴力。如果隔离体中含有一个结点，就称为结点法。如果隔离体中含有两个或两个以上的结点，就称为截面法。

结点法是按照一定顺序依次取桁架中的一个结点为隔离体，利用平面汇交力系的两个平衡方程计算杆件的轴力。结点法计算最适用于简单桁架。下面通过例题说明结点法的应用。在计算时，通常先假定未知杆件的轴力为拉力，若所得结果为负，则为压力。此外，在建立结点平衡方程时，经常需要将斜杆的轴力 N 分解为水平分力 N_x 和竖向分力 N_y。在图 6.4 中，斜杆的长度为 l，其水平投影 l_x 和竖向投影 l_y，组成一个三角形，由相似三角形的比例关系有

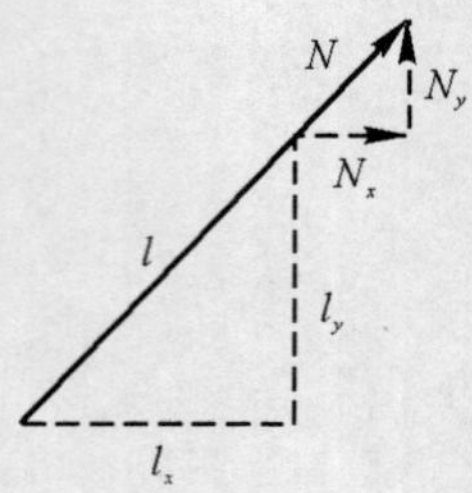

图 6.4

$$\frac{N}{l}=\frac{N_x}{l_x}=\frac{N_y}{l_y} \tag{6.1}$$

利用这个比例关系，可以简便地计算出轴力或其任意一个分力，而不需使用三角函数进行计算。

例 6.1 试用结点法求图 6.5(a) 所示桁架各杆件的轴力。

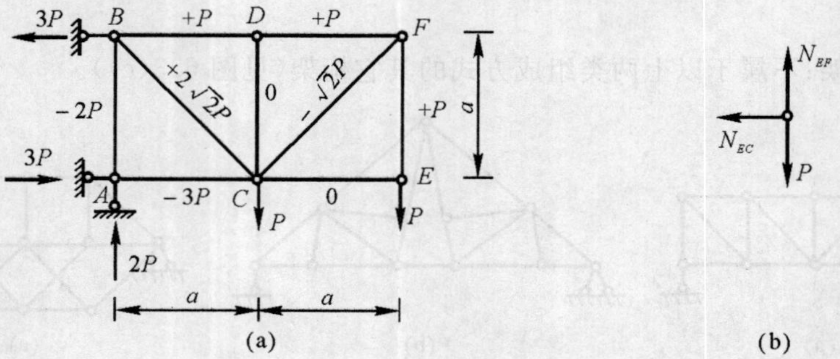

图 6.5

解 可先求出支座反力，如图上所注。然后可截取各结点计算杆件内力。最初遇到只含有两个未知力的结点有 A 和 E 两个，比较后从点 E 开始计算，隔离体如图 6.5(b) 所示。

由 $\sum X=0$，得 $N_{EC}=0$

由 $\sum Y=0$，得 $N_{EF}=P$（拉力）

然后依次取结点 F,D,C,B 和 A 计算，每次都只有两个未知力，故不难求得，到最后取结点 A 时，各力均已求出，故可利用该结点的两个平衡方程进行校核。

当计算较熟练时，可不必绘出各结点的隔离体图，而直接在桁架上进行心算，并将结果标注于杆旁（见图 6.5(a)）。

在桁架中我们经常会发现一些特殊形状的结点，应用结点法计算时，若掌握了这些特殊结点的平衡情况，常常可使计算大为简化。现将几种特殊结点列举如下：

1. L 型结点（不共线的两杆结点）

当结点上无外荷载作用时，两杆的轴力均为零，内力等于零的杆件称为零杆。当其中一杆与外荷载作用线共线时，则该杆轴力等于外荷载，另一杆为零杆（见图 6.6(a)）。

2. T 型结点（有两杆共线的三杆结点）

当结点上无外荷载作用时，第三杆（也称单杆）必为零杆，而共线两杆内力大小相等且性质相同（即同为拉力或同为压力）；当第三杆与外荷载作用线共线时，则第三杆轴力等于外荷载，而共线的两杆内力同前（见图 6.6(b)）。

3. X 型结点(两两共线的四杆结点)

当结点上无外荷载作用时,共线两杆内力大小相等且性质相同(见图 6.6(c))。

4. K 型结点(其中两杆共线,另外两杆在此直线同侧且夹角相等的四杆结点)

当结点上无外荷载作用时,位于同侧的两杆内力大小相等且性质相反(若一杆为拉力,则另一杆为压力)(见图 6.6(d))。

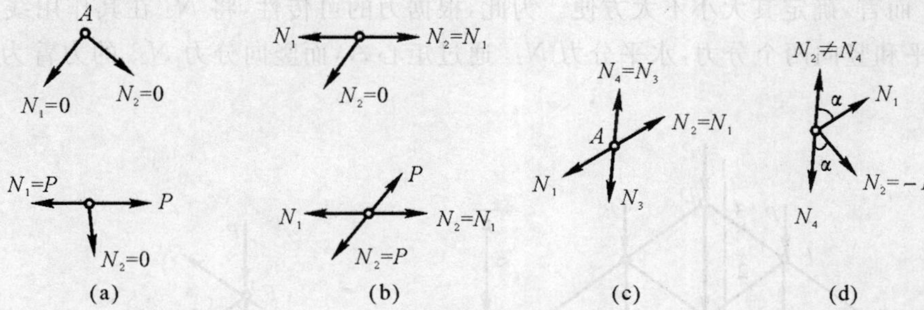

图　6.6

以上所有结论,均可根据适当的投影平衡方程得出。应用以上的结论,可知图 6.7(a),(b) 所示桁架中用虚线表示各杆的内力都为零。

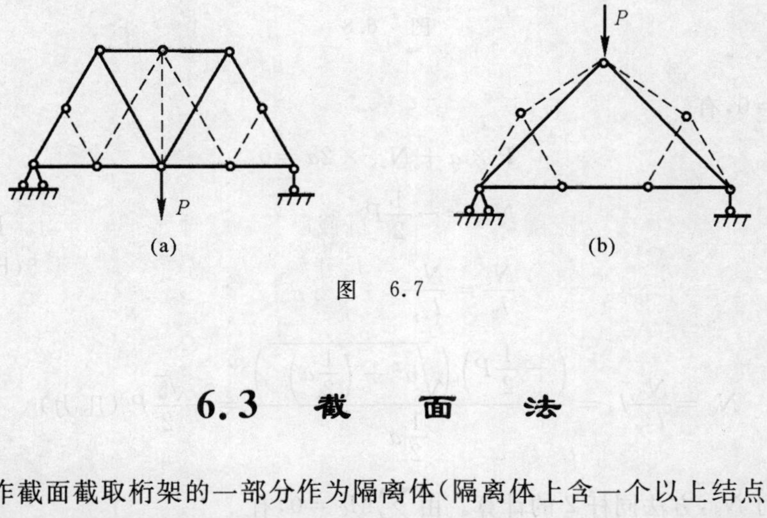

图　6.7

6.3　截　面　法

截面法是作截面截取桁架的一部分作为隔离体(隔离体上含一个以上结点),作用在隔离体上的各力形成平面一般力系,因此可建立三个平衡方程。若隔离体上的未知力不超过三个,则可直接将截面上的全部未知力求出。在计算过程中,根据所选平衡方程的不同,截面法又分为力矩法和投影法。

一、力矩法

在截面截断的杆中,除一根杆(也称特殊杆)以外,其它各杆均相交于一点。可运用 $\sum M=0$ 平衡方程,求出特殊杆的轴力。

例 6.2　求图 6.8(a) 所示桁架杆 1,2,3 的轴力。

解　(1) 求出支座反力,标注在图上。

(2) 为了求出杆 1,2,3 的内力,作截面 I—I 并取左边部分为隔离体(见图 6.8 (b))。先以

点 F 为矩心，除杆 1 外，杆 2,3 均交于点 F，利用 $\sum M_F=0$，有

$$N_1\times\frac{1}{2}a-\frac{3}{2}P\times a=0$$

得
$$N_1=3P\ (\text{拉力})$$

求杆 2 轴力 N_2，在计算杆 2 内力时，应以点 A 为矩心。在计算的过程中，要计算 N_2 的力臂，相对杆 1 而言，确定其大小不太方便。为此，根据力的可传性，将 N_2 在其作用线上的点 C 处分解为水平和竖向两个分力，水平分力 N_{2x} 通过矩心 A，而竖向分力 N_{2y} 的力臂为 $2a$(见图 6.8(b))。

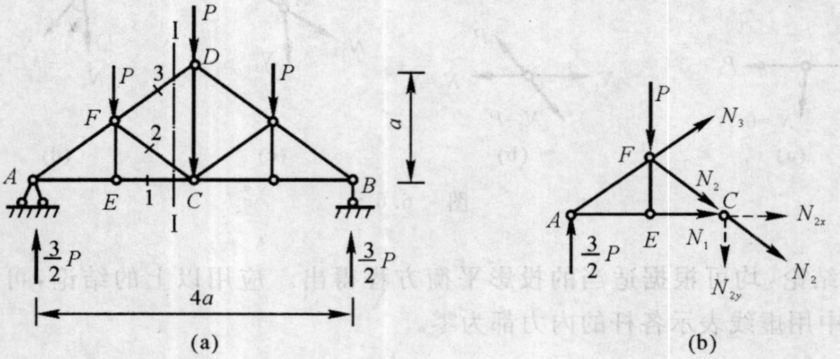

图 6.8

由 $\sum M_A=0$，有

$$P\times a+N_{2y}\times 2a=0$$

得
$$N_{2y}=-\frac{1}{2}P$$

根据比例关系
$$\frac{N_2}{l_2}=\frac{N_{2y}}{l_{2y}}$$

得
$$N_2=\frac{N_{2y}}{l_{2y}}l_2=\frac{\left(-\frac{1}{2}P\right)\left(\sqrt{a^2+\left(\frac{1}{2}a\right)^2}\right)}{\frac{1}{2}a}=-\frac{\sqrt{5}}{2}P\ (\text{压力})$$

求杆 3 轴力 N_3，方法同杆 2 的计算。由 $\sum M_C=0$，有

$$\frac{3}{2}P\times 2a-P\times a+N_{3x}\times a=0$$

得
$$N_{3x}=-2P$$

根据比例关系，得

$$N_3=\frac{N_{3x}}{l_x}l_3=\frac{(-2P)\left(\sqrt{a^2+\left(\frac{1}{2}a\right)^2}\right)}{a}=-\sqrt{5}P\ (\text{压力})$$

二、投影法

在截面截断的杆中，除一根杆(特殊杆)以外，其它各杆均相互平行。可运用 $\sum X=0$ 或

$\sum Y=0$ 平衡方程，求出特殊杆的轴力。

例 6.3　求图 6.9(a) 所示桁架中杆 a，b 的内力。

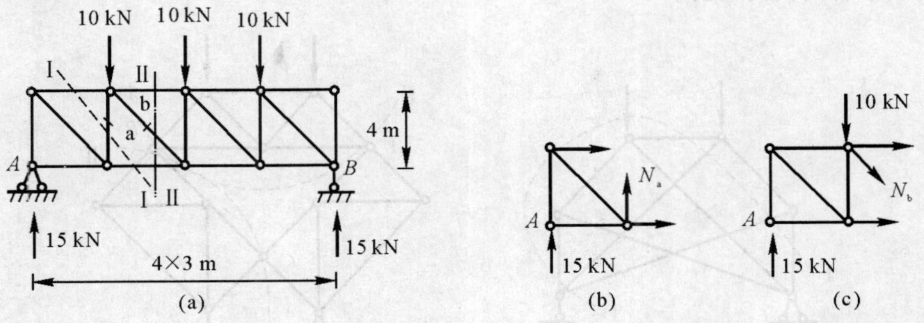

图　6.9

解　(1) 求出支座反力，标注于图上。

(2) 求杆 a 轴力 N_a，为此作截面 Ⅰ—Ⅰ，并取截面左边作为隔离体(见图 6.9(b))。由 $\sum Y=0$，有

$$N_a+15=0$$

得

$$N_a=-15\ \text{kN}\ (\text{压力})$$

(3) 求杆 b 轴力 N_b，为此作截面 Ⅱ—Ⅱ，并取截面左边作为隔离体(见图 6.9(c))。由 $\sum Y=0$，有

$$15-10-N_{by}=0$$

得

$$N_{by}=5\ \text{kN}$$

根据比例关系，得

$$N_b=\frac{N_{by}}{l_{by}}l_b=\frac{5\times\sqrt{3^2+4^2}}{4}=6.25\ \text{kN}\ (\text{拉力})$$

由上所述，应用截面法时，应尽量使所截杆件的数目不超过 3 根，这样，就可直接利用隔离体的平衡条件，求出所截杆件的内力。然而，在某些特殊情况下，虽然截断的杆件超过 3 根，但只要除去所求内力的杆件外，其余各杆均交于一点或全部平行，则此杆内力即可求得(见图 6.10(a)，(b))。

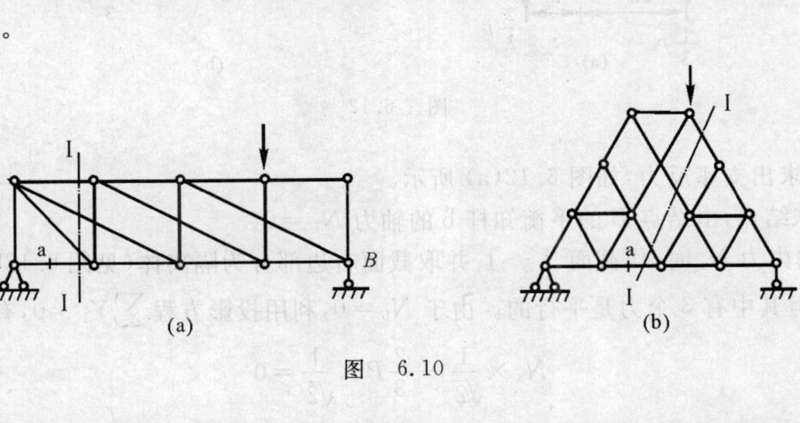

图　6.10

以上讨论的结点法和截面法，都是针对简单桁架计算时比较简便。对于联合桁架，用结点

法分析时会遇到未知力多于 2 个的情况;用截面法分析时会遇到未知力多于 3 个的情况。在这种情况下,宜先用截面法将联合桁架中起连接作用的杆件内力求出,然后,再利用前述两种方法计算所求杆的内力(见图 6.11(a),(b))。

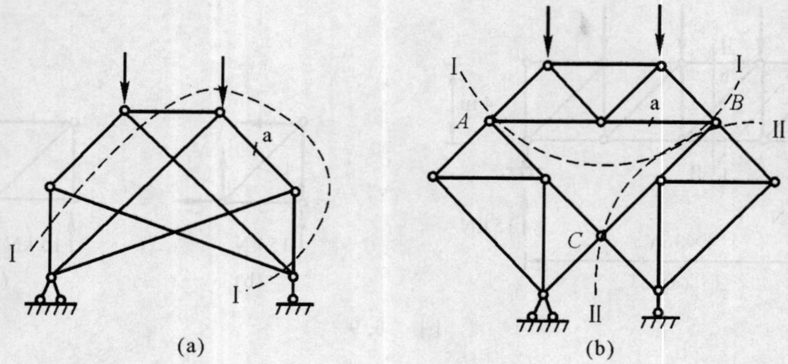

图 6.11

6.4 截面法和结点法的联合应用

在桁架计算中,如果使用某一种方法不能一次求出某些杆件内力时,可以将结点法和截面法联合起来,同时发挥两种方法的长处,可以得到很好的效果。下面通过例子说明。

例 6.4 求图 6.12(a) 所示桁架杆 a,b 的轴力。

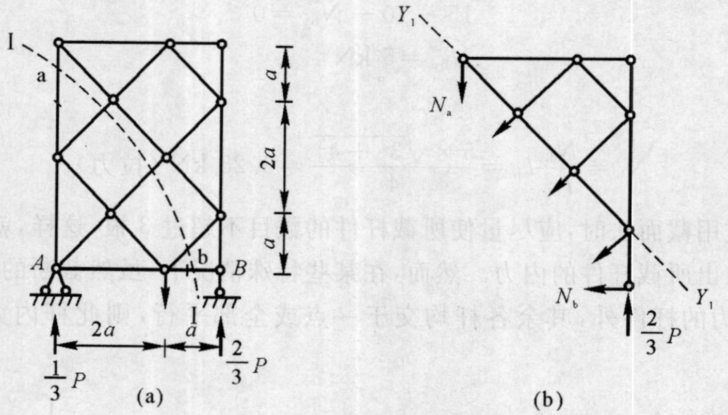

图 6.12

解 先求出支座反力,如图 6.12(a) 所示。

根据特殊结点,由结点 B 的平衡知杆 b 的轴力 $N_b=0$。

求杆 a 的内力 N_a 时,作截面 Ⅰ—Ⅰ 并取截面右边部分为隔离体(见图 6.12(b)),其上有 5 个未知力,但其中有 3 个力是平行的。由于 $N_b=0$,利用投影方程 $\sum Y_1=0$,有

$$N_a\times\frac{1}{\sqrt{2}}-\frac{2}{3}P\times\frac{1}{\sqrt{2}}=0$$

得

$$N_a=\frac{2}{3}P\ (\text{拉力})$$

例 6.5　求图 6.13(a) 所示桁架中杆 a,b 的轴力。

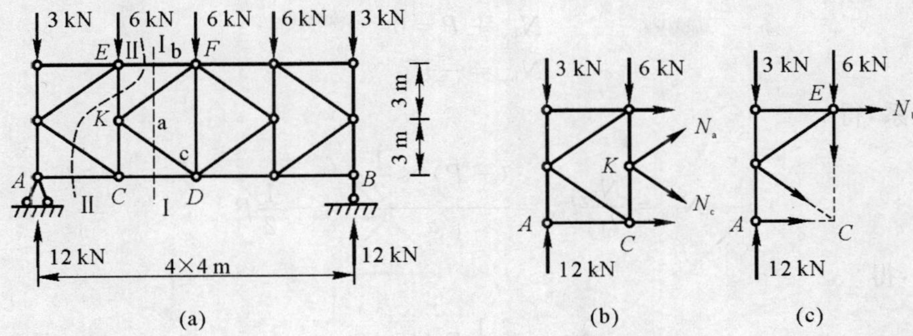

图　6.13

解　求出支座反力,标注图上。

求杆 a 内力时,可作截面 Ⅰ—Ⅰ 并取截面左边为隔离体(见图 6.13(b))。

由 $\sum Y=0$,有

$$3+6-12-N_{ay}+N_{cy}=0$$

得

$$N_{ay}-N_{cy}+3=0 \tag{1}$$

由于结点 K 是 K 型结点,由 K 型结点的特性可知

$$N_a=-N_c,\quad N_{ay}=-N_{cy} \tag{2}$$

将式(1) 代入式(2) 得

$$2N_{ay}+3=0,\quad N_{ay}=-\frac{3}{2}\ \text{kN}$$

由分力求合力,得

$$N_a=\frac{N_{ay}l_a}{l_{ay}}=\frac{\left(-\frac{3}{2}\right)(\sqrt{3^2+4^2})}{3}=-\frac{5}{2}\ \text{kN(压力)}$$

求出 N_a 后,由截面 Ⅰ—Ⅰ 利用 $\sum M_D=0$ 即可求出 N_b。不过,杆 b 的计算有更简便的方法。如作截面 Ⅱ—Ⅱ 取其左边为隔离体(见图 6.13(c))。

由 $\sum M_C=0$,有　$12\times4-3\times4+N_b\times6=0$

$$N_b=-6\ \text{kN(压力)}$$

例 6.6　计算图 6.14(a) 所示桁架中杆 a 的轴力。

解　在竖向荷载作用下,水平支座反力 $H_A=0$。

因为结构对称,荷载也对称,根据对称性有

$$N_{KE}=N_{KF} \tag{1}$$

又因为结点 K 是 K 型结点,所以有

$$N_{KE}=-N_{KF} \tag{2}$$

由式(1),(2) 可见

$$N_{KE}=N_{KF}=0$$

再由特殊结点知

$$N_{EC}=N_{CH}=N_{FD}=N_{DG}=0$$

这时求杆 a 内力可取结点 G 或 H 为隔离体(见图 6.14(b))。由 $\sum Y=0$,有

$$N_{by}+P=0$$

得

$$N_{by}=-P$$

利用比例关系,得

$$N_{bx}=\frac{N_{by}}{l_{by}}l_{bx}=\frac{(-P)\times\frac{1}{2}a}{a}=-\frac{1}{2}P$$

由 $\sum X=0$,得

$$N_a=-\frac{1}{2}P\ (\text{压力})$$

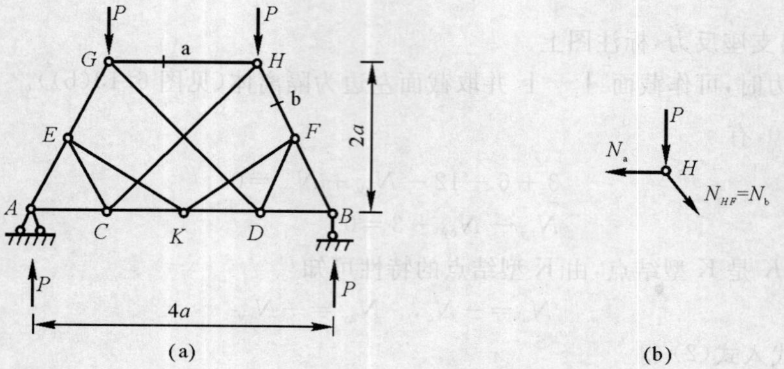

图 6.14

6.5 各类平面桁架的比较

桁架的外观形状直接影响桁架杆件轴力的分布。现就三种最常见桁架:平行弦桁架、三角形桁架和抛物线形桁架的受力情况进行比较。

图 6.15(a),(b),(c) 分别表示这三种桁架在上弦承受均布荷载时各杆的内力(这里均布荷载已用等效结点荷载代替,并为计算方便,设各结点荷载 $P=10$)。其中对于弦杆的内力分布情况,可由力矩法的内力计算公式

$$N_{弦}=\pm\frac{M^0}{r}$$

来分析。式中,M^0 表示相应简支梁上与矩心对应的点的弯矩,r 是指弦杆至矩心的力臂。我们知道,在均布荷载作用下,简支梁的弯矩图是抛物线形的,两边小、中间大。因此,可由力臂 r 的变化情况来讨论弦杆内力的变化情况。

在平行弦桁架中,弦杆的力臂是一常数,故弦杆内力与弯矩的变化规律相同,即两端小、中间大。至于腹杆内力,由投影法可知,竖杆内力与斜杆的竖向分力各等于相应简支梁上对应节间的剪力,故它们的大小均分别由两端向中间递减。

在抛物线形桁架(上弦各结点均落在一抛物线上)中,各下弦杆内力及各上弦杆的水平分力对其矩心的力臂,即为各竖杆的长度。而竖杆的长度和相应简支梁的 M^0 图的变化规律相

同，故可知各下弦杆内力与各上弦杆水平分力的大小都相等。由于上弦杆斜度不大，所以上弦杆各杆的内力也近似相等。因上弦杆的水平分力与下弦杆内力大小相等，性质相反，根据投影法可知所有腹杆的内力都为零。

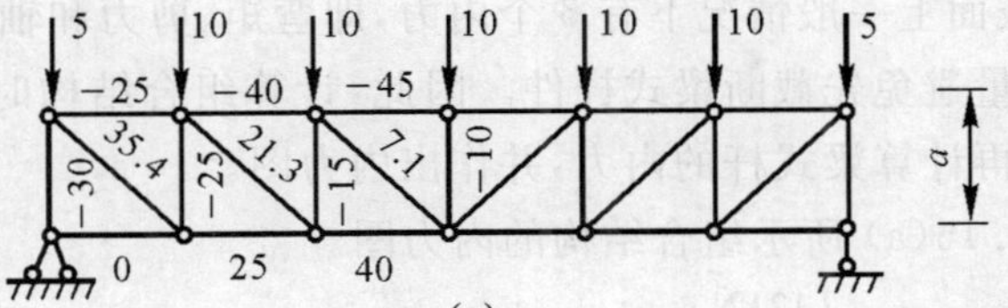

(a)

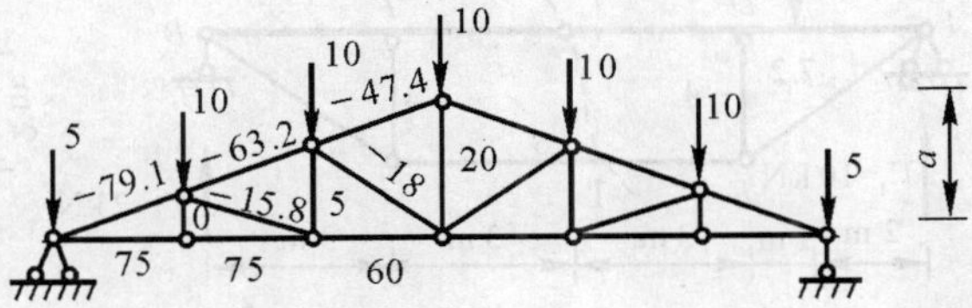

(b)

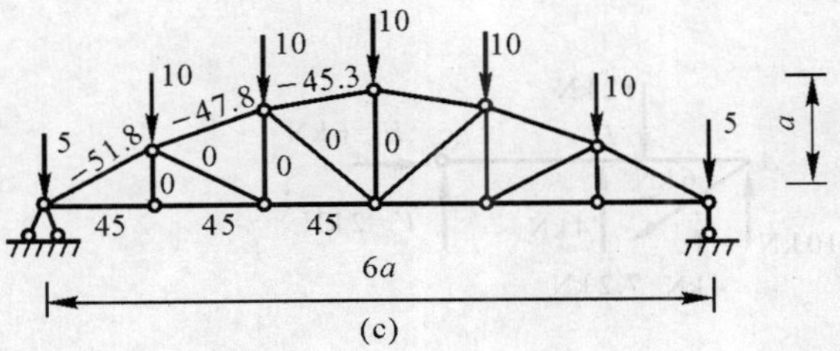

(c)

图　6.15

在三角形桁架中，弦杆所对应的力臂是由跨中向两端按直线递减的，其递减的速度要比弯矩减少的速度快，因此弦杆的内力由中间向两端递增。至于腹杆的内力，由结点法的计算不难看出，竖杆及斜杆的内力都是由两端部向中间递增的。

根据上述受力特点分析，可得出如下结论：

(1) 平行弦桁架的内力分布不均匀，中部弦杆轴力大，而端部弦杆轴力小。按其受力情况，弦杆截面应作相应变化，但是这样在拼装上增加了难度。若采用相同截面，又会造成材料的浪费。由于它在构造上有许多优点，如所有弦杆、斜杆、竖杆的长度相同，所有结点处相应各杆交角相同，这样，有利于标准化生产，因此在吊车梁、铁路桥梁中较多采用。

(2) 三角形桁架的内力分布也不均匀，端部弦杆轴力较大，中间小；腹杆内力端部小，中间大；且端结点处夹角很小，构造很复杂。但是两斜面符合屋顶构造需要，故只在屋架中采用。

(3) 抛物线形桁架弦杆的内力分布均匀，因而在材料的使用上最为经济。但是构造上也有缺点。如每一上弦杆在每一节间的倾角都不同，结点构造较为复杂，增加了施工难度。大跨度的屋架(18 ～ 30 m) 和桥梁(100 ～ 150 m) 常采用这种桁架，其目的是降低造价，提高经济效益。

6.6　组合结构的计算

组合结构是由两种受力性质不同的杆件所组合而成的结构。一种是仅承受轴力的二力杆，另一种是承受弯矩、剪力和轴力的梁式杆。它常常用在房屋建筑中的屋架、吊车梁以及桥梁建筑中的承重结构。采用组合结构主要是为了减小梁式杆的弯矩，充分发挥材料强度，节省材料。用截面法分析组合结构时，应注意被截的杆件是链杆还是梁式杆。对于链杆，截面上只有轴力；对于梁式杆，截面上一般情况下有 3 个内力，即弯矩、剪力和轴力。为了使隔离体上的未知力不致过多，应尽量避免先截断梁式杆件。因此，计算组合结构时，一般是先求支座反力和各链杆的轴力，然后再计算梁式杆的内力，并作出内力图。

例 6.7 试作图 6.16(a) 所示组合结构的内力图。

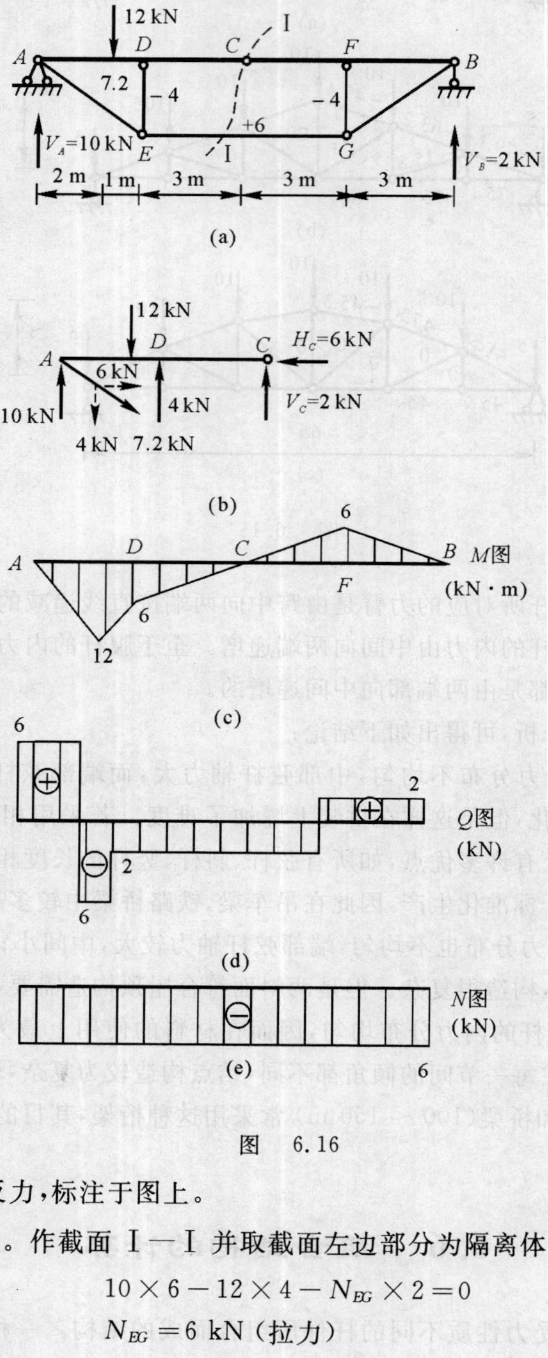

图 6.16

解 (1) 求支座反力，标注于图上。

(2) 求各链杆轴力。作截面 Ⅰ—Ⅰ 并取截面左边部分为隔离体，由 $\sum M_C = 0$，有

$$10 \times 6 - 12 \times 4 - N_{EG} \times 2 = 0$$

得

$$N_{EG} = 6\ \text{kN}\ (\text{拉力})$$

再考虑结点 E 和 G 的平衡，便可求出其余各链杆的轴力(见图 6.16(a))。

(3) 求梁式杆内力。取杆 AC 作为隔离体(见图 6.16(b))，考虑其平衡，可求出

$$H_C = 6\ \text{kN}\ (\leftarrow)$$
$$V_C = 2\ \text{kN}\ (\uparrow)$$

并可绘出梁式杆的弯矩图、剪力图和轴力图(见图 6.16(c)，(d)，(e))。

习　题

6.1　试判断题图 6.1 所示桁架中的零杆。

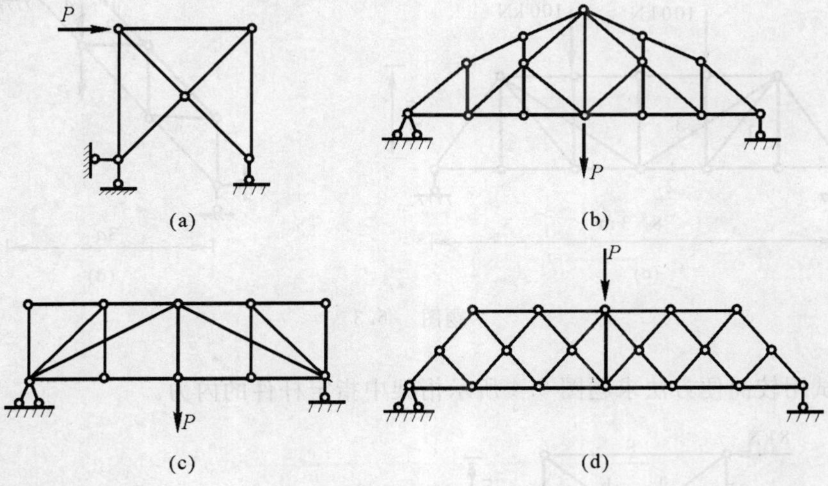

题图　6.1

6.2　用结点法计算题图 6.2 所示桁架各杆的内力。

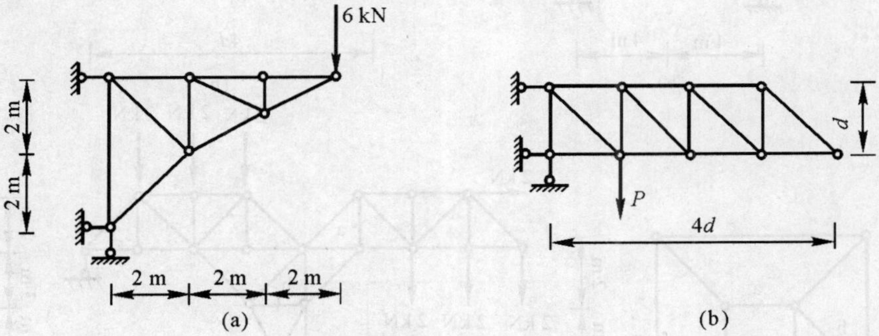

题图　6.2

6.3　用截面法计算题图 6.3 所示桁架中指定杆件的内力。

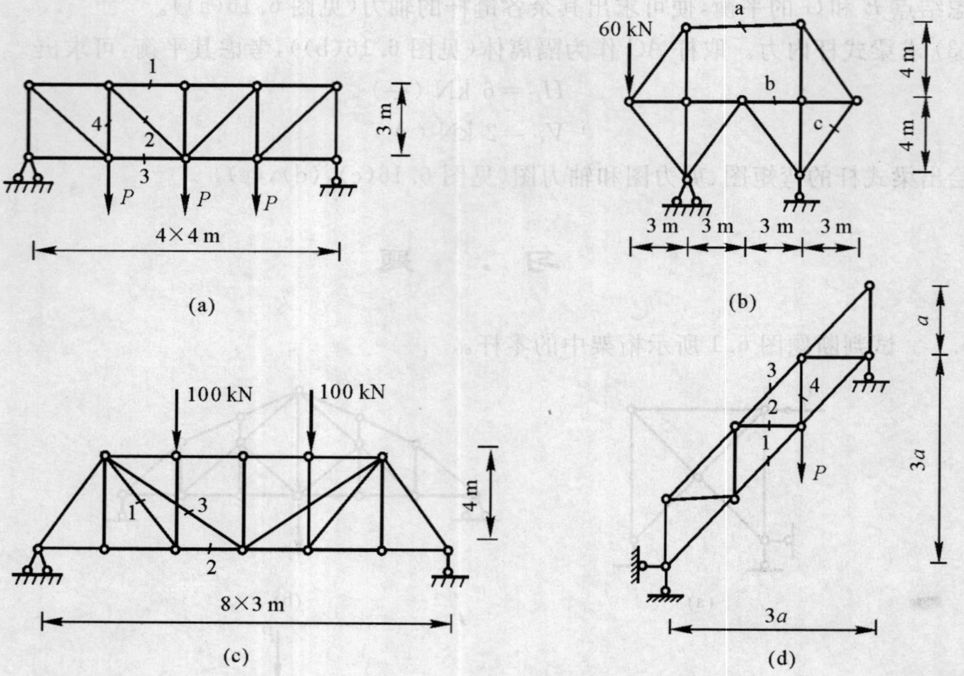

题图　6.3

6.4　试用较简便方法求题图 6.4 所示桁架中指定杆件的内力。

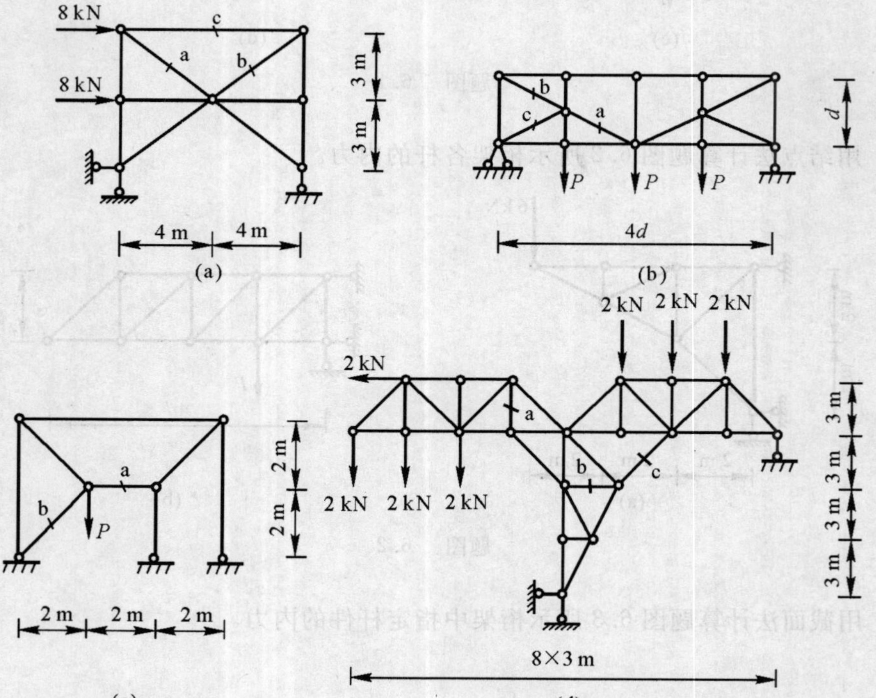

题图　6.4

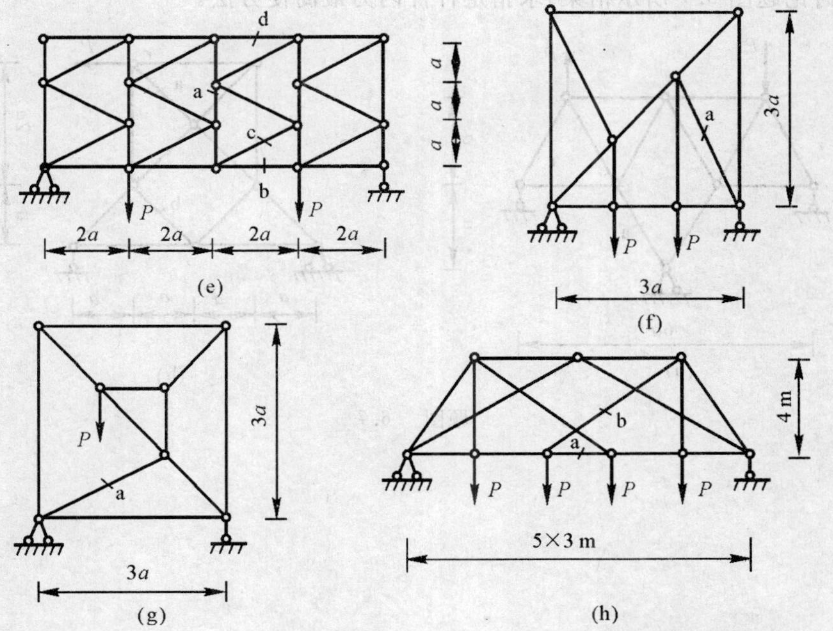

续题图　6.4

6.5　求题图 6.5 所示联合桁架中指定杆件的内力。

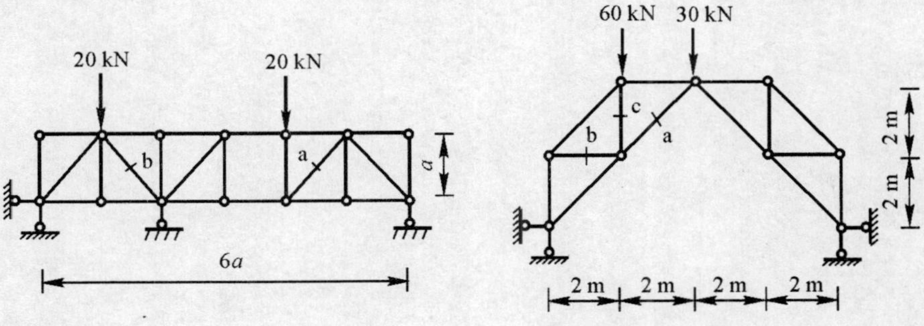

题图　6.5

6.6　试求题图 6.6 所示组合结构中各链杆的轴力并作受弯杆件的内力图。

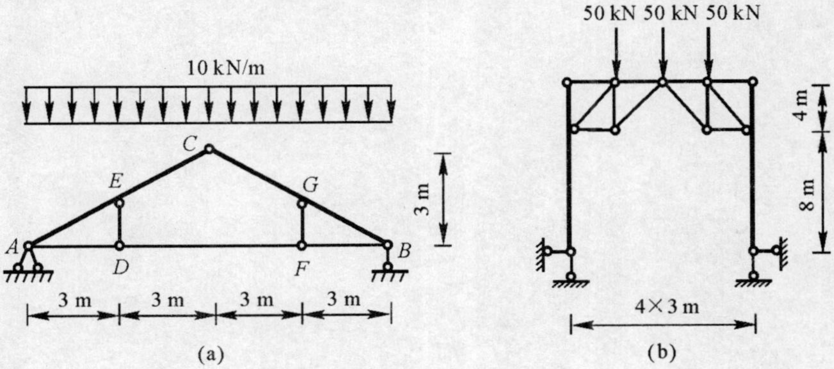

题图　6.6

6.7 讨论题图 6.7 所示桁架,求指定杆件内力最简便方法。

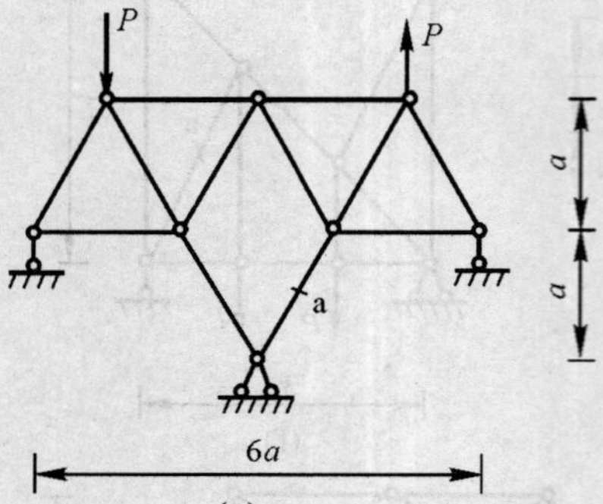

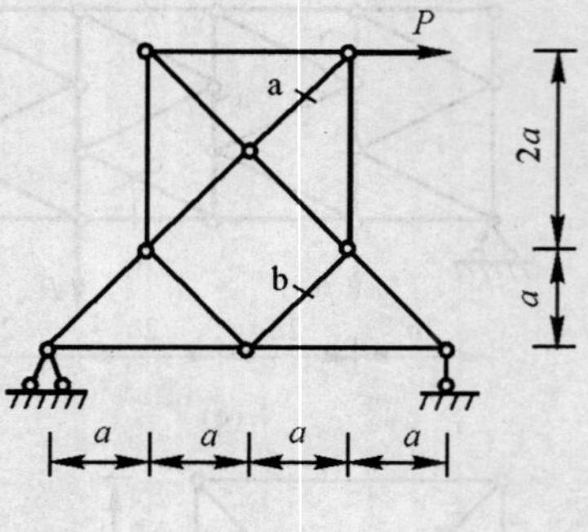

题图 6.7

第 7 章　影响线及其应用

7.1　概　述

前面各章所讨论的各种静定结构的计算，都是在恒载作用下的计算，即荷载作用的位置、方向及大小均为固定不变的。正是由于这种不变，所以结构的支座反力和任一截面的内力也是固定不变的。但在实际工程中，结构除承受固定荷载外，还要承受移动荷载（活载）的作用。如桥梁上行驶的车辆和移动的人群，吊车梁上移动的吊车荷载等。

在移动荷载作用下，结构的支座反力和内力将随着荷载位置的移动而发生变化。如吊车轮压在吊车梁 AB 上自 A 向 B 移动时（见图 7.1(a)，(b)），汽车在桥梁上由 A 向 B 行驶时（见图 7.1(c)），支座反力 R_A 将逐渐减小，而支座反力 R_B 将逐渐增大。因此，需研究荷载位置变化时结构的支座反力和内力变化规律，才能求出其最大值，并以此作为设计依据。显然，要想求出某一反力或某一内力的最大值，就必须先确定产生这一最大值的荷载位置，这一荷载位置称为最不利荷载位置。

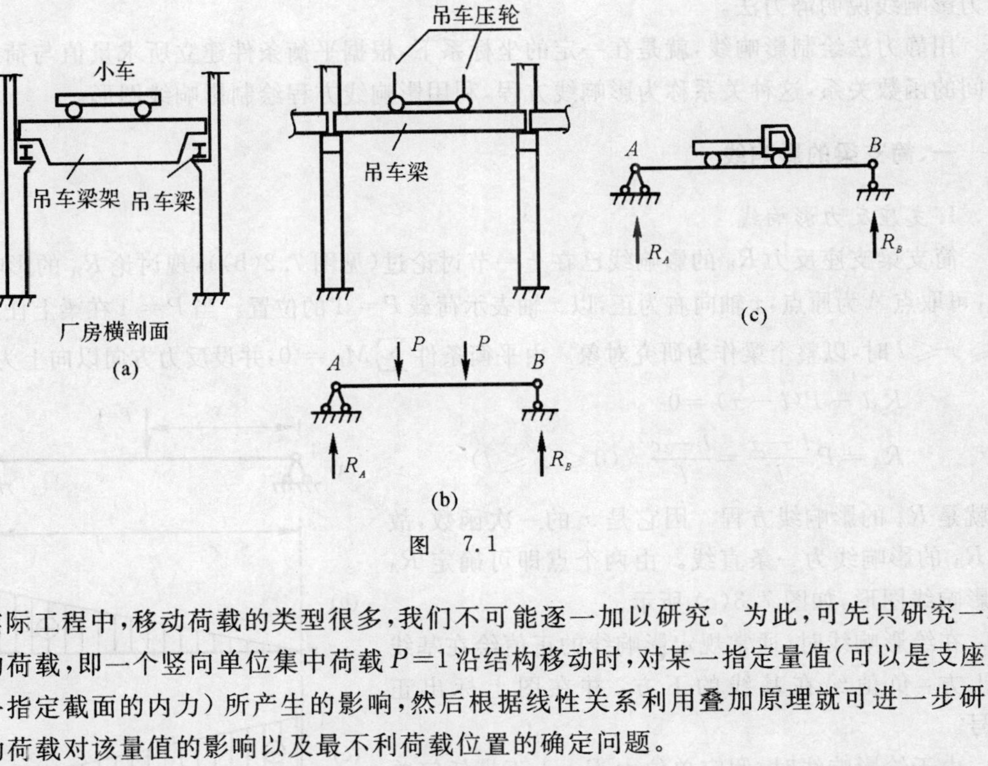

图　7.1

在实际工程中，移动荷载的类型很多，我们不可能逐一加以研究。为此，可先只研究一种最简单的荷载，即一个竖向单位集中荷载 $P=1$ 沿结构移动时，对某一指定量值（可以是支座反力或任一指定截面的内力）所产生的影响，然后根据线性关系利用叠加原理就可进一步研究各种移动荷载对该量值的影响以及最不利荷载位置的确定问题。

例如，图 7.2(a) 所示为一简支梁 AB，当竖向单位集中荷载 $P=1$ 沿梁上移动时，讨论支座

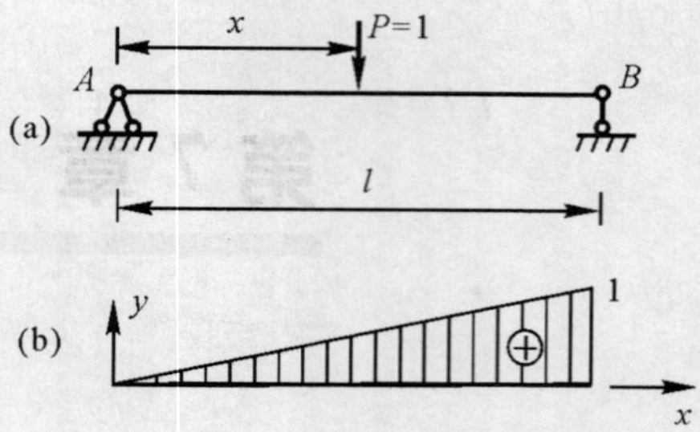

图 7.2

反力 R_B 的变化规律。

首先建立坐标系，以点 A 作为坐标原点，水平方向向右作为 x 轴的正方向，逆时针转 90° 表示 y 轴的正方向。x 表示荷载 $P=1$ 的作用位置，y 表示支座反力大小的变化规律。当荷载 $P=1$ 移动到梁上任意位置 x 时，利用平衡方程 $\sum M_A=0$，可求出支座反力 R_B，即

$$1\times x-R_B\times l=0,\quad R_B=\frac{x}{l}\quad (0\leqslant x\leqslant l)$$

因为 R_B 是 x 的一次函数，所以 R_B 呈直线变化。只要确定两个点，即可绘出该直线，如图 7.2(b) 所示。这个图形反映了荷载 $P=1$ 移动时 R_B 的变化规律，称这个图形为 R_B 的影响线。

于是，我们引出影响线的定义：**当一个方向不变的竖向单位集中荷载（通常方向向下）沿结构移动时，结构上的任一量值（如支座反力，任一截面的弯矩、剪力和轴力等）变化规律的函数图形，称为该量值的影响线。**

某量值的影响线一经绘出，就可利用它来确定最不利荷载位置，从而求出该量值的最大值。下面先讨论影响线的绘制方法，然后再讨论影响线的应用。

7.2 静力法作单跨静定梁的影响线

绘制影响线的基本方法有两种，即静力法和机动法，本节通过求单跨静定梁的支座反力和内力影响线说明静力法。

用静力法绘制影响线，就是在一定的坐标系下，根据平衡条件建立所求量值与荷载位置 x 之间的函数关系，这种关系称为影响线方程，利用影响线方程绘制影响线图形。

一、简支梁的影响线

1. 支座反力影响线

简支梁支座反力 R_B 的影响线已在上一节讨论过（见图 7.2(b)），现讨论 R_A 的影响线。为此，可取点 A 为原点，x 轴向右为正，以 x 轴表示荷载 $P=1$ 的位置。当 $P=1$ 在梁上任意位置即 $0\leqslant x\leqslant l$ 时，以整个梁作为研究对象。由平衡条件 $\sum M_B=0$，并设反力方向以向上为正，则有

$$R_Al-P(l-x)=0$$

得
$$R_A=P\frac{l-x}{l}=\frac{l-x}{l}\quad (0\leqslant x\leqslant l)$$

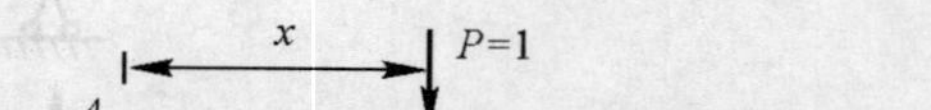

图 7.3

这就是 R_A 的影响线方程。因它是 x 的一次函数，故知 R_A 的影响线为一条直线。由两个点即可确定 R_A 的影响线图形，如图 7.3(c) 所示。

在绘影响线时，通常规定影响线的正值绘在基线的上方，负值绘在基线的下方，并在图上标出正负号。

由于绘影响线时，假定单位力 $P=1$ 不带任何单位，即为一无量纲量，因此支座反力影响的竖标为无

量纲，以后利用影响线研究实际荷载的影响时，只需计入实际荷载的相应单位。

2. 弯矩影响线

现在绘制图 7.4(a) 所示简支梁指定截面 C 的弯矩 M_C 影响线。

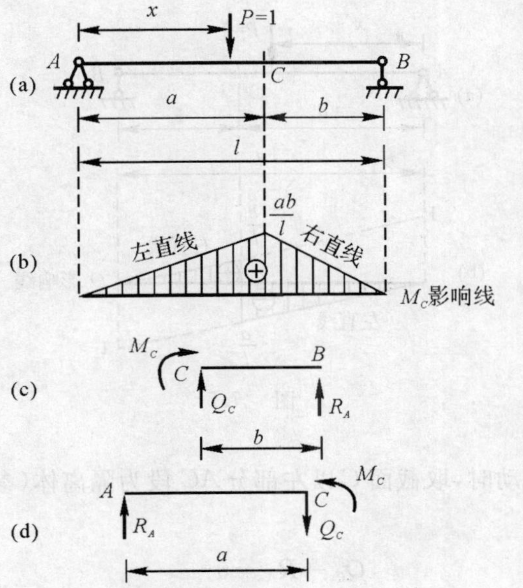

图　7.4

仍取 A 为原点，以 x 轴表示荷载 $P=1$ 的位置。当 $P=1$ 在截面 C 以左的梁段 AC 上移动时，为计算简便，取 CB 段为隔离体(见图 7.4(c))，并以使梁下部纤维受拉的弯矩为正。由平衡条件 $\sum M_C=0$，则有

$$M_C-R_Ab=0$$

$$M_C=R_Ab=\frac{x}{l}b\quad(0\leqslant x\leqslant a)$$

当 $P=1$ 在截面 C 以右的梁段 CB 上移动时，取 AC 段为隔离体(见图 7.4(d))。由 $\sum M_C=0$，则有

$$M_C-R_Ba=0$$

$$M_C=R_Ba=\frac{l-x}{l}a\quad(a\leqslant x\leqslant l)$$

可见，M_C 的影响线由上述两段 x 的一次函数构成，呈一三角形(见图 7.4(b))，二直线的交点即三角形的顶点，恰好位于截面 C 处，其竖标为 $\frac{ab}{l}$。也可以视为 R_A 与 R_B 影响线的竖标分别放大 a 倍与 b 倍，并取其相应 x 的适用范围构成。这种利用已知量值的影响线来作其它量值的影响线的方法是很方便的，以后还会经常用到。

由于 $P=1$ 不带单位，因此弯矩影响线纵坐标量纲应为长度量纲。

3. 剪力影响线

现在绘制图 7.5(a) 所示简支梁指定截面 C 的剪力 Q_C 影响线。坐标系的建立同前。

当 $P=1$ 在 AC 段移动时，取截面 C 以右部分 CB 段为隔离体(参看图 7.4(c))，并以绕隔离

体顺时针方向转的剪力为正。由 $\sum Y=0$,则有

$$Q_C+R_B=0$$

$$Q_C=-R_B \quad (0\leqslant x<a)$$

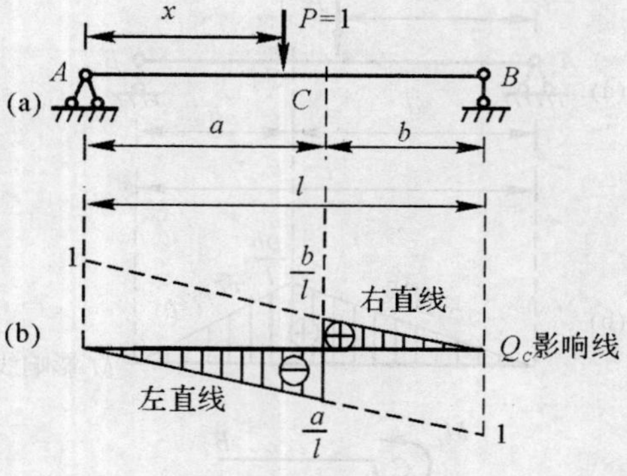

图 7.5

当 $P=1$ 在 CB 段移动时,取截面 C 以左部分 AC 段为隔离体(参看图 7.4(d))。由 $\sum Y=0$,可得

$$Q_C-R_A=0$$

$$Q_C=R_A \quad (a<x\leqslant l)$$

由此可以看出,在 AC 段可直接利用 R_B 的影响线绘制,只需将 R_B 的影响线翻在基线下方并取其 AC 段即可;而在 CB 段可直接利用 R_A 的影响线并保留 CB 段,即得到 Q_C 的影响线,如图 7.5(b) 所示。由图可知,Q_C 的影响线由两段相互平行的直线组成,其竖标在点 C 处有一突变,也就是当 $P=1$ 由点 C 的左侧移到其右侧时,截面 C 的剪力值将发生突变,突变值即等于 1。而当 $P=1$ 恰好作用于点 C 时,Q_C 值是不确定的。

由于 $P=1$ 不带单位,因此剪力影响线纵坐标量纲亦为无量纲。

二、伸臂梁的影响线

1. 支座反力的影响线

如图 7.6(a) 所示伸臂梁,绘制支座反力 R_A 和 R_B 的影响线。

仍以点 A 为坐标原点,x 轴以向右为正。当荷载 $P=1$ 移动到梁的任意位置 x 时,由平衡条件可求得两支座反力为

$$\left.\begin{aligned}\sum M_B=0,\quad & R_A=\frac{l-x}{l}\\ \sum M_A=0,\quad & R_B=\frac{x}{l}\end{aligned}\right\}\quad(-l_1\leqslant x\leqslant l+l_2)$$

这两个支座反力影响线方程与简支梁支座反力影响线方程完全相同,只是荷载 $P=1$ 的作用范围,即 x 的变化范围在扩大($-l_1\leqslant x\leqslant l+l_2$)。在悬伸部分(注意到当 $P=1$ 位于支座 A 以左时,x 应取负值),由于上面两式与简支梁的反力影响线方程完全相同,因此只需将简支梁的反力影响线向两个伸臂部分延长,即得伸臂梁的反力影响线,如图7.6(b),(c) 所示。

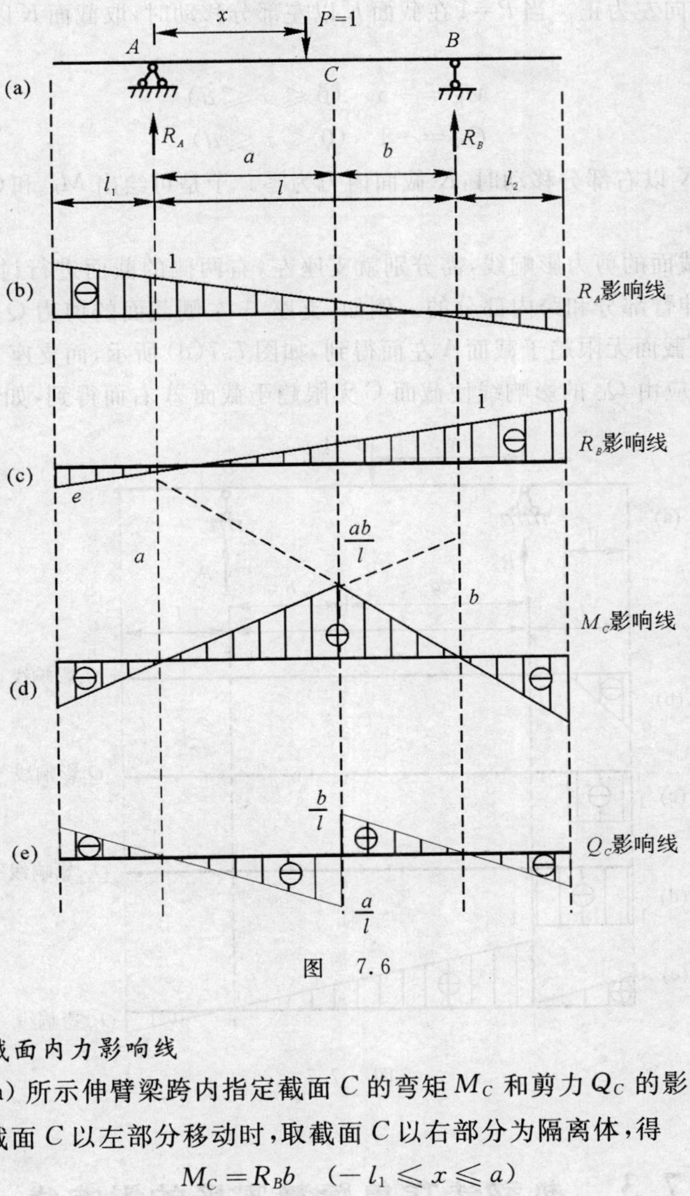

图　7.6

2. 跨内部分截面内力影响线

绘制图 7.6(a) 所示伸臂梁跨内指定截面 C 的弯矩 M_C 和剪力 Q_C 的影响线。

当 $P=1$ 在截面 C 以左部分移动时，取截面 C 以右部分为隔离体，得

$$M_C = R_B b \quad (-l_1 \leqslant x \leqslant a)$$

$$Q_C = -R_B \quad (-l_1 \leqslant x < a)$$

当 $P=1$ 在截面 C 以右部分移动时，取截面 C 以左部分为隔离体，得

$$M_C = R_A a \quad (a \leqslant x \leqslant l + l_2)$$

$$Q_C = R_A \quad (a < x \leqslant l + l_2)$$

由此可知，M_C 和 Q_C 的影响线方程与简支梁的影响线方程相同。因此，利用支座反力影响线的绘制方法，只需将简支梁 C 截面的弯矩和剪力影响线分别向左、右两伸臂部分延长，即可得伸臂梁的 M_C 和 Q_C 影响线，如图 7.6(d)，(e) 所示。

三、伸臂部分截面内力影响线

求伸臂部分上任一指定截面 K(见图 7.7) 的弯矩和剪力影响线，为计算方便，以 K 为坐标

原点，并规定x以向左为正。当$P=1$在截面K以左部分移动时，取截面K以左部分为隔离体，得

$$M_K=-x \quad (0\leqslant x\leqslant d)$$
$$Q_K=-1 \quad (0< x\leqslant d)$$

当$P=1$在截面K以右部分移动时，K截面内力为零。于是可绘出M_K和Q_K的影响线，如图7.7(b)，(c)所示。

对于支座处截面的剪力影响线，需分别就支座左、右两侧的截面进行讨论，因为这两侧的截面是分别属于伸臂部分和跨内部分的。例如，支座A左侧截面的剪力$Q_{A左}$的影响线，可由Q_K的影响线使K截面无限趋于截面A左而得到，如图7.7(d)所示；而支座A右侧截面的剪力$Q_{A右}$的影响线，则应由Q_C的影响线使截面C无限趋于截面A右而得到，如图7.7(e)所示。

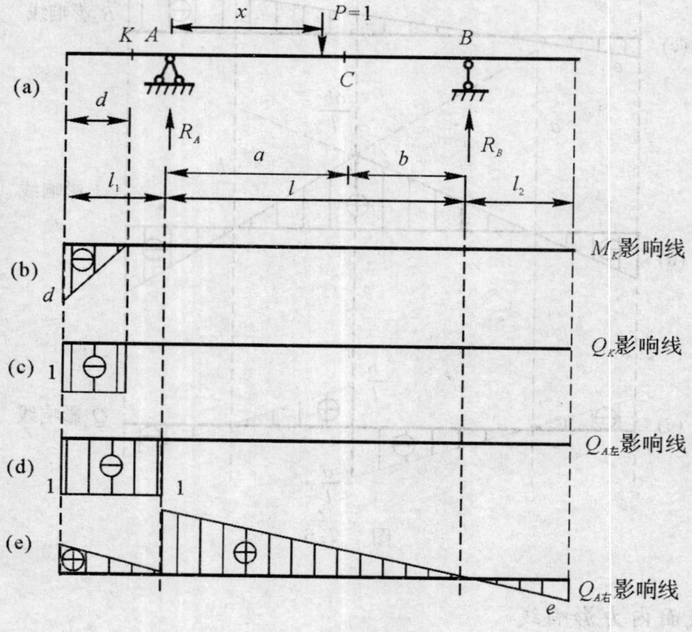

图 7.7

7.3 机动法作单跨静定梁的影响线

用机动法作静定结构的影响线是以刚体虚位移原理为基础，把作支座反力或内力影响线的静力问题转化为作刚体位移图的几何问题。根据虚位移原理，刚性体系在力系作用下处于平衡状态的必要和充分条件是，体系在许可范围内的任何微小的虚位移下，力系所做虚功总和等于零。现以简支梁支座反力为例，运用虚位移原理说明机动法作影响线的原理和步骤。

一、作反力影响线

如图7.8(a)所示简支梁，用机动法绘支座反力R_B的影响线。为了求反力R_B，首先去掉与它相应的联系即B处的支座链杆，同时代以正向的反力R_B，如图7.8(b)所示。此时原结构变成具有一个自由度的几何可变体系。然后，给此体系在允许范围内的微小虚位移，即使刚性杆

件 AB 绕点 A 作微小转动，并以 δ_B 和 δ_P 分别表示力 R_B 和 $P=1$ 的作用点沿力作用方向上的虚位移。由于体系在力 R_A，$P=1$ 和 R_B 的共同作用下处于平衡，因此它们所做的虚功总和应为零，虚功方程为

$$R_B\delta_B - P\delta_P = 0 \tag{7.1}$$

因为 $P=1$，所以

$$R_B = \frac{\delta_P}{\delta_B} \tag{7.2}$$

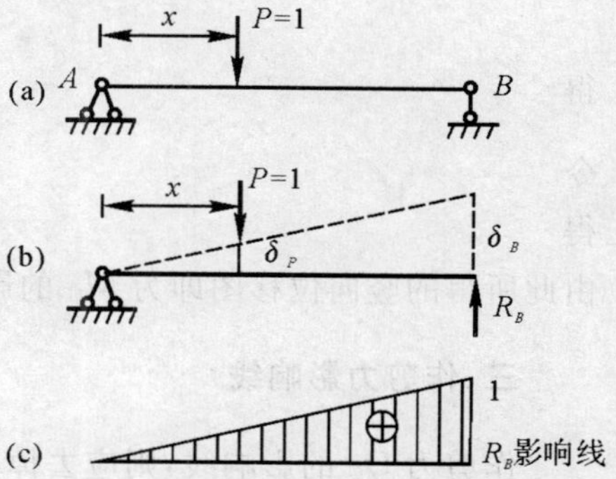

图　7.8

当 $P=1$ 移动时，位移 δ_P 随 $P=1$ 的位置而变化，因而 δ_P 是 x 的函数；而 δ_B 与 x 无关，是一个常数。因此，式(7.2) 可表示为

$$R_B(x) = \frac{\delta_P(x)}{\delta_B} \tag{7.3}$$

因 δ_B 为微小的虚位移，故令 $\delta_B = 1$，得

$$R_B(x) = \delta_P(x) \tag{7.4}$$

这里的 $R_B(x)$ 表示 R_B 随 $P=1$ 位置 x 变化的变化规律，即 R_B 的影响线。其中，$\delta_P(x)$ 是点 B 沿 R_B 方向发生单位虚位移时，荷载 $P=1$ 作用处的竖向位移图，或者说，$\delta_P(x)$ 的位移图形状和数值就是 R_B 影响线图形(见图 7.8(c))。

机动法的优点在于不必经过具体计算就能迅速绘出影响线的轮廓，这对设计工作很有帮助，同时亦便于对静力法所作影响线进行校核。

由上述分析，可归纳得出用机动法作任一量值影响线的具体步骤：

(1) 解除与量值相对应的约束，并代以正向约束力。

(2) 使体系沿约束力的正方向发生单位虚位移，作出荷载 $P=1$ 作用处的竖向位移图 $\delta_P(x)$ 图。

(3) 竖向位移图即为该量值的影响线。基线上方标出正号，反之标出负号。

二、作弯矩影响线

用机动法作图 7.9(a) 所示简支梁指定截面 C 的弯矩和剪力影响线。

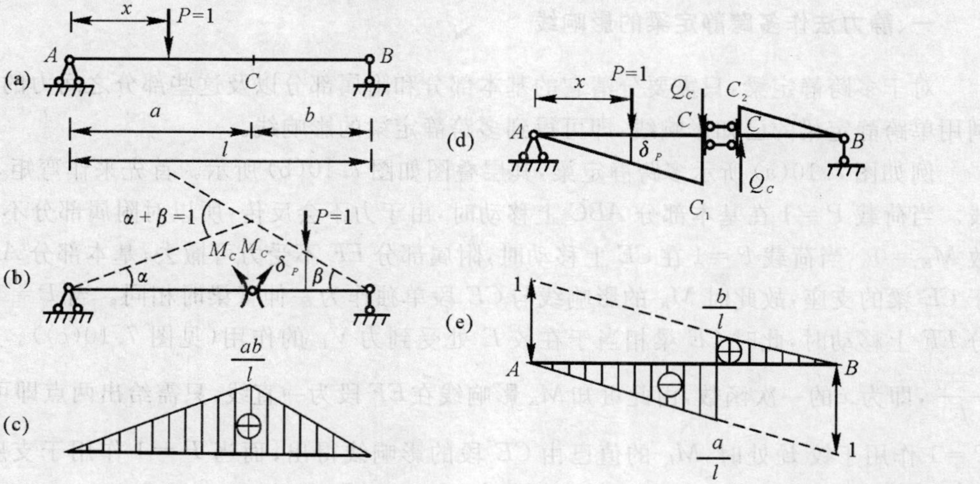

图　7.9

作弯矩 M_C 影响线时，先解除与 M_C 相应的转动约束，即将 C 截面改为铰结，并代以一对大小相等、转向相反使下边受拉的力偶 M_C。这时，铰 C 两侧的刚性杆可以相对转动。给体系沿 M_C 的正方向以微小虚位移（见图 7.9(b)），建立虚功方程为

$$M_C(\alpha+\beta)-P\delta_P=0$$

得
$$M_C=\frac{\delta_P}{\alpha+\beta}$$

令
$$\alpha+\beta=1$$

得
$$M_C(x)=\delta_P(x)$$

由此所得的竖向位移图即为 M_C 的影响线（见图 7.9(c)，并与静力法结果一致。

三、作剪力影响线

作剪力 Q_C 的影响线，则应去掉与 Q_C 相应的联系，即将截面 C 处改为用两根水平链杆相连，在 C 处左右截面同时加上一对正向剪力 Q_C，然后使此体系沿 Q_C 正向发生微小的虚位移（见图 7.9(d)）。由虚位移原理得

$$Q_C(CC_1+CC_2)\pm P\delta_P=0$$

$$Q_C=\mp\frac{\delta_P}{CC_1+CC_2}$$

令
$$CC_1+CC_2=1$$

得
$$Q_C(x)=\mp\delta_P(x)$$

此时所得的竖向位移图即为 Q_C 的影响线（见图 7.9(e)，也与静力法结果一致。注意到 AC 与 CB 两刚性杆是用两根平行链杆相连，它们之间只能作相对的平行移动，故在其虚位移图中 AC_1 和 C_2B 应为两平行直线，亦即 Q_C 影响线的左右两直线是互相平行的。

7.4 多跨静定梁的影响线

如同作单跨静定梁影响线一样，作多跨静定梁影响线同样可用静力法与机动法，下面分别讨论。

一、静力法作多跨静定梁的影响线

对于多跨静定梁，只需要分清它的基本部分和附属部分以及这些部分之间力的传递关系，利用单跨静定梁的已知影响线，即可得到多跨静定梁的影响线。

例如图 7.10(a) 所示多跨静定梁，其层叠图如图 7.10(b) 所示。首先来作弯矩 M_K 的影响线。当荷载 $P=1$ 在基本部分 ABC 上移动时，由于力不会反传，所以对附属部分不会有影响，故 $M_K=0$。当荷载 $P=1$ 在 CE 上移动时，附属部分 EF 不受力可撤去；基本部分 ABC 则相当于 CE 梁的支座，故此时 M_K 的影响线与 CE 段单独作为一伸臂梁时相同。当 $P=1$ 在附属部分 EF 上移动时，此时 CE 梁相当于在铰 E 处受到力 V_E 的作用（见图 7.10(c)）。由于 $V_E=\frac{l-x}{l}$，即为 x 的一次函数，由此可知 M_K 影响线在 EF 段为一直线，只需给出两点即可绘出。当 $P=1$ 作用于铰 E 处时，M_K 的值已由 CE 段的影响线得出；而当 $P=1$ 作用于支座 F 时，知 $M_K=0$。于是，可绘出整个 M_K 的影响线，如图 7.10(d) 所示。

由上可知，多跨静定梁任一反力或内力影响线的一般作法如下：

(1) 当荷载 $P=1$ 在对于所求量值梁段来说是基本部分的梁段上移动时，所求量值影响线为零。

(2) 当荷载 $P=1$ 在所求量值的梁段上移动时，其影响线同相应单跨静定梁。

(3) 当荷载 $P=1$ 在对于所求量值所在部分来说是附属部分的梁段上移动时，所求量值影响线为直线。根据在铰处竖标为已知和在支座处竖标为零即可绘出。

按照上述方法，不难作出 $Q_{B左}$ 和 R_F 的影响线，如图 7.10(e) 和(f) 所示，读者可自行校核。

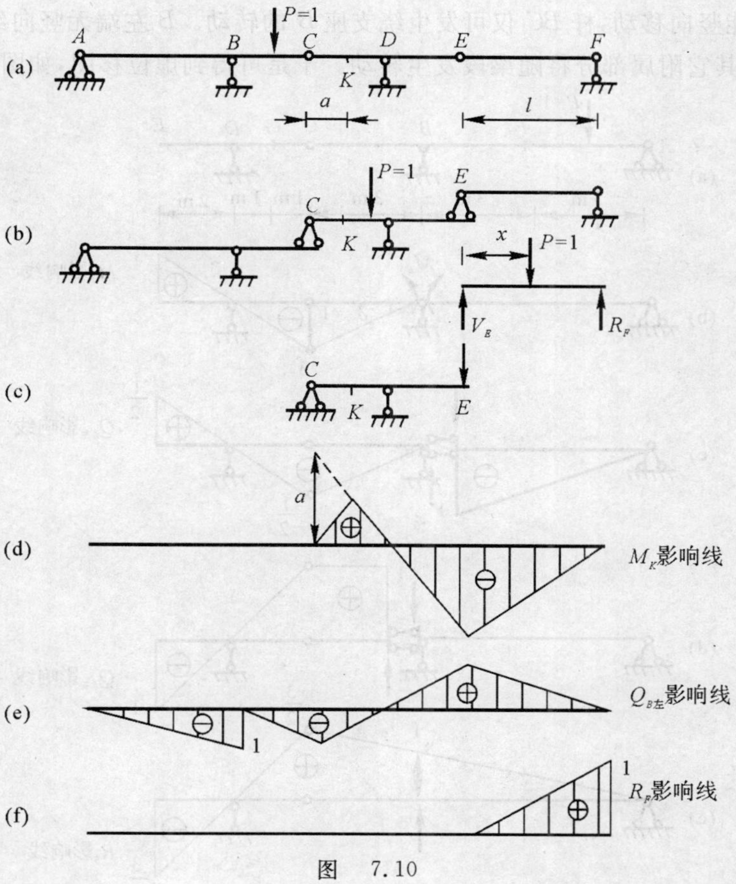

图　7.10

二、机动法作多跨静定梁的影响线

用机动法作多跨静定梁的支座反力和内力影响线十分简便，其原理和步骤同单跨静定梁，只是应注意解除约束后虚位移图形的特点。多跨静定梁是由基本部分和附属部分组成，解除约束后给虚位移时，应搞清哪些部分可以发生虚位移。属于附属部分上的某量值解除相应的约束后，刚性体系只能在附属部分发生虚位移，基本部分则不动，因此，位移图仅限于附属部分。属于基本部分上的某量值，解除相应约束后，基本部分和其所支承的附属部分都能发生虚位移，位移图在基本部分和其所支承的附属部分都有。

用机动法作图 7.11(a) 所示多跨静定梁 M_B，$Q_{B左}$，$Q_{B右}$，R_B，R_F，Q_C 和 M_G 的影响线。

1. M_B 的影响线

解除与 M_B 相应的约束，即将梁在支座链杆 B 上的刚连接改为铰连接，并代以一对正向的 M_B。这时刚性杆 AB 与基础有一铰和一支杆相连，为几何不变体系，不能发生虚位移。让刚性杆 BC 绕铰 B 转动 $\delta_\theta=1$，方向与 M_B 相同，点 D 处有支杆，不能发生竖向移动，但刚性杆 CDE 可绕点 D 转动，于是得到虚位移图，如图 7.11(b) 所示，即 M_B 的影响线。

2. $Q_{B左}$ 的影响线

先解除支座 B 截面以左的剪切约束，即切断连续处改为可定向滑动的平行链杆约束，并代以一对正向剪力 $Q_{B左}$，使左右截面发生与 $Q_{B左}$ 同向的可能微小单位虚位移。注意，B 右段由于支座 B 约束不能竖向移动，杆 BC 仅可发生绕支座 B 的转动。B 左端无竖向约束，可使杆 AB 绕铰 A 转动。其它附属部分将随梁段发生转动。于是可得到虚位移图，如图 7.11(c) 所示。

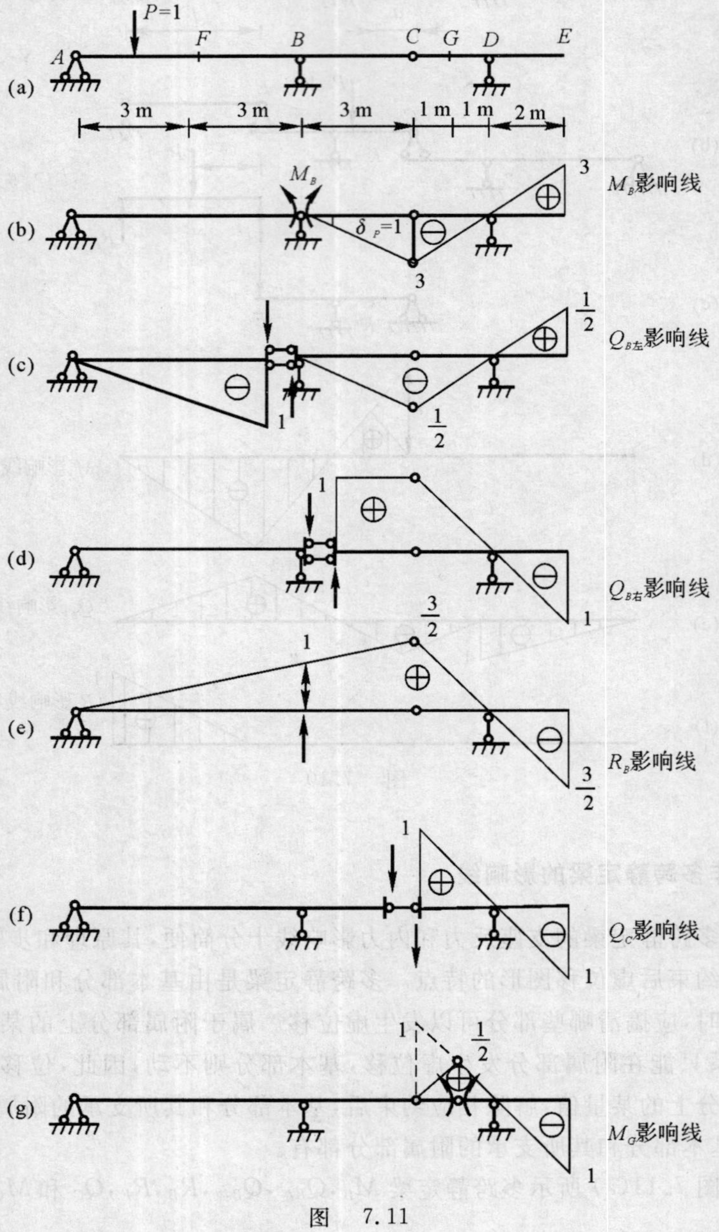

图 7.11

3. $Q_{B右}$ 的影响线

解除支座 B 截面以右的剪切约束，即切断连续处改为可定向滑动的平行链杆约束，并代以一对正向剪力 $Q_{B右}$，使左右截面发生与 $Q_{B右}$ 同向的可能微小单位虚位移。此时，AB 部分为几何不变体系，不能发生位移，故 AB 段影响线为零；杆 BC 左端无竖向约束，杆 BC 可平行滑动，并带动右边一系列附属刚性杆绕支座转动。可得到虚位移图，如图 7.11(d) 所示。

其它各量值的影响线，读者可自行绘出，兹不赘述。

7.5　间接荷载作用下的影响线

图 7.12(a) 所示为桥梁结构中的纵横梁桥面系统及主梁的简图。计算主梁时通常可假定纵梁简支在横梁上，横梁简支在主梁上。荷载直接作用在纵梁上，再通过横梁传到主梁，主梁只在各横梁处(结点处) 受到集中力作用。对主梁来说，这种荷载称为间接荷载或结点荷载。下面以主梁上截面 C 的弯矩为例，来说明间接荷载作用下影响线的绘制方法。

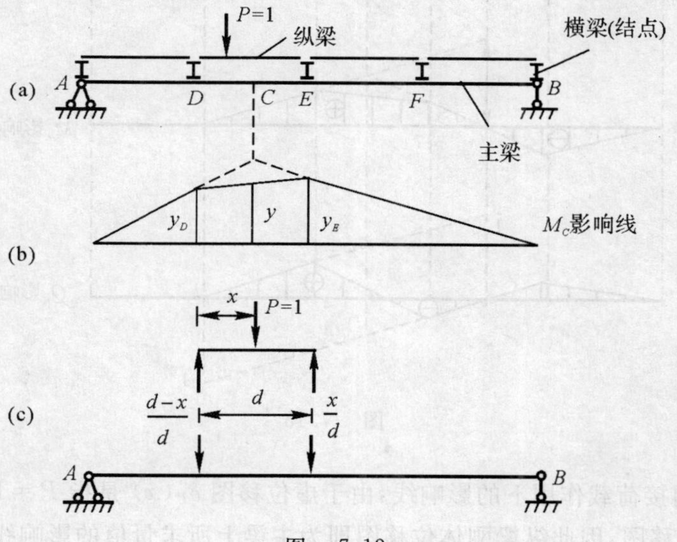

图　7.12

首先，考虑荷载 $P=1$ 移动到各结点时的情况。显然，此时与荷载直接作用在主梁上的情况完全相同，因此可先作出直接荷载作用下主梁 M_C 的影响线(见图 7.12(b) 中虚线图形)。而在此影响线中，对于间接荷载来说，在各结点处的竖标都是正确的。

其次，考虑荷载 $P=1$ 在任意两相邻结点 D,E 之间的纵梁上移动时的情况。此时，主梁将在 D,E 处分别受到结点荷载 $\frac{d-x}{d}$ 及 $\frac{x}{d}$ 的作用(见图 7.12(c))。设直接荷载作用下 M_C 影响线在 D,E 处的竖标分别为为 y_D 和 y_E，则根据影响线的定义和叠加原理可知，在上述两结点荷载作用下，M_C 值应为

$$M_C=\frac{d-x}{d}y_D+\frac{x}{d}y_E$$

上式为 x 的一次函数，说明在 DE 段内 M_C 呈直线变化。且当 $x=0$ 时，$M_C=y_D$；$x=d$ 时，$M_C=y_E$。用直线连接竖标 y_D 和 y_E，即可得到 M_C 在此节间的影响线，其它节间类似(见图

7.12(b))。

上面的结论,实际上适用于间接荷载作用下任何量值的影响线。由此,可将绘制间接荷载作用下影响线的一般方法归纳如下:

(1) 首先用虚线作出直接荷载作用下所求量值的影响线;

(2) 然后取各结点处的竖标,并将其相邻顶点在每一纵梁范围内连成直线。

图 7.13 所示为间接荷载作用下影响线的另一例,读者可自行校核。

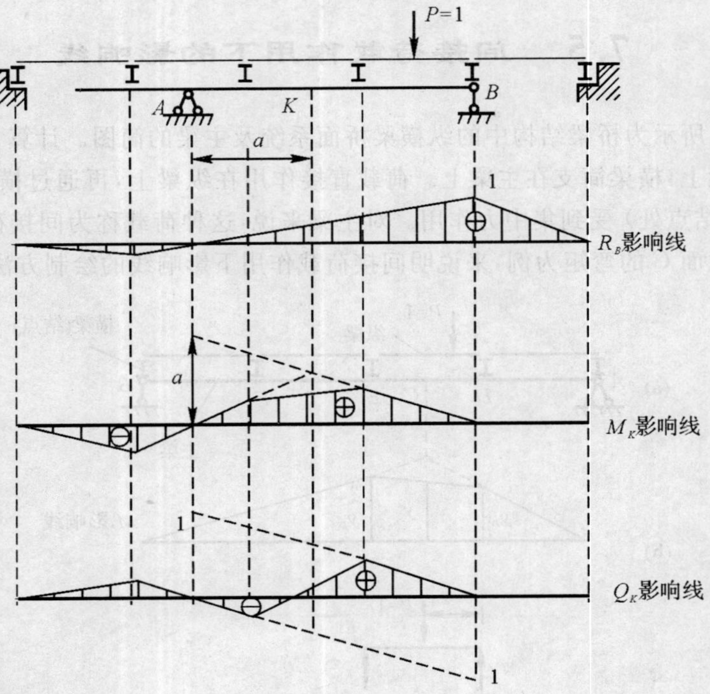

图 7.13

用机动法作间接荷载作用下的影响线,由于虚位移图 $\delta_P(x)$ 是指 $P=1$ 作用点的位移,而 $\delta_P(x)$ 是纵梁的位移图,因此纵梁刚体位移图即为主梁上所求量值的影响线。

图 7.14 所示为间接荷载下主梁 $Q_{C左}$ 的影响线。

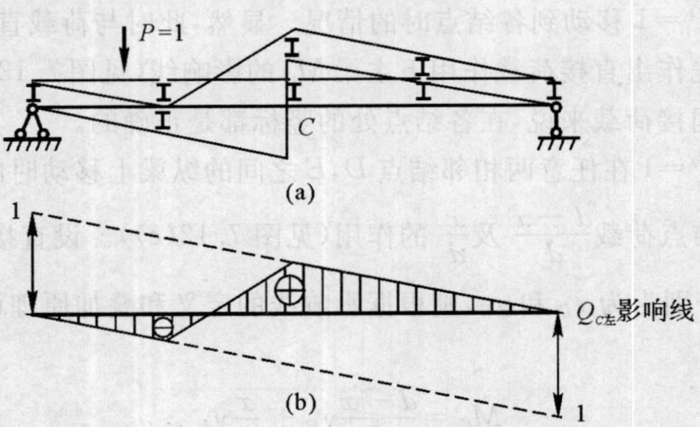

图 7.14

*7.6　三铰拱的影响线

绘制影响线时，移动的单位荷载是竖向的，故可直接利用第四章中三铰拱在竖向荷载作用下的计算公算。

设有对称三铰拱如图 7.15(a) 所示，绘制反力影响线由式(5.4) 得

$$\begin{cases} V_A = V_A^0 \\ V_B = V_B^0 \\ H = \dfrac{M_C^0}{f} \end{cases}$$

可知，三铰拱竖向反力的影响线与相应简支梁的反力影响线完全相同；而推力 H 的影响线，可由相应简支梁截面 C 的弯矩影响线除以拱高 f 而得到，如图 7.15(b) 所示。

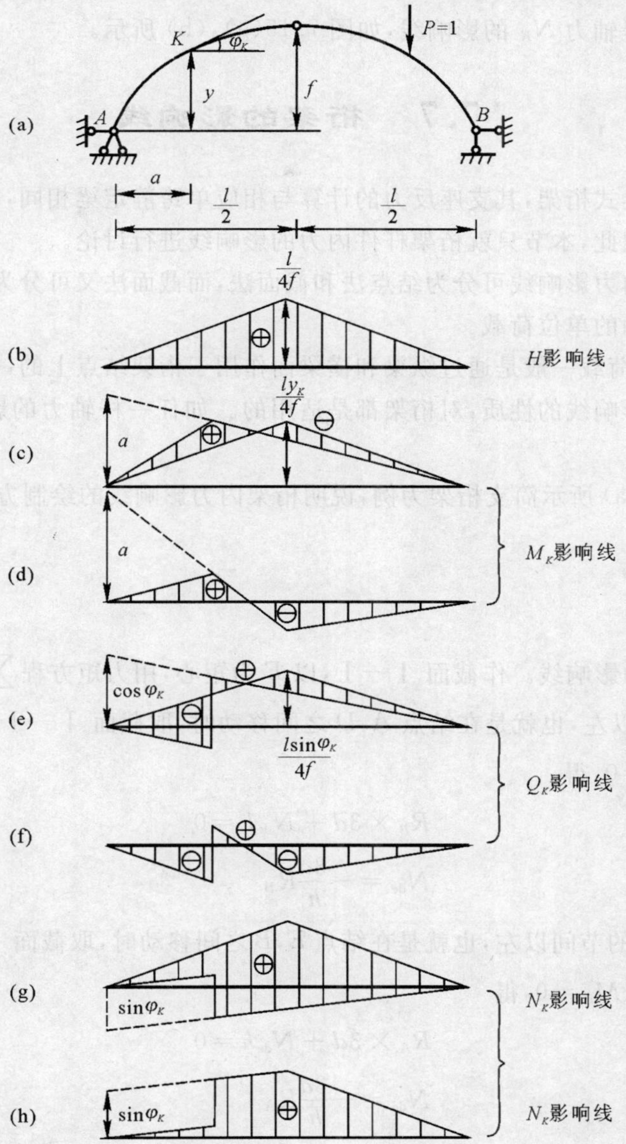

图　7.15

至于任一截面 K 的内力影响线,由公式(5.5)有

$$M_K = M_K^0 - H y_K$$

故知弯矩 M_K 的影响线可由两根影响线叠加求得:一为相应简支梁上对应截面 K 的弯矩 M_K^0 的影响线;另一为推力 H 的影响线乘以常数 y_K。这两个影响线的作法我们都较熟悉,现将它们绘出并加以叠加,得到 M_K 的影响线,如图 7.15(c) 所示。为了应用方便,可将其改绘在一根水平基线上,如图 7.15(d) 所示。

又由公式(5.5)有

$$Q_K = Q_K^0 \cos\varphi_K - H\sin\varphi_K$$

$$N_K = Q_K^0 \sin\varphi_K + H\cos\varphi_K$$

可见剪力 Q_K 的影响线也可由两根影响线叠加而成。一为相应简支梁 Q_K^0 的影响线乘以常数 $\cos\varphi_K$;另一为推力 H 的影响线乘以常数 $\sin\varphi_K$ 的影响线。将两者分别绘出并叠加便得到 Q_K 的影响线,如图 7.15(e) 所示,同样也将其改绘在一根水平基线上,如图 7.15(f) 所示。同理也可按照上述步骤绘得轴力 N_K 的影响线,如图 7.15(g),(h) 所示。

*7.7　桁架的影响线

对于单跨静定梁式桁架,其支座反力的计算与相应单跨静定梁相同,故两者的支座反力影响线也完全一样。因此,本节只就桁架杆件内力的影响线进行讨论。

静力法作桁架内力影响线可分为结点法和截面法,而截面法又可分为力矩法和投影法,但此时的荷载为一移动的单位荷载。

由于在桁架中,荷载一般是通过纵梁和横梁而作用于桁架结点上的,因此前面所讨论的关于间接荷载作用下影响线的性质,对桁架都是适用的。如任一杆轴力的影响线在相邻结点之间为一直线。

下面以图 7.16(a) 所示简支桁架为例,说明桁架内力影响线的绘制方法。设荷载 $P=1$ 沿下弦移动。

一、力矩法

求上弦杆 N_{de} 的影响线。作截面 Ⅰ—Ⅰ,以 E 为矩心,用力矩方程 $\sum M_E = 0$ 求 N_{de}。当 $P=1$ 在被截的节间以左,也就是在结点 A,D 之间移动时,取截面 Ⅰ—Ⅰ 以右部分为隔离体,由平衡方程 $\sum M_E = 0$,得

$$R_B \times 3d + N_{de} h = 0$$

$$N_{de} = -\frac{3d}{h} R_B \tag{7.5}$$

当 $P=1$ 在被截的节间以左,也就是在结点 E,B 之间移动时,取截面 Ⅰ—Ⅰ 以左部分为隔离体,由平衡方程 $\sum M_E = 0$,得

$$R_A \times 3d + N_{de} h = 0$$

$$N_{de} = -\frac{3d}{h} R_A \tag{7.6}$$

$P=1$ 在 D,E 之间，影响线为直线。

利用式(7.5) 作 R_B 影响线，并将 R_B 影响线的纵坐标乘以 $\frac{3d}{h}$。因是负号，故画于基线下方，取 D 以左一段。又利用式(7.6) 作 R_A 影响线，将它的纵坐标乘以 $\frac{3d}{h}$，画于基线下方，取 E 以右一段。D,E 两点纵坐标再连以直线，得到一个三角形的影响线，如图 7.16(c) 所示。

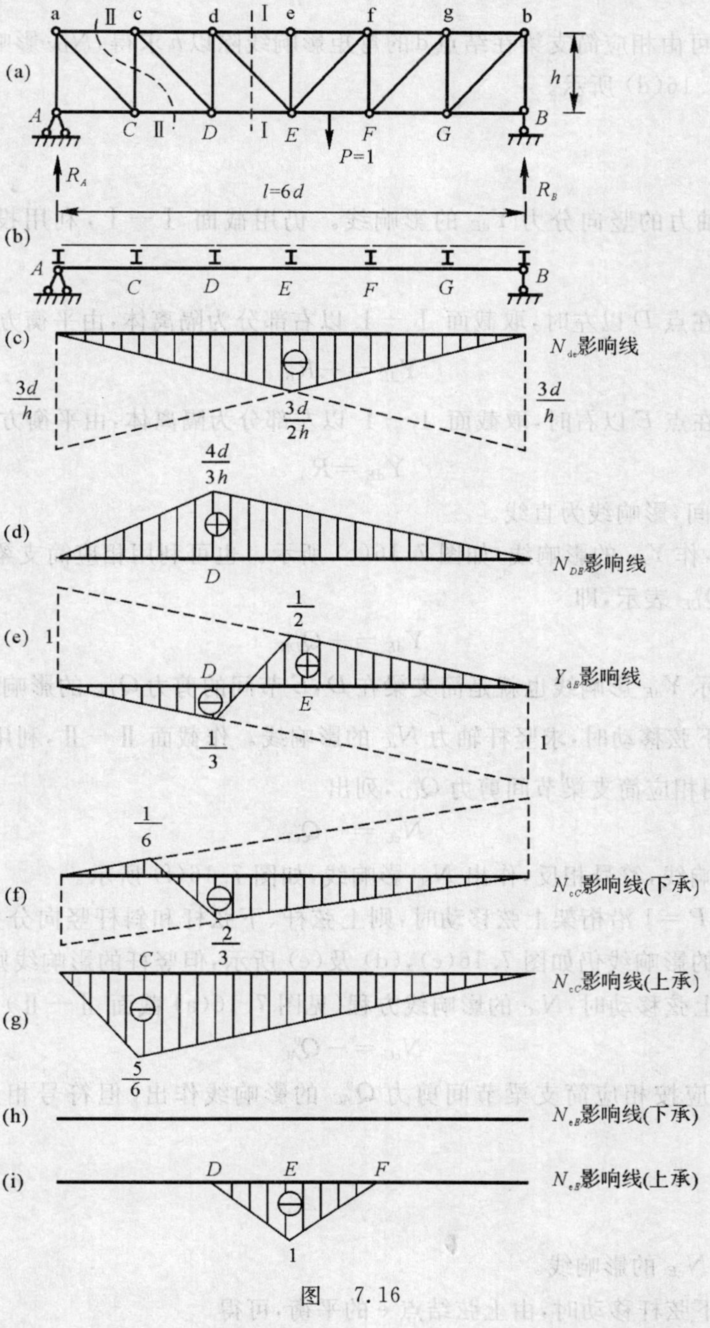

图　7.16

式(7.5) 和式(7.6) 也可以合并为一个式子，用相应的简支梁在结点 E 的弯矩 M_E^0 表示，得

$$N_{de}=-\frac{M_E^0}{h} \tag{7.7}$$

又如求下弦杆轴力 N_{DE} 的影响线，仍用截面 Ⅰ—Ⅰ，并以 d 为矩心。由力矩方程 $\sum M_d=0$，得

$$N_{DE}=+\frac{M_d^0}{h} \tag{7.8}$$

即 N_{DE} 的影响线可由相应简支梁在结点 d 的弯矩影响线除以 h 求得，N_{DE} 影响线的形状仍是一个三角形，如图 7.16(d) 所示。

二、投影法

求斜杆 dE 轴力的竖向分力 Y_{dE} 的影响线。仍用截面 Ⅰ—Ⅰ，利用投影方程 $\sum Y=0$ 求 Y_{dE}。

荷载 $P=1$ 在点 D 以左时，取截面 Ⅰ—Ⅰ 以右部分为隔离体，由平衡方程 $\sum Y=0$，得

$$Y_{dE}=-R_B \tag{7.9}$$

荷载 $P=1$ 在点 E 以右时，取截面 Ⅰ—Ⅰ 以左部分为隔离体，由平衡方程 $\sum Y=0$，得

$$Y_{dE}=R_A \tag{7.10}$$

$P=1$ 在 D,E 之间，影响线为直线。

由以上分析，作 Y_{dE} 的影响线，如图 7.16(e) 所示。也可利用相应简支梁在结点荷载下节间 D,E 的剪力 Q_{DE}^0 表示，即

$$Y_{dE}=+Q_{DE}^0 \tag{7.11}$$

而图 7.16(e) 所示 Y_{dE} 影响线也就是简支梁在 D,E 节间的剪力 Q_{DE}^0 的影响线。

当 $P=1$ 在下弦移动时，求竖杆轴力 N_{cC} 的影响线。作截面 Ⅱ—Ⅱ，利用投影方程 $\sum Y=0$ 求 N_{cC}。可利用相应简支梁节间剪力 Q_{CD}^0，列出

$$N_{cC}=-Q_{CD}^0 \tag{7.12}$$

根据节间剪力影响线，符号相反，作出 N_{cC} 影响线，如图 7.16(f) 所示。

当单位荷载 $P=1$ 沿桁架上弦移动时，则上弦杆、下弦杆和斜杆竖向分力的影响不变，即 N_{de}，N_{DE} 及 Y_{dE} 的影响线仍如图 7.16(c)，(d) 及(e) 所示，但竖杆的影响线则有变化。

当 $P=1$ 在上弦移动时，N_{cC} 的影响线方程(见图 7.16(a) 截面 Ⅱ—Ⅱ) 为

$$N_{cC}=-Q_{AC}^0$$

即 N_{cC} 的影响线应按相应简支梁节间剪力 Q_{AC}^0 的影响线作出，但符号相反，如图 7.16(g) 所示。

三、结点法

求竖杆轴力 N_{eE} 的影响线。

当 $P=1$ 在下弦杆移动时，由上弦结点 e 的平衡，可得

$$N_{eE}=0$$

即 $P=1$ 在下弦杆任意位置，eE 杆均是零杆，因此，N_{eE} 的影响线与基线重合，如图

7.16(h) 所示。

当 $P=1$ 在上弦移动时，N_{eE} 的影响线方程由结点 e 的平衡，可得：

当 $P=1$ 在结点 e 时，$N_{eE}=-1$；

当 $P=1$ 在其它结点时，$N_{eE}=0$。

由于结点之间是直线，因此 N_{eE} 的影响线如图 7.16(i) 所示，为一个三角形。

由以上分析可知，作桁架影响线时，应注意区分桁架是下弦承载(简称下承)，还是上弦承载(简称上承)。

7.8　利用影响线求量值

绘制影响线的目的是为了利用它来确定实际移动荷载对于某一量值的最不利位置，从而求出该量值的最大值。在研究这一问题之前，应先讨论当若干个集中荷载或分布荷载作用于某已知位置时，如何利用影响线来求量值。

一、一组集中力

设某量值 S 的影响线已经绘出，如图 7.17 所示。设有一组集中荷载 P_1,P_2,P_3 作用于已知位置，现利用图 7.17 所示影响线求 P_1,P_2,P_3 作用下所引起的量值 S 的大小。

在 S 影响线中，相应于各荷载作用位置的纵坐标为 y_1,y_2,y_3，它们分别是荷载 $P=1$ 移动到相应位置时 S 的大小。根据线性关系可知，在 P_1 作用下的 S 等于 P_1y_1，P_2 作用下的 S 等于 P_2y_2，P_3 作用下的 S 等于 P_3y_3。利用叠加原理，可得到 P_1,P_2,P_3 共同作用下 S 的大小为

$$S=P_1y_1+P_2y_2+P_3y_3$$

同理，当有 n 个集中荷载 $P_1,P_2,P_3,\cdots,P_n$ 作用时，相应于各荷载作用位置的纵坐标为 $y_1,y_2,y_3,\cdots,y_n$，则所引起的量值 S 的大小为

$$S=P_1y_1+P_2y_2+P_3y_3+\cdots+P_ny_n=\sum_{i=1}^{n}P_iy_i \tag{7.13}$$

在应用式(7.13)时，应注意影响线纵坐标 y_i 的正负号。

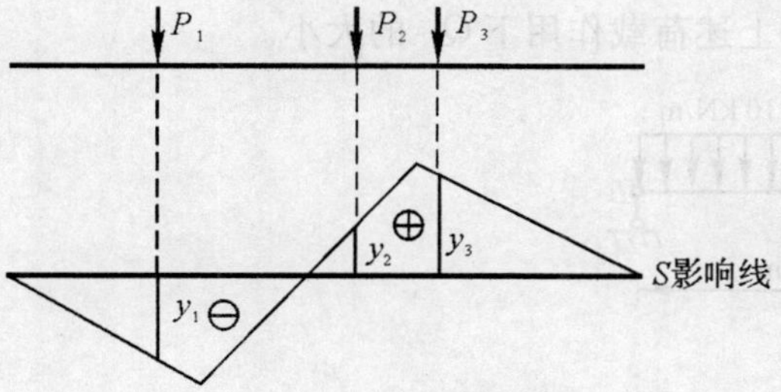

图　7.17

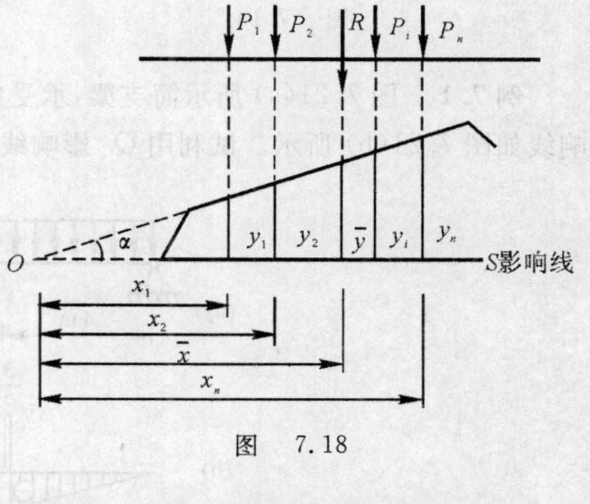

图　7.18

值得指出的是，当若干个集中荷载作用在影响线的某一段直线的范围内时(见图 7.18)，为简化计算，可用它们的合力来代替这一组集中荷载，而不改变所求量值的数值。为证明此结

论，可将影响线上此段直线延长，使之与基线交于点 O，则有

$$S=P_1y_1+P_2y_2+\cdots+P_ny_n=(P_1x_1+P_2x_2+\cdots+P_nx_n)\tan\alpha=\tan\alpha\sum_{i=1}^{n}P_ix_i$$

$\sum P_ix_i$ 为各力对点 O 力矩之和，根据合力矩定理，它应等于合力 R 对点 O 的矩，即

$$\sum_{i=1}^{n}P_ix_i=R\bar{x}$$

故有

$$S=R\bar{x}\tan\alpha=R\bar{y} \tag{7.14}$$

这里 $\bar{y}$ 为合力 R 所对应的影响线竖标。

二、分布荷载

若将分布荷载 $q(x)$ 沿其长度分成许多无穷小的微段，则每一微段 $\mathrm{d}x$ 上的荷载 $q(x)\mathrm{d}x$ 都可作为一集中荷载，如图 7.19 所示。它所引起的 S 的大小为 $yq(x)\mathrm{d}x$，在 AB 区段内的分布荷载所引起的量值为

$$S=\int_A^B q(x)y\mathrm{d}x \tag{7.15}$$

若 $q(x)$ 为均布荷载，即为一常量 q（见图 7.20），则式(7.15)成为

$$S=q\int_A^B y\mathrm{d}x=q\omega \tag{7.16}$$

式中 ω 表示影响线在均布荷载范围 AB 内的面积。若在该范围内影响线有正有负，则 ω 应为正负面积的代数和。

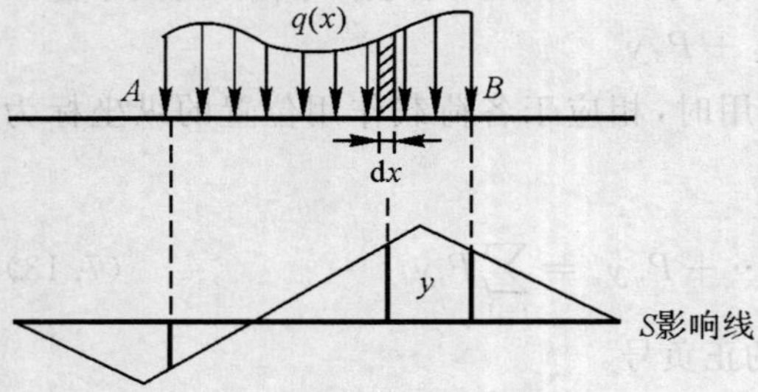

图 7.19

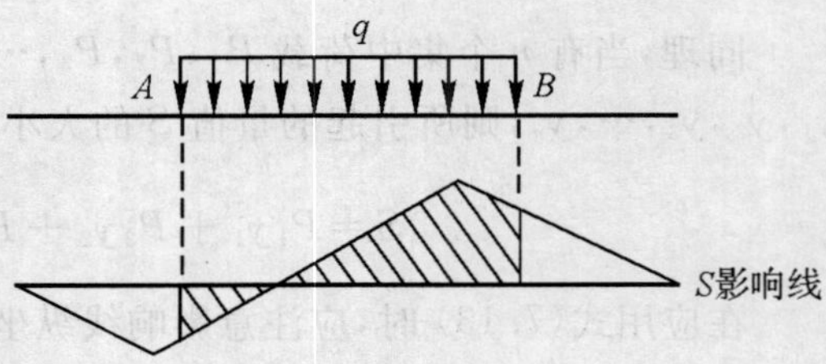

图 7.20

例 7.1 图 7.21(a) 所示简支梁，承受集中荷载和均布荷载的作用，已作出截面 C 剪力影响线如图 7.21(b) 所示。试利用 Q_C 影响线计算在上述荷载作用下 Q_C 的大小。

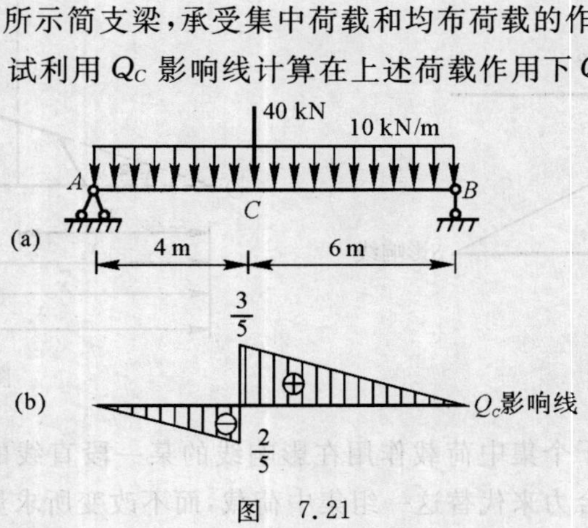

图 7.21

解　因为集中力作用截面剪力有突变，所以 Q_C 要分左右截面分别来计算。

在 Q_C 影响线上，正号部分的面积用 ω_1 表示，负号的面积用 ω_2 表示，则

$$\omega_1=\frac{1}{2}\times 6\times \frac{3}{5}=1.8\ \mathrm{m}$$

$$\omega_2=\frac{1}{2}\times 4\times \left(-\frac{2}{5}\right)=-0.8\ \mathrm{m}$$

则
$$Q_{C左}=Py+q\omega=40\times \frac{3}{5}+10\times (1.8-0.8)=34\ \mathrm{kN}$$

$$Q_{C右}=Py+q\omega=40\times \left(-\frac{2}{5}\right)+10\times (1.8-0.8)=-6\ \mathrm{kN}$$

7.9　公路和铁路的标准荷载制

在公路桥梁上行驶的车辆种类繁多，轮距、轴距规格不一，且运载情况复杂，设计结构时不可能对每种情况都进行计算，而是以一种统一的标准荷载来进行设计。这种标准荷载是经过统计分析制定出来的，它既概括了当前各类车辆的情况，又适当考虑了将来的发展。

一、铁路标准荷载

我国铁路桥涵设计使用的标准荷载，称为中华人民共和国铁路标准活载，简称“中 — 活载”。它包括普通活载和特种活载两种，其图式如图 7.22 所示。在普通活载中，前面五个集中荷载代表一台蒸汽机车的五个轴重，中部一段均布荷载代表煤水车和与之连挂的另一台机车及煤水车的平均重力，后面任意长的均布荷载代表车辆的平均重力。特种活载代表某些机车、车辆的较大轴重。设计时，应看普通活载与特种活载哪一个产生较大的内力，就采用哪一个作为设计标准。不过，特种活载虽轴重较大但轴数较少，故其仅对短跨度梁（约 7 m 以下）控制设计。

使用“中 — 活载”时，可由图式中任意截取，但不得变更轴距。列车可由左端或右端进入桥梁，视何种方式产生更大的内力为准。需要指出的是，图 7.22 所示为一个车道（一线）上的荷载，如果桥梁是单线的且有两片主梁，则每片主梁承受图示荷载的一半。

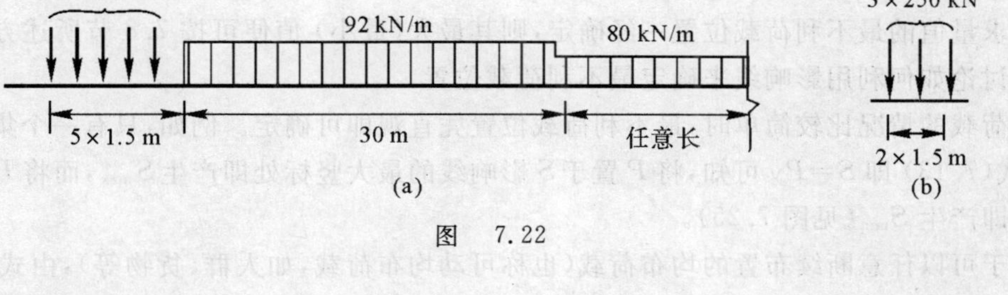

图　7.22

二、公路标准荷载

《公路工程技术标准》(JTGB01—2003) 规定，我国公路桥涵设计使用的标准荷载为汽车荷载，分为公路 — Ⅰ 级和公路 — Ⅱ 级两个等级。

汽车荷载由车道荷载和车辆荷载组成，车道荷载由均布荷载和集中荷载组成。车道荷载

的计算图式如图 7.23 所示。

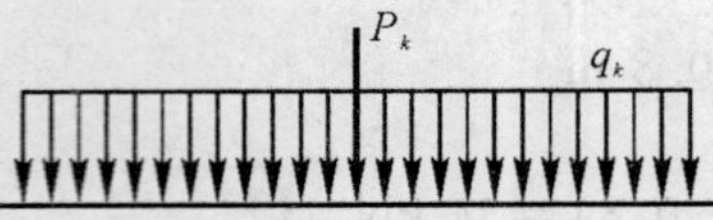

图 7.23

（计算跨径：设支座的为相邻两支座中心间的水平距离；不设支座的为上、下部结构相交面中心间的水平距离）

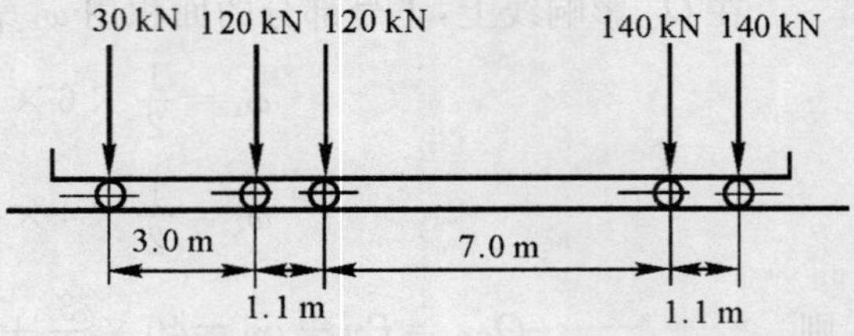

图 7.24

公路—Ⅰ级的车道荷载的均布荷载标准值为 $q_k = 10.5\ \text{kN/m}$，集中荷载标准值 P_k 按以下规定选取：

当桥涵的计算跨径 $l \leqslant 5$ m 时，$P_k = 180$ kN；

当桥涵的计算跨径 $l \geqslant 50$ m 时，$P_k = 360$ kN；

当桥涵的计算跨径 5 m $< l <$ 50 m 时，P_k 值采用直线内插求得。

公路—Ⅱ级的车道荷载的均布荷载标准值为 q_k，集中荷载标准值 P_k 为公路—Ⅰ级车道荷载的 0.75 倍。

车道荷载的均布荷载标准值应满布于使结构产生最不利效应的同号影响线上；集中荷载标准值只作用于相应影响线中一个影响线峰值处。

车辆荷载布置如图 7.24 所示。公路—Ⅰ级和公路—Ⅱ级汽车荷载采用相同的车辆荷载标准值。

7.10 最不利荷载位置

前面已指出，在移动荷载作用下，结构上的各种量值均将随荷载的位置而变化，而设计时必须求出各种量值的最大值（包括最大正值和最大负值，最大负值也称最小值），以作为设计的依据。为此，必须先确定使某一量值发生最大（或最小）值的荷载位置，即最不利荷载位置。只要所求量值的最不利荷载位置一经确定，则其最大（最小）值便可按 7.8 节所述方法算出。本节将讨论如何利用影响线来确定最不利荷载位置。

当荷载的情况比较简单时，最不利荷载位置凭直观即可确定。例如，只有一个集中荷载 P 时，由式(7.13) 即 $S = Py$ 可知，将 P 置于 S 影响线的最大竖标处即产生 $S_{\max}$，而将 P 置于最小竖标处即产生 $S_{\min}$（见图 7.25）。

对于可以任意断续布置的均布荷载（也称可动均布荷载，如人群、货物等），由式(7.16) 即 $S = q\omega$ 可知，将荷载布满对应于影响线所有正面积的部分，则产生 $S_{\max}$；反之，将荷载布满对应于影响线所有负面积的部分，则产生 $S_{\min}$（见图 7.26）。

对于行列荷载，即一系列间距不变的移动集中荷载（也包括均布荷载），如汽车荷载、中—活载等，最不利荷载位置就难于凭直观确定。但是根据最不利荷载位置的定义可知，当荷载移动到该位置时，所求量值 S 为最大，因而荷载由该位置不论向左或向右移动到邻近位置时，S

值均将减小。因此，可以从讨论荷载移动时 S 的增量入手来解决这个问题。

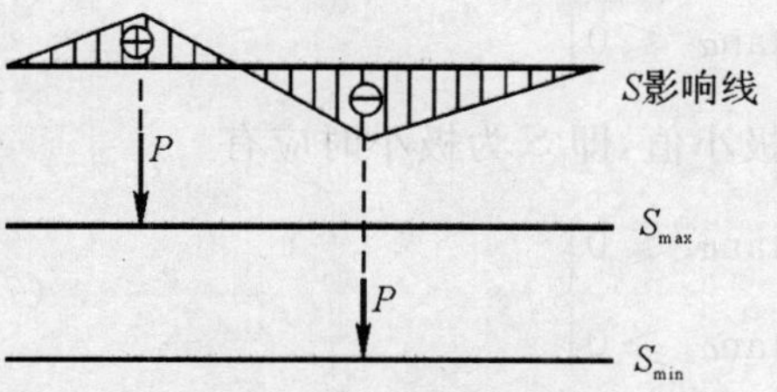

图 7.25

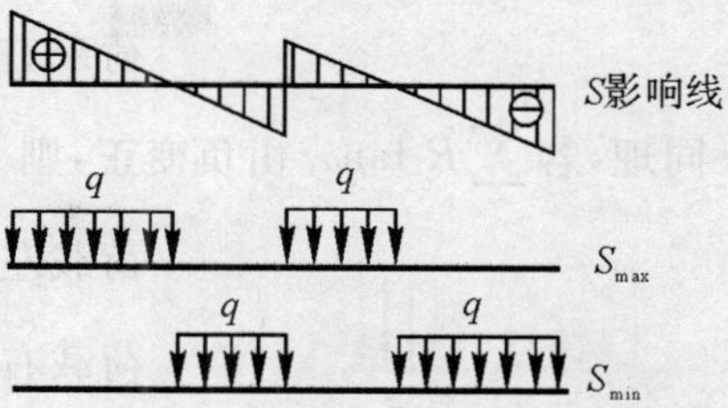

图 7.26

设某量值 S 的影响线如图 7.27(b) 所示为一折线形，各段直线的倾角为 $\alpha_1,\alpha_2,\cdots,\alpha_n$。取坐标轴 x 向右为正，y 向上为正，倾角 α 以逆时针方向为正。现有一组集中荷载处在图 7.27(a) 所示位置，所产生的量值以 S_1 表示。若每一段直线范围内各荷载的合力分别为 $R_1,R_2,\cdots,R_n$，则有

$$S_1 = R_1 y_1 + R_2 y_2 + \cdots + R_n y_n$$

当整个荷载组向右移动一微小距离 Δx 时，相应的量值 S_2 为

$$S_2 = R_1(y_1+\Delta y_1) + R_2(y_2+\Delta y_2) + \cdots + R_n(y_n+\Delta y_n)$$

故 S 的增量为

$$\Delta S = S_2 - S_1 = R_1\Delta y_1 + R_2\Delta y_2 + \cdots + R_n\Delta y_n =$$

$$R_1\Delta x\tan\alpha_1 + R_2\Delta x\tan\alpha_2 + \cdots + R_n\Delta x\tan\alpha_n = \Delta x\sum_{i=0}^{n} R_i\tan\alpha_i$$

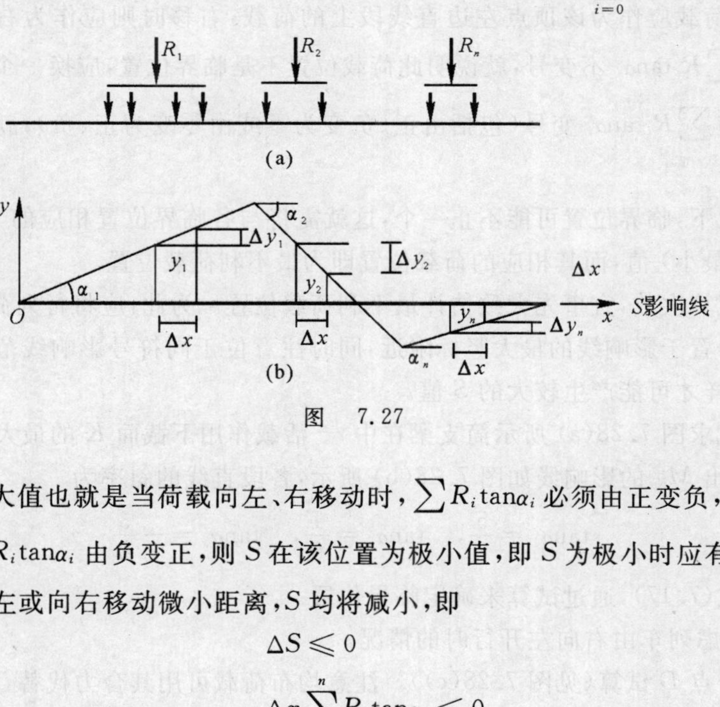

图 7.27

使 S 成为极大值也就是当荷载向左、右移动时，$\sum R_i\tan\alpha_i$ 必须由正变负，S 才可能为极大值。当然，若 $\sum R_i\tan\alpha_i$ 由负变正，则 S 在该位置为极小值，即 S 为极小时应有的条件是：荷载自该位置无论向左或向右移动微小距离，S 均将减小，即

$$\Delta S \leqslant 0$$

$$\Delta x\sum_{i=0}^{n} R_i\tan\alpha_i \leqslant 0$$

由于荷载左移时 $\Delta x < 0$，而右移时 $\Delta x > 0$，因此 S 为极大值时应有

$$\left.\begin{array}{ll}\text{荷载左移} & \sum R_i\tan\alpha_i \geqslant 0 \\ \text{荷载右移} & \sum R_i\tan\alpha_i \leqslant 0\end{array}\right\} \qquad (7.17)$$

同理,若 $\sum R_i\tan\alpha_i$ 由负变正,则 S 在该位置为极小值,即 S 为极小时应有

$$\left.\begin{array}{ll}\text{荷载左移} & \sum R_i\tan\alpha_i \leqslant 0 \\ \text{荷载右移} & \sum R_i\tan\alpha_i \geqslant 0\end{array}\right\} \qquad (7.18)$$

式(7.17)和式(7.18)说明,如果 S 要想成为极值,荷载稍向左或稍向右移动时,$\sum R_i\tan\alpha_i$ 必须变号。

那么,在什么情况下 $\sum R_i\tan\alpha_i$ 才可能变号呢?式中 $\tan\alpha_i$ 是影响线各段直线的斜率,它们是常数,并不随荷载的位置而改变。因此,欲使荷载向左、右移动微小距离时 $\sum R_i\tan\alpha_i$ 变号,就必须使各段上的合力 R_i 的数值发生改变,显然这只有当某一个集中荷载恰好作用在影响线的某一个顶点(转折点)处时,才有可能。当然,不一定每个集中荷载位于顶点时都能使 $\sum R_i\tan\alpha_i$ 变号。我们把能使 $\sum R_i\tan\alpha_i$ 变号的集中荷载称为临界荷载,此时的荷载位置称为临界位置,而把式(7.17)和式(7.18)称为临界位置判别式。

确定临界位置一般需通过试算,即先将行列荷载中的某一集中荷载置于影响线的某一顶点,然后令荷载分别向左、右移动,计算相应的 $\sum R_i\tan\alpha_i$ 值,看其是否变号。计算中,当荷载左移时,此集中荷载应作为该顶点左边直线段上的荷载,右移时则应作为右边直线段上的荷载。如果此时 $\sum R_i\tan\alpha_i$ 不变号,就说明此荷载位置不是临界位置,应换一个荷载置于顶点再行试算。直至使 $\sum R_i\tan\alpha_i$ 变号(包括由正、负变为零或由零变为正、负),就找出了一个临界位置。

在一般情况下,临界位置可能不止一个,这就需将与各临界位置相应的 S 极值均求出,再从中选取最大(最小)值,而其相应的荷载位置即为最不利荷载位置。

为了减少试算次数,宜事先大致估计最不利荷载位置。为此,应将行列荷载中数值较大且较为密集的部分置于影响线的最大竖标附近,同时注意位于同符号影响线范围内的荷载应尽可能多,因为这样才可能产生较大的 S 值。

例 7.2 试求图 7.28(a) 所示简支梁在中 — 活载作用下截面 K 的最大弯矩。

解 先作出 M_K 的影响线如图 7.28(b) 所示,各段直线的斜率为

$$\tan\alpha_1=\frac{5}{8},\quad \tan\alpha_2=\frac{1}{8},\quad \tan\alpha_3=-\frac{3}{8}$$

然后根据判别式(7.17),通过试算来确定临界位置。

(1) 首先考虑列车由右向左开行时的情况。

将轮 4 置于点 D 试算(见图 7.28(c))。注意均布荷载可用其合力代替,则

左移: $\sum R_i\tan\alpha_i=\frac{5}{8}\times 220+\frac{1}{8}\times 660-\frac{3}{8}\times(220+92\times 5)<0$

右移: $\sum R_i\tan\alpha_i=\frac{5}{8}\times 220+\frac{1}{8}\times 440-\frac{3}{8}\times(440+92\times 5)<0$

显然，$\sum R_i \tan\alpha_i$ 未变号，说明轮 4 在点 D 处不是临界位置。

现将轮 2 置于点 C(见图 7.28(d))，则有

左移：$\sum R_i \tan\alpha_i = \frac{5}{8}\times 440 + \frac{1}{8}\times 440 - \frac{3}{8}\times(220+92\times 6) > 0$

右移：$\sum R_i \tan\alpha_i = \frac{5}{8}\times 220 + \frac{1}{8}\times 660 - \frac{3}{8}\times(220+92\times 6) < 0$

由于 $\sum R_i \tan\alpha_i$ 变号，因此轮 2 在点 C 为一临界位置。在算出各荷载对应的影响线竖标后(注意同一段直线上的荷载可用其合力代替)，可求得此位置相应的 M_K 值为

$$M_K = \sum P_i y_i + q\omega = 220\times 1.5625 + 660\times 2.6875 + 220\times 2.8125 + 92\times 6\times 1.125 = 3\,357\ \text{kN}\cdot\text{m}$$

经继续试算得知，列车向左开行只有上述一个临界位置。

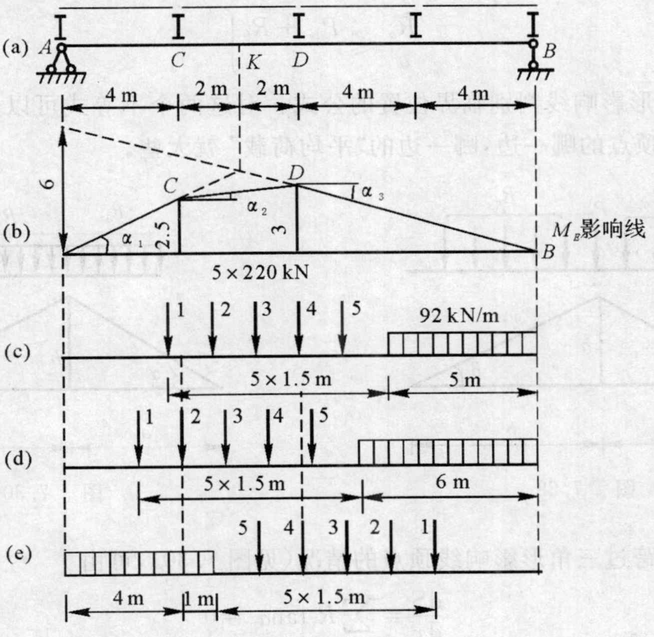

图　7.28

(2) 再考虑列车调头向右开行的情况。

将轮 4 置于点 D(见图 7.28(e)) 试算，有

左移：$\sum R_i \tan\alpha_i = \frac{5}{8}\times(92\times 4) + \frac{1}{8}\times(92\times 1+440) - \frac{3}{8}\times 660 > 0$

右移：$\sum R_i \tan\alpha_i = \frac{5}{8}\times(92\times 4) + \frac{1}{8}\times(92\times 1+220) - \frac{3}{8}\times 880 < 0$

因 $\sum R_i \tan\alpha_i$ 变号，故此为一临界位置，相应的 M_K 值为

$$M_K = q\omega + \sum P_i y_i = 92\times\frac{4\times 2.5}{2} + 92\times 1\times 2.5625 + 220\times 2.8125 + 220\times 3 + 660\times 1.8756 = 3\,212\ \text{kN}\cdot\text{m}$$

继续试算表明，向右开行也只有一个临界位置。

(3) 比较可知，图 7.28(d) 为最不利荷载位置，截面 K 的最大弯矩值为

$$M_{K\max}=3\ 357\ \text{kN}\cdot\text{m}$$

对于利用多边形的影响线确定最不利荷载位置显然比较复杂，对常用的三角形影响线(见图 7.29)，临界位置判别式可进一步简化。设临界荷载 P_K 处于三角形影响线的顶点，并以 R_a，R_b 分别表示 P_K 以左和以右荷载的合力，则根据荷载向左、向右移动时 $\sum R_i\tan\alpha_i$ 应由正变负，可写出如下两个不等式

$$\begin{cases}(R_a+P_K)\tan\alpha-R_b\tan\beta\geqslant 0\\ R_a\tan\alpha-(P_K+R_b)\tan\beta\leqslant 0\end{cases}$$

将 $\tan\alpha=\dfrac{h}{a}$ 和 $\tan\beta=\dfrac{h}{b}$ 代入，得

$$\left.\begin{aligned}\frac{R_a+P_K}{a}\geqslant\frac{R_b}{b}\\ \frac{R_a}{a}\leqslant\frac{P_K+R_b}{b}\end{aligned}\right\}\tag{7.19}$$

这就是对三角形影响线判别临界位置的公式。对这两个不等式可以这样形象地理解：把临界荷载 P_K 归到顶点的哪一边，哪一边的“平均荷载”就大些。

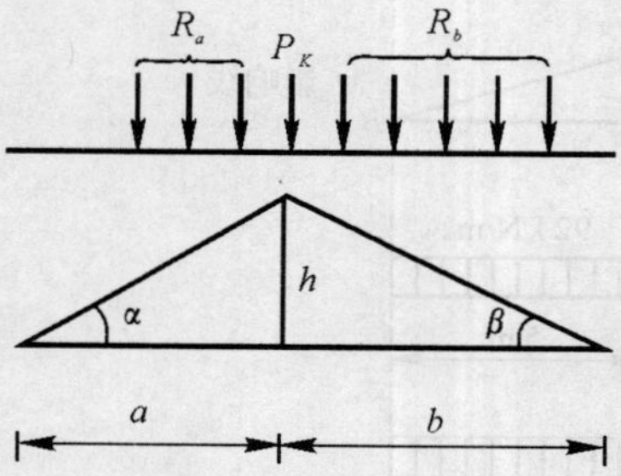

图 7.29

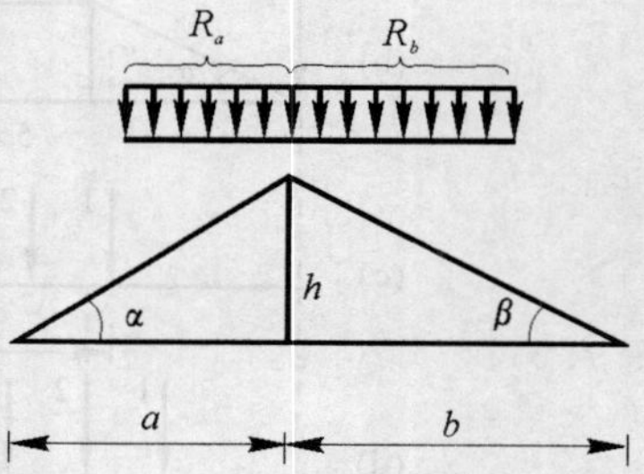

图 7.30

对于均布荷载跨过三角形影响线顶点的情况(见图 7.30)，可由

$$\frac{\mathrm{d}S}{\mathrm{d}x}=\sum R_i\tan\alpha_i=0$$

的条件来确定临界位置。此时有

$$\sum R_i\tan\alpha_i=R_a\frac{h}{a}-R_b\frac{h}{b}=0$$

$$\frac{R_a}{a}=\frac{R_b}{b}\tag{7.20}$$

即左、右两边的“平均荷载”应相等。

最后必须指出，对于直角三角形影响线(以及凡是竖标有突变的影响线)，判别式式(7.17)、式(7.18)、式(7.19)、式(7.20) 均不再适用，此时的最不利荷载位置采用试算的方法确定。即：可按前述估计最不利荷载位置的原则，布置几种荷载位置，直接算出相应的 S 值，而选取其中最大者。

例 7.3 求图 7.31(a) 所示简支梁在图 7.31(b) 所示移动荷载作用下，截面 C 的最大弯矩。

解　作 M_C 的影响线，如图 7.31(c) 所示。

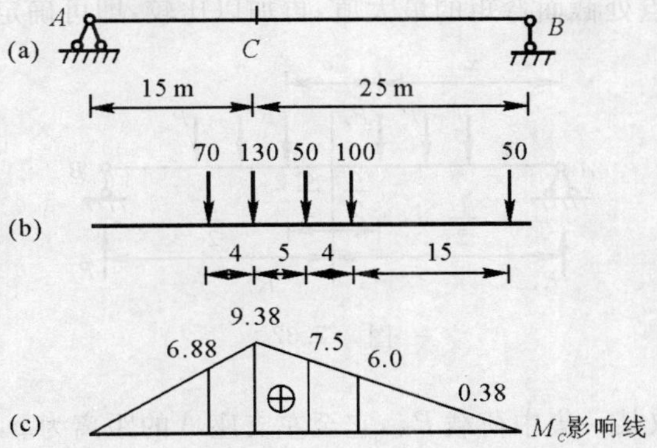

图　7.31

(1) 在图示荷载中，首先将较大的第二个集中荷载 130 kN 作用于影响线顶点 C 处，如图 7.31(b) 所示。应用判别式式(7.19) 验算，即

$$\begin{cases} \dfrac{70+130}{15} > \dfrac{200}{25} \\ \dfrac{70}{15} < \dfrac{130+200}{25} \end{cases}$$

满足判别式，故所选的 130 kN 为临界荷载，求得 M_C 为

$$M_C = 70\times 6.88 + 130\times 9.38 + 50\times 7.5 + 100\times 6.0 + 50\times 0.38 = 2\ 694\ \text{kN}\cdot\text{m}$$

(2) 再试算其它的荷载，比较发现 M_C 不会大于这种情况下的结果。

(3) 图 7.31(b) 所示的荷载位置为最不利荷载位置，故

$$M_{C\max} = 2\ 694\ \text{kN}\cdot\text{m}$$

7.11　简支梁的绝对最大弯矩

在移动荷载作用下，利用前述方法，不难求出简支梁上任一指定截面的最大弯矩。但是在梁的所有各截面的最大弯矩中，又有最大的，称为绝对最大弯矩。

要确定简支梁的绝对最大弯矩，需解决两个问题：

(1) 绝对最大弯矩发生在哪一个截面？

(2) 此截面发生最大弯矩值时的荷载位置，也就是说，此时截面位置与荷载位置都是未知的。

为了解决上述问题，可以把各个截面的最大弯矩值都求出来，然后加以比较。但是实际上梁上的截面有无穷多个，不可能一一计算，因而只能选取有限多个截面来进行比较，以求得问题的近似解答。当然这也是比较麻烦的。

但是，当梁上作用的移动荷载都是集中荷载时，问题可以简化。我们知道，梁在集中荷载作用下(见图 7.32)，无论荷载在任何位置，弯矩图的顶点总是在集中荷载作用点处。因此可以断定，绝对最大弯矩必定是发生在某一集中荷载作用点处的截面上。剩下的问题只是确定它究竟发生在哪一荷载位置时的哪一荷载下面。为此，可采取如下办法来解决，即先任选一集

中荷载，看荷载在什么位置时，该荷载作用点处截面的弯矩达到最大值。然后按同样方法，分别求出其它各荷载作用点处截面弯矩的最大值，再加以比较，即可确定绝对最大弯矩。

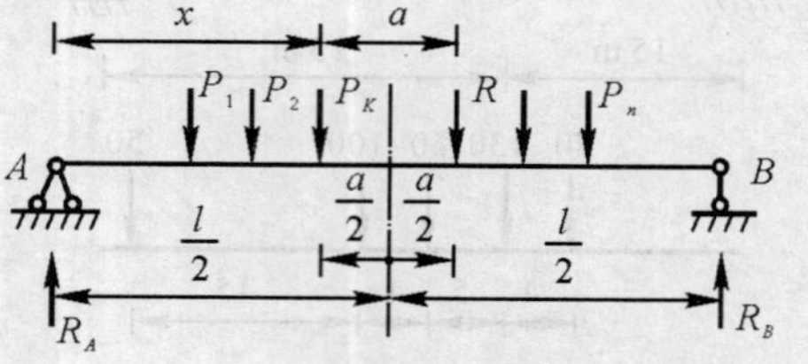

图 7.32

如图 7.32 所示，试取某一集中荷载 P_K，它至左支座 A 的距离为 x，而梁上荷载的合力 R 至 P_K 的距离为 a，则左支座反力为

$$R_A=\frac{R}{l}(l-x-a)$$

P_K 作用点截面的弯矩 M_x 为

$$M_x=R_Ax-M_K=\frac{R}{l}(l-x-a)x-M_K$$

式中 M_K 表示 P_K 以左梁上荷载对 P_K 作用点的力矩总和，它是一个与 x 无关的常数。当 M_x 为极大时，根据极值条件

$$\frac{dM_x}{dx}=\frac{R}{l}(l-2x-a)=0$$

得
$$x=\frac{l}{2}-\frac{a}{2} \tag{7.21}$$

这表明，当 P_K 与合力 R 对称于梁的中点时，P_K 的下截面的弯矩达到最大值，其值为

$$M_{\max}=\frac{R}{l}\left(\frac{l}{2}-\frac{a}{2}\right)^2-M_K \tag{7.22}$$

利用上述结论，我们可将各个荷载作用点截面的最大弯矩找出，将它们加以比较而得出绝对最大弯矩。不过，当荷载数目较多时，这仍是较麻烦的。实际计算时，宜事先估计发生绝对最大弯矩的临界荷载。因简支梁的绝对最大弯矩总是发生在梁的中点附近，故可设想，使梁中点截面产生最大弯矩的临界荷载，也就是发生绝对最大弯矩的临界荷载。经验表明，这种设想在通常情况下都是正确的。据此，计算绝对最大弯矩可按下述步骤进行：首先确定使梁中点截面 C 发生最大弯矩的临界荷载 P_K（此时可顺便求出梁中点截面 C 的最大弯矩 $M_{C\max}$；其次应假设梁上荷载的个数并求其合力 R（大小及位置）；然后移动荷载组使 P_K 与 R 对称于梁的中点，此时应注意查对梁上荷载是否与求合力时相符，若不符（即有荷载离开梁上或有新的荷载作用到梁上），则应重新计算合力，再行安排直至相符；然后计算 P_K 作用点截面的弯矩，通常即为绝对最大弯矩 $M_{\max}$。

例 7.4 试求图 7.33(a) 所示简支梁在图示一组移动荷载作用下的绝对最大弯矩，并与跨中截面最大弯矩比较。

解 (1) 计算绝对最大弯矩。由图 7.33(a) 所示荷载可见，绝对最大弯矩发生在 P_2 作用截面，于是取 $P_K=P_2$，其合力为

$$R=70+130+50+100=350\text{ kN}$$

以 P_2 为矩心，由合力矩定理，则有

$$a=\frac{50\times5+100\times9-70\times4}{350}=2.486\ \text{m}$$

由式(7.21) 确定 P_K 的位置，即

$$x=\frac{l}{2}-\frac{a}{2}=\frac{20}{2}-\frac{2.486}{2}=8.757\ \text{m}$$

于是有

$$M_{\max}=\frac{350}{20}\times\left(\frac{20}{2}-\frac{2.486}{2}\right)^2-70\times4=1\ 062\ \text{kN}\cdot\text{m}$$

(2) 求跨中截面 C 的最大弯矩。绘出 M_C 影响线(见图 7.33(b))，显然 130 kN 荷载位于点 C 时为最不利荷载位置，即临界荷载为 130 kN 时，M_C 最大值为

$$M_{C(\max)}=70\times3.0+130\times5.0+50\times2.5+100\times0.5=1\ 035\ \text{kN}\cdot\text{m}$$

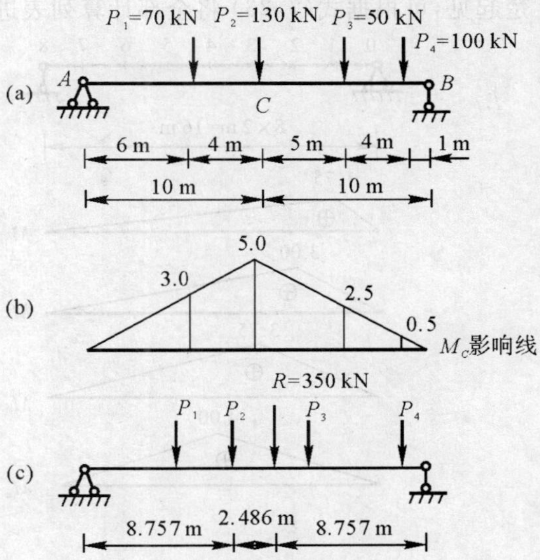

图　7.33

由上述计算可见，梁上绝对最大弯矩为 1 062 kN·m，比梁跨中截面最大弯矩 1 035 kN·m 仅大 3% 左右。因此，在实际结构设计中，简支梁的绝对最大弯矩可近似取跨中点截面最大弯矩值。

7.12　简支梁的内力包络图

在结构计算中，通常需要求出在恒载和活载共同作用下，各截面的最大、最小内力，以作为设计或验算的依据。连接各截面的最大、最小内力的曲线图形，称为内力包络图。本节将以一实例来说明简支梁的弯矩和剪力包络图的绘制方法。

在公路桥梁中，主要荷载有恒载(结构自重)与活载(汽车、人群等)。对于活载，需考虑其冲击力的影响(即动力影响)，这通常是将静活载所产生的内力值乘以冲击系数 $(1+\mu)$ 来考虑的。冲击系数根据结构类型确定(查阅交通部部标准 JTJ021—89 公路桥涵设计通用规范)。设梁所承受的恒载为均布荷载 q，某一内力 S 的影响线的正、负面积及总面积分别为 ω^+，ω^- 及 $\sum\omega$，则恒载所产生的内力可用影响线面积求，表示为 $q\sum\omega$。活载的换算均布荷载为 K，它所产生的最大与最小内力可用换算荷载求，分别表示为 $K\omega^+$ (最大值) 及 $K\omega^-$ (最小值)。于是在恒载与活载共同作用下，梁内力的最大值与最小值分别为

$$\left.\begin{aligned}S_{\max}&=q\sum\omega+(1+\mu)K\omega^+\\S_{\min}&=q\sum\omega+(1+\mu)K\omega^-\end{aligned}\right\}\tag{7.23}$$

例 7.5　一跨度为 16 m 的单线铁路钢筋混凝土简支梁桥，有两片梁，恒载为 $q=2\times54.1$ kN/m，承受中—活载，根据铁路桥涵设计规范，其冲击系数为 $1+\mu=1.261$，试绘制一片梁的弯矩和剪力包络图。

解　将梁分成 8 等分，计算各等分点截面的最大、最小弯矩和剪力值。为此，先绘出各截面的弯矩、剪力影响线，分别如图 7.34(a)，(c) 所示。由于对称，可只计算半跨的截面。为清

楚起见，可根据式(7.23)将全部计算列表进行，详见表7.1和表7.2。

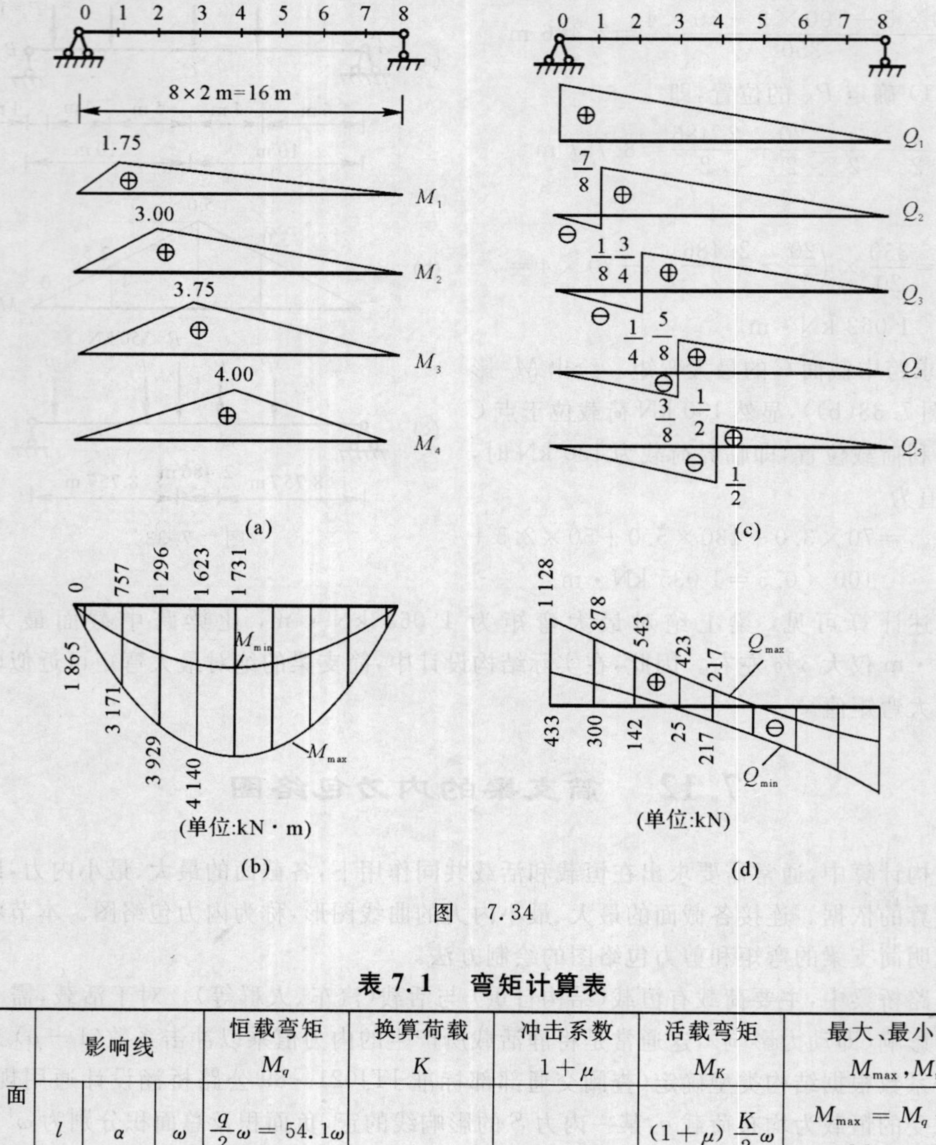

图 7.34

表 7.1 弯矩计算表

截面	影响线 l	影响线 α	影响线 ω	恒载弯矩 M_q $\frac{q}{2}\omega=54.1\omega$	换算荷载 K	冲击系数 $1+\mu$	活载弯矩 M_K $(1+\mu)\frac{K}{2}\omega$	最大、最小弯矩 M_{max}，M_{min} $M_{max}=M_q+M_K$ $M_{min}=M_q$
单位	m		m^2	kN·m	kN/m		kN·m	kN·m
1	16	0.125	14	757	125.5	1.261	1 108	1 865 757
2	16	0.25	24	1 298	123.8	1.261	1 873	3 171 1 298
3	16	0.375	30	1 623	121.9	1.261	2 306	3 929 1 623
4	16	0.5	32	1 731	119.4	1.261	2 409	4 140 1 731

表 7.2　剪力计算表

截　面	影响线				恒载剪力 Q_q	换算荷载 K	冲击系数 $1+\mu$	活载剪力 Q_K	最大、最小剪力 Q_{max}, Q_{min}
	l	α	ω	$\sum\omega$	$\frac{q}{2}\omega = 54.1\sum\omega$			$(1+\mu)\frac{K}{2}\omega$	$Q_q + Q_K$
单位	m		m	m	kN	kN/m		kN	kN
0	16	0	＋8	＋8	＋433	137.7	1.261	＋695 0	＋1 128 ＋433
1	14 2	0 0	＋6.125 －0.125	＋6	＋325	143.3 312.5	1.261	＋553 －25	＋878 ＋300
2	12 4	0 0	＋4.5 －0.5	＋4	＋216	12.4 234.4	1.261	＋427 －74	＋643 ＋142
3	10 6	0 0	＋3.125 －1.125	＋2	＋108	159.8 187.5	1.261	＋315 －133	＋423 －25
4	8 8	0 0	＋2 －2	0	0	172.2 172.2	1.261	＋217 －217	＋217 －217

根据表 7.1 的计算结果，将各截面的最大、最小弯矩值分别用曲线相连，即得到弯矩包络图（见图 7.34(b)）。

根据表 7.2 计算结果，将各截面的最大、最小剪力值分别用曲线相连，即得到剪力包络图（见图 7.34(d)）。可以看出，它很接近于直线，故实用上只需求出两端和跨中的最大、最小剪力值而连以直线即可作为近似的剪力包络图，如图 7.35 所示。

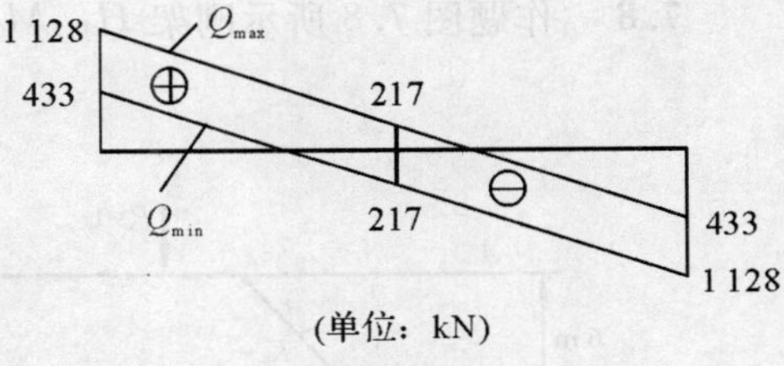

图　7.35

习　题

7.1　题图 7.1(a) 为一简支梁的弯矩图，题图 7.1(b) 为此简支梁某一截面的弯矩影响线，二者形状及竖标均完全相同，试指出图中 y_1 和 y_2 各代表的具体意义。

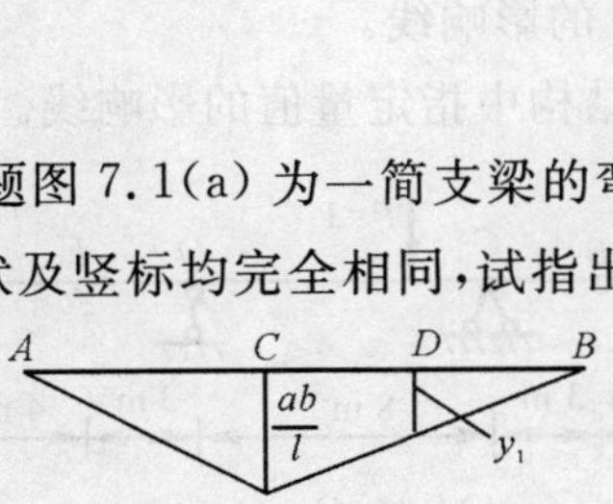

题图　7.1

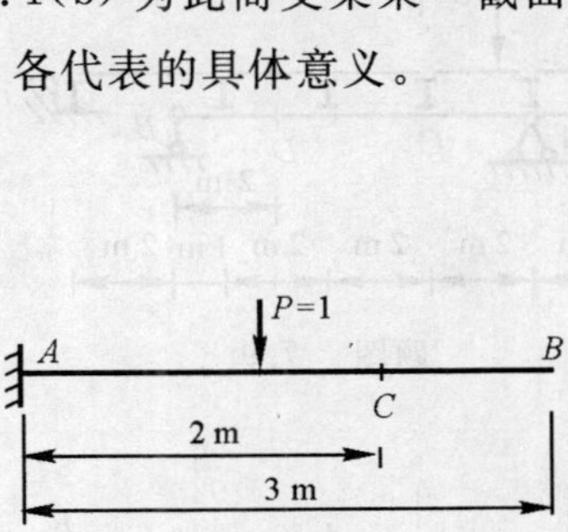

题图　7.2

7.2　试作题图 7.2 所示悬臂梁的反力 V_A, H_A, M_A 及内力 Q_C, M_C 的影响线。

7.3　试作题图 7.3 所示伸臂梁中 $R_B, M_C, Q_C, M_B, Q_{B左}$ 和 $Q_{B右}$ 的影响线。

7.4 试作题图 7.4 所示梁 $Q_{B左}$,$Q_{B右}$,Q_C,M_C 的影响线。

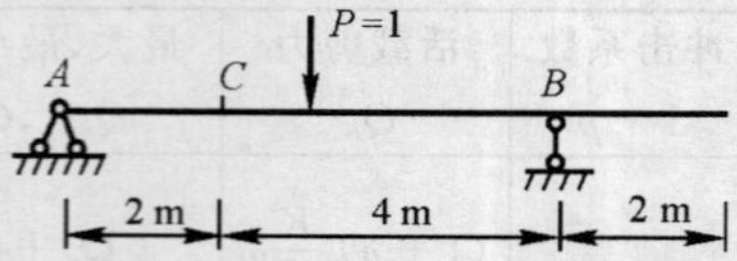

题图 7.3

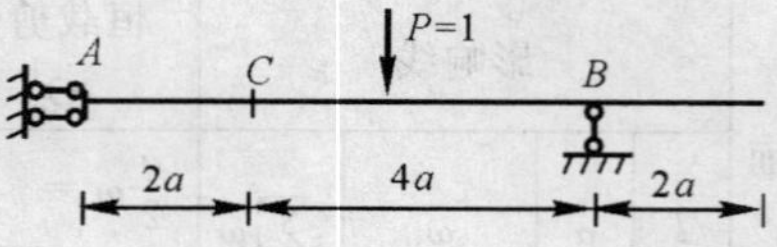

题图 7.4

7.5 作题图 7.5 所示斜梁 V_A,R_B,M_C,Q_C,N_C 的影响线。

7.6 作题图 7.6 所示 Q_C,M_C 的影响线。$P=1$ 在 DE 部分移动。

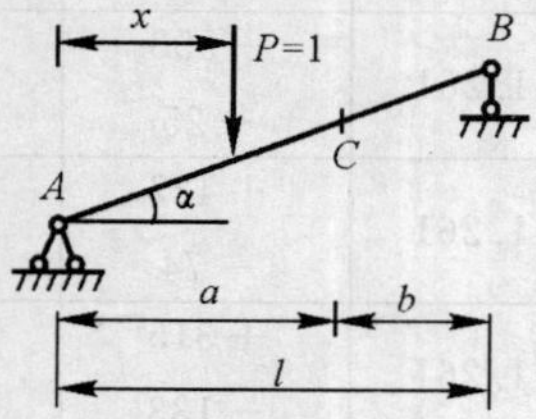

题图 7.5

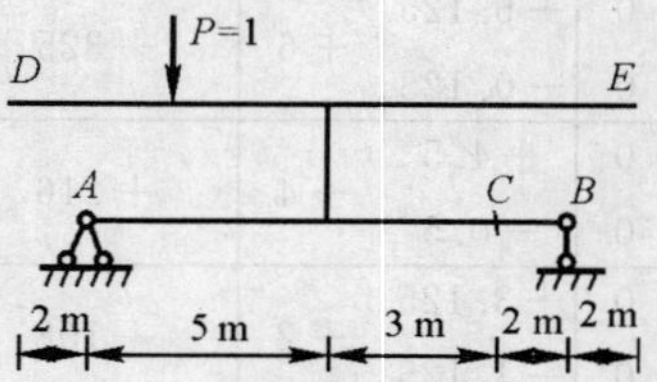

题图 7.6

7.7 作题图 7.7M_K,Q_K,N_K 的影响线。$P=1$ 在 AB 部分移动。

7.8 作题图 7.8 所示刚架 H_B,M_{CA},M_{CB} 的影响线。

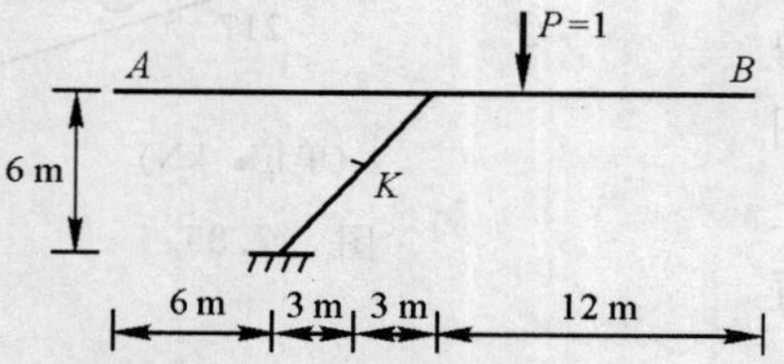

题图 7.7

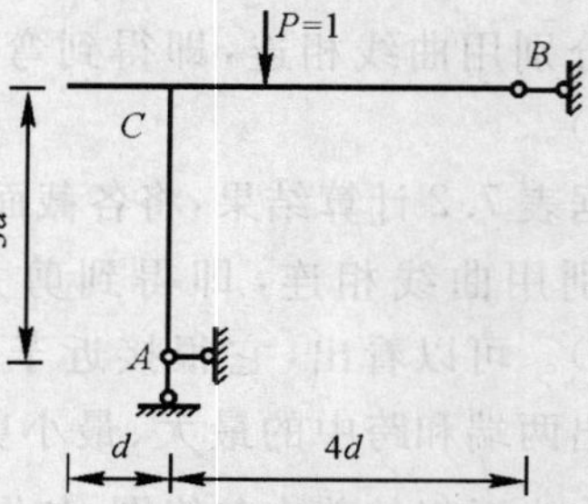

题图 7.8

7.9 作题图 7.9 所示主梁 R_B,M_D,Q_D,$Q_{C左}$,$Q_{C右}$ 的影响线。

7.10 ～ 7.14 试作题图 7.10 ～ 题图 7.14 所示结构中指定量值的影响线。

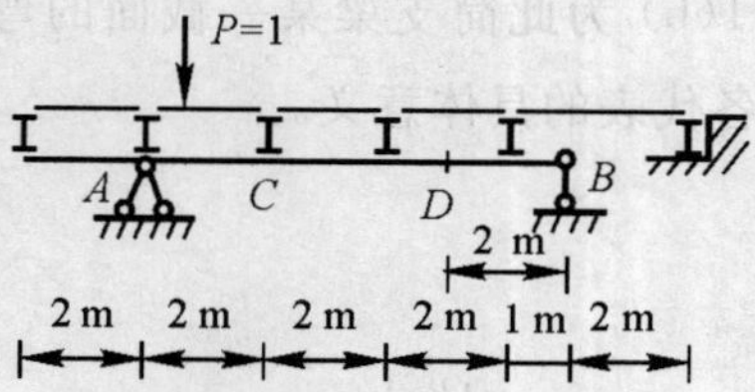

题图 7.9

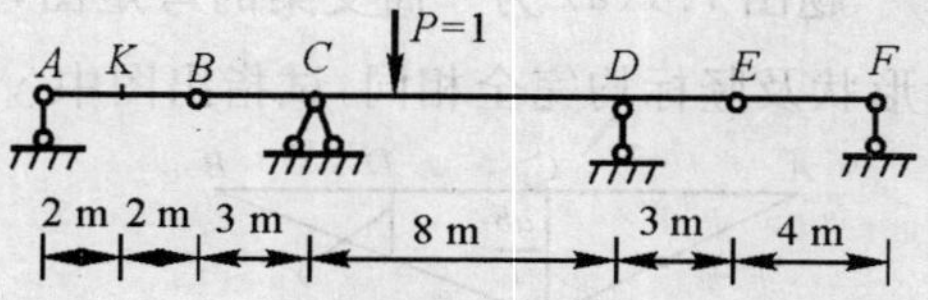

M_C,M_K,$Q_{C左}$,$Q_{C右}$

题图 7.10

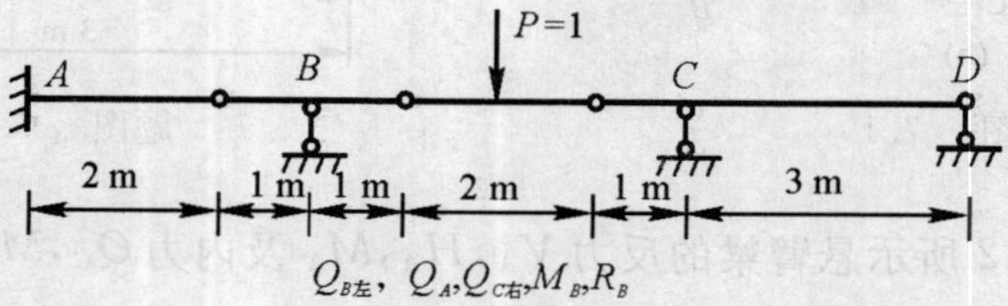

$Q_{B左}$,Q_A,$Q_{C右}$,M_B,R_B

题图 7.11

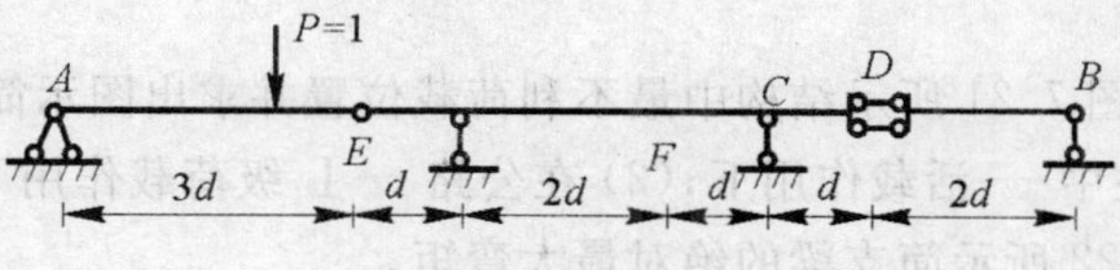

$Q_B, Q_F, M_C, Q_{C右}$

题图　7.12

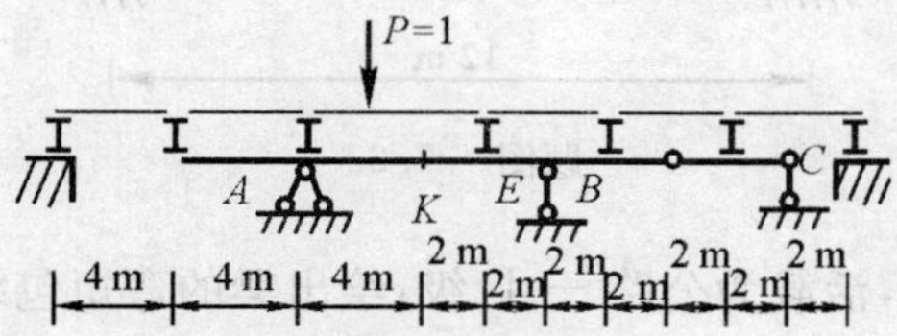

$Q_K, M_K, R_A, Q_{E左}, Q_{E右}$

题图　7.13

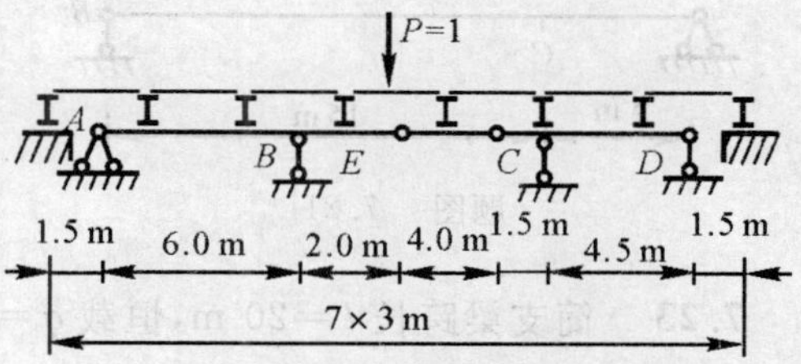

$R_C, Q_{B左}, Q_{B右}, M_B, M_E, Q_{E左}, Q_{E右}$

题图　7.14

7.15～7.16　试作题图 7.15、题图 7.16 所示指定杆件内力(或其分力)影响线,分别考虑荷载 $P=1$ 在上弦和下弦移动。

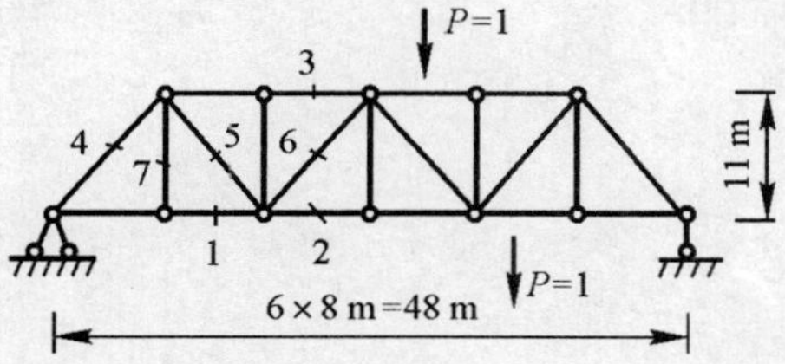

题图　7.15

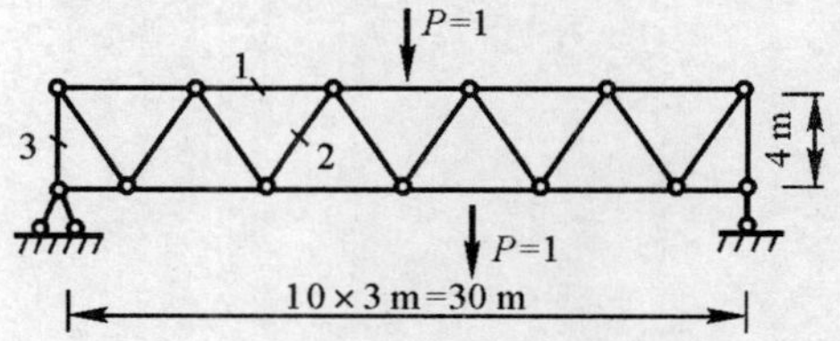

题图　7.16

7.17～7.18　用影响线计算题图 7.17、题图 7.18 所示荷载作用下 $Q_{C右}$,M_C 的值。

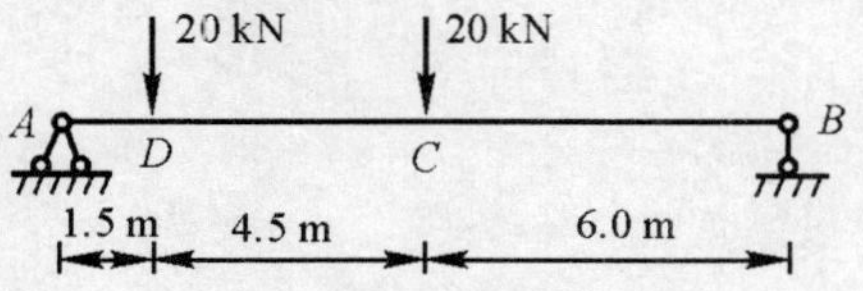

题图　7.17

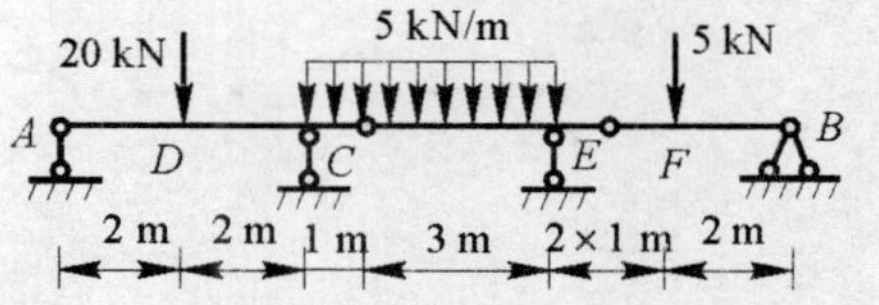

题图　7.18

7.19　试求题图 7.19 所示伸臂梁在公路－Ⅰ级荷载作用下,截面 K 的最大、最小剪力值。

7.20　试求题图 7.20 所示简支梁在所给移动荷载作用下截面 C 的最大弯矩。

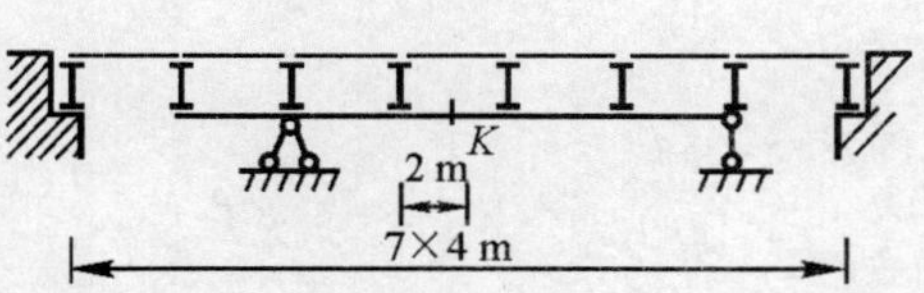

题图　7.19

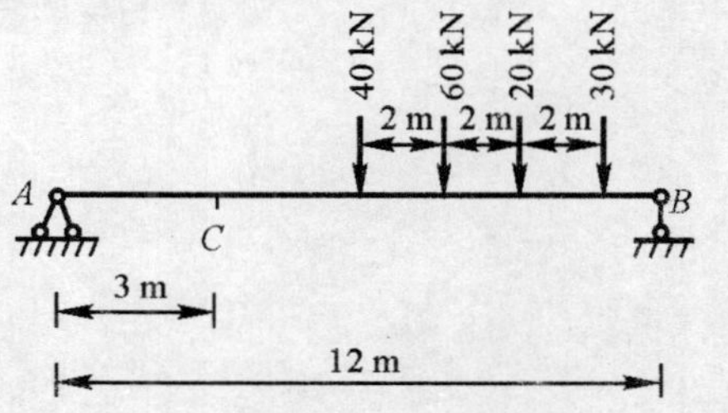

题图　7.20

7.21 试判断题图 7.21 所示结构中最不利荷载位置并求出图示简支梁 R_A 最大值及 Q_C 的最大、最小值：(1) 在中 — 活载作用下；(2) 在公路 — Ⅰ 级荷载作用下。

7.22 求题图 7.22 所示简支梁的绝对最大弯矩。

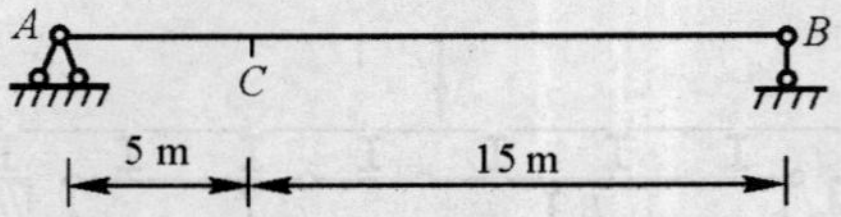

题图 7.21

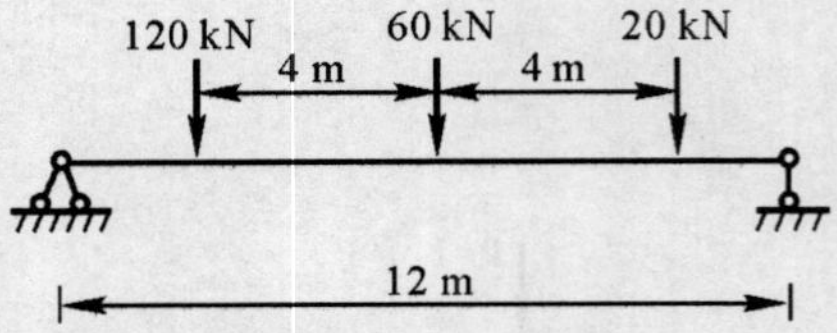

题图 7.22

7.23 简支梁跨长 $l = 20$ m，恒载 $q = 12$ kN/m，活载为公路 — Ⅰ 级，绘出梁的弯矩包络图(全梁按 8 等分)。

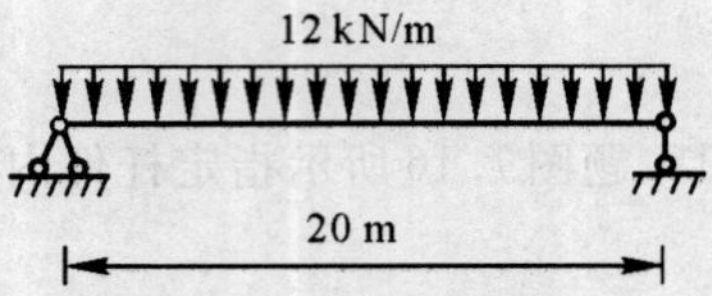

题图 7.23

第 8 章　静定结构的位移计算

8.1　概　　述

一、结构的位移

任何结构都是由变形固体材料组成的，在荷载作用下都会产生应力和变形，以致使结构原有的形状发生变化，结构上各截面的位置发生移动和转动。我们将这些移动和转动称为位移。位移具体又分为线位移和角位移。线位移是指截面形心位置的移动；角位移是指截面转动的角度。例如，图 8.1(a) 所示刚架在荷载作用下发生如图虚线所示的变形，使截面 A 的形心点 A 移到了点 A'，线段 AA' 称为点 A 的线位移，记为 Δ_A。它也可以用水平线位移 Δ_{AX} 和竖向线位移 Δ_{AY} 两个分量来表示，如图 8.1(b) 所示 。同时，截面还转动了一个角度，称为截面 A 的角位移，用 φ_A 表示。

在今后的计算中，还将用到一种相对位移。例如图 8.2 所示刚架，在荷载作用下发生如图虚线所示的变形，截面 A 移到 A'，B 移到 B'。点 A 的水平线位移 Δ_{AX}（方向向右），点 B 的水平线位移 Δ_{BX}（方向向左），这两个方向相反的水平线位移的和称为 A，B 两点沿水平方向的相对线位移，用符号 Δ_{AB} 表示，即

$$\Delta_{AB}=\Delta_A+\Delta_B$$

同理，在图 8.2 中，C，D 两截面的角位移分别为 φ_C（顺时针转），φ_D（逆时针转），这两个转向相反的角位移的和称为 C，D 两点的相对角位移，用符号 φ_{CD} 表示，即

$$\varphi_{CD}=\varphi_C+\varphi_D$$

线位移、角位移、相对线位移以及相对角位移等，可统称为广义位移。

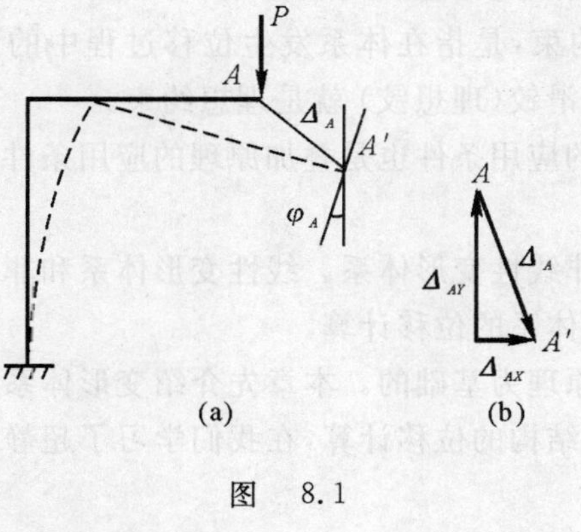

图　8.1

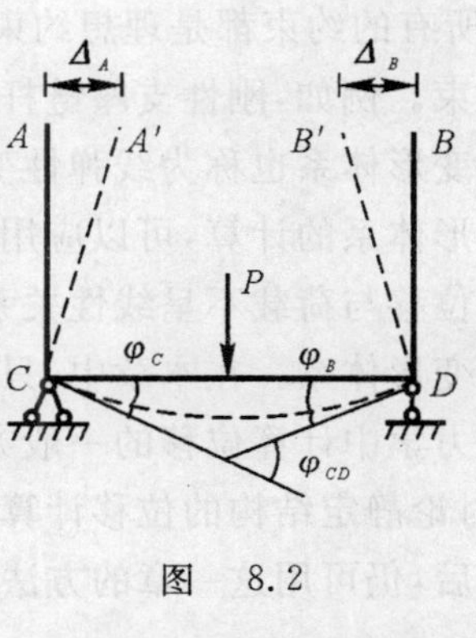

图　8.2

除荷载以外，结构在其它一些因素（如温度变化、支座移动、材料收缩和制造误差等）的影响下，都会使结构改变原来的位置而产生位移。例如图 8.3 所示简支梁，在温度改变的情况

下，虽不产生内力，但却有变形和位移。

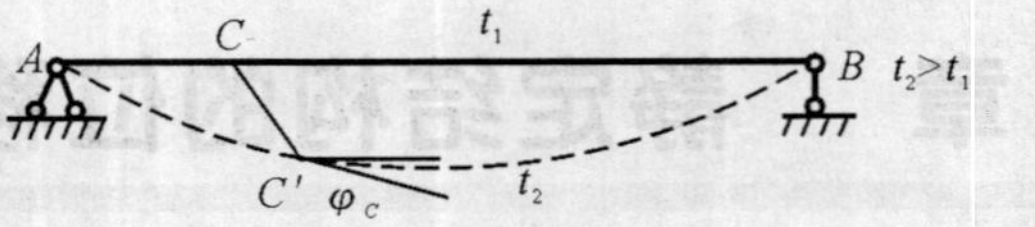

图 8.3

二、计算结构位移的目的

在工程设计和施工过程中，结构位移计算是很重要的，概括地讲，主要有以下三个方面的用途。

(1) 验算结构的刚度。所谓结构的刚度验算，是检验结构的变形是否符合使用的要求。例如，列车通过桥梁时，若桥梁的挠度过大，则在汽车行驶的过程中，将引起较大的冲击、振动，影响汽车的正常行驶。因此，结构的变形不得超过规范规定的容许值(如在竖向荷载作用下桥梁的最大挠度，钢板梁不得超过跨度的 1/700，钢桁梁不得超过跨度的 1/900)。

(2) 在结构制作、架设和养护过程中，常需预先知道结构变形后的位置，以便作出一定的施工措施，保证施工能顺利地进行和结构施工完成竣工后满足设计定位要求。特别是在大跨度桥梁施工控制中，结构的位移计算是至关重要的。

(3) 为超静定结构的内力计算打下基础。因为超静定结构的内力仅凭静力平衡条件不能全部确定，还必须考虑变形条件，而建立变形协调条件时，就必须计算结构的位移。

此外，在结构的动力计算和稳定计算中，也需要计算结构的位移。可见，结构的位移计算在工程上是具有重要意义的。

三、线性变形体系和非线性变形体系

所谓线性变形体系，是指位移与荷载呈线性关系的体系，而且当荷载全部撤除后，位移将完全消失。线性变形体系需具有下列条件：

(1) 材料处于弹性阶段，应力与应变成正比。

(2) 结构变形微小，在计算过程中不考虑对结构形状及尺寸的影响。

(3) 所有的约束都是理想约束。所谓理想约束，是指在体系发生位移过程中的约束力不做功的约束。例如，刚性支座链杆和无摩擦的光滑铰(理想铰) 就是理想约束。

线性变形体系也称为线弹性变形体系。它的应用条件也是叠加原理的应用条件，所以，对线弹性变形体系的计算，可以应用叠加原理。

对于位移与荷载不呈线性关系的体系称为非线性变形体系。线性变形体系和非线性变形体系称为变形体系。在本章中，只讨论线性变形体系的位移计算。

结构力学中计算位移的一般方法是以虚功原理为基础的。本章先介绍变形体系的虚功原理，然后讨论静定结构的位移计算。至于超静定结构的位移计算，在我们学习了超静定结构的内力计算后，仍可用这一章的方法进行计算。

8.2　变形体系的虚功原理

结构位移计算的理论基础是虚功原理，虚功原理的核心是虚功。

功包含了两个要素：力和位移。根据力和位移之间的关系，功具体分为实功和虚功。下面通过实例说明实功和虚功的概念。

一、外力实功、外力虚功

图 8.4(a) 所示简支梁承受外荷载 P_1 的作用，发生如图曲线所示的变形后达到平衡状态。取静力加载方式，即荷载从零逐渐增加到 P_1 值。对于线弹性变形体系，位移与荷载成正比，故力 P_1 作用点的位移也将从零逐渐增加到最大值 Δ_1，如图 8.4(b) 所示。外力 P_1 在梁发生变形过程中所做的功为

$$W_{外实}=\frac{1}{2}P_1\Delta_t$$

即图 8.4(b) 中三角形 OAB 的面积。外力 P_1 由于自身所引起的位移 Δ_1 而做的功称为外力实功，其值恒为正值。

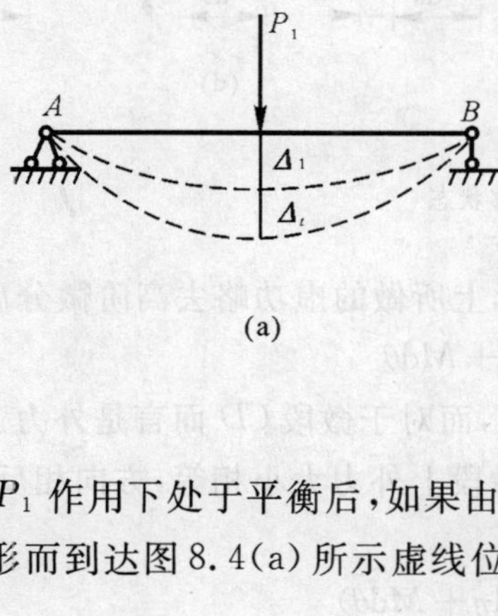

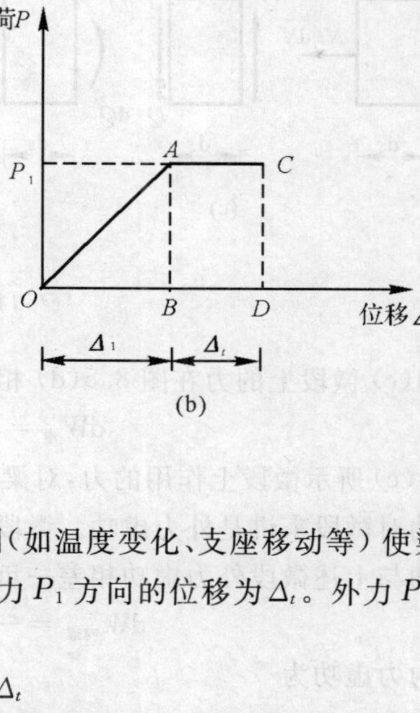

图　8.4

梁在 P_1 作用下处于平衡后，如果由于某种外因（如温度变化、支座移动等）使梁继续发生微小的变形而到达图 8.4(a) 所示虚线位置，这时外力 P_1 方向的位移为 Δ_t。外力 P_1 在 Δ_t 上做的功为

$$W_{外虚}=P_1\Delta_t$$

即图 8.4(b) 中矩形 $ABCD$ 的面积。由于外力 P_1 与 Δ_t 毫无关系，因此，这种功称为外力虚功，其值可正可负。

二、内力虚功

结构的内力在由于其它原因引起的结构微段变形上所做的功称为内力虚功。在虚功中，力与位移是彼此独立无关的两个因素。因此，可将两者看成是分别属于同一体系的两种彼此无关的状态，其中力所属状态称为力状态（见图 8.5(a)），位移所属状态称为位移状态（见图 8.5(b)）。

如图 8.5(a) 所示简支梁，在荷载作用下处于平衡，梁的内力为弯矩 M、剪力 Q 和轴力 N。

相同的简支梁，由于其它原因，例如温度变化、支座移动或其它荷载作用等使梁发生了如图 8.5(b) 虚线所示的变形。

为了建立梁的内力虚功的表达式，可先取微段研究。若要得到此微段的内力虚功，只需对整个梁进行积分，即可得到梁的内力虚功。

从梁中取出微段 ds 进行讨论。图 8.5(a) 中微段 ds 的力如图 8.5(c) 所示。图 8.5(b) 中相应微段 ds 由 CD 变形到 $C'D'$ 可分为两步：一是刚体移动和转动；二是弹性变形。由于刚体位移与变形无关，所以内力不在此位移上做功，因此微段 ds 的变形用相对弹性变形表示，如图 8.5(d) 所示。

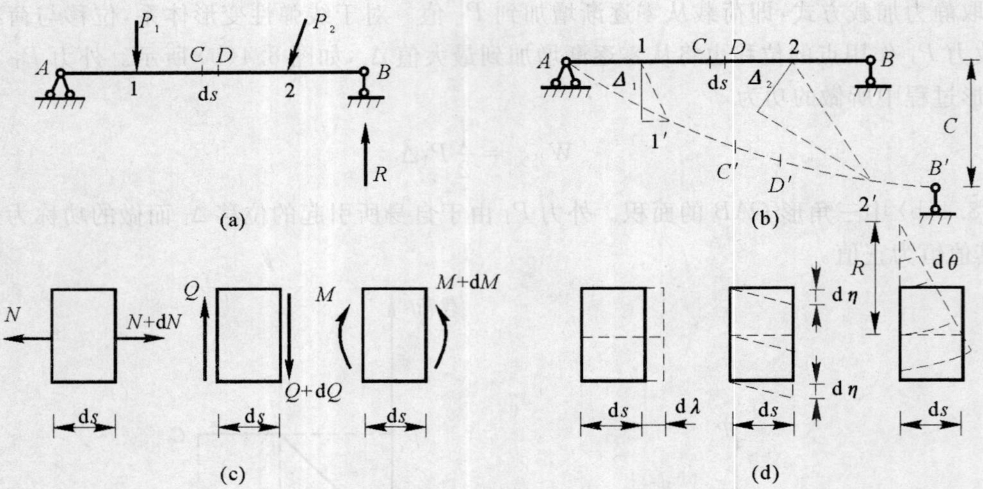

图 8.5

(a) 力状态；(b) 位移状态

图 8.5(c) 微段上的力在图 8.5(d) 相应微段变形上所做的虚功略去高阶微分后为

$$dW_{虚} = Nd\lambda + Qd\eta + Md\theta$$

图 8.5(c) 所示微段上作用的力，对梁而言是内力，而对于微段 CD 而言是外力。所以上述所做的虚功对微段来讲是外力虚功。微段的内力与微段上外力大小相等，方向相反。因此，微段内力虚功与上述微段外力虚功相差一负号，即

$$dW_{内虚} = -(Nd\lambda + Qd\eta + Md\theta)$$

整个梁的内力虚功为

$$W_{内虚} = -\left(\int_0^l Nd\lambda + \int_0^l Qd\eta + \int_0^l Md\theta\right) \tag{8.1}$$

对于由许多杆件组成的平面杆系结构，内力虚功表达式为

$$W_{内虚} = -\left(\sum \int_0^l Nd\lambda + \sum \int_0^l Qd\eta + \sum \int_0^l Md\theta\right) \tag{8.2}$$

三、变形体系的虚功原理

对于杆件结构，变形体系的虚功原理可叙述为：变形体系在外力作用下处于平衡的必要和充分条件是，对于任意微小的虚位移，外力所做的虚功与内力所做的虚功的总和等于零，即

$$W_{外虚} + W_{内虚} = 0$$

上式又称为虚功方程。

说明：力状态的外力（包括支座反力）和内力分别在位移状态相应位移和变形上所做虚功总和等于零。

图 8.5(a) 所示外力（含支座反力）在图 8.5(b) 所示位移上做的外力虚功为

$$W_{外虚} = \sum P_i \Delta_i + \sum R_i C_i$$

将外力虚功和内力虚功代入虚功方程中，整理得

$$\sum P_i \Delta_i = \sum \int_0^l N\mathrm{d}\lambda + \sum \int_0^l Q\mathrm{d}\eta + \sum \int_0^l M\mathrm{d}\theta - \sum R_i C_i \tag{8.3}$$

注意：在上面的讨论过程中，并没有涉及材料的物理性质。因此，无论对于弹性、非弹性，线性和非线性的变形体系，虚功原理都适用。

四、虚功原理的两种应用形式

虚功原理中涉及了两个状态：力状态和位移状态。由于两个状态彼此独立，毫无关系，所以可以任意虚设一个状态。在具体应用虚功原理时，由于虚设状态的不同，因此有了以下两种应用形式。

1. 虚位移原理

给定力状态，虚设的是位移状态，通过虚设的位移，利用虚功方程求解给定的力状态中的未知力。这时的虚功原理称为虚位移原理。在理论力学中曾详细讨论过这种应用形式，在上一章用机动法绘制影响线时也曾用了这一方法，此处不再详述。

2. 虚力原理

给定位移状态，虚设的是力状态，通过虚设的力，利用虚功方程求解给定的位移状态中的未知位移。这时的虚功原理称为虚力原理。本章就是讨论用虚力原理建立求结构位移的方法。

如图 8.6(a) 所示一伸臂梁，支座 A 向上移动距离为 C_A，现在拟求点 C 的竖向位移 Δ_{CY}。

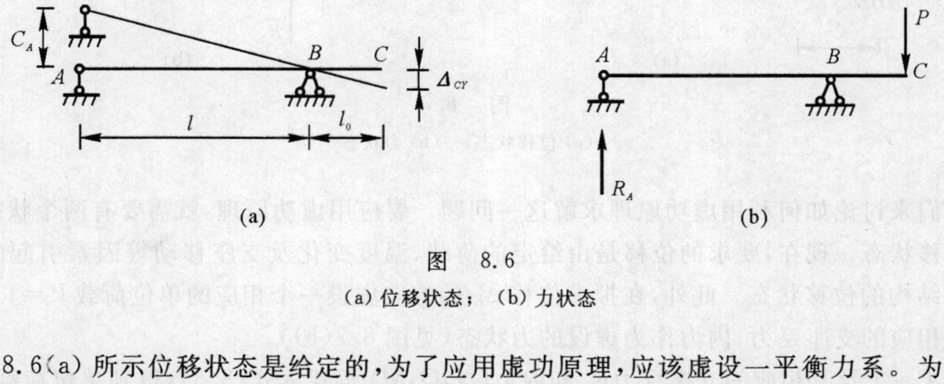

图　8.6

(a) 位移状态；(b) 力状态

图 8.6(a) 所示位移状态是给定的，为了应用虚功原理，应该虚设一平衡力系。为了能在点 C 的竖向位移上做虚功，与拟求的点 C 竖向位移相应，在点 C 沿竖直方向加一个力 P，支座 A 的反力为 R_A。P 与相应的支座反力组成一平衡力系（见图 8.6(b)），这是一个虚设的力系状态。

令图 8.6(b) 的虚设平衡力系在图 8.6(a) 的刚体位移上做虚功，可得

$$P\Delta_{CY}+R_AC_A=0$$

$$\Delta_{CY}=-C_A\frac{R_A}{P}$$

由平衡条件可知

$$R_A=-P\frac{l_0}{l} \tag{8.4}$$

将式(8.4)代入上式，得

$$\Delta_{CY}=C_A\frac{l_0}{l} \tag{8.5}$$

由式(8.5)可以看出，Δ_{CY} 与 P 的大小无关。为计算简便，可在虚设力系中令 $P=1$。这一沿所求位移方向虚设单位荷载的方法称为单位荷载法。

所得结果为正，说明 Δ_{CY} 的方向与 P 方向相同，即向下。

8.3 结构位移计算的一般公式 —— 单位荷载法

图 8.7(a) 所示平面杆系结构由于荷载、温度变化和支座移动等因素引起了如图虚线所示的变形，现在要求任一指定点 K 沿任一指定方向 k－k 上的位移 Δ_K。

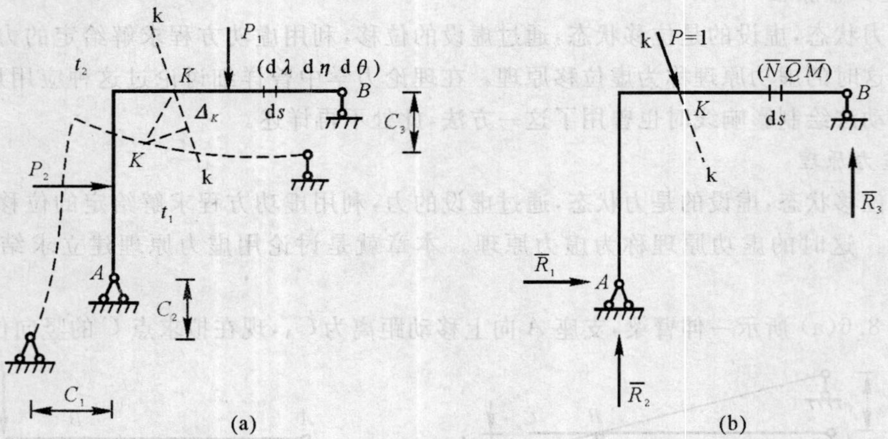

图 8.7

(a) 位移状态；(b) 力状态

我们来讨论如何利用虚功原理求解这一问题。要应用虚功原理，就需要有两个状态：力状态和位移状态。现在，要求的位移是由给定的荷载、温度变化及支座移动等因素引起的，故以此作为结构的位移状态。此外，在拟求位移 Δ_K 的方向虚设一个相应的单位荷载 $P=1$，以此单位及其相应的支座反力、内力作为虚设的力状态(见图 8.7(b))。

将 $P=1$ 及其相应的支座反力 $\overline{R}_i$ 和内力 $(\overline{N},\overline{Q},\overline{M})$ 等代入式(8.3)，得到单位荷载法计算结构位移的一般公式

$$\Delta_K=\sum\int(\overline{N}\mathrm{d}\lambda+\overline{Q}\mathrm{d}\eta+\overline{M}\mathrm{d}\theta)-\sum\overline{R}_iC_i \tag{8.6}$$

注意：这里的位移和变形 Δ_K，$\mathrm{d}\lambda$，$\mathrm{d}\eta$，$\mathrm{d}\theta$ 以及 C_i 是实际给定的；而 $P=1$ 和 $P=1$ 作用下的

支座反力$\overline{R_i}$及结构内力$\overline{N}$,$\overline{Q}$,$\overline{M}$等都是虚设的。

由式(8.6)求得的Δ_K如果是正值,说明位移Δ_K的方向与所虚设单位荷载方向一致;反之,则相反。

在实际问题中,除了计算线位移外,还需要计算角位移、相对位移等。下面讨论如何按照所求位移类型的不同,设置相应的虚拟力状态。

当要求某点沿某方向的线位移时,应在该点沿所求位移方向加一个单位集中力,如图8.8(a)所示即为求点A水平线位移时的虚力状态。

当要求某截面的角位移时,则应在该截面处加一个单位力偶,如图8.8(b)所示,这样荷载所做的虚功为$1\times\varphi_A=\varphi_A$,恰好等于所求角位移。

有时,要求两点间距离的变化,也就是求两点沿其连线方向上的相对线位移,此时应在两点沿其连线方向加上一对指向相反的单位力,如图8.8(c)所示。

同理,若要求两截面的相对角位移,就应在两截面加上一对方向相反的单位力偶,如图8.8(d)所示。

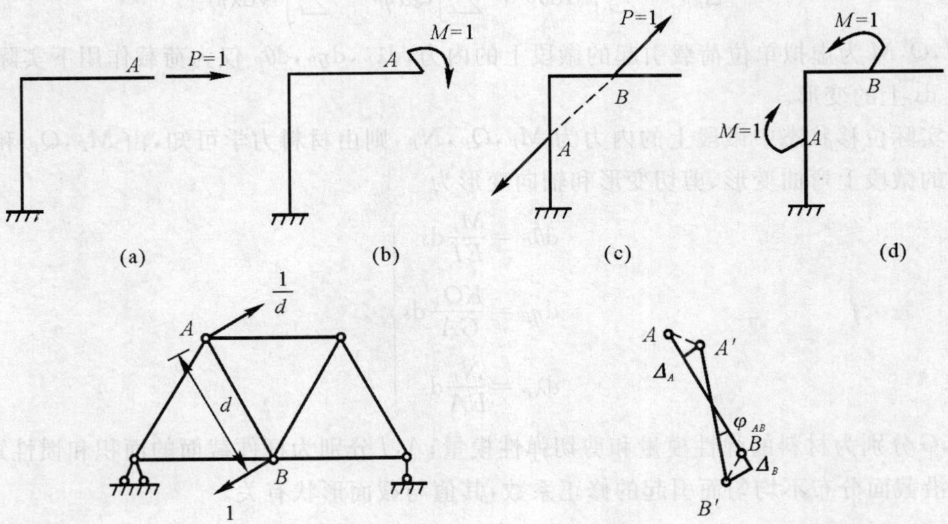

图　8.8

在求桁架某杆的角位移时,因桁架只承受轴力,故应将单位力偶转换为等效的结点集中荷载。即:在该杆两端加一对方向与其杆件垂直,大小等于杆长倒数而指向相反的集中力,如图8.8(e)所示。这是因为在位移微小的情况下,桁架杆件的角位移等于其两端在垂直杆轴方向上的相对线位移除以杆长(见图8.8(f)),即

$$\varphi_{AB}=\frac{\Delta_A+\Delta_B}{d}$$

这样,荷载所做虚功

$$\frac{1}{d}\Delta_A+\frac{1}{d}\Delta_B=\frac{\Delta_A+\Delta_B}{d}=\varphi_{AB}$$

即等于所求杆件角位移。集中力、力偶、一对集中力、一对力偶以及某一力系等,统称为广义力。注意:在求任何广义位移时,虚拟状态所加的荷载应是与所求广义位移相应的单位广义

力。这里的相应是指力与位移在做功的关系上的对应，如集中力与线位移对应，力偶与角位移对应等。

8.4 静定结构在荷载作用下的位移计算

一、荷载作用下的位移计算公式

现在讨论静定结构在荷载作用下的位移计算。这里我们仅限于研究线弹性结构，即结构的位移与荷载是成正比例的，因而，在计算的过程中可以利用叠加原理。

由于只讨论荷载作用引起的位移，此时没有支座移动，因此式(8.6)中$\sum \overline{R}_i C_i$一项为零，同时在式(8.6)中也不计入温度改变时引起的微段变形。因此，仅荷载引起位移的计算公式可简化为

$$\Delta_{KP}=\sum\int\overline{M}\mathrm{d}\theta_P+\sum\int\overline{Q}\mathrm{d}\eta_P+\sum\int\overline{N}\mathrm{d}\lambda_P \tag{8.7}$$

式中$\overline{N},\overline{Q},\overline{M}$为虚拟单位荷载引起的微段上的内力；$\mathrm{d}\lambda_P,\mathrm{d}\eta_P,\mathrm{d}\theta_P$仅为荷载作用下实际位移状态微段$\mathrm{d}s$上的变形。

若实际位移状态中微段上的内力为M_P,Q_P,N_P，则由材料力学可知，由M_P,Q_P和N_P分别引起的微段上弯曲变形、剪切变形和轴向变形为

$$\left.\begin{aligned}\mathrm{d}\theta_P&=\frac{M_P}{EI}\mathrm{d}s\\ \mathrm{d}\eta_P&=\frac{KQ_P}{GA}\mathrm{d}s\\ \mathrm{d}\lambda_P&=\frac{N_P}{EA}\mathrm{d}s\end{aligned}\right\} \tag{8.8}$$

式中E,G分别为材料的弹性模量和剪切弹性模量；A,I分别为杆件截面的面积和惯性矩；K为剪应力沿截面分布不均匀而引起的修正系数，其值与截面形状有关。

对于矩形截面，$K=1.2$；圆形截面，$K=\frac{10}{9}$；薄壁圆环截面，$K=2$；工字形截面，$K\approx\frac{A}{A_\mathrm{f}}$，$A_\mathrm{f}$为腹板面积。

将式(8.8)代入式(8.7)，得

$$\Delta_{KP}=\sum\int\frac{\overline{M}M_P}{EI}\mathrm{d}s+\sum\int\frac{K\overline{Q}Q_P}{GA}\mathrm{d}s+\sum\int\frac{\overline{N}N_P}{EA}\mathrm{d}s \tag{8.9}$$

这就是平面杆系结构在荷载作用下的位移计算公式。应该指出，式(8.9)对于直杆才是正确的，对于曲杆则还需要考虑曲率对变形的影响。不过在常用的曲杆结构中，其截面高度与曲率半径相比一般都很小，可以略去不计。

二、各类结构在荷载作用下位移计算的简化公式

式(8.9)等号右边三项，分别代表结构的弯曲变形、剪切变形和轴向变形对所求位移的影响。各种不同的结构类型，受力特点不同，这三种影响在位移中所占比重不同。根据不同结构的受力特点，保留主要影响，忽略次要影响，可得到不同结构的位移简化公式。

1. 梁和刚架

在梁和刚架中，位移主要是弯矩引起的，轴力和剪力的影响很小，可以忽略不计，式(8.9)可简化为

$$\Delta_{KP}=\sum\int\frac{\overline{M}M_P}{EI}\mathrm{d}s \tag{8.10}$$

2. 桁架

因只有轴力作用，且同一杆件的轴力 $\overline{N}$，N_P 及 EA 沿杆长 l 均为常数，故式(8.9)可简化为

$$\Delta_{KP}=\sum\int\frac{\overline{N}N_P}{EA}\mathrm{d}s=\sum\frac{\overline{N}N_P}{EA}l \tag{8.11}$$

3. 拱

一般的实体拱，计算位移时可忽略曲率对位移的影响，只考虑弯矩的影响，即式(8.10)；但在扁平拱中还需考虑轴力的影响，即

$$\Delta_{KP}=\sum\int\frac{\overline{M}M_P}{EI}\mathrm{d}s+\sum\int\frac{\overline{N}N_P}{EA}\mathrm{d}s \tag{8.12}$$

4. 组合结构

在组合结构中，梁式杆主要承受弯矩，链杆只承受轴力，因此式(8.9)可简化为

$$\Delta_{KP}=\sum\int\frac{\overline{M}M_P}{EI}\mathrm{d}s+\sum\frac{\overline{N}N_P}{EA}l \tag{8.13}$$

例 8.1　试求图 8.9(a)所示刚架点 A 的竖向位移。各杆材料相同，截面 I，A 均为常数。

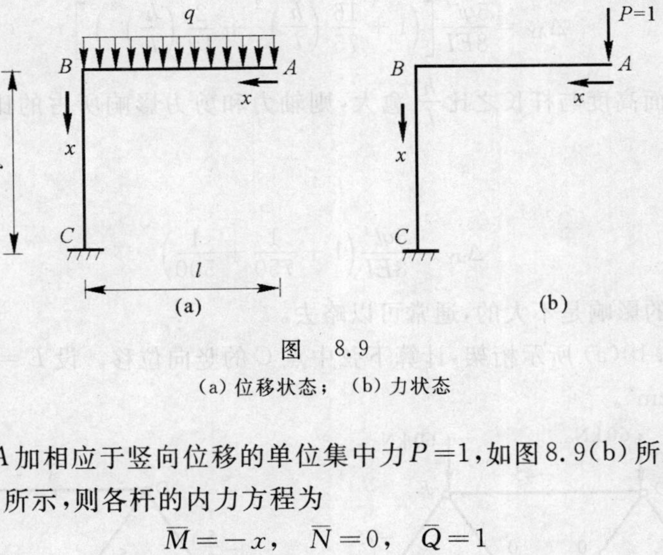

图　8.9

(a) 位移状态；(b) 力状态

解　(1) 在点 A 加相应于竖向位移的单位集中力 $P=1$，如图 8.9(b) 所示。分别设各杆的 x 坐标如图 8.9(b) 所示，则各杆的内力方程为

AB 段：　$\overline{M}=-x$，　$\overline{N}=0$，　$\overline{Q}=1$

CD 段：　$\overline{M}=-l$，　$\overline{N}=-1$，　$\overline{Q}=0$

(2) 在实际位移状态中(见图 8.9(a)) 所示，各杆的内力方程为

AB 段：　$M_P=-\dfrac{1}{2}qx^2$，　$N_P=0$，　$Q_P=qx$

CD 段：　$M_P=-\dfrac{1}{2}ql^2$，　$N_P=-ql$，　$Q_P=0$

弯曲变形引起的位移为

$$\Delta_{AY}^{(M)}=\sum\int\frac{\overline{M}M_P}{EI}\mathrm{d}s=\int_0^l\frac{(-x)\left(-\frac{1}{2}qx^2\right)}{EI}\mathrm{d}x+\int_0^l\frac{(-l)\left(-\frac{1}{2}ql^2\right)}{EI}\mathrm{d}x=\frac{5ql^4}{8EI}\ (\downarrow)$$

剪切变形引起的位移(若杆件截面为矩形)为

$$\Delta_{AY}^{(Q)}=\sum\int\frac{K\overline{Q}Q_P}{GA}\mathrm{d}s=\int_0^l\frac{1.2\times1\times qx}{GA}\mathrm{d}x=\frac{3ql^2}{5GA}\ (\downarrow)$$

轴向变形引起的位移为

$$\Delta_{AY}^{(N)}=\sum\int\frac{\overline{N}N_P}{EA}\mathrm{d}s=\int_0^l\frac{(-1)(-ql)}{EA}\mathrm{d}x=\frac{ql^2}{EA}\ (\downarrow)$$

所以,总位移为

$$\Delta_{AY}=\Delta_{AY}^{(M)}+\Delta_{AY}^{(Q)}+\Delta_{AY}^{(N)}=\frac{5ql^4}{8EI}\left(1+\frac{24EI}{25GAl^2}+\frac{8I}{5Al^2}\right)\ (\downarrow)$$

(4) 讨论:对矩形截面,其宽度为 b,高度为 h,则

$$A=bh,\quad I=\frac{1}{12}bh^3$$

设横向变形系数 $\mu=\frac{1}{3}$,则

$$\frac{E}{G}=2(1+\mu)=\frac{8}{3}$$

代入上式,得

$$\Delta_{AY}=\frac{5ql^4}{8EI}\left[\left(1+\frac{16}{75}\left(\frac{h}{l}\right)^2+\frac{2}{15}\left(\frac{h}{l}\right)^2\right)\right]$$

可以看出,杆件截面高度与杆长之比 $\frac{h}{l}$ 愈大,则轴力和剪力影响所占的比重愈大。例如 $\frac{h}{l}=\frac{1}{10}$,可算得

$$\Delta_{AY}=\frac{5ql^4}{8EI}\left(1+\frac{1}{750}+\frac{1}{500}\right)$$

可见,轴力和剪力的影响是不大的,通常可以略去。

例 8.2 图 8.10(a) 所示桁架,计算下弦中点 C 的竖向位移。设 $E=2.1\times10^4\ \mathrm{kN/cm^2}$,截面面积 $A=12\ \mathrm{cm^2}$。

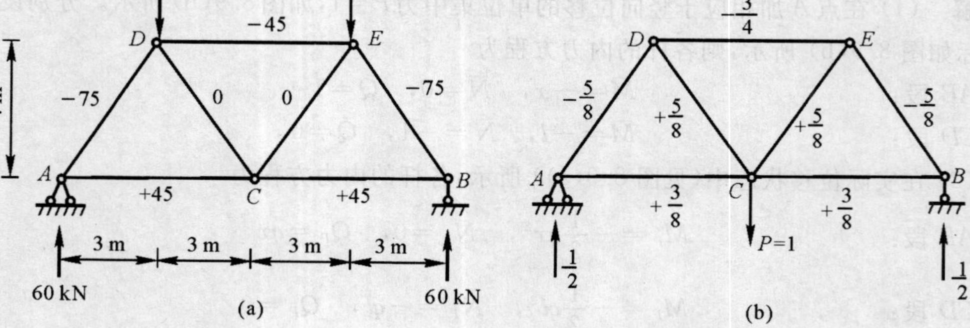

图 8.10

(a) 位移状态; (b) 力状态

解　(1) 在点 C 沿竖向加 $P=1$，如图 8.10(b) 所示。

(2) 求 N_P。计算在荷载作用下各杆的轴力 N_P，如图 8.10(a) 所示。

(3) 求 $\overline{N}$。计算在 $P=1$ 作用下各杆的轴力 $\overline{N}$，如图 8.10(b) 所示。

(4) 求 Δ_{CY}。具体计算过程列表进行，见表 8.1。由于桁架及荷载对称，计算总和时，在表中只计算了半个桁架。最后计算时将表中的总和值乘 2，但由于杆 DE 只有一根，故应减去由于乘 2 多算了的该杆数值。

表 8.1　桁架位移计算(半个桁架)

杆　件	$\overline{N}$/kN	N_P/kN	l/cm	A/cm²	E/(kN/cm²)	$\frac{\overline{N}N_P}{EA}l$/cm
AC	$\frac{3}{8}$	+45	600	12	2.1×10^4	0.040
AD	$-\frac{5}{8}$	−75	500	12	2.1×10^4	0.093
DE	$-\frac{3}{4}$	45	600	12	2.1×10^4	0.080
DC	$\frac{5}{8}$	0	500	12	2.1×10^4	0
合计						$\sum=0.213$ cm

所以

$$\Delta_{CY}=2\times0.213-0.08=0.346\ \text{cm}\ (\downarrow)$$

例 8.3　图 8.11(a) 所示为一等截面圆弧曲梁 AB，截面为矩形，圆弧 AB 的圆心角为 90°。设梁的截面厚度远小于圆半径 R，求点 B 的竖向位移 Δ_{BY}。

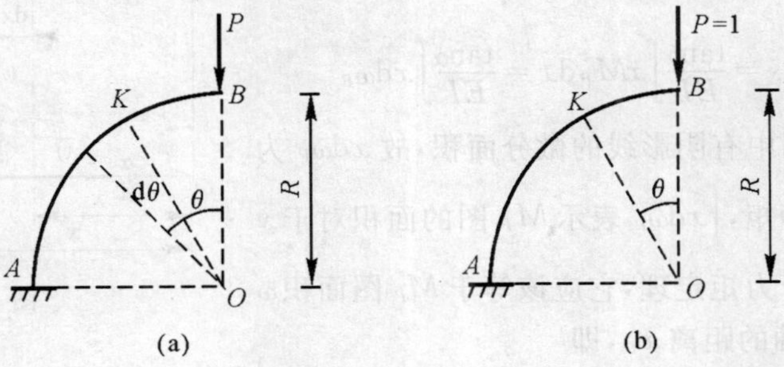

图　8.11

(a) 位移状态；(b) 力状态

解　此曲梁系小曲率杆，故可以近似用直杆公式计算位移，并可忽略轴力和剪力对位移的影响，而只考虑弯矩一项。在实际位移状态中(见图 8.11(a))，任一截面弯矩为

$$M_P=-PR\sin\theta$$

在虚拟力状态中(见图 8.11(b))，任一截面弯矩为

$$\overline{M}=-R\sin\theta$$

代入式(8.10)，有

$$\Delta_{BY}=\sum\int\frac{\overline{M}M_P}{EI}\mathrm{d}s=\frac{1}{EI}\int_0^{\frac{\pi}{2}}(-R\sin\theta)(-PR\sin\theta)R\,\mathrm{d}\theta=\frac{PR^3}{EI}\int_0^{\frac{\pi}{2}}\sin^2\theta\mathrm{d}\theta=$$

$$\frac{PR^3}{EI}\left(\frac{1}{2}\theta-\frac{1}{4}\sin2\theta\right)\Bigg|_0^{\frac{\pi}{2}}=\frac{\pi PR^3}{4EI}\ (\downarrow)$$

8.5 图 乘 法

我们知道，计算弯曲变形引起的位移时，需要求下列积分，即

$$\Delta_{KP}=\sum\int\frac{\overline{M}M_P}{EI}\mathrm{d}s$$

的数值，有时比较麻烦。但是，当结构的各杆符合下列条件时：

1) 杆轴是直线；

2) $EI=$常数；

3) M_P 和 $\overline{M}$ 两个弯矩图中至少有一个是直线图。

则可用图乘法来代替积分运算，从而简化计算。

一、图乘法及其应用

图 8.12 是等截面直杆 AB 的两个弯矩图，其中 $\overline{M}$ 图为直线，M_P 图为任意形状。以杆轴为 x 轴，以 $\overline{M}$ 图的直线延长线与 x 轴的交点为原点，则积分式

$$\Delta=\int\frac{\overline{M}M_P}{EI}\mathrm{d}s$$

中的 $\overline{M}$ 由 $\overline{M}$ 图可知

$$\overline{M}=y=x\tan\alpha$$

因此

$$\Delta=\frac{1}{EI}\int\overline{M}M_P\mathrm{d}s=\frac{\tan\alpha}{EI}\int xM_P\mathrm{d}x=\frac{\tan\alpha}{EI}\int x\mathrm{d}\omega_P$$

式中 $\mathrm{d}\omega_P$ 表示 M_P 图中有阴影线的微分面积，故 $x\mathrm{d}\omega_P$ 为微分面积对 y 轴的静矩，$\int x\mathrm{d}\omega_P$ 表示 M_P 图的面积对于 y 轴的静矩。类似于合力矩定理，它应该等于 M_P 图面积 ω 乘以其形心 C 到 y 轴的距离 x_C，即

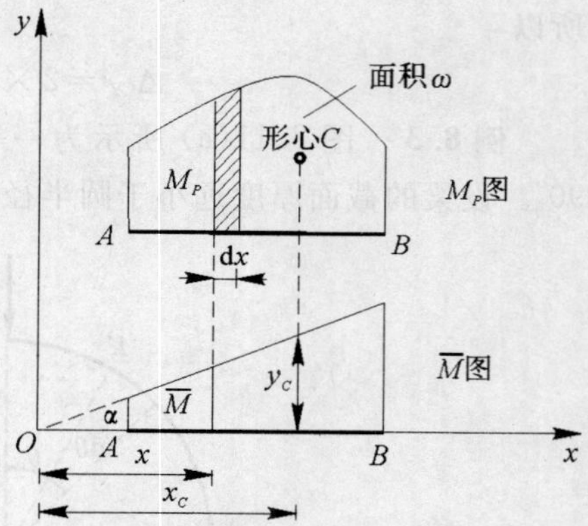

图 8.12

$$\int x\mathrm{d}\omega_P=\omega x_C$$

故有

$$\Delta=\frac{\tan\alpha}{EI}\omega x_C=\frac{\omega y_C}{EI}$$

这里的 y_C 是 M_P 图的形心 C 处所对应的 $\overline{M}$ 图的竖标。

如果结构由多根杆组成，且各杆均可图乘，则

$$\Delta=\sum\int\frac{\overline{M}M_P}{EI}\mathrm{d}s=\sum\frac{\omega y_C}{EI}\tag{8.14}$$

这就是图乘法所使用的公式。它将上述类型的积分运算问题转化为求图形的面积、形心和竖

标的问题。应用图乘法时，要注意以下几点：

(1) 必须符合上述前提条件；

(2) 公式中的 y_C 只能取自直线图形；

(3) 正负号规定：面积 ω 与竖标 y_C 在基线的同一侧时为正，否则为负。

为方便计算，现将几种常用的简单图形的面积及形心列入图 8.13 中。在应用时注意，图中的抛物线是指标准抛物线，即过抛物线顶点（中点或端点）处的切线与基线平行。

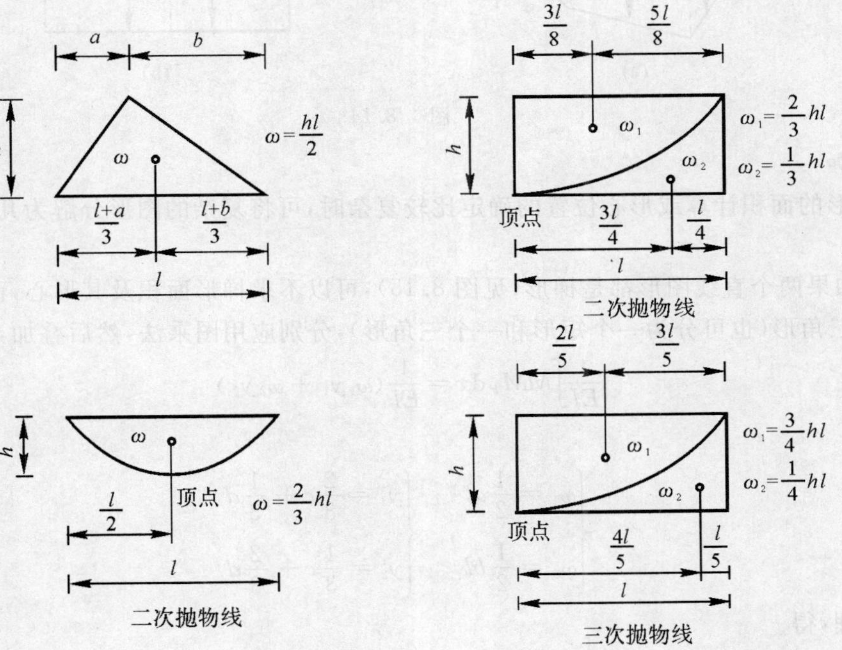

图　8.13

在实际计算中，经常会遇到图形比较复杂或形心位置不易确定的情况。此时，我们采取以下处理方法。

二、图乘分段和叠加

1. 分段

(1) 一个图形是直线，另一个图形是由几段直线组成的折线，则应分段计算。对于图 8.14(a) 所示情形，有

$$\frac{1}{EI}\int \overline{M}M_P\,\mathrm{d}x=\frac{1}{EI}(\omega_1 y_1+\omega_2 y_2+\omega_3 y_3)$$

(2) 杆件各段有不同的 EI，则应在 EI 变化出分段，分段后图乘。对于图 8.14(b) 所示情形，有

$$\int \frac{\overline{M}M_P}{EI}\mathrm{d}x=\frac{\omega_1 y_1}{EI_1}+\frac{\omega_2 y_2}{EI_2}$$

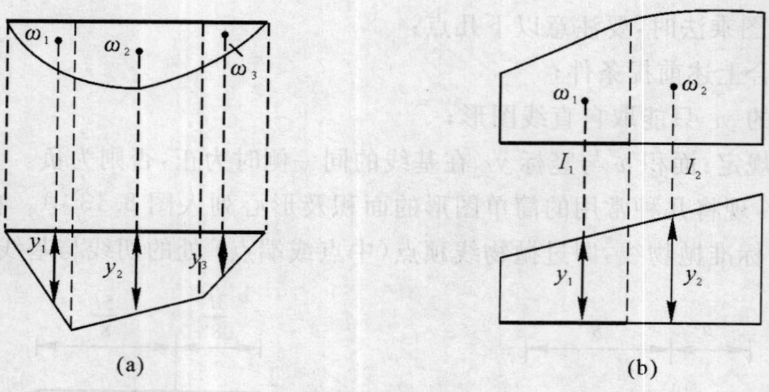

图 8.14

2. 叠加

当图形的面积计算或形心位置的确定比较复杂时，可将复杂的图形分解为几个简单图形，叠加计算。

(1) 如果两个直线图形都是梯形(见图 8.15)，可以不求梯形面积及其形心，而把一个梯形分为两个三角形(也可分为一个矩形和一个三角形)，分别应用图乘法，然后叠加，即

$$\frac{1}{EI}\int \overline{M}M_P\,\mathrm{d}x=\frac{1}{EI}(\omega_1 y_1+\omega_2 y_2)$$

式中

$$\begin{cases}\omega_1=\dfrac{1}{2}al\\ \omega_2=\dfrac{1}{2}bl\end{cases},\quad \begin{cases}y_1=\dfrac{2}{3}c+\dfrac{1}{3}d\\ y_2=\dfrac{1}{3}c+\dfrac{2}{3}d\end{cases}$$

代入后整理，得

$$\frac{1}{EI}\int \overline{M}M_P\,\mathrm{d}x=\frac{l}{6EI}(2ac+2bd+ad+bc)$$

公式括号中的前两项是指两个直线图形的同边数值乘积的两倍，后两项是指两个直线图形的异边数值的乘积。符号规定：基线同侧数值乘积取正号，否则取负号。

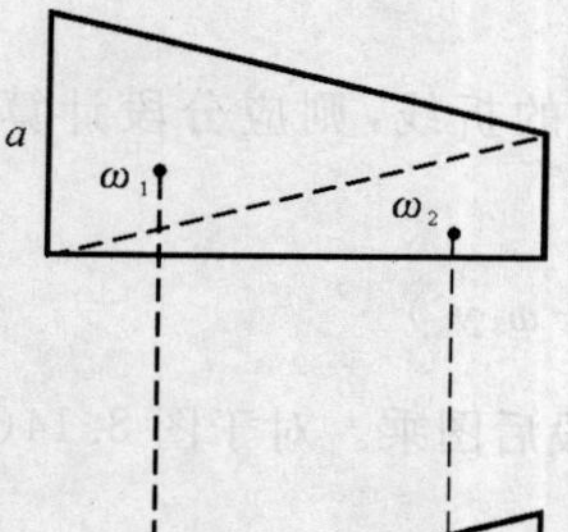

图 8.15

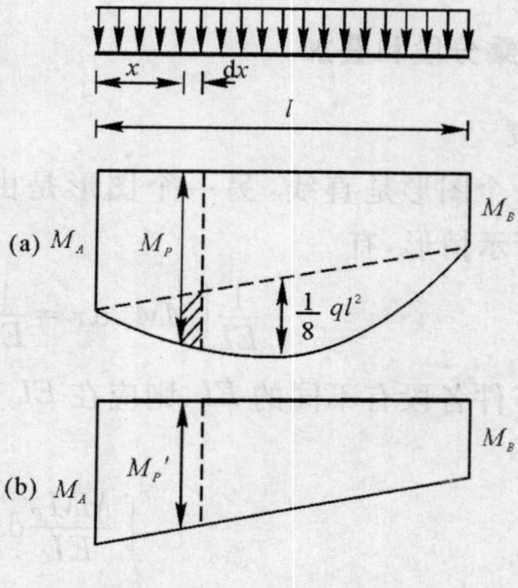

图 8.16

(2) 由绘制直杆弯矩图的叠加法知道，均布荷载作用下的任何一段直杆(见图 8.16(a))的弯矩图可看成是一个梯形与一个标准二次抛物线图形的叠加(见图 8.16(b)，(c))。因此，可将图 8.16(a) 中的 M_P 图分解成图 8.16(b) 和图 8.16(c) 两个简单图形，然后分别应用图乘法。

这里需注意的是，弯矩图的叠加是指弯矩图的纵坐标的叠加，而不是图形简单的拼合。因此，叠加后的抛物线的所有竖标仍应为竖向的，而不是垂直于 M_A，M_B 的连线。

例 8.4　用图乘法计算图 8.17(a) 所示简支梁在均布荷载作用下中点 C 的挠度。EI 为常数。

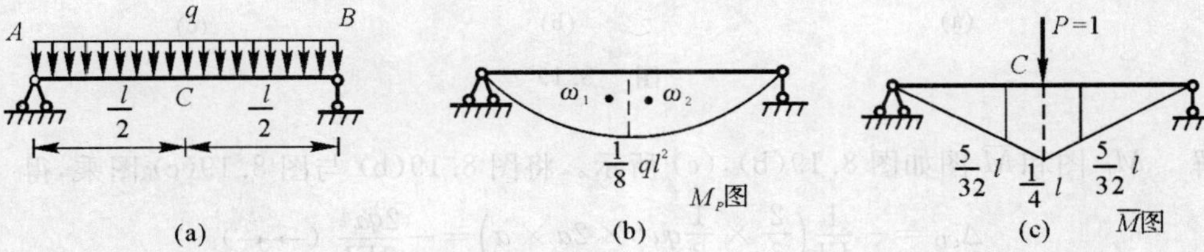

图　8.17

解　(1) 实际位移状态的 M_P 图如图 8.17(b) 所示。

(2) 在简支梁中点 C 加单位竖向力 $P=1$，$\overline{M}$ 图如图 8.17(c) 所示。

(3) 计算 Δ_{CY}。因 M_P 图是曲线，故应以 M_P 图作为面积 ω；而 $\overline{M}$ 图是由两直线组成的，应分段进行。由于图形对称，故计算一半然后乘两倍。

$$\Delta_{CY}=\sum\frac{\omega y_C}{EI}=2\times\frac{1}{EI}\left[\left(\frac{2}{3}\times\frac{1}{8}ql^2\times\frac{l}{2}\right)\times\frac{5}{8}\times\frac{l}{4}\right]=\frac{5ql^4}{384EI}\ (\downarrow)$$

例 8.5　计算图 8.18(a) 所示悬臂刚架点 D 的竖向位移 Δ_{DY}。EI 为常数。

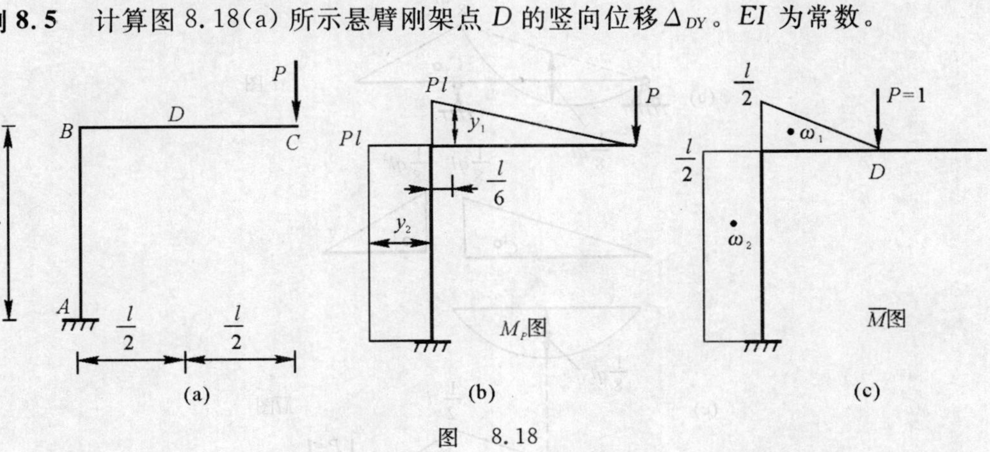

图　8.18

解　M_P 图和 $\overline{M}$ 图分别如图 8.18(b)，(c) 所示。应用图乘法时，在 CB 段上应以 $\overline{M}$ 图作为面积 ω_1，AB 段也以 $\overline{M}$ 图作为面积 ω_2，则

$$\begin{cases}\omega_1=\dfrac{1}{2}\times\dfrac{1}{2}l\times\dfrac{1}{2}l=\dfrac{1}{8}l^2\\ y_1=\dfrac{5}{6}Pl\quad(\text{与 }\omega_1\text{ 同侧})\end{cases},\quad\begin{cases}\omega_2=\dfrac{1}{2}l\times l=\dfrac{1}{2}l^2\\ y_2=Pl\quad(\text{与 }\omega_2\text{ 同侧})\end{cases}$$

$$\Delta_{DY}=\sum\frac{\omega y_C}{EI}=\frac{1}{EI}\left(\frac{1}{8}l^2\times\frac{5}{6}Pl+\frac{l^2}{2}\times Pl\right)=\frac{29Pl^3}{48EI}\ (\downarrow)$$

例 8.6 求图 8.19(a) 所示刚架 C,D 两点的相对水平线位移。设 EI 为常数。

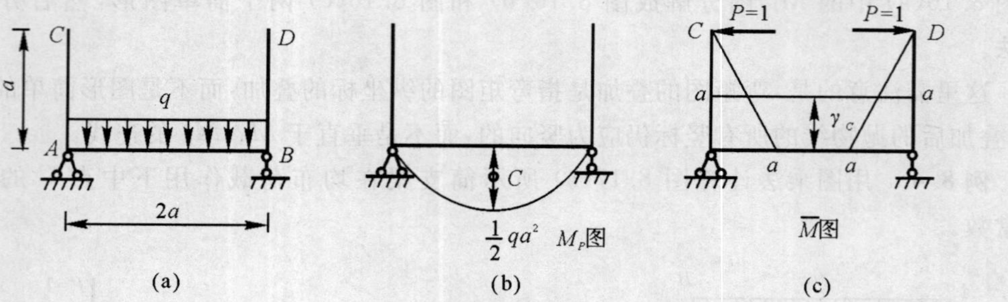

图 8.19

解 M_P 图和 $\overline{M}$ 图如图 8.19(b),(c) 所示。将图 8.19(b) 与图 8.19(c) 图乘,得

$$\Delta_{CD}=-\frac{1}{EI}\left(\frac{2}{3}\times\frac{1}{2}qa^2\times 2a\times a\right)=-\frac{2qa^4}{3EI}\ (\rightarrow\leftarrow)$$

负号表示相对位移的方向与所设一对单位力指向相反,即 C,D 两点应是相互靠拢的。

例 8.7 试求图 8.20(a) 所示伸臂梁点 C 的竖向位移 Δ_{Cy}。梁的 EI 为常数。

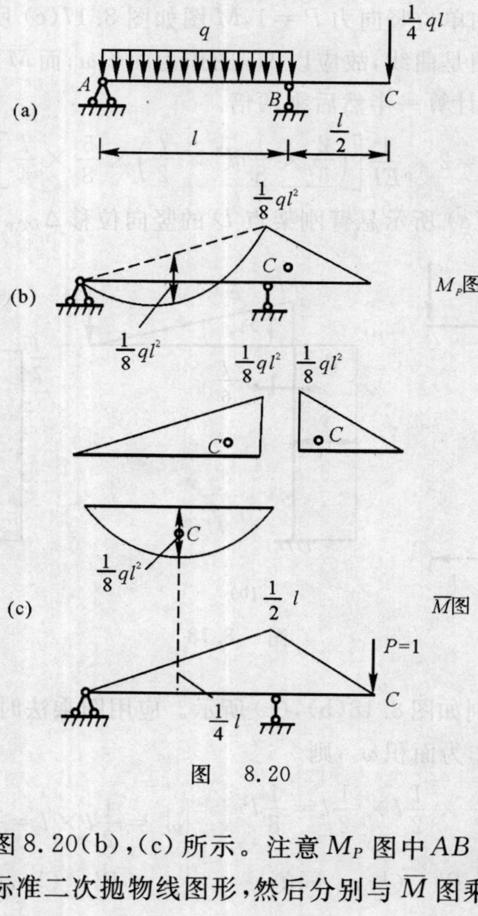

图 8.20

解 M_P 图和 $\overline{M}$ 图如图 8.20(b),(c) 所示。注意 M_P 图中 AB 段图形较复杂,可将其分解为一个直角三角形与一个标准二次抛物线图形,然后分别与 $\overline{M}$ 图乘计算。而 BC 段可直接利

用直线公式。

$$\Delta_{Cy}=\frac{l}{6EI}\left(2\times\frac{1}{8}ql^2\times\frac{1}{2}l\right)-\frac{1}{EI}\left(\frac{2}{3}\times\frac{1}{8}ql^2\times l\times\frac{1}{4}l\right)+\frac{\frac{l}{2}}{6EI}\left(2\times\frac{1}{8}ql^2\times\frac{1}{2}l\right)=\frac{ql^4}{96EI}\ (\downarrow)$$

例 8.8　试求图 8.21(a) 所示伸臂梁点 C 的角位移 φ_C。梁的 $EI=$常数。

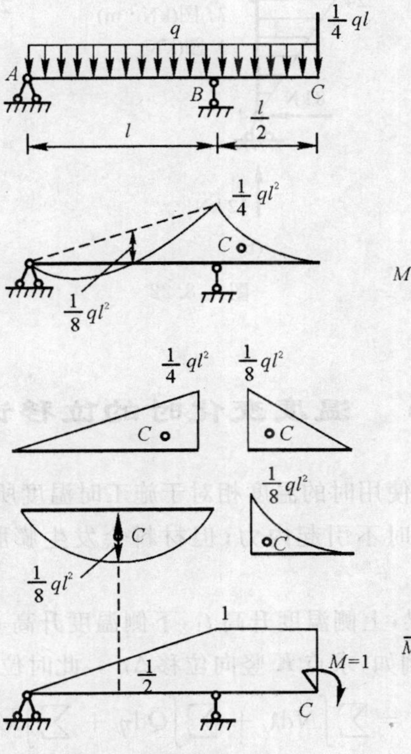

图　8.21

解　M_P 图和 $\overline{M}$ 图如图 8.21(b),(c) 所示。注意 M_P 图中 AB 段和 BC 段图形较复杂,我们可分别将其分解为一个三角形与一个标准二次抛物线图形。由图乘法得

$$\varphi_C=\frac{l}{6EI}\left(2\times\frac{1}{4}ql^2\times1\right)-\frac{1}{EI}\left(\frac{2}{3}\times\frac{1}{8}ql^2\times l\times\frac{1}{2}\right)+\frac{1}{EI}\left(\frac{1}{2}\times\frac{1}{8}ql^2\times\frac{l}{2}\times1\right)+$$
$$\frac{1}{EI}\left(\frac{1}{3}\times\frac{1}{8}ql^2\times\frac{l}{2}\times1\right)=\frac{3ql^3}{32EI}\ (\text{顺时针})$$

例 8.9　图 8.22(a) 为一组合结构,链杆 CD,CB 抗拉(压)刚度为 EA,受弯杆 AB 的抗弯刚度为 EI,计算点 C 的竖向位移 Δ_{CY}。

解　计算组合结构在荷载作用下的位移时,对链杆只有轴力的影响,对受弯杆只计弯矩影响。现分别求 N_P,$\overline{N}$,M_P,$\overline{M}$,如图 8.22(b),(c) 所示。根据式(8.13),有

$$\Delta_{CY}=\sum\frac{\overline{N}N_P}{EA}l+\sum\frac{\omega y_C}{EI}=$$
$$\frac{3}{6EI}(2\times24\times2)\times2+\frac{1}{EA}\left[16\times\frac{4}{3}\times4+(-20)\times\left(-\frac{5}{3}\right)\times5\right]=$$
$$\frac{96}{EI}+\frac{252}{EA}\ (\downarrow)$$

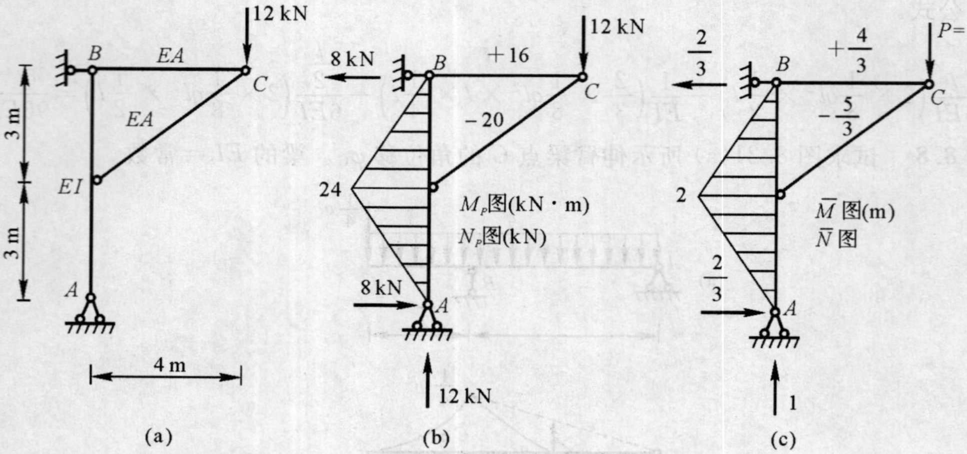

图 8.22

8.6 温度变化时的位移计算

所谓温度变化，是指结构使用时的温度相对于施工时温度所发生的变化。

对于静定结构，稳定改变时不引起内力；但材料会发生膨胀和收缩，使结构产生变形和位移。

如图 8.23(a) 所示简支梁，上侧温度升高 t_1，下侧温度升高 t_2，如 $t_2 > t_1$，现求由此引起的任一点沿任一方向的位移。例如，求点 K 竖向位移 Δ_{Kt}。此时位移计算的一般公式(8.6) 成为

$$\Delta_{Kt} = \sum\int \overline{N}\mathrm{d}\lambda_t + \sum\int \overline{Q}\mathrm{d}\eta_t + \sum\int \overline{M}\mathrm{d}\theta_t \tag{8.15}$$

现在来研究实际位移状态中任一微段 $\mathrm{d}s$ 由于温度变化所产生的变形。微段上、下边纤维的伸长量为 $\alpha t_1 \mathrm{d}s$ 和 $\alpha t_2 \mathrm{d}s$，这里的 α 是材料的线膨胀系数。为简便计算，可假设温度沿杆件截面厚度呈直线变化，即在发生温度变形后，截面仍保持为平面。截面的变形可分解为沿杆轴线方向的拉伸变形 $\mathrm{d}\lambda_t$ 和截面的转角 $\mathrm{d}\theta_t$，但温度的变化不引起剪切变形，即 $\mathrm{d}\eta_t = 0$。

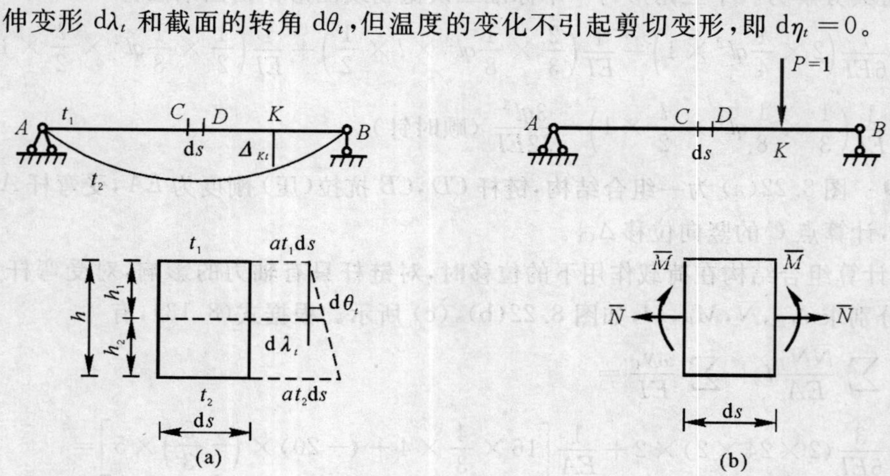

图 8.23

(a) 实际位移状态； (b) 虚拟力状态

$d\lambda_t$ 和 $d\theta_t$ 的计算如下：

当杆件截面对称于形心轴时（$h_1 = h_2$），则其形心轴处的温度为

$$t_0 = \frac{t_1 + t_2}{2}$$

当杆件截面不对称于形心轴时（$h_1 \neq h_2$），则有

$$t_0 = \frac{t_1 h_2 + t_2 h_1}{h}$$

而上、下边缘的温度改变差为

$$\Delta t = t_2 - t_1$$

式中 h 为杆件截面厚度；h_1，h_2 分别是杆轴至上、下边缘的距离；t_1，t_2 分别是上、下边缘温度的改变值。

ds 微段的变形图如图 8.23(b) 所示，由几何关系知

$$d\lambda_t = \alpha t_0 ds \tag{8.16}$$

$$d\theta_t = \frac{\alpha t_2 ds - \alpha t_1 ds}{h} = \frac{\alpha(t_2 - t_1) ds}{h} = \frac{\alpha \Delta t ds}{h} \tag{8.17}$$

将式(8.16)、式(8.17) 及 $d\eta_t = 0$ 代入式(8.15)，可得

$$\Delta_{kt} = \sum\int \overline{N}\alpha t_0 ds + \sum\int \overline{M}\frac{\alpha\Delta t}{h}ds = \sum\alpha t_0\int\overline{N}ds + \sum\alpha\Delta t\int\frac{\overline{M}}{h}ds \tag{8.18a}$$

若杆为等截面，则有

$$\Delta_{kt} = \sum\alpha t_0\int\overline{N}ds + \sum\frac{\alpha\Delta t}{h}\int\overline{M}ds = \sum\alpha t_0\omega_{\overline{N}} + \sum\frac{\alpha\Delta t}{h}\omega_{\overline{M}} \tag{8.18b}$$

式中 $\omega_{\overline{N}} = \int\overline{N}ds$，为 $\overline{N}$ 图的面积；$\omega_{\overline{M}} = \int\overline{M}ds$，为 $\overline{M}$ 图的面积。

在应用上述公式时，应注意右边各项符号的确定。轴力 $\overline{N}$ 以拉伸为正，t_0 以升温为正。弯矩 $\overline{M}$ 和温差 Δt 引起的弯曲变形为同一方向时（即当 $\overline{M}$ 和 Δt 使杆件产生弯曲的受拉边在同侧时），其乘积取正值，反之取负值。

必须指出，在计算由于温度变化所引起的位移时，不能略去轴向变形的影响。

对于桁架，在温度变化时，其位移计算公式为

$$\Delta_{Kt} = \sum\alpha t_0\overline{N}l \tag{8.19}$$

当桁架的杆件长度因制造误差而与设计长度不符时，由此所引起的位移计算与温度变化时相类似。设各杆长度的误差为 Δl，则位移计算公式为

$$\Delta_K = \sum\overline{N}\Delta l \tag{8.20}$$

例 8.10　图 8.24(a) 所示刚架施工时温度为 20℃。试求：冬季当外侧温度为 −10℃，内侧温度为 0℃ 时，点 A 的竖向位移 Δ_{AY}。已知 $l = 4$ m，$\alpha = 10^{-5}$，各杆均为矩形截面，厚度 $h = 40$ cm。

解　外侧温度变化为

$$t_1 = -10℃ - 20℃ = -30℃$$

内侧温度变化为

$$t_2 = 0℃ - 20℃ = -20℃$$

故有

$$t_0=\frac{t_1+t_2}{2}=\frac{-30-20}{2}=-25℃$$

$$\Delta t=t_2-t_1=-20℃-(-30℃)=10℃$$

绘出 $\overline{M}$,$\overline{N}$ 图(见图 8.24(b),(c)),代入式(8.18b),并注意正负号的确定,可得

$$\Delta_{AY}=\sum \alpha t_0\omega_{\overline{N}}+\sum \frac{\alpha\Delta t}{h}\omega_{\overline{M}}=$$

$$\alpha(-25)\times\left(\frac{l}{2}\right)+\frac{\alpha\times 10}{h}\times\left[-\frac{1}{2}\times\frac{1}{2}l\times l-\frac{1}{2}\times\left(\frac{l}{2}\right)^2\right]=$$

$$-\frac{25}{2}\alpha l-\frac{15\alpha}{4h}l^2=-\frac{25}{2}\times 10^{-5}\times 400-\frac{10^{-5}\times 15}{4\times 40}\times 400^2=-0.20\ \text{cm}\ (\uparrow)$$

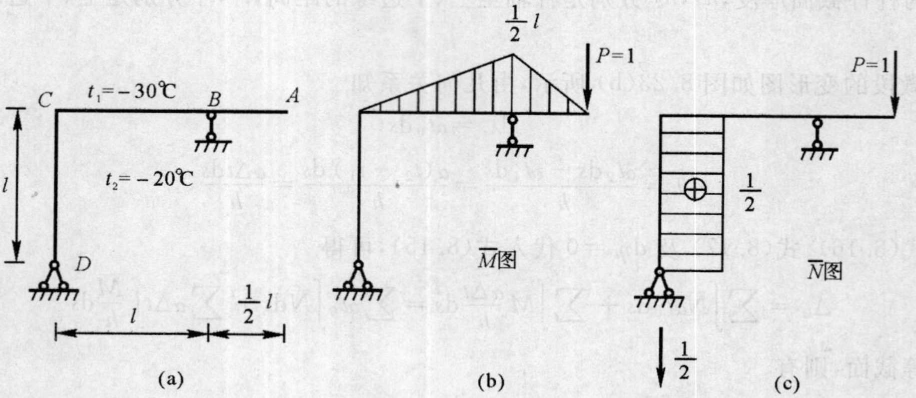

图 8.24

(a) 位移状态; (b),(c) 力状态

***例 8.11** 图 8.25(a) 所示桁架,杆 CD 制造不准确,比原来设计缩短了 2 cm,计算由此引起的点 E 的竖向位移。

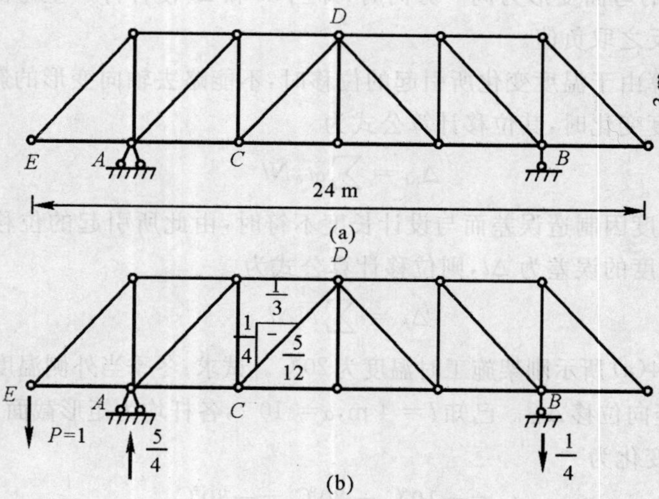

图 8.25

解 由公式 $\Delta=\sum \overline{N}\Delta l$ 可知,要想计算点 E 的竖向位移,先在点 E 沿竖向加一单位力

$P=1$，如图 8.25(b) 所示。并求出 $P=1$ 作用下杆 CD 的轴力(见图 8.25(b))。

$$\overline{N}_{CD}=-\frac{1}{4}\times\frac{5}{3}=-\frac{5}{12}\ \text{kN}$$

$$\Delta_{EY}=\frac{5}{12}\times 2=\frac{5}{6}\ \text{cm}\ (\downarrow)$$

公式符号规定：$\overline{N}$ 与制造误差方向一致时，乘积取正号，反之取负号。因 $\overline{N}_{CD}$ 是压力，杆 CD 又是缩短了 2 cm，所以两项乘积取正号。

8.7　支座移动时的位移计算

在静定结构中，当支座发生移动时并不引起内力，因而材料不发生变形，此时结构的位移纯属刚体位移。则位移计算式(8.4) 简化为

$$\Delta_{KC}=-\sum\overline{R_i}C_i \tag{8.21}$$

式中 $\overline{R_i}$ 为虚拟力状态下的有支座移动的支座反力；C_i 为实际位移状态的支座移动。

因式(8.21) 的等号右端项实际是虚功计算，故当 $\overline{R_i}$ 与实际支座移动 C_i 方向一致时，其乘积取正号，相反则取负号。注意：公式等号右边前面的负号不可漏掉。

例 8.12　图 8.26(a) 所示简支刚架，支座 A 下沉 a，求点 B 的水平位移和 B 端的转角。

解　根据所求位移建立相应虚拟力状态，如图 8.26(b)，(c) 所示。考虑刚架的整体平衡，由图 8.26(b) 求得

$$\overline{V_A}=\frac{h}{l}\ (\downarrow)$$

由图 8.26(c) 求得

$$\overline{V_A}=\frac{1}{l}\ (\downarrow)$$

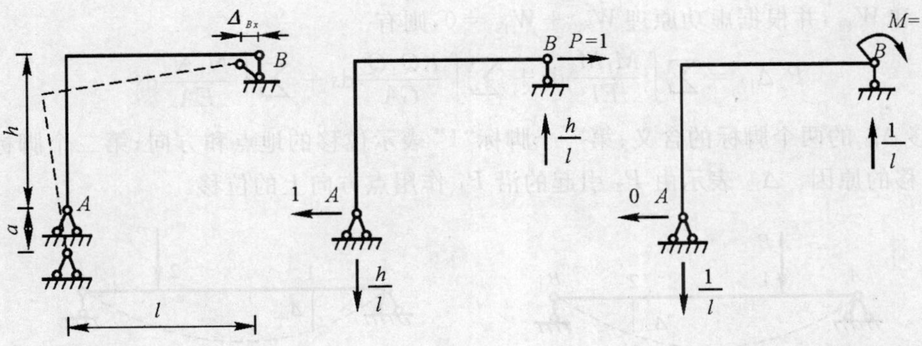

图　8.26

由式(8.21)，有

$$\Delta_{Bx}=-\sum\overline{R_i}C_i=-\left(\frac{h}{l}\times a\right)=-\frac{ha}{l}\ (\leftarrow)$$

$$\varphi_B=-\sum\overline{R_i}C_i=-\left(\frac{1}{l}\times a\right)=-\frac{a}{l}\ (\text{逆时针})$$

对于单跨静定梁，当支座发生移动时，除了可以利用式(8.21)计算指定截面的位移以外，还可以简单地利用几何法求出其刚体位移。例如，图8.27所示简支梁当支座B下沉Δ时，求Δ_{CY}或φ_A。

根据几何关系知

$$\Delta_{Cy}=\frac{\frac{l}{2}}{l}\times\Delta=\frac{\Delta}{2}\ (\downarrow)$$

$$\varphi_A=\frac{\Delta}{l}\ (\text{顺时针})$$

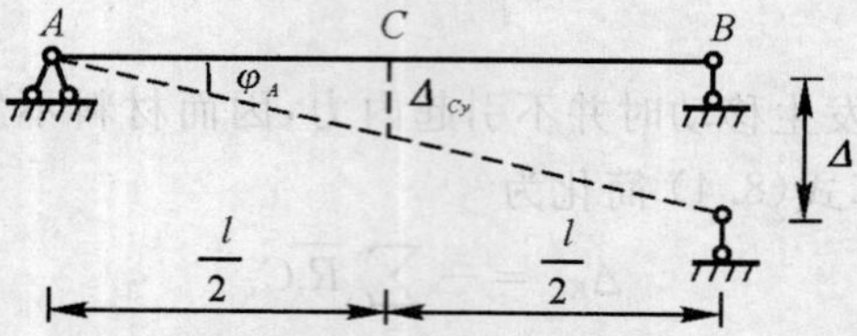

图 8.27

8.8 线弹性变形体的互等定理

本节介绍线弹性变形体的四个互等定理，即功的互等定理、位移互等定理、反力互等定理和反力位移互等定理。这些定理对超静定结构的计算是很有用的。

一、功的互等定理

设有两组外力P_1和P_2分别作用于同一线弹性体系上，如图8.28(a)和(b)所示，分别称为状态一和状态二。如果我们计算状态一的外力和内力在状态二相应的位移和变形上所做的虚功$W_{外}$和$W_{内}$，并根据虚功原理$W_{外}+W_{内}=0$，则有

$$P_1\Delta_{12}=\sum\int\frac{M_1M_2}{EI}\mathrm{d}s+\sum\int\frac{KQ_1Q_2}{GA}\mathrm{d}s+\sum\int\frac{N_1N_2}{EA}\mathrm{d}s \tag{8.22}$$

这里，位移Δ_{12}的两个脚标的含义：第一个脚标“1”表示位移的地点和方向；第二个脚标“2”表示产生位移的原因。Δ_{12}表示由P_2引起的沿P_1作用点方向上的位移。

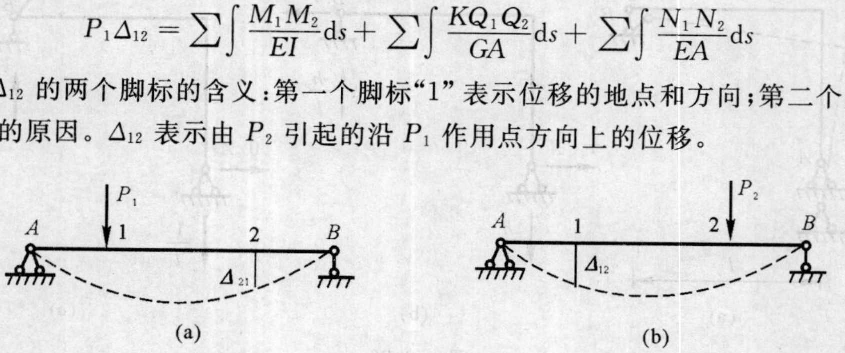

图 8.28

(a) 状态一； (b) 状态二

反过来，如果计算状态二的外力和内力在状态一相应的位移和变形上所做的虚功$W_{外}$和$W_{内}$，并根据虚功原理$W_{外}+W_{内}=0$，则有

$$P_2\Delta_{21}=\sum\int\frac{M_2M_1}{EI}\mathrm{d}s+\sum\int\frac{KQ_2Q_1}{GA}\mathrm{d}s+\sum\int\frac{N_2N_1}{EA}\mathrm{d}s \tag{8.23}$$

显然，式(8.22)、式(8.23)两式等号的右边是相等的，因此等号左边也应相等，故有

$$P_1\Delta_{12}=P_2\Delta_{21} \tag{8.24}$$

这就是功的互等定理。它表明：状态一的外力在状态二的位移上所做的虚功，等于状态二的外力在状态一的位移上所做的虚功。

二、位移互等定理

位移互等定理是功的互等定理的一种特殊情况。如图 8.29 所示，假设两个状态中的荷载都是单位力，即 $P_1=P_2=1$，则由功的互等定理即式(8.24)，有

$$1\times\Delta_{12}=1\times\Delta_{21}$$

即

$$\Delta_{12}=\Delta_{21}$$

此处的 Δ_{12} 和 Δ_{21} 均是由于单位力引起的位移，为了区别起见，改用小写字母 δ_{12} 和 δ_{21} 表示，于是上式可写成

$$\delta_{12}=\delta_{21} \tag{8.25}$$

这就是位移互等定理。它表明：第 2 个单位力所引起的第 1 个单位力作用点沿其方向上的位移，等于第 1 个单位力所有起的第 2 个单位力作用点沿其方向上的位移。这里的单位荷载 P_1 和 P_2 可以是广义力，则位移 δ_{12} 和 δ_{21} 是相应的广义位移。

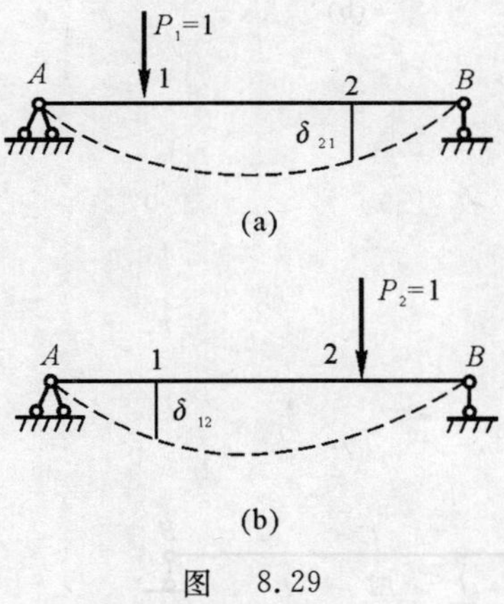

图　8.29

(a) 状态一；(b) 状态二

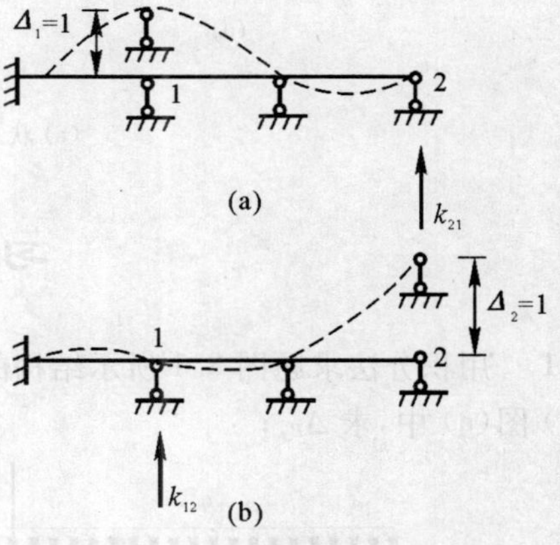

图　8.30

(a) 状态一；(b) 状态二

三、反力互等定理

这个定理也是功的互等定理的一个特殊情况。它用来说明在超静定结构中两个支座分别发生单位位移时，两状态中反力是互等的关系。

图 8.30 表示同一超静定结构的两种变形状态。根据功的互等定理，有

$$k_{12}\Delta_1=k_{21}\Delta_2$$

因 $\Delta_1=\Delta_2=1$，故有

$$k_{12}=k_{21} \tag{8.26}$$

这就是反力互等定理。它表明:第1个支座发生单位位移所引起的第2个支座的反力,等于第2个支座发生单位位移所引起的第1个支座的反力。

在图8.30中其它支座反力未一一标出,原因是它们对应的另一状态的位移均为零而不做功。

四、反力位移互等定理

反力位移互等定理仍然是功的互等定理的一个特例,它说明的是一个状态中的反力与另一个状态中的位移之间的互等关系。

图8.31(a)所示超静定梁的2点上作用单位荷载 $P_2=1$ 时,在支座1处引起的反力为 k_{12},称此为状态一;图8.31(b)表示该梁的支座1沿 k_{12} 的方向发生一单位角位移 $\varphi_1=1$ 时,在点2沿 $P_2=1$ 的方向上引起的位移为 δ_{21},称此为状态二。根据功的互等定理,则有

$$k_{12}\times 1+1\times\delta_{21}=0$$

即
$$k_{12}=-\delta_{21} \tag{8.27}$$

这就是反力位移互等定理。它表明:单位荷载引起结构的某支座的反力,等于该支座发生单位位移时所引起的单位荷载作用点沿其方向上的位移,但符号相反。

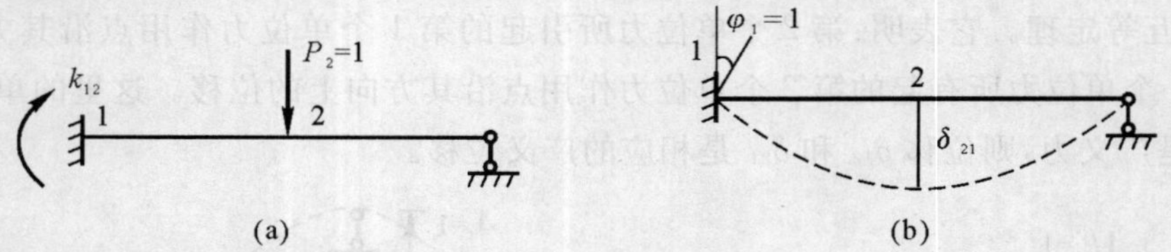

图 8.31

(a)状态一; (b)状态二

习 题

8.1 用积分法求题图8.1所示结构的指定位移。

(1)图(a)中,求 Δ_{By};

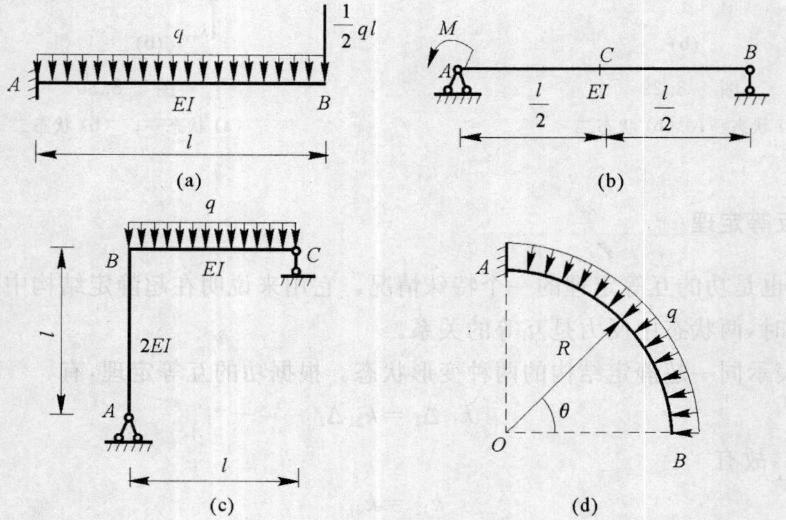

题图 8.1

(2) 图(b)中，求 φ_A，Δ_{Cy}；

(3) 图(c)中，求 Δ_{Cx}；

(4) 图(d)中，$EI=$常数，不考虑曲率和 Q，N 的影响，求 Δ_{Bx}。

8.2　求题图 8.2 所示桁架的指定位移。

(1) 图(a)中，$EA=$常数，求 Δ_{Dx} 和 CD 的转角；

(2) 图(b)中，$EA=$常数，求 Δ_{Gy}。

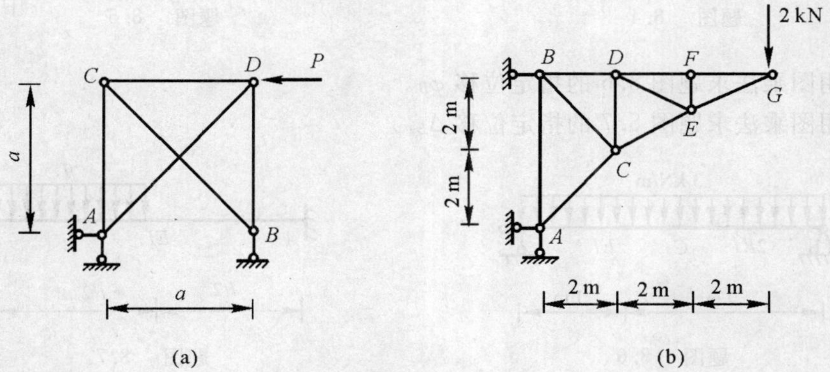

题图　8.2

8.3　题图 8.3 所示为几组图乘法的结果，试指出各结果是否正确。如不正确应，如何改正？

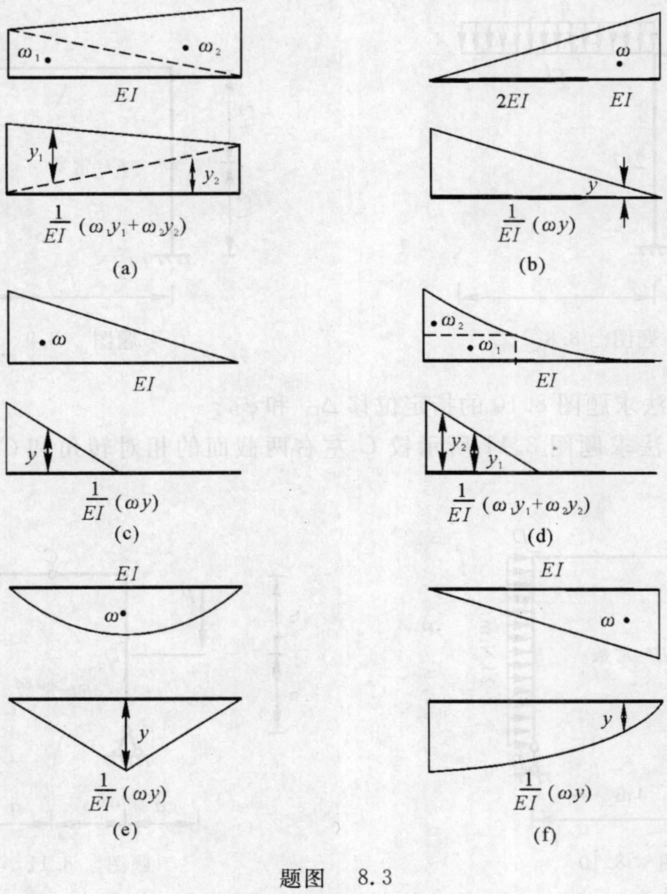

题图　8.3

8.4 用图乘法求题图 8.4 的指定位移 Δ_{By}。

8.5 用图乘法求题图 8.5 的指定位移 Δ_{Cy} 和 φ_C。

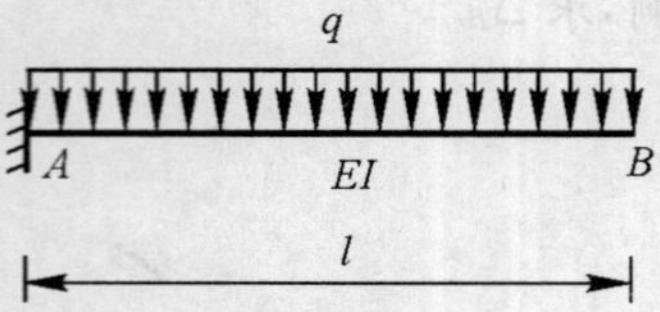

题图 8.4

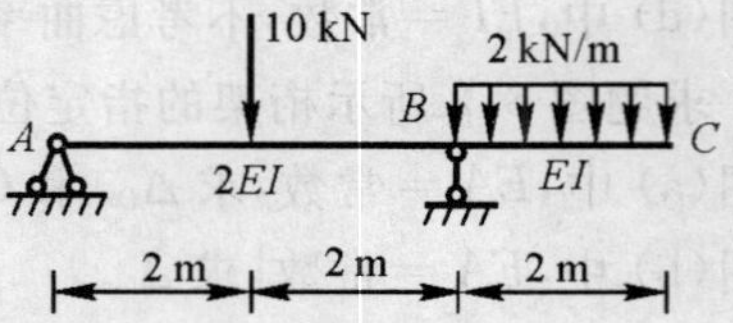

题图 8.5

8.6 用图乘法求题图 8.6 的指定位移 φ_B。

8.7 用图乘法求题图 8.7 的指定位移 Δ_{By}。

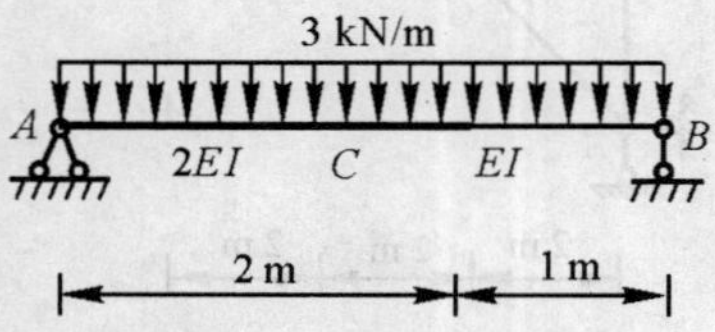

题图 8.6

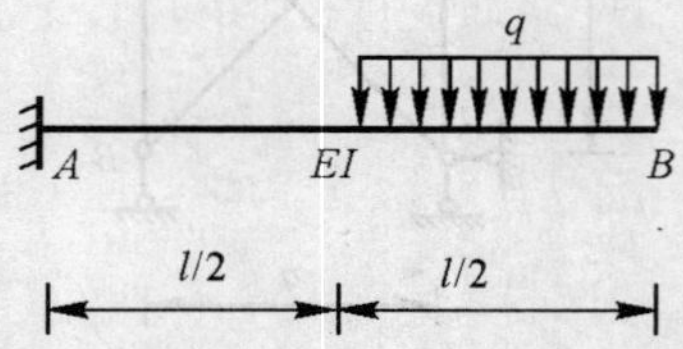

题图 8.7

8.8 用图乘法求题图 8.8 的指定位移 Δ_{Ax},Δ_{Ay}。

8.9 用图乘法求题图 8.9 的指定位移 Δ_A(点 A 的线位移)。

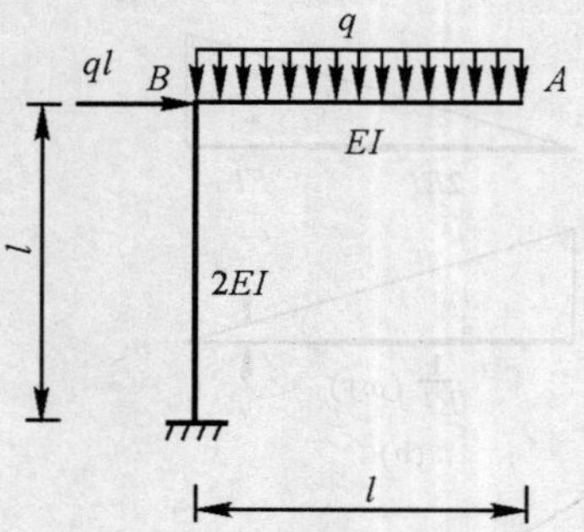

题图 8.8

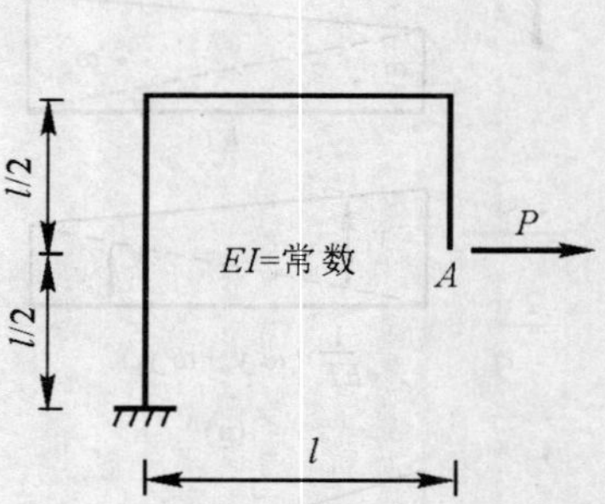

题图 8.9

8.10 用图乘法求题图 8.10 的指定位移 Δ_{Cx} 和 φ_D。

8.11 用图乘法求题图 8.11 所示铰 C 左右两截面的相对转角和 C,D 两点的相对线位移。

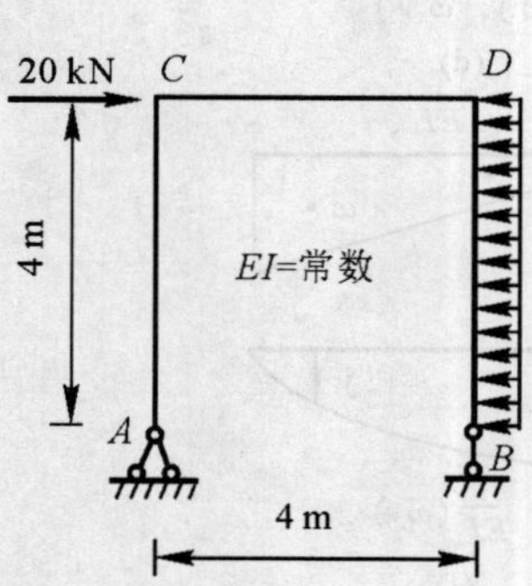

题图 8.10

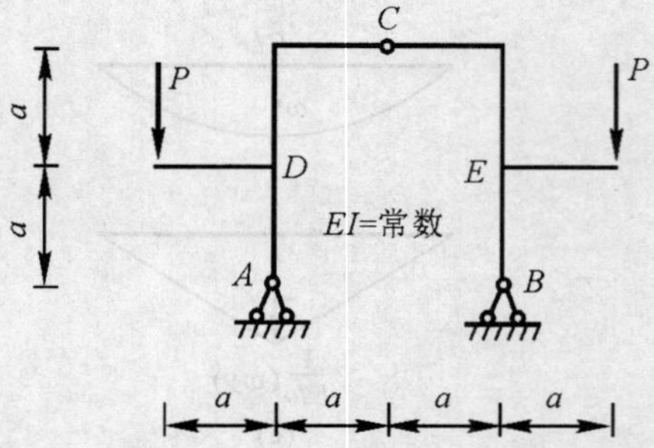

题图 8.11

8.12　用图乘法求题图 8.12 所示组合结构点 D 的水平位移($EI=7.5\times10^{5}\ \text{kN}\cdot\text{m}^{2}$，$EA=2.1\times10^{6}\ \text{kN}$)。

8.13　求题图 8.13 所示刚架因温度变化引起的点 D 的水平位移。各杆截面相同且对称于形心轴，其厚度为 $h=\dfrac{1}{10}l$，材料的线膨胀系数为 α。

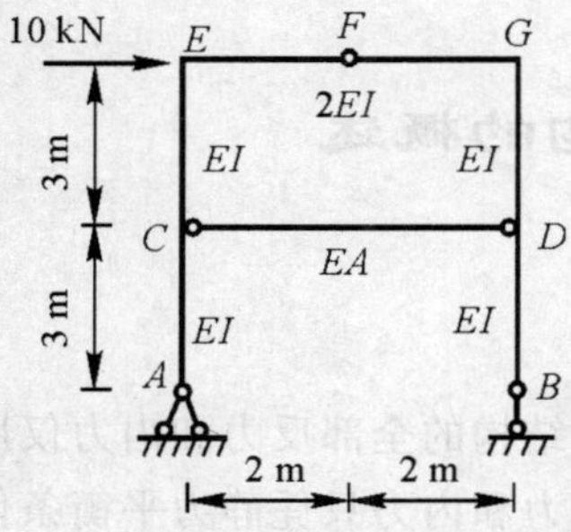

题图　8.12

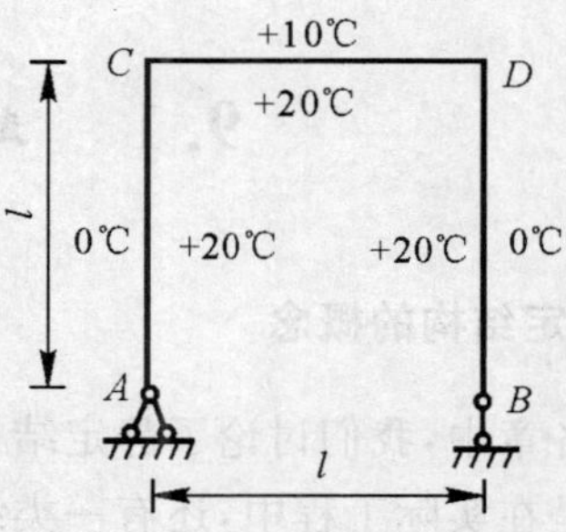

题图　8.13

8.14　题图 8.14 所示桁架中杆 CD 和杆 DE 的温度升高 t℃，试求结点 E 的竖向位移。已知材料的线膨胀系数为 α。

8.15　求题图 8.15 所示结构由于支座移动产生的点 C 的水平位移和转角。

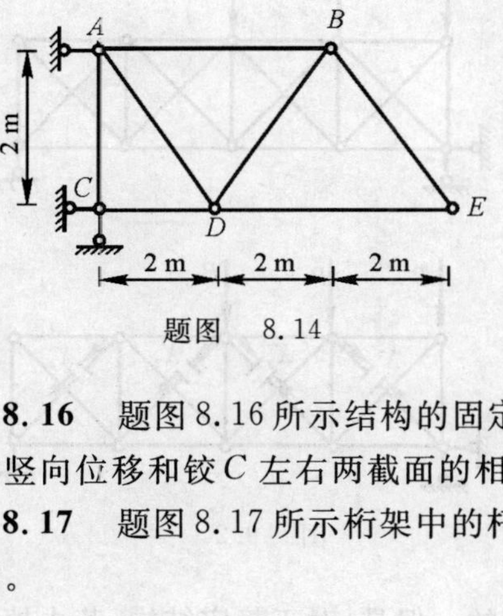

题图　8.14

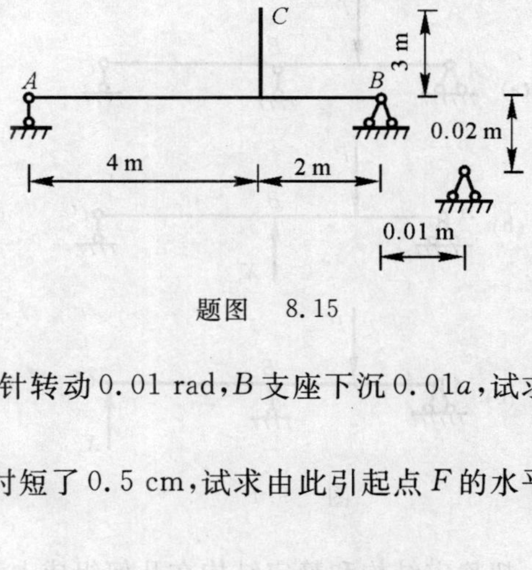

题图　8.15

8.16　题图 8.16 所示结构的固定支座 A 顺时针转动 0.01 rad，B 支座下沉 $0.01a$，试求点 D 的竖向位移和铰 C 左右两截面的相对转角。

8.17　题图 8.17 所示桁架中的杆 CD 在制造时短了 0.5 cm，试求由此引起点 F 的水平线位移。

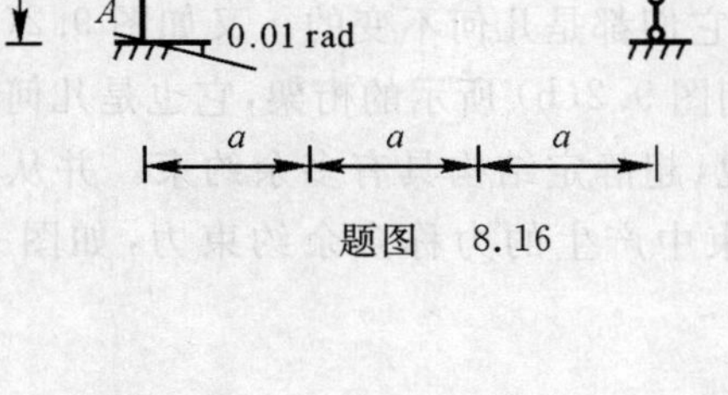

题图　8.16

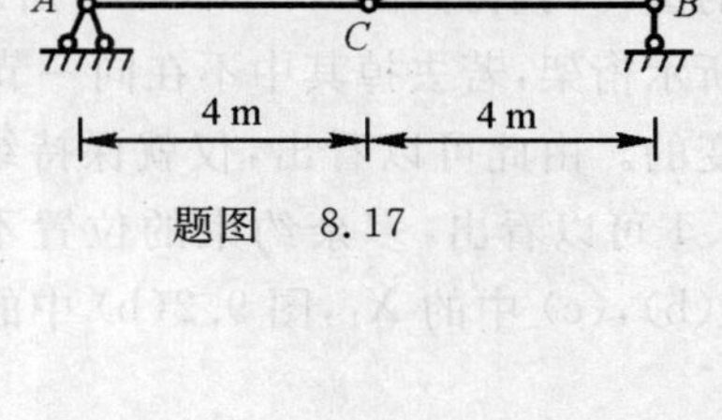

题图　8.17

第 9 章　力　法

9.1　超静定结构的概述

一、超静定结构的概念

在以上各章中，我们讨论了静定结构的计算，静定结构的全部反力和内力仅用平衡条件即可求出。但是在实际工程中，还有一类结构，它们的反力和内力只凭静力平衡条件不能确定或不能完全确定，这类结构称为超静定结构。例如图 9.1(a) 所示连续梁，其竖向反力仅凭静力平衡条件无法确定，于是也就无法进一步求出其内力。又如图 9.2(a) 所示桁架，虽然由平衡条件可以确定其全部反力，但不能确定其全部杆件的内力。因此，这两个结构都是超静定结构。

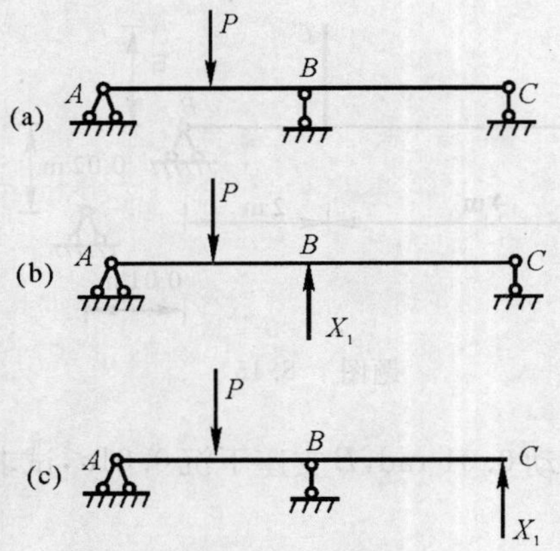

图　9.1

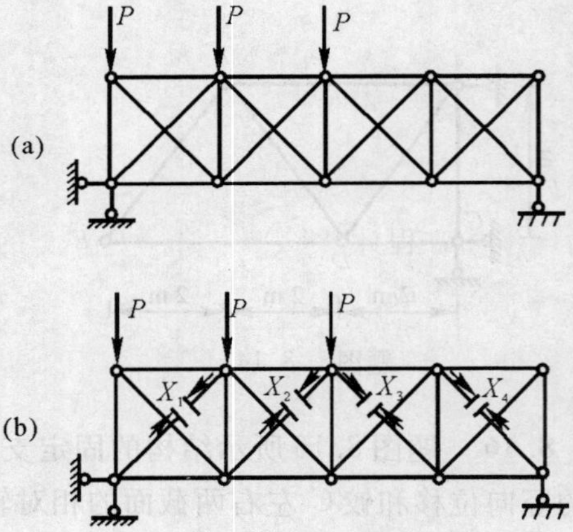

图　9.2

超静定结构和静定结构在几何组成上都是几何不变的。但是，对于静定结构，若去掉一个联系，则将变成几何可变的。例如图 9.3(a) 所示简支梁，若去掉支座 B 处的链杆，就变成图 9.3(b) 所示的几何可变体系。但是，对于超静定结构，若去掉其某一个或某几个联系后，则仍然可能是一个几何不变体系。例如图 9.1(a) 所示连续梁，若去掉支座 B 处的链杆或支座 C 处的链杆，就得到图 9.1(b)，(c) 所示的简支梁和伸臂梁，它们都是几何不变的。又如图 9.2(a) 所示桁架，若去掉其中不在同一节间的四根腹杆，就得到图 9.2(b) 所示的桁架，它也是几何不变的。由此可以看出，仅就保持结构的几何不变比来说，超静定结构具有多余约束。并从图 9.1 可以看出，多余约束的位置不是固定的。多余约束中产生的力称多余约束力，如图 9.1(b)，(c) 中的 X_1，图 9.2(b) 中的 X_1，X_2，X_3 和 X_4。

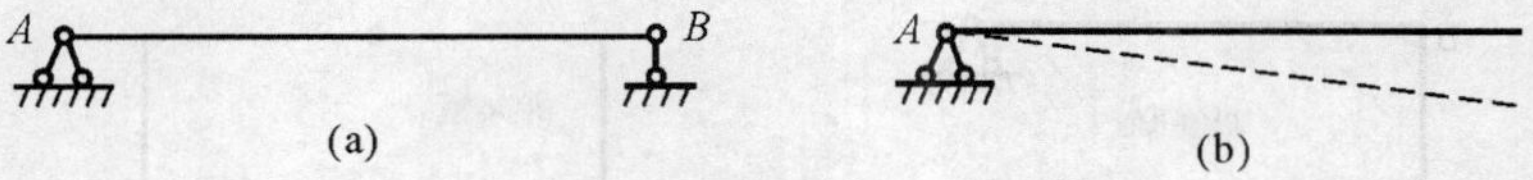

图 9.3

二、超静定结构的计算方法

超静定结构的求解方法很多，但是，从根本上来讲只有两种，即力法和位移法。力法是以多余约束力作为基本未知量的求解方法；位移法是以某些结点位移作为基本未知量的求解方法。除了以上两种方法以外，其它的方法都是从这两种方法中演变而来的。例如，力矩分配法是位移法的变体，混合法是力法和位移法的联合应用等。由于电子计算机的应用日益普及，又发展了结构的矩阵分析方法，因所取的基本未知量不同，又分为矩阵力法和矩阵位移法。无论采用什么方法计算超静定结构，都必须综合考虑以下三个条件：

(1) 平衡条件：结构的整体及任一部分的受力状态都应满足平衡方程。

(2) 几何条件(也称位移条件)：结构的变形和位移必须符合支承约束条件和变形连续条件。

(3) 物理条件：即变形(或位移)与力之间满足一定的物理关系。

9.2 超静定次数的确定

超静定结构从几何组成上看是具有多余约束的几何不变体系，在力学分析上是超静定的。因此，超静定次数，在几何组成上就是指超静定结构中多余约束的个数；在力学分析上就是根据平衡方程计算未知力时所应补充的方程式的数目。

在几何组成上，超静定结构可以看作是在静定结构的基础上增加若干个多余联系而构成的。因此，确定超静定次数最直接的方法，就是解除多余约束，使原结构变成一个静定结构，而所去多余约束的数目，就是原结构的超静定次数。

在超静定结构上解除多余约束的基本方式通常有以下几种：

(1) 去掉一个支座链杆或切断一根链杆，相当于去掉一个约束(见图 9.4(a)，(b)，(c)，(d))。

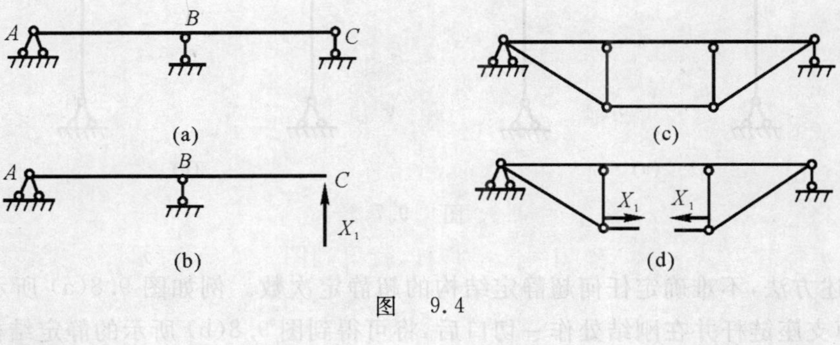

图 9.4

(2) 去掉一个固定铰支座或拆开一个单铰，相当于去掉两个约束(见图 9.5(a)，(b)，(c)，(d))。

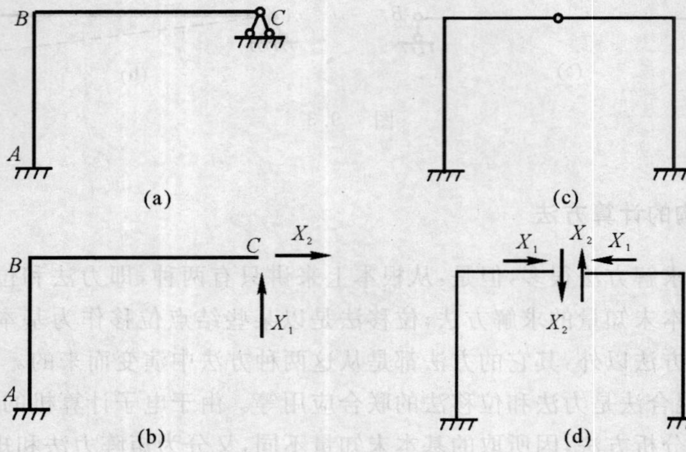

图 9.5

(3) 去掉一个固定支座或切断一根梁式杆，相当于去掉三个约束(见图 9.6(a)，(b)，(c))。

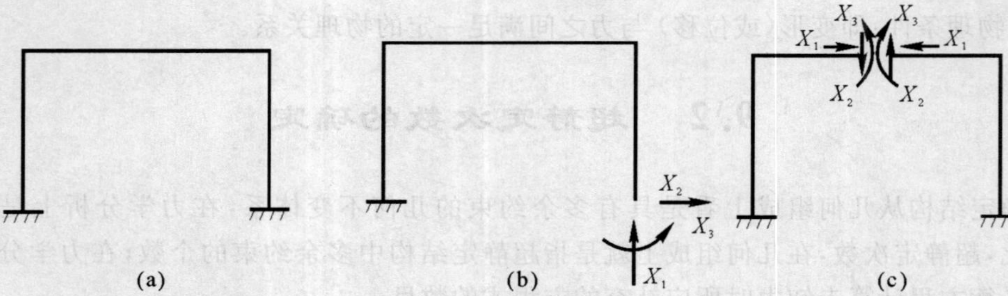

图 9.6

(4) 将固定支座改为固定铰支座或将连续处(包括刚结点) 改为单铰连接，相当于去掉一个约束(见图 9.7(a)，(b))。

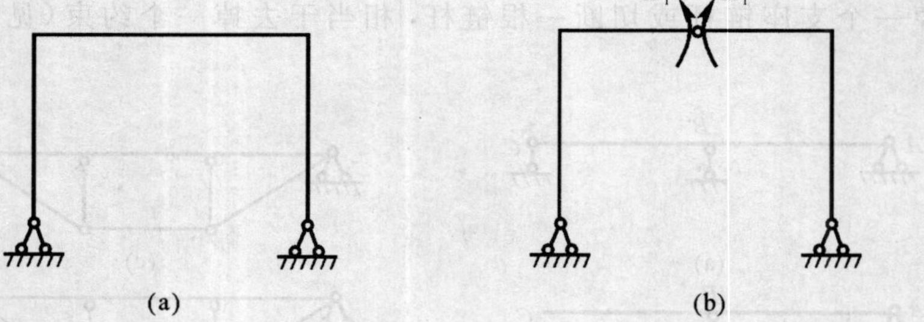

图 9.7

应用上述方法，不难确定任何超静定结构的超静定次数。例如图 9.8(a) 所示结构，在拆开单铰、去掉支座链杆并在刚结处作一切口后，将可得到图 9.8(b) 所示的静定结构，故知原结构为 8 次超静定。

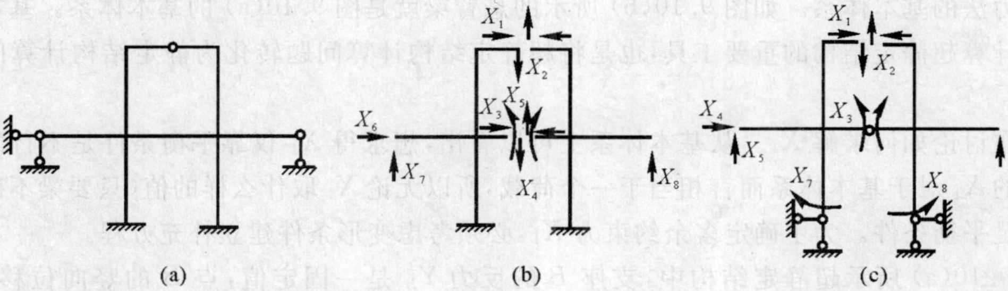

(a)　(b)　(c)

图　9.8

对于同一个超静定结构,可以采取不同的方式去掉多余约束,而得到不同的静定结构,但去掉多余约束的数目总是相同的。例如对于上述结构,也可以按图 9.8(c) 的方式去掉多余约束,但是,超静定次数仍是 8 次。

此外,还需注意以下几点:

(1) 不要将原结构拆成一个几何可变体系。如图 9.1(a) 所示梁中的水平支座链杆若拆掉,这样就变成为几何可变体系。

(2) 如图 9.9(a) 中闭合框格结构,如果只拆去一根竖向支座链杆(见图 9.9(b)),则其中的闭合框仍然有 3 个多余约束。还必须将其再切开一个截面(见图 9.9(c)),这时,才成为静定结构。因为原结构总共有 4 个多余约束。

(a)　(b)　(c)

图　9.9

9.3　力法的基本概念

用力法计算的基本思想是将超静定结构的计算问题转化为静定结构的计算问题,即利用我们熟悉的静定结构的计算方法来达到计算超静定结构的目的。

下面通过图 9.10(a) 所示的一次超静定结构说明力法中的基本概念。

图 9.10(a) 所示是一个一次超静定结构,具有 4 个支座反力,不能由 3 个静力平衡条件求解。去掉支座链杆 B,代以一个相应的多余约束力 X_1 的作用,如图 9.10(b) 所示,若能设法求出 X_1,则原结构就转化为在荷载 P 和 X_1 共同作用下的静定结构的计算。显然,力法计算超静定结构的关键是如何求解多余约束力。一旦多余约束力解出,其它的计算即可按静定结构处理。力法的基本未知量就是多余约束力,图 9.10(b) 中的 X_1 就是基本未知量。

在超静定结构中,去掉多余约束后所得到的静定结构称为力法的基本结构。所去掉的多余约束,则以相应的多余约束力代替其作用。这样,基本结构就同时承受着已知的外因(荷载、支座移动、温度等)和多余约束力的作用,基本结构在已知外因和多余约束力共同作用下的体系称为力法的基本体系。如图 9.10(b) 所示的悬臂梁就是图 9.10(a) 的基本体系。基本结构是力法计算超静定结构的重要工具，也是将超静定结构计算问题转化为静定结构计算问题的桥梁。

现在讨论如何求解 X_1。从基本体系上可以看出，想求得 X_1 仅靠平衡条件是不行的。因为这时的 X_1 对于基本体系而言相当于一个荷载，所以无论 X_1 取什么样的值（只要梁不破坏），都能满足平衡条件。为了确定多余约束力 X_1，必须考虑变形条件建立补充方程。

图 9.10(a) 所示超静定结构中，支座 B 的反力 Y_B 是一固定值，点 B 的竖向位移 Δ_1 等于零。

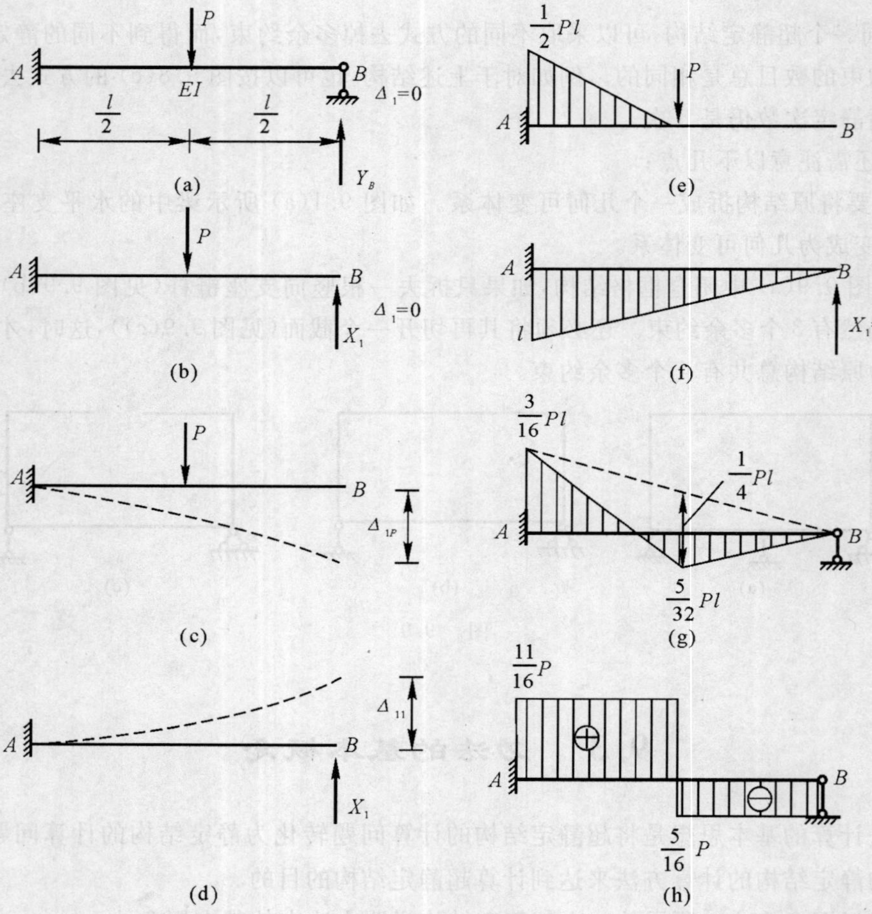

图 9.10

(a) 原结构； (b) 基本体系； (e) M_P 图； (f) $\overline{M}_1$ 图； (g) M 图； (h) Q 图

图 9.10(b) 所示为基本体系。这里 X_1 不是确定值，点 B 可以有位移。点 B 的位移可以分解为荷载作用引起的位移 Δ_{1P}（见图 9.10(c)）和 X_1 作用引起的位移 Δ_{11}（见图 9.10(d)）。只有当 Δ_{11} 和 Δ_{1P} 数值大小相等、方向相反，即点 B 位移等于零时，基本体系上作用 X_1 才能正好等于超静定结构的多余约束力 Y_B。此时，原结构的受力和变形状态与基本结构在荷载和多余约束力共同作用下的受力和变形状态相同。

由此可以看出，基本体系转化为原来超静定结构的条件是：基本体系沿多余约束力 X_1 方

向的位移 Δ_1 应与原结构相同，称为位移条件或变形条件，即

$$\Delta_1 = \Delta_{11} + \Delta_{1P} = 0 \tag{9.1}$$

式中 Δ_1 为基本结构在荷载和多余约束力 X_1 共同作用下沿 X_1 方向的总位移；Δ_{11} 为基本结构在多余约束力 X_1 单独作用下引起沿 X_1 方向的位移（见图 9.10(d)）；Δ_{1P} 为基本结构在荷载单独作用下引起的沿 X_1 方向的位移（见图 9.10(c)）。

位移 Δ_1，Δ_{11}，Δ_{1P} 的方向如果与力 X_1 的正方向相同，则规定为正。

在线弹性变形体中，位移 Δ_{11} 与 X_1 成正比，可以表达为

$$\Delta_{11} = \delta_{11} X_1 \tag{9.2}$$

式中 δ_{11} 为基本结构在单位力 $X_1 = 1$ 单独作用下引起的沿 X_1 方向的位移。

将式(9.2) 代入式(9.1)，得

$$\delta_{11} X_1 + \Delta_{1P} = 0 \tag{9.3}$$

这就是一次超静定结构的力法方程。

力法方程中，δ_{11} 称为力法方程的系数，Δ_{1P} 称为力法方程的自由项，它们都是静定结构的位移，可用单位荷载法或图乘法进行计算。

对于图 9.10(a) 所示的超静定梁，为具体计算 δ_{11} 和 Δ_{1P}，先分别作出基本结构在荷载单独作用下的 M_P 图（称为荷载弯矩图）（见图 9.10(e)）和基本结构在 $X_1 = 1$ 单独作用下的 $\overline{M}_1$ 图（称为单位弯矩图）（见图 9.10(f)）。应用图乘法，可得

$$\delta_{11} = \sum \int_0^l \frac{\overline{M}_1^2}{EI} \mathrm{d}s = \sum \frac{\omega y_C}{EI} = \frac{1}{EI}\left(\frac{1}{2} \times l \times l \times \frac{2l}{3}\right) = \frac{l^3}{3EI}$$

$$\Delta_{1P} = \sum \int_0^l \frac{\overline{M}_1 M_P}{EI} \mathrm{d}s = \sum \frac{\omega y_C}{EI} = -\frac{1}{EI}\left(\frac{1}{2} \times \frac{1}{2} l \times \frac{1}{2} Pl \times \frac{5}{6} l\right) = -\frac{5Pl^3}{48EI}$$

代入力法方程式(9.3)，得

$$\frac{l^3}{3EI} X_1 - \frac{5Pl^3}{48EI} = 0$$

解得

$$X_1 = \frac{5}{16} P\ (\uparrow)$$

X_1 求出后，按静定结构绘出其内力图，如图 9.10(g) 和(h) 所示。

结构任一截面的弯矩也可用叠加原理表示为

$$M = \overline{M}_1 X_1 + M_P \tag{9.4}$$

式中 $\overline{M}_1$ 为单位力 $X_1 = 1$ 在基本结构中任一截面所产生的弯矩；M_P 为荷载在基本结构中同一截面所产生的弯矩。

9.4　力法的典型方程

以上讨论的是一次超静定结构，下面对多次超静定的情形作进一步的说明。首先结合图 9.11(a) 所示刚架进行讨论，这是两次超静定结构。若取固定铰支座 B 的两根支座链杆的反力 X_1 和 X_2 作为基本未知量，则基本体系如图 9.11(b) 所示。

为了确定多余约束力 X_1 和 X_2，可利用多余约束处的变形条件，即基本体系在点 B 沿 X_1 和 X_2 方向的位移应与原结构相同，亦即应等于零，因此可写成

$$\left.\begin{aligned}\Delta_1=0\\ \Delta_2=0\end{aligned}\right\} \tag{9.5}$$

式中Δ_1为基本结构在多余约束力X_1,X_2和荷载共同作用下引起的沿X_1方向的总位移;Δ_2为基本结构在多余约束力X_1,X_2和荷载共同作用下引起的沿X_2方向的总位移。

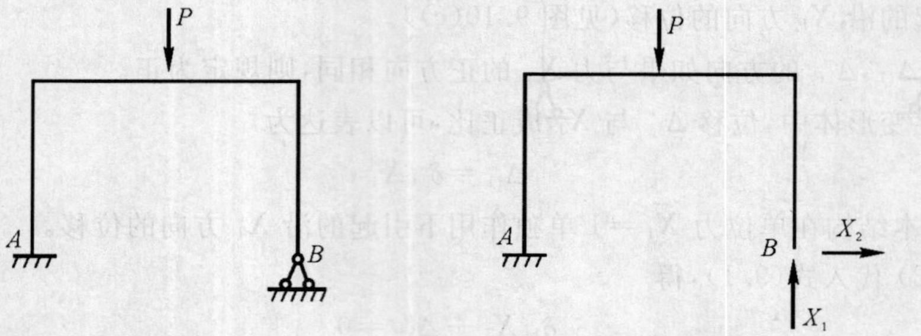

图 9.11

(a) 原结构; (b) 基本体系

利用叠加原理,将式(9.5)中的Δ_1和Δ_2展开写成

$$\left.\begin{aligned}\Delta_1=\Delta_{11}+\Delta_{12}+\Delta_{1P}=0\\ \Delta_2=\Delta_{21}+\Delta_{22}+\Delta_{2P}=0\end{aligned}\right\} \tag{9.6}$$

在线弹性变形体系中,由于位移和力成正比,有

$$\Delta_{11}=\delta_{11}X_1,\quad \Delta_{12}=\delta_{12}X_2,\quad \Delta_{21}=\delta_{21}X_1,\quad \Delta_{22}=\delta_{22}X_2$$

代入式(9.6)中,即得

$$\left.\begin{aligned}\delta_{11}X_1+\delta_{12}X_2+\Delta_{1P}=0\\ \delta_{21}X_1+\delta_{22}X_2+\Delta_{2P}=0\end{aligned}\right\} \tag{9.7}$$

式中δ_{11},δ_{21}为基本结构在$X_1=1$单独作用下引起的沿X_1和X_2方向的位移;δ_{12},δ_{22}为基本结构在$X_2=1$单独作用下引起的沿X_1和X_2方向的位移;Δ_{1P},Δ_{2P}为基本结构在荷载单独作用下引起的沿X_1和X_2方向的位移。这就是两次超静定结构的力法方程。

由方程式(9.7)解得多余约束力X_1和X_2后,便可应用平衡条件求出原结构的支座反力和内力。此外,也可利用叠加原理求内力。例如,结构上任一截面的弯矩,可用以下叠加公式计算:

$$M=\overline{M}_1X_1+\overline{M}_2X_2+M_P \tag{9.8}$$

式中$\overline{M}_1$,$\overline{M}_2$和M_P是基本结构在$X_1=1$,$X_2=1$和荷载单独作用时,在基本结构同一截面所产生的弯矩值。

超静定结构可以按不同方式选取力法的基本结构和相应的基本未知量。如图9.11(a)所示结构,除图9.11(b)基本体系以外,还可用图9.12(a)或(b)所示的静定结构作为基本体系。这时力法的基本方程在形式上与式(9.7)完全相同,但由于X_1和X_2的实际含义不同,因而变形条件的实际含义也不同。此外,还需注意,基本结构必须是几何不变的。因此,图9.12(c)所示的瞬变体系,不能取作基本结构。基本结构选取的不同,将影响到计算工作量的大小。

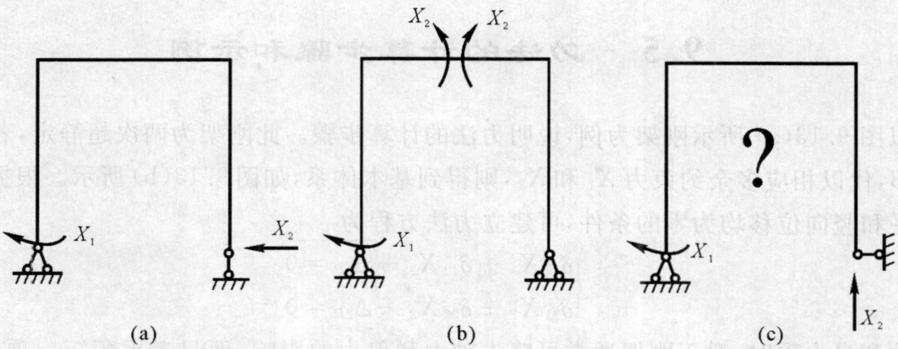

图　9.12

对于 n 次超静定结构，则有 n 个多余约束力；而每一个多余约束力都对应一个约束，每个约束又都有一个已知的位移条件。根据这些条件建立 n 个方程，从而可求出 n 个多余约束力。当原结构上各多余约束力作用处的位移为零时，这 n 个方程可写为

$$\left.\begin{array}{l}\delta_{11}X_1+\delta_{12}X_2+\cdots+\delta_{1i}X_i+\cdots+\delta_{1n}X_n+\Delta_{1P}=0\\\delta_{21}X_1+\delta_{22}X_2+\cdots+\delta_{2i}X_i+\cdots+\delta_{2n}X_n+\Delta_{2P}=0\\\cdots\cdots\\\delta_{n1}X_1+\delta_{n2}X_2+\cdots+\delta_{ni}X_i+\cdots+\delta_{nn}X_n+\Delta_{nP}=0\end{array}\right\}\quad(9.9)$$

这就是 n 次超静定结构的力法典型方程。

这一组方程的物理意义是：基本结构在全部多余约束力和荷载共同作用下，在去掉多余联系处沿各多余约束力方向的位移，应与原结构相应的位移相同。

在力法典型方程中，主对角线上的系数 $\delta_{11},\delta_{22},\cdots,\delta_{nn}$ 称为主系数，主系数恒大于零。不在主对角线上的系数 $\delta_{ij}(i\neq j)$ 称为副系数，副系数可以是正值，也可以是负值，或为零。根据位移互等定理，副系数 δ_{ij} 和 δ_{ji} 是相等的，即

$$\delta_{ij}=\delta_{ji}\quad(i\neq j)$$

在力法典型方程中，各方程最后一项 Δ_{iP} 称为自由项，自由项的值可以为正、为负或为零。

典型方程中的系数和自由项，都是基本结构在某点处的位移，都可按静定结构求位移的方法求得。

系数和自由项求得后，解力法方程组，即可求得多余约束力 $X_1,X_2,\cdots,X_n$，然后可根据静力平衡条件或叠加原理，计算各截面内力，绘制内力图。按叠加原理计算内力的公式为

$$\left.\begin{array}{l}M=\overline{M}_1X_1+\overline{M}_2X_2+\cdots+\overline{M}_nX_n+M_P\\Q=\overline{Q}_1X_1+\overline{Q}_2X_2+\cdots+\overline{Q}_nX_n+Q_P\\N=\overline{N}_1X_1+\overline{N}_2X_2+\cdots+\overline{N}_nX_n+N_P\end{array}\right\}\quad(9.10)$$

式中 $\overline{M}_i,\overline{Q}_i,\overline{N}_i$ 为基本结构由于 $X_i=1$ 单独作用所产生的内力；M_P,Q_P,N_P 为基本结构由于荷载单独作用所产生的内力。

在应用式(9.10)计算超静定刚架时，也可先画出弯矩图，然后利用平衡条件绘 Q 图和 N 图。

9.5 力法的计算步骤和示例

现以图 9.13(a) 所示刚架为例，说明力法的计算步骤。此刚架为两次超静定，若去掉固定铰支座 B，代以相应多余约束力 X_1 和 X_2，则得到基本体系，如图 9.13(b) 所示。根据原结构点 B 的水平和竖向位移均为零的条件，可建立力法方程为

$$\begin{cases}\delta_{11}X_1+\delta_{12}X_2+\Delta_{1P}=0\\ \delta_{21}X_1+\delta_{22}X_2+\Delta_{2P}=0\end{cases}$$

计算系数和自由项时，对于刚架通常可略去轴力和剪力的影响，而只考虑弯矩一项。为此，可分别绘出基本结构在单位多余约束力 $X_1=1$，$X_2=1$ 和荷载作用下的弯矩图，如图 9.13(c)，(d)，(e) 所示，然后利用图乘法求得各系数和自由项为

$$\delta_{11}=\sum\int\frac{\overline{M}_1^2}{EI}\mathrm{d}s=\frac{1}{EI}\left(\frac{1}{2}l^2\times\frac{2}{3}l\right)+\frac{1}{2EI}(l^2\times l)=\frac{5l^3}{6EI}$$

$$\delta_{22}=\sum\int\frac{\overline{M}_2^2}{EI}\mathrm{d}s=\frac{1}{2EI}\left(\frac{1}{2}l^2\times\frac{2}{3}l\right)=\frac{l^3}{6EI}$$

$$\delta_{12}=\delta_{21}=\sum\int\frac{\overline{M}_1\overline{M}_2}{EI}\mathrm{d}s=-\frac{1}{2EI}\left(\frac{1}{2}l^2\times l\right)=-\frac{l^3}{4EI}$$

$$\Delta_{1P}=\sum\int\frac{\overline{M}_1M_P}{EI}\mathrm{d}s=-\frac{1}{EI}\left(\frac{1}{3}\times\frac{1}{2}ql^2\times l\times\frac{3}{4}l\right)-\frac{1}{2EI}\left(\frac{1}{2}ql^2\times l\times l\right)=-\frac{3ql^4}{8EI}$$

$$\Delta_{2P}=\sum\int\frac{\overline{M}_2M_P}{EI}\mathrm{d}s=\frac{1}{2EI}\left(\frac{1}{2}l^2\times\frac{1}{2}ql^2\right)=\frac{ql^4}{8EI}$$

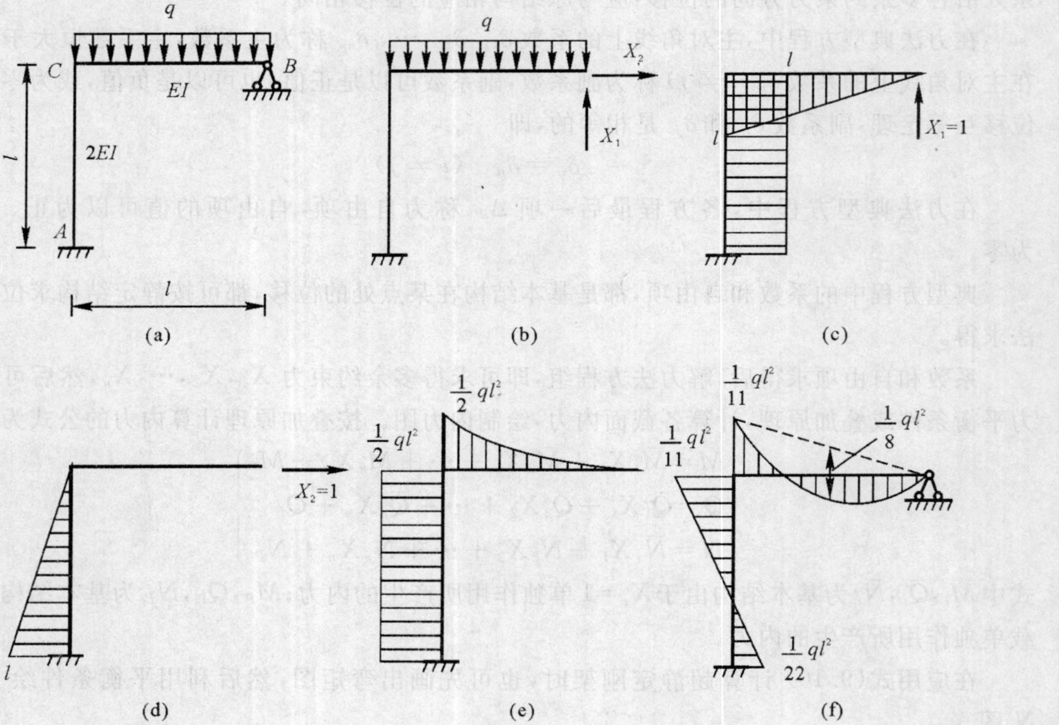

图 9.13

(a) 原结构； (b) 基本体系； (c) $\overline{M}_1$ 图； (d) $\overline{M}_2$ 图； (e) M_P 图； (f) M 图

将求得的系数和自由项,代入力法方程,消去公因子,化简后得

$$\begin{cases}\frac{5}{6}X_1-\frac{1}{4}X_2-\frac{3}{8}ql=0\\-\frac{1}{4}X_1+\frac{1}{6}X_2+\frac{1}{8}ql=0\end{cases}$$

解联立方程得

$$X_1=\frac{9}{22}ql,\quad X_2=-\frac{3}{22}ql\quad（说明与假设方向相反）$$

多余约束力求出后,可按静定结构计算其余反力和内力。在绘制最后弯矩图时,可利用叠加公式

$$M=\overline{M}_1X_1+\overline{M}_2X_2+M_P$$

例如

$$M_{AC}=l\times\frac{9}{22}ql-l\times\left(-\frac{3}{22}ql\right)-\frac{1}{2}ql^2=\frac{1}{22}ql^2\quad（内侧受拉）$$

最后弯矩图如图 9.13(f) 所示。剪力图和轴力图也不难绘出,这里从略,读者可自行完成。

通过以上例题,可将力法的计算步骤归纳如下:

(1) 确定超静定次数。

(2) 建立力法的基本体系。在基本结构选取时应注意,应力求使计算简便,不能选取成几何可变或瞬变体系。

(3) 建立力法的典型方程。建立的条件是在所去各多余约束处的位移应与原结构各相应位移相等。

(4) 计算系数和自由项。作出基本结构的各单位内力图和荷载内力图,按求位移的方法计算系数和自由项。

(5) 解力法方程,求多余约束力。

(6) 绘最后内力图。按分析静定结构的方法,由平衡条件或叠加法求得最后内力。

例 9.1　试用力法计算图 9.14(a) 所示连续梁,并绘内力图。EI 为常数。

解　(1) 此梁有一个多余约束,为一次超静定。

(2) 以支座 B 处梁的弯矩作为多余约束力,得到基本体系如图 9.14(b) 所示。

(3) 根据支座 B 截面相对角位移为零的位移条件,写出力法方程为

$$\delta_{11}X_1+\Delta_{1P}=0$$

(4) 计算系数和自由项(只考虑弯曲变形的影响)。先绘制基本结构在 $X_1=1$ 单独作用下的弯矩图,即 $\overline{M}_1$ 图(见图 9.14(c)),以及基本结构在荷载单独作用下的弯矩图,即 M_P 图(见图 9.14(d))。利用图乘法计算主系数和自由项,可得

$$\delta_{11}=\frac{1}{EI}\left(\frac{1}{2}\times l\times1\times\frac{2}{3}\times1\right)+\frac{1}{2EI}\left(\frac{1}{2}\times l\times1\times\frac{2}{3}\times1\right)=\frac{l}{2EI}$$

$$\Delta_{1P}=\frac{1}{EI}\left(\frac{2}{3}\times\frac{1}{8}ql^2\times l\times\frac{1}{2}\times1\right)=\frac{ql^3}{24EI}$$

(5) 将主系数和自由项代入力法方程,即

$$X_1+\frac{1}{12}ql^2=0$$

得 $$X_1=-\frac{1}{12}ql^2\quad（说明与假设方向相反）$$

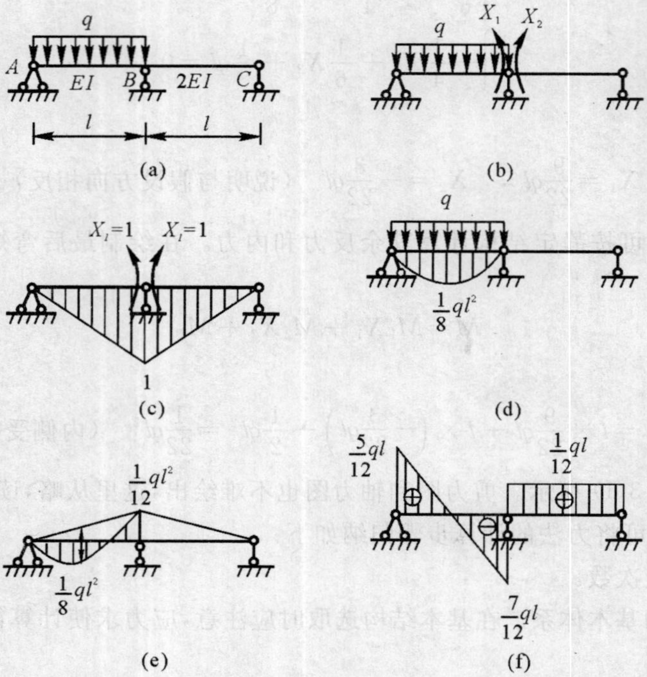

图 9.14

(a) 原结构； (b) 基本体系； (c)$\overline{M}_1$ 图； (d)M_P 图； (e)M 图； (f)Q 图

由以上运算可看出，力法方程中系数和自由项均与各杆的 EI 有关，因而可以消去。由此可知，在荷载作用下，超静定结构的内力只与各杆 EI 的相对值有关，而与各杆 EI 的绝对值无关。

(6) 作内力图。根据弯矩叠加公式 $M=\overline{M}_1X_1+M_P$ 绘出弯矩图，如图 9.14(e) 所示，再利用平衡条件绘出剪力图，如图 9.14(f) 所示。

例 9.2 试用力法计算图 9.15(a) 所示单跨超静定梁。EI 为常数。

解 (1) 此结构有 3 个多余约束，为 3 次超静定。

(2) 去掉 A,B 端抗转动约束及 B 端水平支座链杆，得到一个简支梁作为基本体系，如图 9.15(b) 所示。

(3) 根据 A,B 端转角和 B 端的水平位移为零的位移条件，写出力法方程为

$$\begin{cases}\delta_{11}X_1+\delta_{12}X_2+\delta_{13}X_3+\Delta_{1P}=0\\ \delta_{21}X_1+\delta_{22}X_2+\delta_{23}X_3+\Delta_{2P}=0\\ \delta_{31}X_1+\delta_{32}X_2+\delta_{33}X_3+\Delta_{3P}=0\end{cases}$$

(4) 计算系数和自由项（只考虑弯曲变形的影响）。先绘制基本结构分别在 $X_1=1$，$X_2=1$,$X_3=1$ 和外荷载单独作用下的弯矩图，即 $\overline{M}_1$ 图,$\overline{M}_2$ 图,$\overline{M}_3$ 图和 M_P 图（见图 9.15(c),(d),(e),(f)），然后利用图乘法计算且令 $EI=1$，可得

$$\delta_{11}=\frac{\omega y_C}{EI}=\left(\frac{1}{2}\times l\times 1\right)\times\frac{2}{3}\times 1=\frac{l}{3}$$

$$\delta_{22}=\frac{\omega y_C}{EI}=\left(\frac{1}{2}\times l\times 1\right)\times\frac{2}{3}\times 1=\frac{l}{3}$$

$$\delta_{33}=\int\frac{\overline{M}_3^2}{EI}\mathrm{d}s+\int\frac{\overline{N}_3^2}{EA}\mathrm{d}s=0+\frac{l}{EA}=\frac{l}{EA}$$

（因为 $\overline{M}_3=0$，所以要考虑轴力对位移的影响）

$$\delta_{12}=\delta_{21}=-\frac{1}{2}\times l\times 1\times\frac{1}{3}\times 1=-\frac{l}{6}$$

$$\delta_{13}=\delta_{31}=0$$

$$\delta_{23}=\delta_{32}=0$$

$$\Delta_{1P}=\frac{2}{3}\times\frac{1}{8}ql^2\times l\times\frac{1}{2}\times 1=\frac{ql^3}{24}$$

$$\Delta_{2P}=-\frac{2}{3}\times\frac{1}{8}ql^2\times l\times\frac{1}{2}\times 1=-\frac{ql^3}{24}$$

$$\Delta_{3P}=0$$

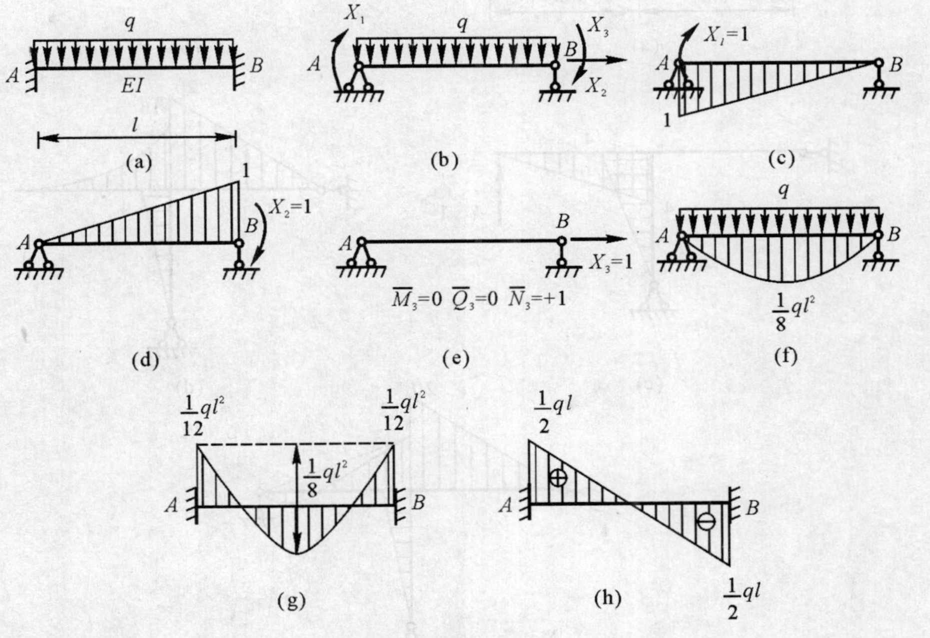

图　9.15

(a) 原结构；(b) 基本体系；(c) $\overline{M}_1$ 图；(d) $\overline{M}_2$ 图；(e) $\overline{M}_3$ 图；(f) M_P 图；(g) M 图；(h) Q 图

(5) 将系数和自由项代入力法方程，得

$$\begin{cases}2X_1-X_2+\dfrac{1}{4}ql^2=0\\-X_1+2X_2-\dfrac{1}{4}ql^2=0\\\dfrac{l}{EA}X_3=0\end{cases}$$

联立求解方程，得

$$X_1=-\frac{1}{12}ql^2,\quad X_2=\frac{1}{12}ql^2,\quad X_3=0$$

这表明两端固定的梁在垂直于梁轴线的荷载作用下并不产生水平反力。

(6) 作内力图。根据弯矩叠加公式 $M=\overline{M}_1 X_1+\overline{M}_2 X_2+\overline{M}_3 X_3+M_P$ 绘出弯矩图，如图 9.15(g) 所示，再利用平衡条件绘出图 9.15(h) 所示的剪力图。

例 9.3 试用力法作图 9.16(a) 所示超静定刚架的弯矩图。设各杆 EI 相同。

解 (1) 此刚架为一次超静定。

(2) 去掉 C 处的竖向支座链杆，并代以相应的多余约束力 X_1，得到图 9.16(b) 所示的基本体系。

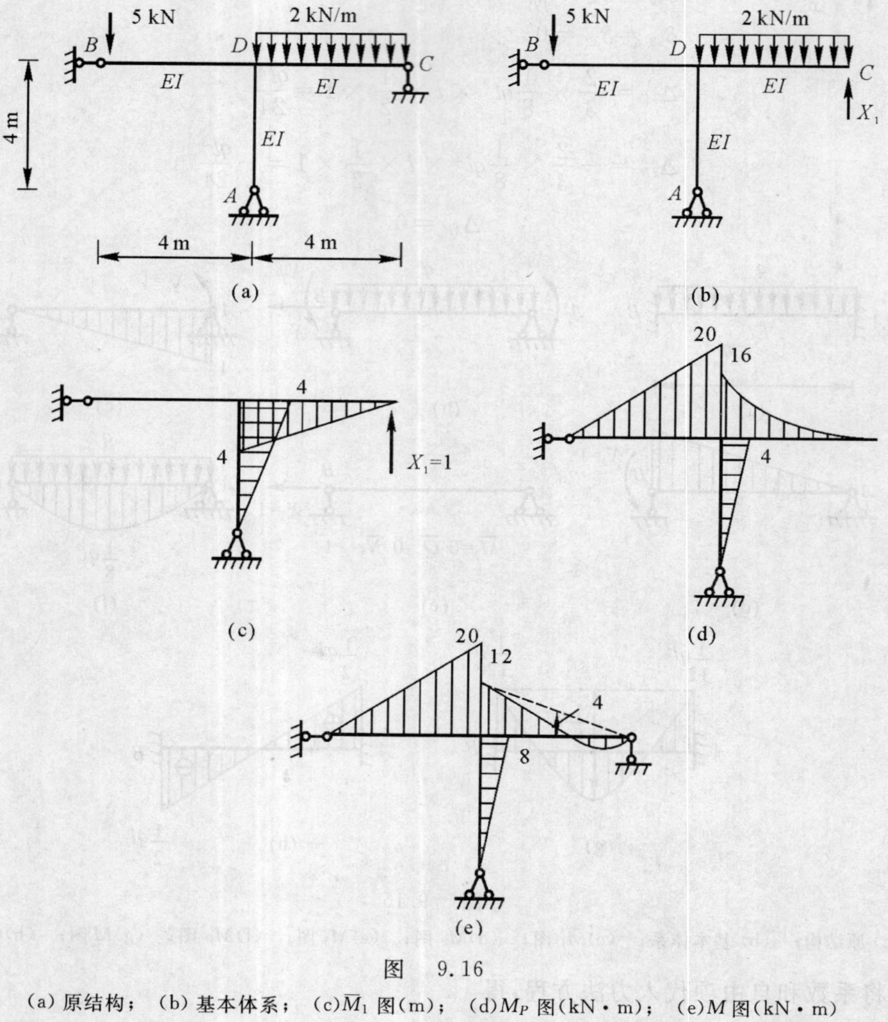

图 9.16

(a) 原结构； (b) 基本体系； (c)$\overline{M}_1$ 图(m)； (d)M_P 图(kN·m)； (e)M 图(kN·m)

(3) 根据 C 处的竖向位移为零的条件，建立力法方程为

$$\delta_{11} X_1+\Delta_{1P}=0$$

(4) 计算主系数和自由项(只考虑弯曲变形的影响)。分别绘制基本结构在 $X_1=1$ 和外荷载单独作用下的弯矩图，即 $\overline{M}_1$ 和 M_P 图(见图 9.16(c)，(d))。利用图乘法计算主系数和自由项且令 $EI=1$，可得

$$\delta_{11}=\frac{1}{2}\times 4\times 4\times\frac{2}{3}\times 4\times 2=\frac{128}{3}$$

$$\Delta_{1P}=-\left(\frac{1}{3}\times16\times4\times\frac{3}{4}\times4\right)+\left(\frac{1}{2}\times4\times4\times\frac{2}{3}\times4\right)=-\frac{128}{3}$$

(5) 将主系数和自由项代入力法方程，即

$$\frac{128}{3}X_1-\frac{128}{3}=0$$

得

$$X_1=1\ \text{kN}$$

(6) 作弯矩图。根据弯矩叠加公式 $M=\overline{M}_1X_1+M_P$ 绘出弯矩图，如图 9.16(e) 所示。

例 9.4　试用力法求图 9.17(a) 所示超静定桁架的内力。设各杆 EA 相同。

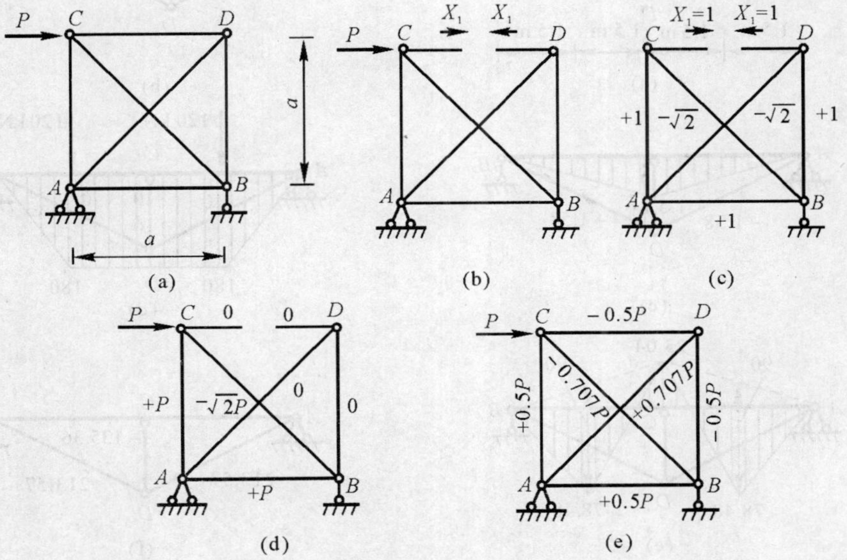

图　9.17

(a) 原结构；(b) 基本体系；(c) $\overline{N}_1$ 图；(d) N_P 图；(e) N 图

解　(1) 此桁架为一次超静定。

(2) 切断链杆 CD，并代以相应的多余约束力 X_1，得到图 9.17(b) 所示的基本体系。

(3) 根据链杆 CD 切口处相对轴向线位移为零的条件，建立力法方程为

$$\delta_{11}X_1+\Delta_{1P}=0$$

(4) 计算系数和自由项。先分别求出基本结构在单位多余约束力 $X_1=1$ 和荷载作用下各杆的内力 $\overline{N}_1$ 图和 N_P 图，如图 9.17(c)，(d) 所示。系数和自由项计算如下：

$$\delta_{11}=\sum\int\frac{\overline{N}_1^2}{EA}\mathrm{d}s=\sum\frac{\overline{N}_1^2l}{EA}=\frac{1}{EA}\left[1\times1\times a\times4+(-\sqrt{2})^2\sqrt{2}a\times2\right]=\frac{4(1+\sqrt{2})}{EA}a$$

$$\Delta_{1P}=\sum\int\frac{\overline{N}_1N_P}{EA}\mathrm{d}s=\sum\frac{\overline{N}_1N_Pl}{EA}=$$

$$\frac{1}{EA}\left[1\times P\times a\times2+(-\sqrt{2})(-\sqrt{2}P)\times\sqrt{2}a\right]=\frac{2(1+\sqrt{2})}{EA}Pa$$

(5) 解力法方程，求多余约束力。将系数和自由项代入力法方程后，得

$$X_1=-\frac{\Delta_{1P}}{\delta_{11}}=-\frac{1}{2}P\quad（压力）$$

(6) 计算各杆轴力，可利用叠加公式 $N=\overline{N}_1X_1+N_P$，将计算结果标在图 9.17(e) 上。

例 9.5 计算图 9.18(a) 所示超静定组合结构的内力。各杆刚度如下：

杆 AB：梁式杆 $EI=1.5\times10^4$ kN·m^2；

杆 AD，BD：链杆 $EA=2.6\times10^5$ kN；

杆 CD：链杆 $EA=2.0\times10^5$ kN。

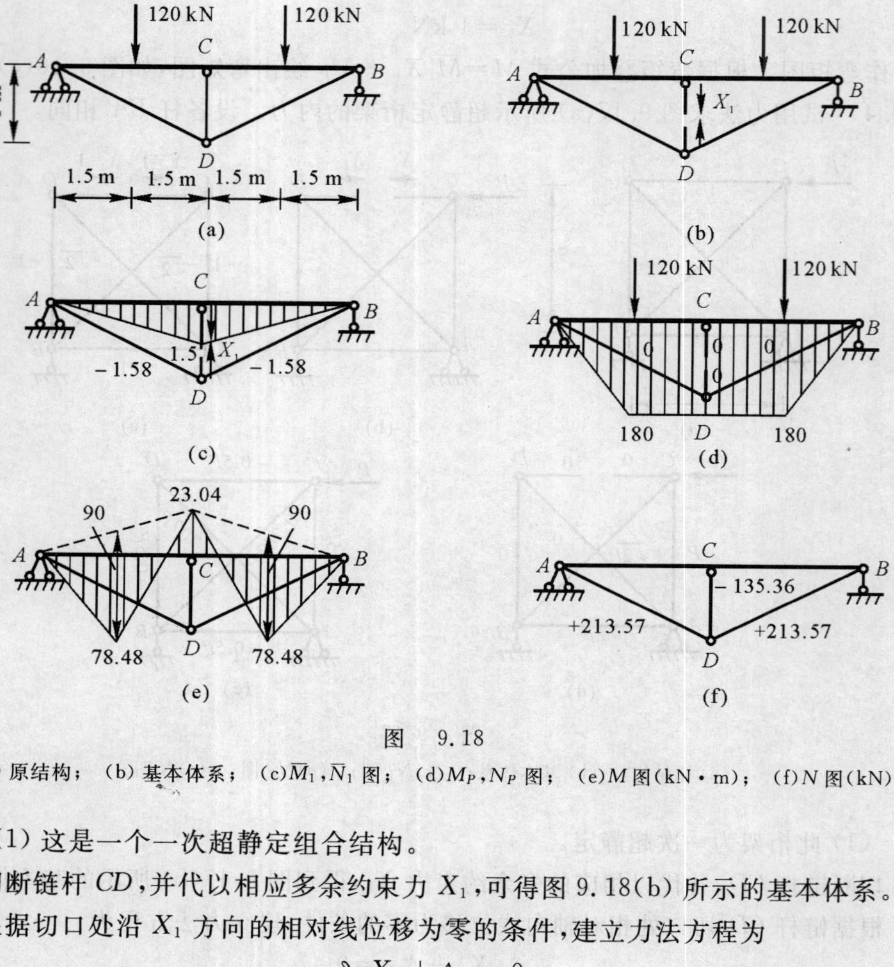

图 9.18

(a) 原结构；(b) 基本体系；(c) $\overline{M}_1$，$\overline{N}_1$ 图；(d) M_P，N_P 图；(e) M 图(kN·m)；(f) N 图(kN)

解 (1) 这是一个一次超静定组合结构。

(2) 切断链杆 CD，并代以相应多余约束力 X_1，可得图 9.18(b) 所示的基本体系。

(3) 根据切口处沿 X_1 方向的相对线位移为零的条件，建立力法方程为

$$\delta_{11}X_1+\Delta_{1P}=0$$

(4) 计算系数和自由项。对于组合结构的系数和自由项，受弯杆件只考虑弯矩一项，链杆只考虑轴力。基本结构在 $X_1=1$ 和荷载单独作用下的 $\overline{M}_1$，$\overline{N}_1$，M_P 和 N_P 图如图 9.18(c)，(d) 所示，系数和自由项为

$$\delta_{11}=\sum\int\frac{\overline{M}_1^2}{EI}\mathrm{d}s+\sum\frac{\overline{N}_1^2 l}{EA}=\frac{1}{1.5\times10^4}\left(\frac{1}{2}\times3\times1.5\right)\times\left(\frac{2}{3}\times1.5\times2\right)+$$

$$\frac{1}{2\times10^5}(1\times1\times1)+\frac{1}{2.6\times10^5}[2\times(-1.58)\times(-1.58)\times3.16]=$$

$$3.657\times10^{-4}\ \text{m/kN}$$

$$\Delta_{1P}=\sum\int\frac{\overline{M}_1M_P}{EI}\mathrm{d}s+\sum\frac{\overline{N}_1N_P l}{EA}=\frac{2}{1.5\times10^4}\left[\left(\frac{1}{2}\times1.5\times0.75\right)\times\frac{2}{3}\times180+\right.$$

$$\left.\frac{1}{2}\times1.5\times(0.75+1.5)\times180\right]=495\times10^{-4}\ \text{m}$$

(5) 计算多余约束力，即

$$X_1=-\frac{\Delta_{1P}}{\delta_{11}}=-\frac{495\times10^{-4}}{3.657\times10^{-4}}=-135.36\ \text{kN}$$

(6) 计算内力，内力叠加公式为

$$\begin{cases}M=\overline{M}_1X_1+M_P\\N=\overline{N}_1X_1+N_P\end{cases}$$

M 图如图 9.18(e) 所示，N 图如图 9.18(f) 所示。

(7) 讨论。由图 9.18(e) 所示的 M 图可以看出，横梁 AB 在中点由于有链杆 CD 的轴力 135.36 kN 的作用，横梁的最大正弯矩为 78.48 kN·m，比同样荷载作用而没有下部链杆的简支梁的最大弯矩 180 kN·m 减少了 50% 以上。当下部链杆的截面很小时，$EA\to0$，$X_1\to0$，横梁弯矩图趋向于简支梁的弯矩图，如图 9.19(a) 所示。当下部链杆的截面很大时，$EA\to\infty$，$X_1\to165$ kN，相当于在点 C 有一竖向支座，横梁弯矩图趋向于两跨连续梁的弯矩图，如图 9.19(b) 所示。

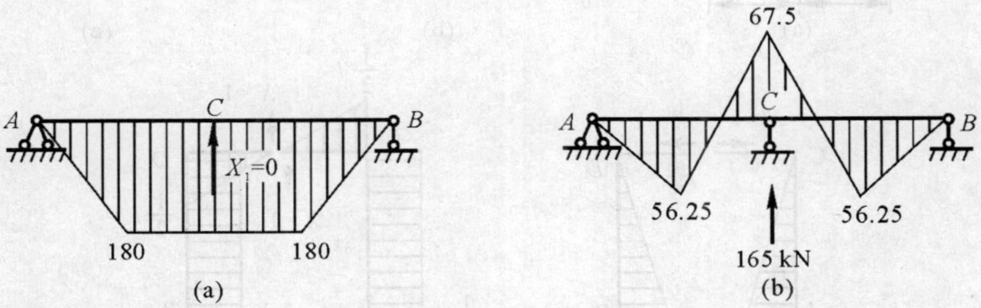

图　9.19

(a)M^0 图(kN·m)；　(b)M 图(kN·m)

9.6　对称性的利用

在工程中，很多结构是对称的。对称结构可利用对称性质使计算得以简化。

一、对称结构

所谓对称结构，是指 ① 结构的几何形状和支承情况对称于某轴；② 各杆的刚度(EI，EA，GA 等) 也对称于此轴。

因此，对称结构绕对称轴对折后，对称轴两边的结构图形完全重合。计算对称结构时，为了简化计算，宜选取对称的基本体系，并取对称力和反对称力作为多余约束力。以图 9.20(a) 所示刚架为例，可沿对称轴上梁的中间截面切开，这样得到的基本体系是对称的(见图 9.20(b))。多余约束力包括 3 对力：一对弯矩 X_1，一对轴力 X_2，一对剪力 X_3。其中，X_1 和 X_2 是正对称力，即绕对称轴对折后，它们的作用点和作用方向将重合，且每对力的数值相等；X_3 是反对称力，即绕对称轴对折后，力的数值相等，力的作用点重合而作用方向相反。绘出基本结构的各单位弯矩图，如图 9.20(c)，(d)，(e) 所示。可以看出，正对称多余约束力 X_1 和 X_2 的单位弯矩图是正对称的，即 $\overline{M}_1$ 图、$\overline{M}_2$ 图是正对称的；而反对称多余约束力 X_3 的单位弯矩图是反对称的，即 $\overline{M}_3$ 图是反对称的。因此，当计算力法方程的系数时，正对称的 $\overline{M}_1$ 图、$\overline{M}_2$ 图与反对称的 $\overline{M}_3$ 图进行图乘时，其结果为零，即

$$\delta_{13}=\delta_{31}=0,\quad \delta_{23}=\delta_{32}=0$$

这样，力法方程即简化为

$$\left.\begin{aligned}\delta_{11}X_1+\delta_{12}X_2+\Delta_{1P}=0\\ \delta_{21}X_1+\delta_{22}X_2+\Delta_{2P}=0\\ \delta_{33}X_3+\Delta_{3P}=0\end{aligned}\right\}\tag{9.11}$$

由此可知，当计算对称结构时，若选取的基本体系是对称的，则计算工作可以得到简化。

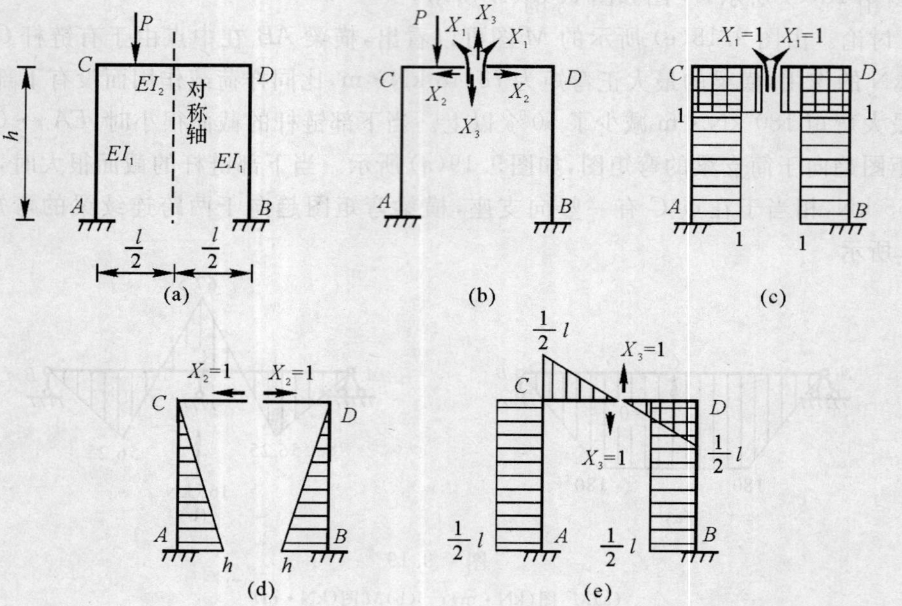

图 9.20

(a) 对称结构；(b) 基本体系；(c) $\overline{M}_1$ 图；(d) $\overline{M}_2$ 图；(e) $\overline{M}_3$ 图

如果作用在结构上的荷载也是正对称的或反对称的，则计算可进一步简化。下面先就正对称荷载和反对称荷载两种情况进行讨论。

1. 正对称荷载

以图 9.21(a) 所示荷载为例，这时基本结构的荷载弯矩图 M_P 图是对称的(见图 9.21(b))。由于 $\overline{M}_3$ 图是反对称的，因此

$$\Delta_{3P}=0$$

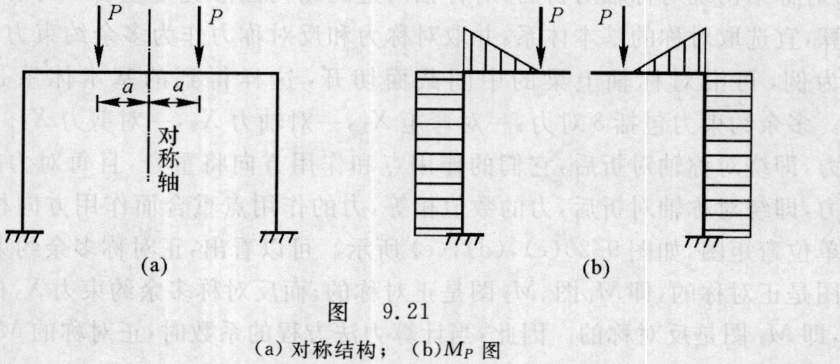

图 9.21

(a) 对称结构；(b) M_P 图

代入力法方程(9.11)的第三式,可知反对称约束力 $X_3=0$。至于对称约束力 X_1 和 X_2,则需要根据前两式进行计算。

综上所述可知,对称结构在正对称荷载作用下,对称轴处只存在正对称的多余未知力,而反对称的多余未知力必等于零。

2. 反对称荷载

以图 9.22(a) 所示荷载为例,这时基本结构的荷载弯矩图 M_P 图是反对称的(见图 9.22(b))。由于 $\overline{M}_1$ 图、$\overline{M}_2$ 图是正对称的,因此有

$$\Delta_{1P}=0,\quad \Delta_{2P}=0$$

代入力法方程(9.11)的前两式,可知 $X_1=0, X_2=0$。至于反对称约束力 X_3,则需根据第三式计算。

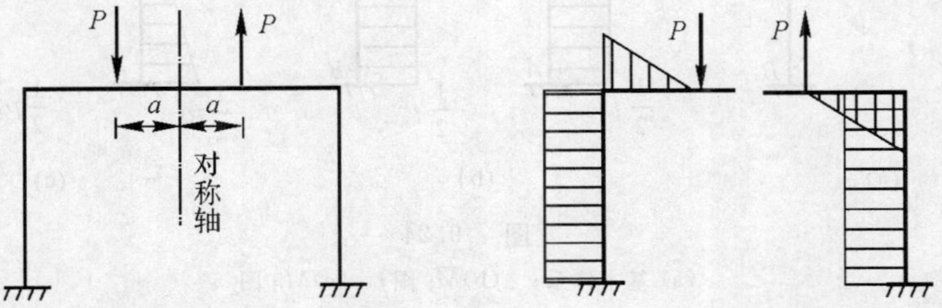

图　9.22

(a) 对称结构；(b)M_P 图

综上所述可知,对称结构在反对称荷载作用下,对称轴处只存在反对称的多余未知力,而正对称的多余未知力必等于零。

最后,讨论一般任意荷载的情形。当对称结构承受非对称荷载时,这里有两种处理方法。

(1) 将荷载分解为正对称和反对称两种情况,对这两种特殊情况分别计算,然后叠加(见图 9.23)。

(2) 不进行分解,直接进行计算,但要取对称的基本体系。

以上两种方法,各有利弊,可根据具体情况选用。

例 9.6　试作图 9.23(a) 所示刚架在水平力 P 作用下的弯矩图。

解　首先将荷载 P 分解为正对称荷载(见图 9.23(b))和反对称荷载(见图 9.23(c))。

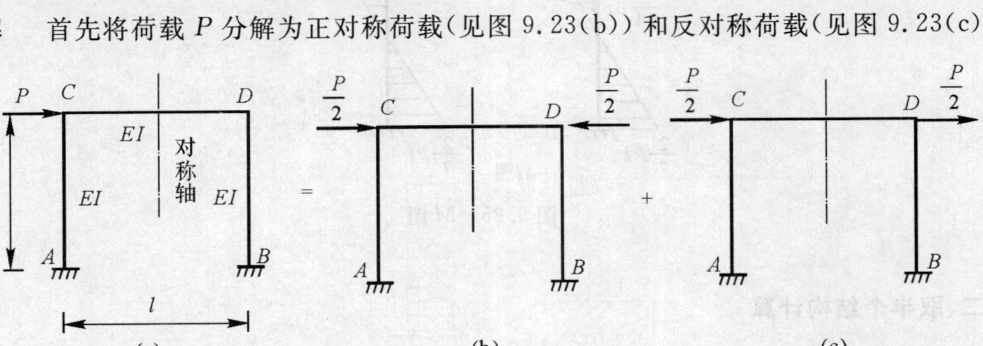

图　9.23

(a) 原结构；(b) 正对称荷载；(c) 反对称荷载

(1) 在正对称荷载作用下，由于计算刚架时忽略轴力对变形的影响，因而外荷载只能引起梁 CD 的轴力，而不会引起其它内力，因此，可以不必计算。

(2) 在反对称荷载作用下，基本体系如图 9.24(a) 所示，切口处的弯矩、轴力都是正对称约束力，应为零；只有反对称的约束力 X_1 存在。

根据切口处沿 X_1 方向的相对位移为零的条件，建立力法方程为

$$\delta_{11}X_1+\Delta_{1P}=0$$

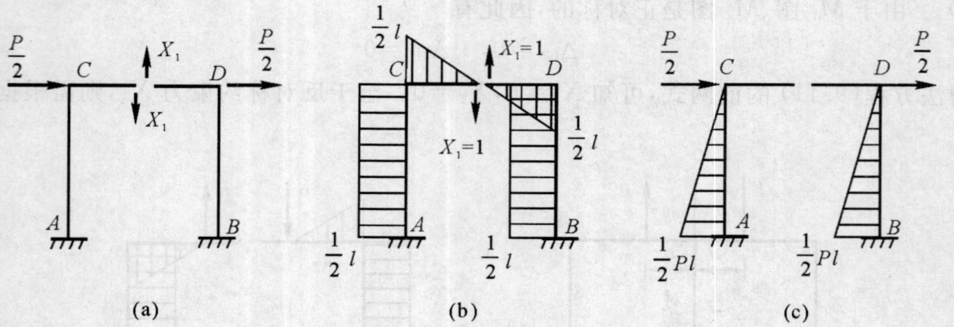

图 9.24

(a) 基本体系； (b) $\overline{M}_1$ 图； (c) M_P 图

绘出 $\overline{M}_1$ 图、M_P 图（见图 9.24(b)，(c)）。利用图乘法，系数和自由项计算如下：

$$\delta_{11}=\frac{2}{EI}\left[\left(\frac{1}{2}\times\frac{1}{2}l\times\frac{1}{2}l\times\frac{2}{3}\times\frac{1}{2}l\right)+\left(\frac{1}{2}l\times l\times\frac{1}{2}l\right)\right]=\frac{7l^3}{12EI}$$

$$\Delta_{1P}=\frac{2}{EI}\left(\frac{1}{2}\times\frac{1}{2}Pl\times l\times\frac{1}{2}l\right)=\frac{Pl^3}{4EI}$$

代入方程求解，得

$$X_1=-\frac{\Delta_{1P}}{\delta_{11}}=-\frac{3}{7}P$$

根据叠加公式 $M=\overline{M}_1X_1+M_P$，绘 M 图（见图 9.25）。

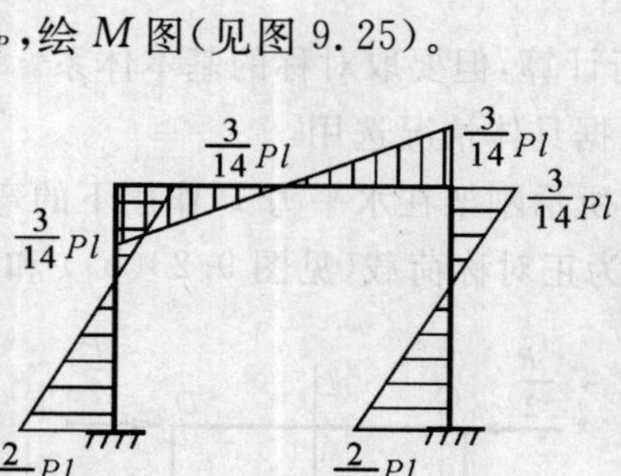

图 9.25 M 图

二、取半个结构计算

对称结构在正对称荷载或反对称荷载作用下，可以利用其受力和变形特点，取半个结构简化计算。

下面针对奇数跨和偶数跨两种对称刚架加以说明。

1. 奇数跨的对称刚架——以单跨为例

(1) 正对称荷载作用下的半刚架。图 9.26(a) 所示为一单跨对称刚架，在正对称荷载作用下，其受力和变形都是正对称的。由此可知，在对称轴上的截面处不可能产生转角和水平线位移，但可产生竖向线位移；同时，在该截面处只有正对称内力——弯矩和轴力，而无反对称内力，即剪力等于零。因此，从对称轴处切开取半个结构计算时，在该截面处可用定向滑动支座代替原有的联系，得到图 9.26(b) 所示的简图。

(2) 反对称荷载作用下的半刚架。图 9.27(a) 所示为反对称荷载作用下的单跨对称刚架，其受力和变形都是反对称的。由此可知，在对称轴上截面处无竖向线位移发生，但有转角和水平线位移；同时，在该截面处只有反对称内力——剪力，而正对称内力——弯矩和轴力等于零。因此，取半个结构计算时，在对称轴截面处可用一竖向支座链杆代替原有的联系，得到图 9.27(b) 所示的简图。

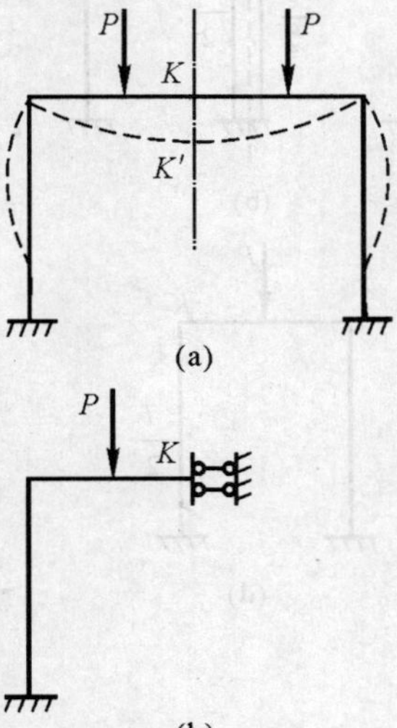

图 9.26

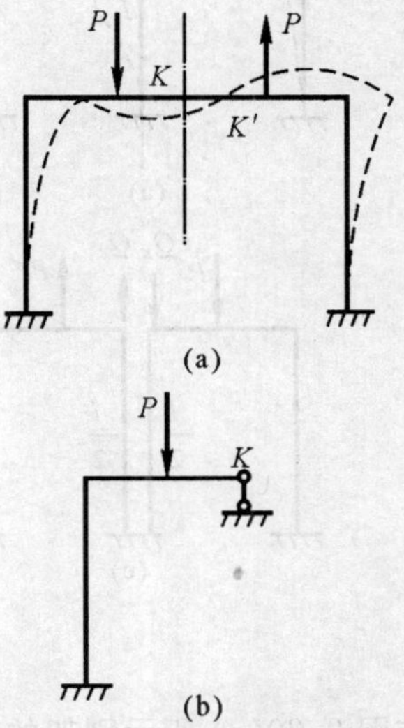

图 9.27

2. 偶数跨对称刚架——以两跨为例

(1) 正对称荷载作用下的半刚架。图 9.28(a) 所示为一两跨对称刚架，在对称荷载作用下，若忽略杆件的轴向变形，则在对称轴上的刚结点 K 处将无任何位移；同时，在与此结点相连的横梁的端部有弯矩、剪力和轴力存在。因此，取半个结构计算时，在该截面处可用固定支座代替，得到图 9.28(b) 所示的计算简图。

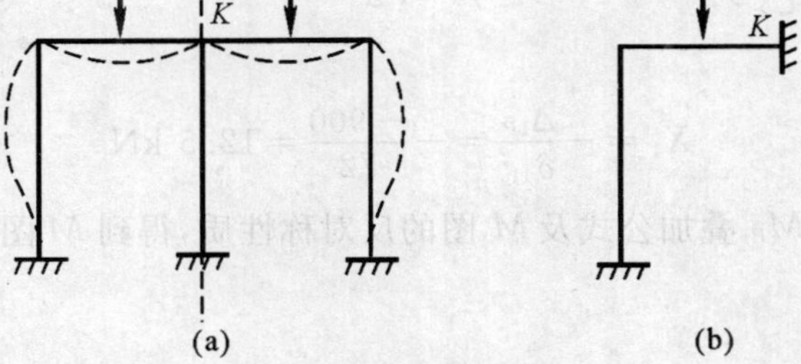

图 9.28

(2) 反对称荷载作用下的半刚架。图 9.29(a) 所示为反对称荷载作用下的两跨对称刚架。因变形的反对称性，为取半刚架，可将其中间柱设想为由两根各具有 $\frac{I}{2}$ 的竖柱组成，它们分别在对称轴的两侧与横梁刚结(见图 9.29(b))，使偶数跨变成奇数跨，从对称轴处切开，该截面上只有反对称的剪力 Q_K 存在，如图 9.29(c) 所示。当不考虑轴向变形时，这一对剪力 Q_K 对其它杆件均不产生内力，而只使对称轴两侧的竖柱产生大小相等、性质相反的轴力，则原有中间柱也无轴力。因此，剪力 Q_K 对原结构的内力和变形均无影响，所以在取半刚架时可以不予考虑，其最终半刚架如图 9.29(d) 所示。

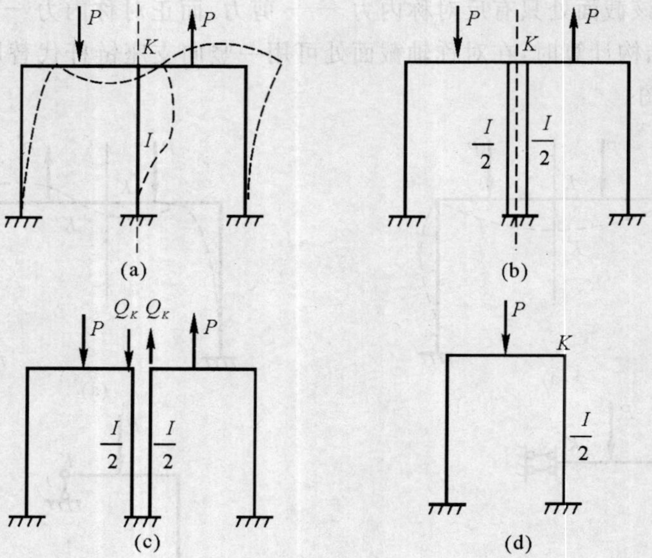

图 9.29

例 9.7 作图 9.30(a) 所示刚架的弯矩图。EI 为常数。

解 这是一个单跨的四次超静定对称刚架，在反对称荷载作用下取半刚架，如图 9.30(b) 所示。图 9.30(b) 是一次超静定刚架，若以支座 C 作为多余约束，则得到图 9.30(c) 所示的基本体系。

分别绘 $\overline{M}_1$ 图、M_P 图(见图 9.30(d)，(e))，由图乘法可得

$$\delta_{11}=\frac{1}{EI}\left[\left(\frac{1}{2}\times3\times3\times\frac{2}{3}\times3\right)\times2+(3\times6\times3)\right]=\frac{72}{EI}$$

$$\Delta_{1P}=-\frac{1}{EI}\left[\left(\frac{1}{2}\times6\times60\times3\right)+\left(\frac{1}{2}\times3\times120\times\frac{2}{3}\times3\right)\right]=-\frac{900}{EI}$$

代入方程求解，得

$$X_1=-\frac{\Delta_{1P}}{\delta_{11}}=-\frac{-900}{72}=12.5\ \text{kN}$$

利用 $M=\overline{M}_1X_1+M_P$ 叠加公式及 M 图的反对称性质，得到 M 图，如图 9.30(f) 所示。

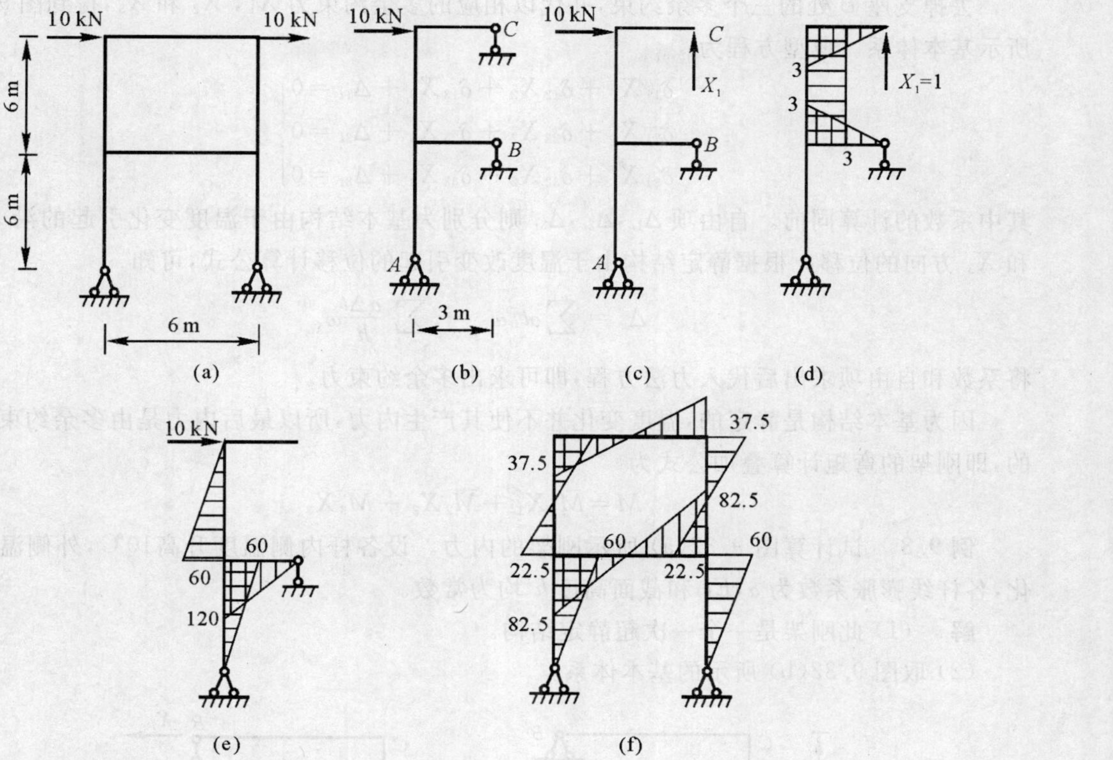

图　9.30

(a) 原结构；（b）半刚架；（c）基本体系；（d）$\overline{M}_1$ 图（m）；（e）M_P 图（kN·m）；（f）M 图（kN·m）

9.7　温度变化时超静定结构的计算

静定结构在温度变化时，可以产生变形和位移，但不引起内力，因为它的变形是自由的。但是，超静定结构由于有多余约束，因此，在温度变化时，变形受到限制因而产生内力。

用力法计算温度变化引起的超静定结构内力的基本原理和计算步骤与荷载作用下时基本相同，区别在于力法方程中自由项的计算。

图 9.31(a) 所示是一个三次超静定结构，设各杆外侧温度升高 t_1，内侧温度升高 t_2，现用力法计算其内力。

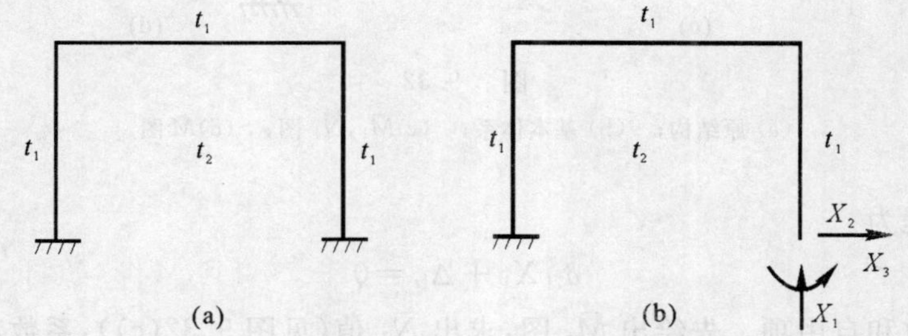

图　9.31

(a) 原结构；（b）基本体系

去掉支座 B 处的三个多余约束，并代以相应的多余约束力 X_1，X_2 和 X_3，得到图 9.31(b) 所示基本体系。典型方程为

$$\left.\begin{aligned}\delta_{11}X_1+\delta_{12}X_2+\delta_{13}X_3+\Delta_{1t}=0\\ \delta_{21}X_1+\delta_{22}X_2+\delta_{23}X_3+\Delta_{2t}=0\\ \delta_{31}X_1+\delta_{32}X_2+\delta_{33}X_3+\Delta_{3t}=0\end{aligned}\right\} \tag{9.12}$$

其中系数的计算同前。自由项 Δ_{1t}，Δ_{2t}，Δ_{3t} 则分别为基本结构由于温度变化引起的沿 X_1，X_2 和 X_3 方向的位移。根据静定结构由于温度改变引起的位移计算公式，可知

$$\Delta_{it}=\sum \alpha t_0\omega_{\overline{N}_i}+\sum \frac{\alpha\Delta t}{h}\omega_{\overline{M}_i}$$

将系数和自由项求出后代入力法方程，即可求出多余约束力。

因为基本结构是静定的，温度变化并不使其产生内力，所以最后内力是由多余约束力引起的，即刚架的弯矩计算叠加公式为

$$M=\overline{M}_1X_1+\overline{M}_2X_2+\overline{M}_3X_3 \tag{9.13}$$

例 9.8 试计算图 9.32(a) 所示刚架的内力。设各杆内侧温度升高10℃，外侧温度无变化，各杆线膨胀系数为 α，EI 和截面高度 h 均为常数。

解 (1) 此刚架是一个一次超静定结构。

(2) 取图 9.32(b) 所示的基本体系。

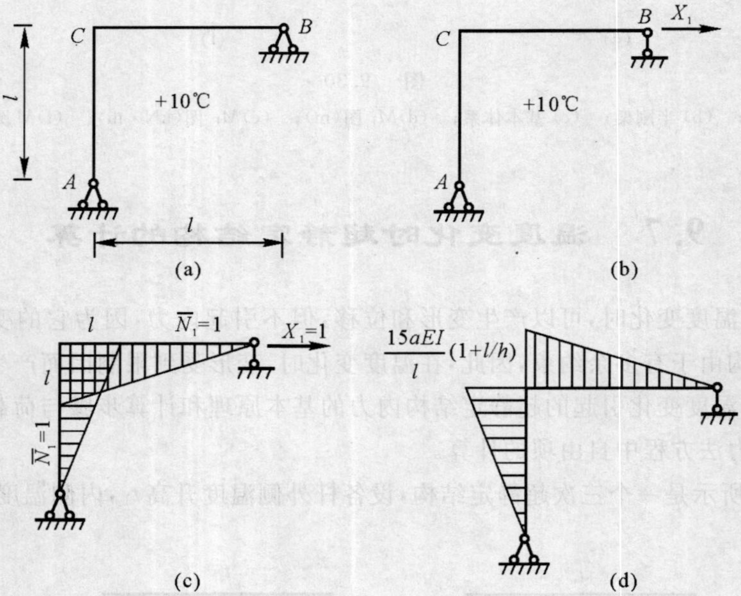

图 9.32

(a) 原结构；(b) 基本体系；(c) $\overline{M}_1$，$\overline{N}_1$ 图；(d) M 图

(3) 力法方程为

$$\delta_{11}X_1+\Delta_{1t}=0$$

(4) 计算系数和自由项。先绘出 $\overline{M}_1$ 图，求出 $\overline{N}_1$ 值(见图 9.32(c))，系数和自由项为

$$\delta_{11}=\frac{2}{EI}\left(\frac{1}{2}l^2\times\frac{2}{3}l\right)=\frac{2l^3}{3EI}$$

$$\Delta_{1t}=\sum \alpha t_0 \omega_{\bar{N}_1}+\sum \frac{\alpha \Delta t}{h}\omega_{\bar{M}_1}=+\alpha\times 5\times 2l+\frac{\alpha\times 10}{h}\times l^2=10\alpha l\left(1+\frac{l}{h}\right)$$

(5) 求多余约束力，即

$$X_1=-\frac{\Delta_{1t}}{\delta_{11}}=-\frac{15\alpha EI}{l^2}\left(1+\frac{l}{h}\right)$$

(6) 绘 M 图。根据 $M=\bar{M}_1 X_1$ 即得弯矩图如图 9.32(d) 所示。

由以上结果可以看出，超静定结构由于温度改变所引起的内力与各杆 EI 的绝对值有关，这与荷载作用下的情况不相同。

9.8　支座移动时超静定结构的计算

对于静定结构，当支座移动时可产生位移，但不引起内力。但对超静定结构，当支座移动时，由于有多余约束，变形受到了限制，因而产生内力。用力法求解时，基本原理与荷载作用或温度变化时的仍相同，唯一的区别在于典型方程中自由项的计算。

图 9.33(a) 所示是一个二次超静定结构，发生图示的支座移动。

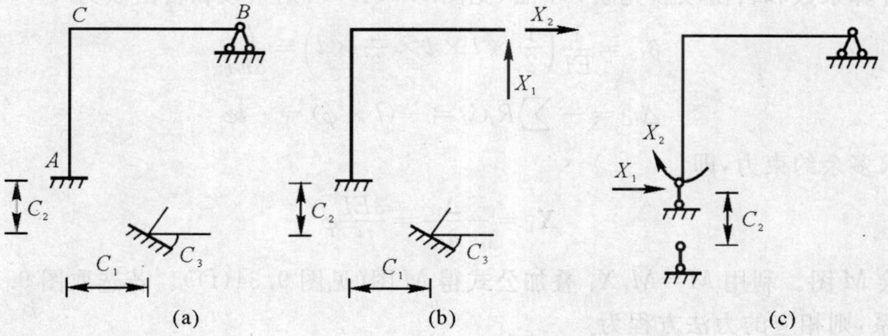

图　9.33

(a) 原结构；(b) 基本体系；(c) 基本体系

选取图 9.33(b) 所示基本体系，力法方程为

$$\left.\begin{aligned}\delta_{11}X_1+\delta_{12}X_2+\Delta_{1C}=0\\ \delta_{21}X_1+\delta_{22}X_2+\Delta_{2C}=0\end{aligned}\right\} \tag{9.14}$$

若选取图 9.33(c) 所示基本体系，则力法方程为

$$\left.\begin{aligned}\delta_{11}X_1+\delta_{12}X_2+\Delta_{1C}=C_1\\ \delta_{21}X_1+\delta_{22}X_2+\Delta_{2C}=C_3\end{aligned}\right\} \tag{9.15}$$

显然，由于基本结构选择的不同，力法方程的形式往往不一样。系数的计算同荷载作用下的计算，自由项 Δ_{1C}，Δ_{2C} 分别是基本结构由于支座移动引起的沿 X_1 和 X_2 方向的位移。根据静定结构由于支座移动引起的位移计算公式，有

$$\Delta_{iC}=-\sum \bar{R}_i C_i$$

例 9.9　图 9.34(a) 所示单跨超静定梁，设固定支座 A 发生转角 φ，计算梁的内力。$EI=$常数。

解　(1) 这是一次超静定梁。

(2) 选取图 9.34(b) 所示基本体系计算。

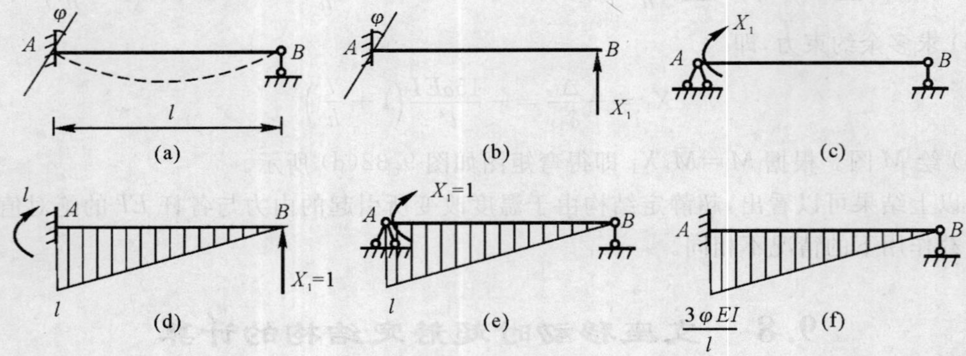

图 9.34

(a) 原结构；(b) 基本体系；(c) 基本体系；(d) $\overline{M}_1$ 图；(e) $\overline{M}_1$ 图；(f) M 图

(3) 力法方程为

$$\delta_{11}X_1+\Delta_{1C}=0$$

(4) 计算系数和自由项。先绘 $\overline{M}_1$ 图(见图 9.34(d))，则系数和自由项为

$$\delta_{11}=\frac{1}{EI}\left(\frac{1}{2}\times l\times l\times\frac{2}{3}\times l\right)=\frac{l^3}{3EI}$$

$$\Delta_{1C}=-\sum\overline{R}_iC_i=-(l\times\varphi)=-l\varphi$$

(5) 求多余约束力，即

$$X_1=-\frac{\Delta_{1C}}{\delta_{11}}=\frac{3EI}{l^2}\varphi$$

(6) 绘 M 图。利用 $M=\overline{M}_1X_1$ 叠加公式得 M 图(见图 9.34(f))。若选取图 9.34(c) 所示的基本体系，则相应的力法方程为

$$\delta_{11}X_1=\varphi$$

(此时，基本结构的支座无支座移动) 绘 $\overline{M}_1$ 图(见图 9.34(e))，系数为

$$\delta_{11}=\frac{1}{EI}\left(\frac{1}{2}\times 1\times l\times\frac{2}{3}\times 1\right)=\frac{l}{3EI}$$

代入力法方程中，求得

$$X_1=\frac{3EI}{l}\varphi$$

由此作出 M 图与前面完全相同(见图 9.34(f))。

9.9 超静定结构的位移计算

对于超静定结构，只要求出多余约束力，将多余约束力当作外荷载加在基本结构上，则静定的基本结构在已知荷载、温度变化、支座移动和多余约束力共同作用下的位移就是原超静定结构的位移。这样，超静定结构的位移计算即转化为静定结构的位移计算问题。因此，静定结构的位移计算公式在这里仍适用，即

$$\Delta_K=\sum\int\frac{\overline{M}_iM_P}{EI}\mathrm{d}s+\sum\int\frac{K\,\overline{Q}_iQ_P}{GA}\mathrm{d}s+\sum\int\frac{\overline{N}_iN_P}{EA}\mathrm{d}s+$$

$$\sum\int \alpha t_0 \overline{N}_i \mathrm{d}s + \sum\int \frac{\alpha\Delta t}{h}\overline{M}_i \mathrm{d}s - \sum \overline{R}_i C_i \qquad (9.16)$$

式中$\overline{M}_i$,$\overline{Q}_i$,$\overline{N}_i$和$\overline{R}_i$是基本结构在$P=1$的作用下所引起的内力和支座反力;M_P,Q_P,N_P是原结构的内力;t_0,Δt,C_i代表结构的温度变化和支座移动。

由于超静定结构的内力并不因基本结构选取的不同而有所改变,因此,我们可以将其内力看作是按任一基本结构求得。这样,在求解超静定结构位移时,虚拟力$P=1$可加在任意一个基本结构上作为虚拟力状态。

例如,求图9.13(a)所示刚架截面B的转角,现将其最后M图重绘在图9.35(a)中。为了求φ_B,若选取图9.35(b)所示基本结构作为虚拟力状态,在点B加单位弯矩$M=1$,则得虚拟力状态的$\overline{M}$图(见图9.35(b))。

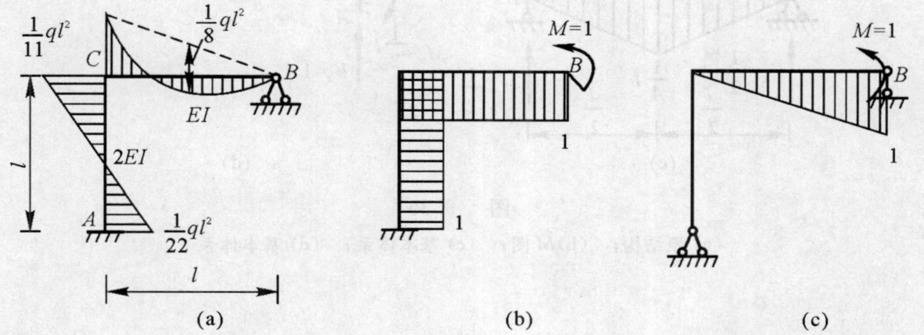

图　9.35

(a)M图;　(b)$\overline{M}$图;　(c)$\overline{M}$图

应用图乘法,得

$$\varphi_B = \frac{1}{EI}\left[\left(\frac{2}{3}\times\frac{1}{8}ql^2\times l\right)\times 1 - \left(\frac{1}{2}\times\frac{1}{11}ql^2\times l\right)\times 1\right] +$$

$$\frac{1}{2EI}\left[\left(\frac{1}{2}\times\frac{1}{22}ql^2\times l\right)\times 1 - \left(\frac{1}{2}\times\frac{1}{11}ql^2\times l\right)\times 1\right] =$$

$$\frac{10ql^3}{264EI} - \frac{ql^3}{88EI} = \frac{7ql^3}{264EI}\ (\curvearrowleft)$$

若取图9.35(c)所示基本体系,则有

$$\varphi_B = \frac{1}{EI}\left[\left(\frac{2}{3}\times\frac{1}{8}ql^2\times l\right)\times\frac{1}{2} - \left(\frac{1}{2}\times\frac{1}{11}ql^2\times l\right)\times\frac{1}{3}\times 1\right] =$$

$$\frac{ql^3}{24EI} - \frac{ql^3}{66EI} = \frac{7ql^3}{264EI}\ (\curvearrowleft)$$

两者结果相同。显然,后者较简单。

例9.10　求图9.36(a)所示超静定梁由于支座移动引起的跨中挠度。

解　支座移动时引起的超静定梁的M图如图9.36(b)所示。作单位弯矩图时,我们选取两种基本结构。

(1)取简支梁作基本体系,图9.36(c)所示为单位力作用下的$\overline{M}$图和支座反力。

$$\Delta = \int\frac{\overline{M}M_P}{EI}\mathrm{d}s - \sum\overline{R}_i C_i = \frac{1}{EI}\left(\frac{1}{2}\times\frac{1}{4}l\times l\times\frac{3\varphi EI}{2l}\right) - 0 = \frac{3}{16}\varphi l\ (\downarrow)$$

(2)取悬臂梁作基本结构,图9.36(d)所示为单位力作用下的$\overline{M}$图和支座反力。

$$\Delta=\int\frac{\overline{M}M_P}{EI}\mathrm{d}s-\sum\overline{R}_iC_i=-\frac{1}{EI}\left(\frac{1}{2}\times\frac{1}{2}l\times\frac{1}{2}l\right)\times\left(\frac{5}{6}\times\frac{3\varphi EI}{l}\right)-\left(-\frac{1}{2}l\times\varphi\right)=\frac{3}{16}\varphi l\ (\downarrow)$$

以上两种算法结果相同。显然，前者较简单。

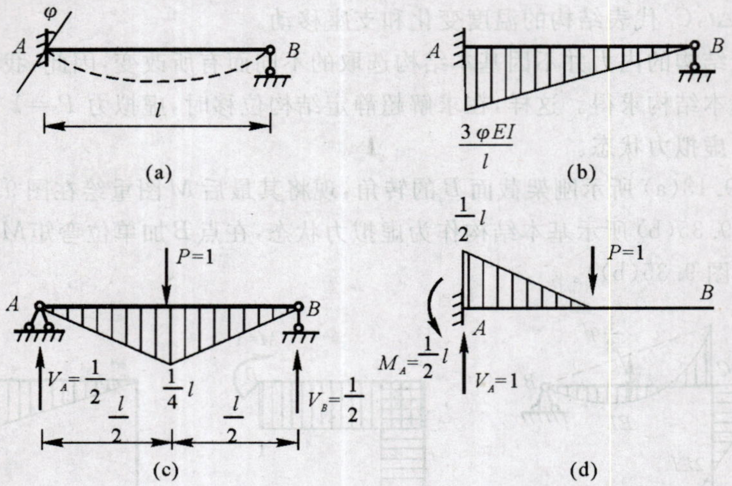

图 9.36

(a) 原结构； (b)M 图； (c) 基本体系； (d) 基本体系

9.10 超静定结构计算结果的校核

在计算超静定结构的过程中，经过的计算步骤和数字运算较多，比较容易出现错误。为保证结果的正确性，所以应加以校核。校核工作可从以下两个方面进行。

一、平衡条件的校核

超静定结构的最后内力图应当完全满足静力平衡条件，即结构的整体或任意部分，都应当满足平衡条件。如不满足，说明内力图有错误。现以图 9.37(a) 所示刚架及其内力图(见图 9.37(b),(c),(d)）为例说明。

为了校核内力图，可取任一结点，如刚结点 C(见图 9.37(e))，得

$$\begin{cases}\sum X=\frac{3}{22}ql-\frac{3}{22}ql=0\\\sum Y=\frac{13}{22}ql-\frac{13}{22}ql=0\\\sum M_C=\frac{1}{11}ql^2-\frac{1}{11}ql^2=0\end{cases}$$

或取任一部分为隔离体(见图 9.37(f))，得

$$\begin{cases}\sum X=\frac{3}{22}ql-\frac{3}{22}ql=0\\\sum Y=ql-\frac{13}{22}ql-\frac{9}{22}ql=0\\\sum M_B=\frac{1}{11}ql^2+\frac{1}{2}ql^2-\frac{13}{22}ql^2=0\end{cases}$$

但是，仅仅满足了平衡条件，还不能说明最后内力图是正确的。这是因为最后内力图是在求出了多余约束力之后按平衡条件或叠加法作出的，而多余约束力的数值是否正确，平衡条件无法检查，还必须看是否满足位移条件。

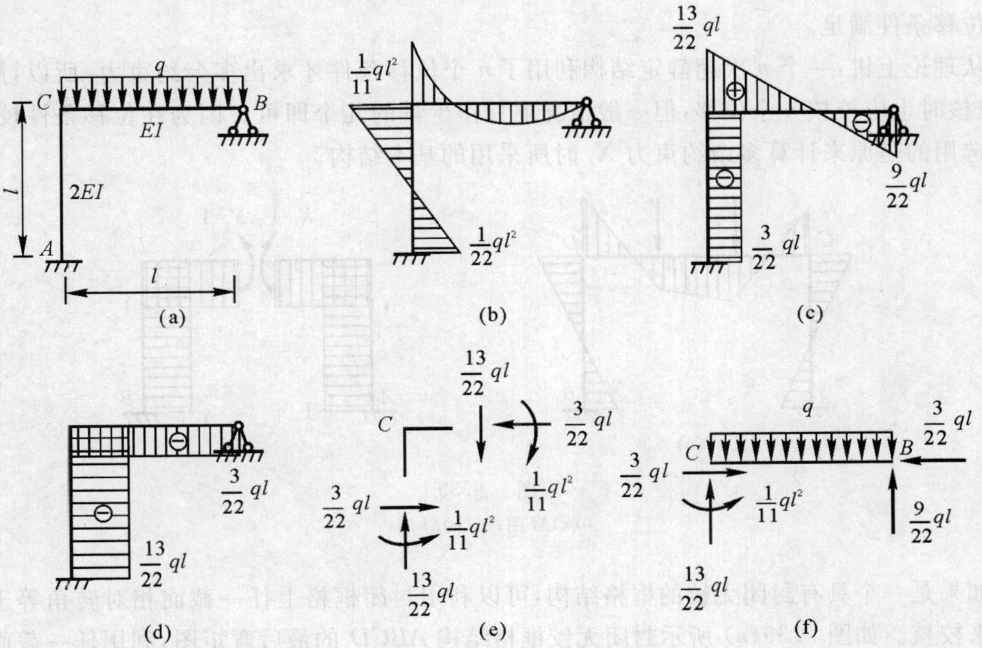

图　9.37

(a) 刚架；　(b) M 图；　(c) Q 图；　(d) N 图；　(e) C 结点；　(f) 隔离体

二、位移条件的校核

位移条件校核的方法，是根据最后内力图验算沿任一多余约束力 X_i 方向的位移，看它是否与实际位移相符。例如，图 9.38(a) 为图 9.37(a) 所示刚架的最后 M 图。

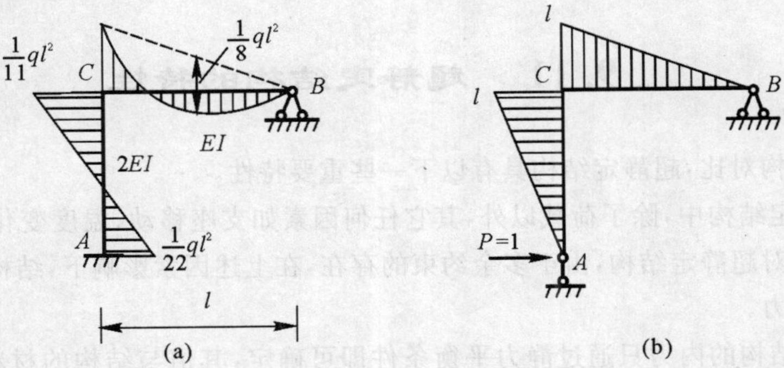

图　9.38

(a) M 图；　(b) $\overline{M}$ 图

为了检查支座 A 处的水平位移 Δ_{AH} 是否为零，可取图 9.38(b) 所示基本结构并作 $\overline{M}$ 图，将它与 M 图图乘，得

$$\Delta_{AH}=\frac{1}{EI}\left[\left(\frac{1}{2}\times\frac{1}{11}ql^2\times l\times\frac{2}{3}\times l\right)-\left(\frac{2}{3}\times\frac{1}{8}ql^2\times l\times\frac{1}{2}\times l\right)\right]+$$
$$\frac{1}{2EI}\left[\left(\frac{1}{2}\times\frac{1}{11}ql^2\times l\times\frac{2}{3}\times l\right)-\left(\frac{1}{2}\times\frac{1}{22}ql^2\times l\times\frac{1}{3}l\right)\right]=0$$

显然位移条件满足。

从理论上讲，一个 n 次超静定结构利用了 n 个位移条件才求出多余约束力，所以，严格地说，校核时也应校核 n 个位移，但一般情况下只作少量的几个即可。因为在位移条件校核时，并非选用的是原来计算多余约束力 X_i 时所采用的基本结构。

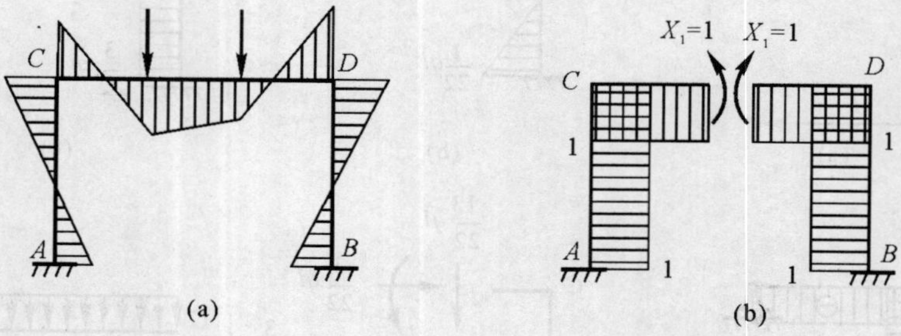

图 9.39

(a)M 图；(b)$\overline{M}$ 图

如果是一个具有封闭无铰的框格结构，可以利用封闭框格上任一截面相对转角等于零的条件来校核。如图 9.39(a) 所示封闭无铰框格结构 $ABCD$ 的最后弯矩图，利用任一截面相对转角为零的条件校核时，$\overline{M}$ 图在封闭框格的所有截面纵坐标都为 1(见图 9.39(b))，所以相对转角

$$\Delta_i=\sum\int\frac{\overline{M}_iM_P}{EI}\mathrm{d}s=\sum\int\frac{M_P}{EI}\mathrm{d}s=0$$

即各杆 M 图面积除以各杆 EI 的代数和等于零。

因此，对于封闭无铰框格结构来说，校核 M 图是否正确，可用框格内各杆 M 图的面积除以相应各杆 EI 后的代数和是否等于零来判断。

9.11 超静定结构的特性

与静定结构对比，超静定结构具有以下一些重要特性。

(1) 在静定结构中，除了荷载以外，其它任何因素如支座移动、温度变化等，都不引起结构的内力。但是对超静定结构，由于多余约束的存在，在上述因素影响下，结构的变形受到限制，因而产生了内力。

(2) 静定结构的内力只通过静力平衡条件即可确定，其值与结构的材料性质和截面尺寸无关；而超静定结构的内力仅仅通过静力平衡条件则无法全部确定，还必须考虑变形条件才能确定，因此，其内力与材料的性质以及杆件的截面尺寸有关。

(3) 几何组成上的区别。静定结构是没有多余约束的几何不变体系，一旦某个联系被破坏后，即丧失几何不变性，无法再承受荷载；而超静定结构是具有多余约束的几何不变体系，在多余约束破坏后，仍成为几何不变体系，并具有承载能力。因此，从抵抗突然破坏的角度上来讲，超静定结构比静定结构具有较强的防护能力。

(4) 局部荷载作用对超静定结构比静定结构影响的范围要大。例如图 9.40(a)，(b) 所示的连续梁和三跨简支梁，在相同荷载作用下，前者的变形及弯矩峰值都较后者要小。从此可以看出，超静定结构的内力分布要比静定结构均匀。

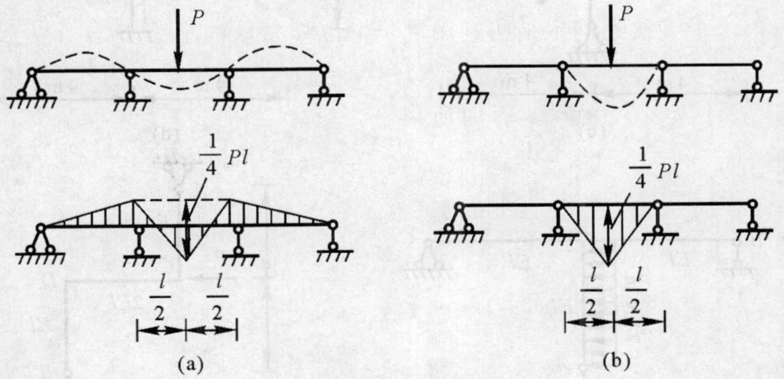

图　9.40

习　题

9.1　试确定题图 9.1 所示各结构的超静定次数。

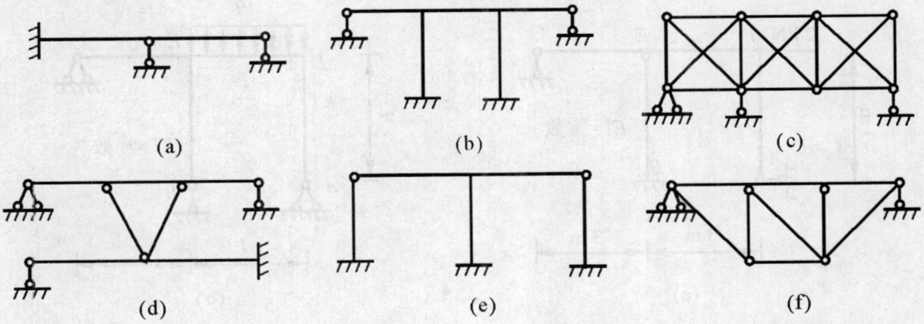

题图　9.1

9.2　用力法计算题图 9.2 所示结构，并绘出内力图。

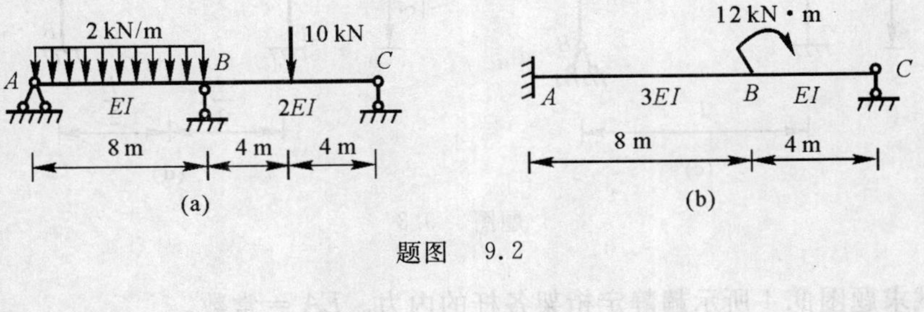

题图　9.2

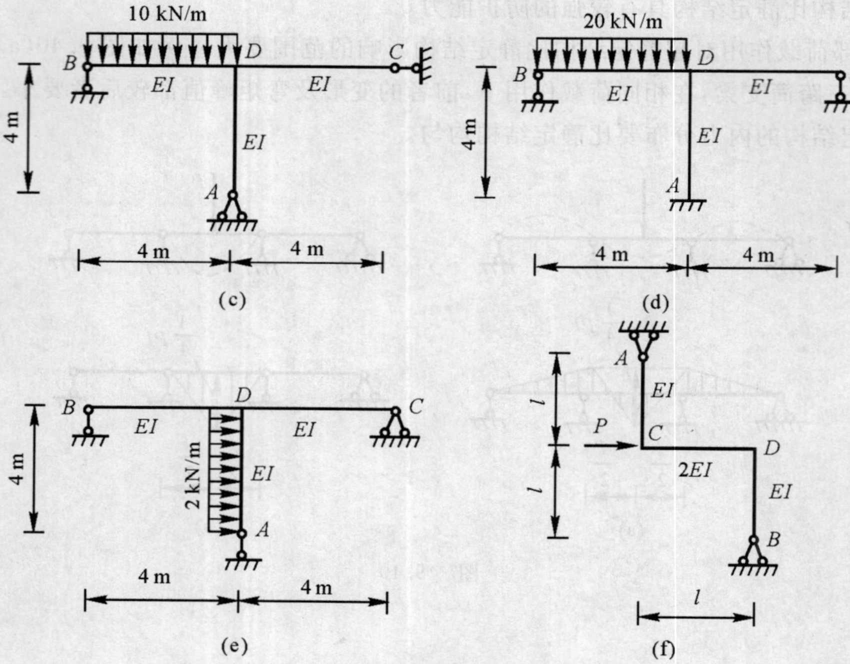

续题图 9.2

9.3 用力法作题图 9.3 所示结构的弯矩图。$EI=$常数。

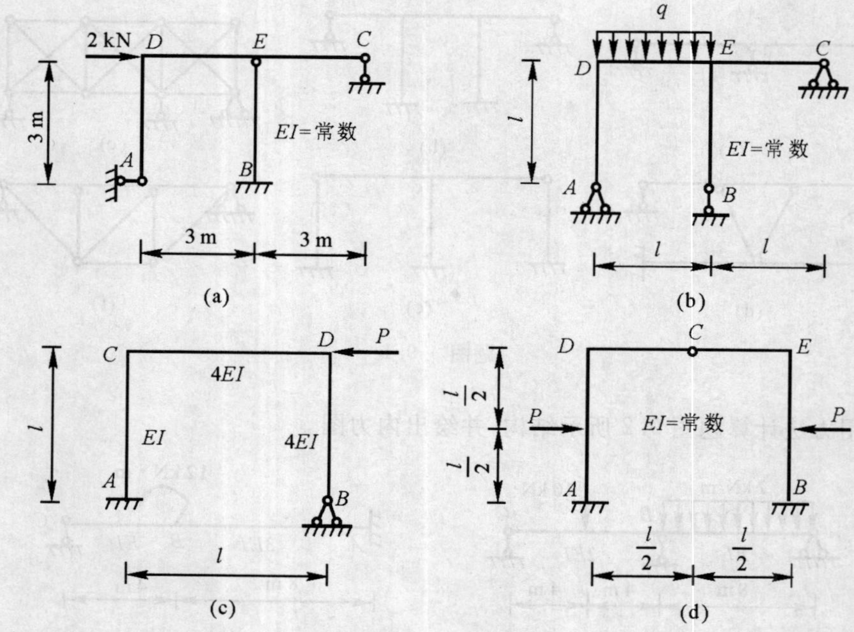

题图 9.3

9.4 试求题图 9.4 所示超静定桁架各杆的内力。$EA=$常数。

9.5 作题图 9.5 所示组合结构受弯杆件的弯矩图,并求各链杆轴力。

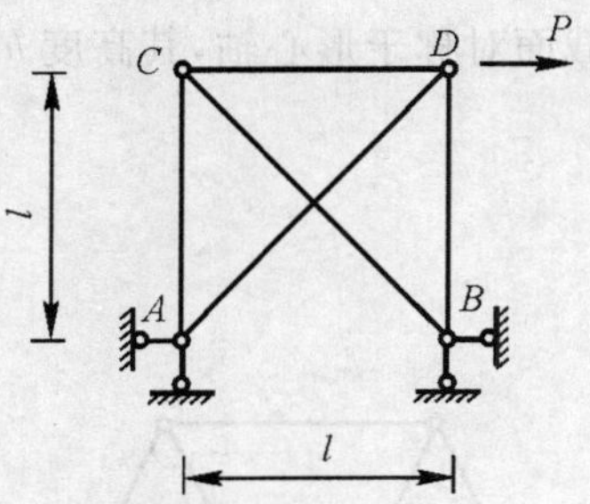

题图　9.4

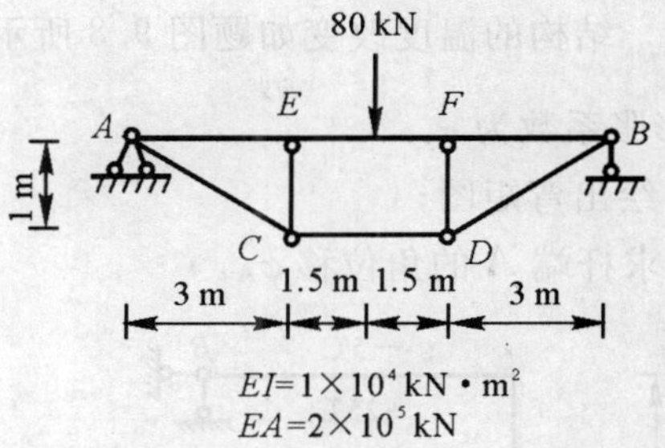

题图　9.5

9.6　利用对称性作题图 9.6 所示结构的内力图。

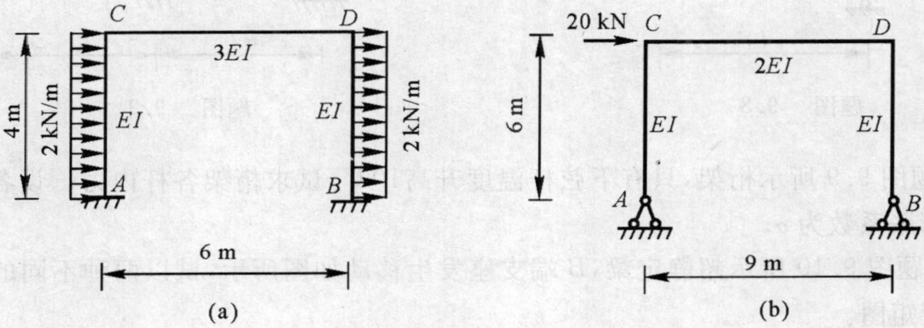

题图　9.6

9.7　利用对称性作题图 9.7 所示结构的弯矩图。

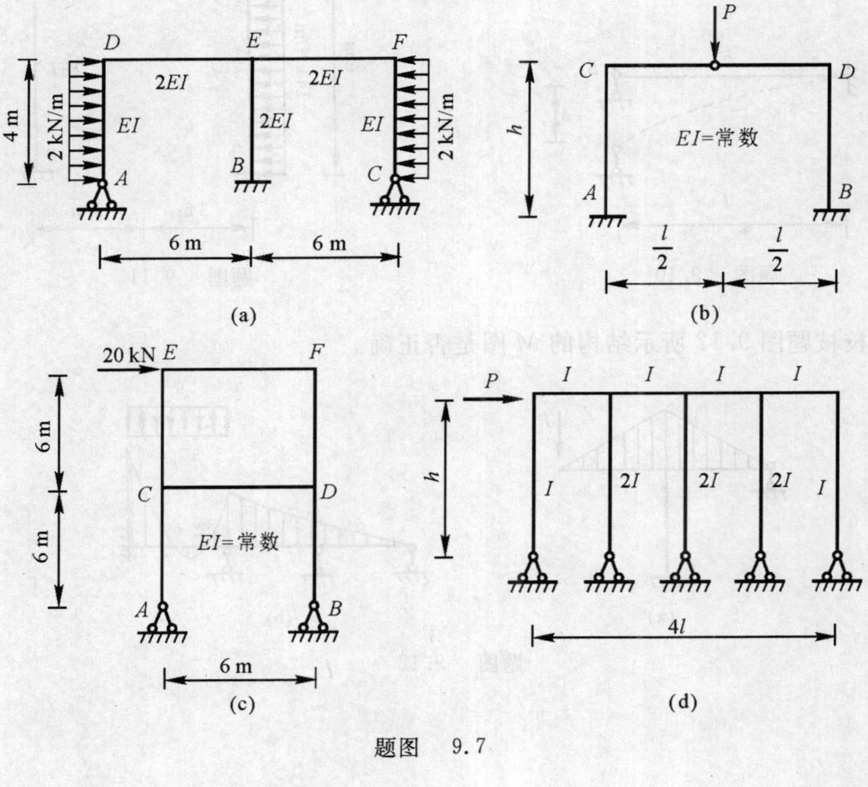

题图　9.7

9.8 结构的温度改变如题图 9.8 所示，$EI=$常数，截面对称于形心轴，其高度 $h=\frac{l}{10}$，材料的线膨胀系数为 α。

(1) 绘出弯矩图；

(2) 求杆端 A 的角位移 φ_A。

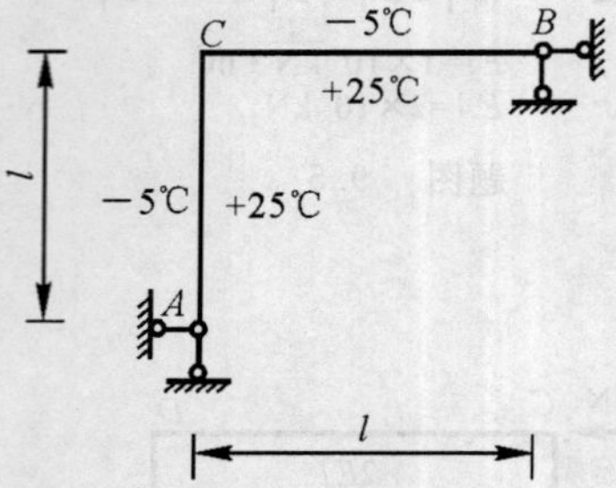

题图 9.8

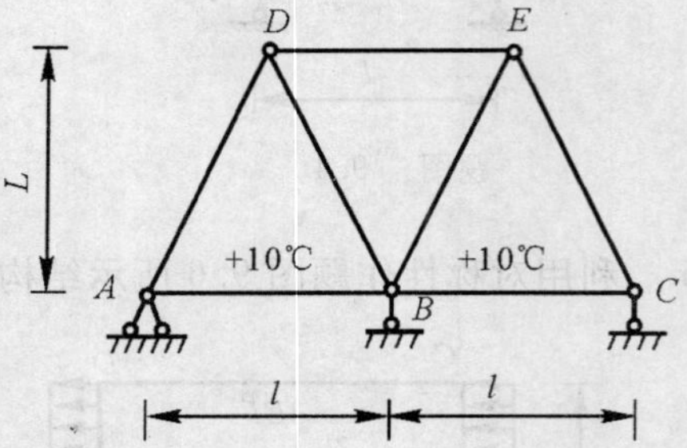

题图 9.9

9.9 题图 9.9 所示桁架，只有下弦杆温度升高10℃，试求桁架各杆内力。设各杆 EA 相同，材料线膨胀系数为 α。

9.10 题图 9.10 所示超静定梁，B 端支座发生移动如图所示，试以两种不同的基本体系计算，绘出弯矩图。

9.11 试计算题图 9.11 所示超静定结构 K 截面的竖向位移。

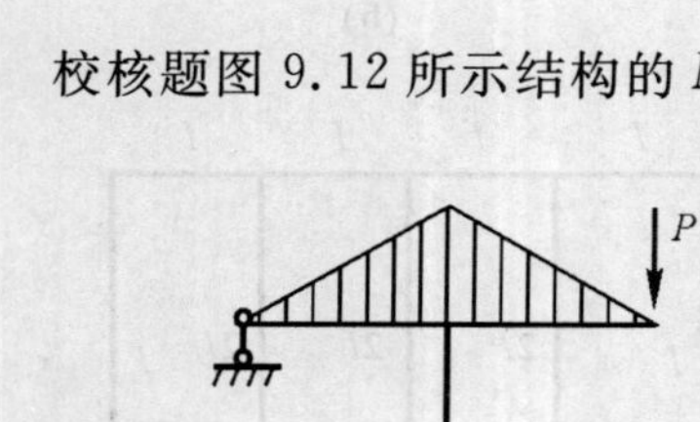

题图 9.10

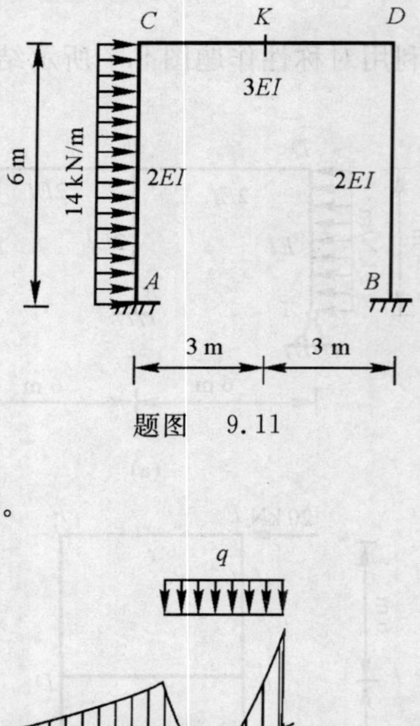

题图 9.11

9.12 校核题图 9.12 所示结构的 M 图是否正确。

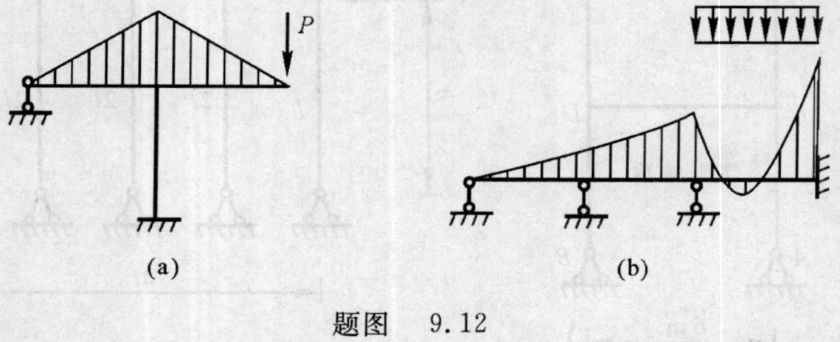

题图 9.12

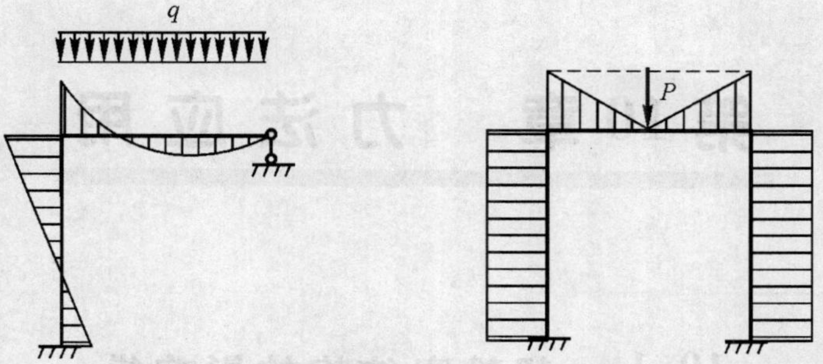

(c)　　　　　　　　(d)

续题图　9.12

第10章　力法应用

10.1　超静定结构的影响线

超静定结构在移动荷载作用下的计算与静定结构一样，均可借助于影响线来解决。

绘制超静定结构的任意一个支座反力或内力的影响线，有两种绘制方法。一种是按上一章所述的力法求出影响线方程；另一种是利用位移图来作影响线。这里与静定结构一样，我们也分别将这两种方法称为静力法和机动法。下面分别说明这两种方法。

一、静力法

静力法就是利用影响线方程绘制影响线的方法，下面通过实例说明用静力法绘制影响线。

图 10.1(a) 所示为一个单跨超静定梁，绘制支座反力 R_B 的影响线。

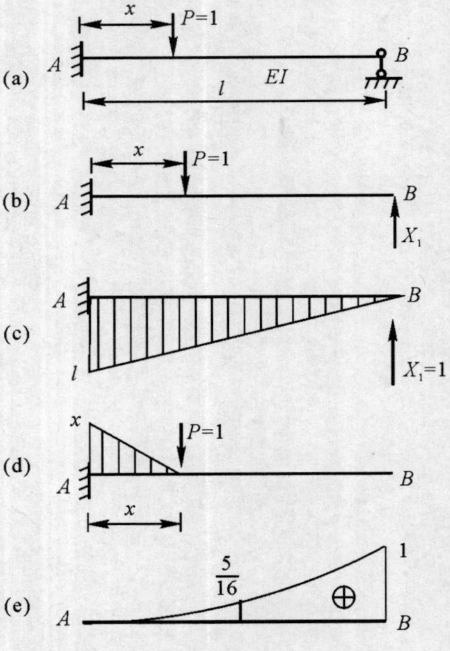

图　10.1

(a) 原结构；（b) 基本体系；（c)$\overline{M}_1$ 图；（d)M_P 图；（e)R_B 影响线

设 $P=1$ 作用于任一位置，用力法求支座反力 R_B。去掉与 R_B 相应的约束，代以相应的约束力 X_1(X_1 实际就是支座 B 的反力 R_B)，得到基本体系如图 10.1(b) 所示。根据沿 X_1 方向相应的位移为零的变形条件，建立力法方程

$$\delta_{11} X_1 + \Delta_{1P} = 0$$

绘制 $\overline{M}_1$ 图、M_P 图(见图 10.1(c),(d))。利用图乘法计算,得

$$\delta_{11}=\frac{1}{EI}\left(\frac{1}{2}\times l\times l\times\frac{2}{3}\times l\right)=\frac{l^3}{3EI}$$

$$\Delta_{1P}=\frac{x}{6EI}[-2lx-l\times(l-x)]=-\frac{x^2(3l-x)}{6EI}$$

则 $$X_1=-\frac{\Delta_{1P}}{\delta_{11}}=\frac{(3l-x)}{2l^3}x^2$$

这就是 $X_1(R_B)$ 的影响线方程,据此可绘出 R_B 的影响线,如图 10.1(e) 所示。

例 10.1　用静力法绘制图 10.1 所示单跨超静定梁的支座反力 M_A 和 Y_A 影响线。

解　(1) 绘制 M_A 时,取基本体系如图 10.2(a) 所示。

(2) 绘制 Y_A 时,取基本体系如图 10.2(b) 所示。

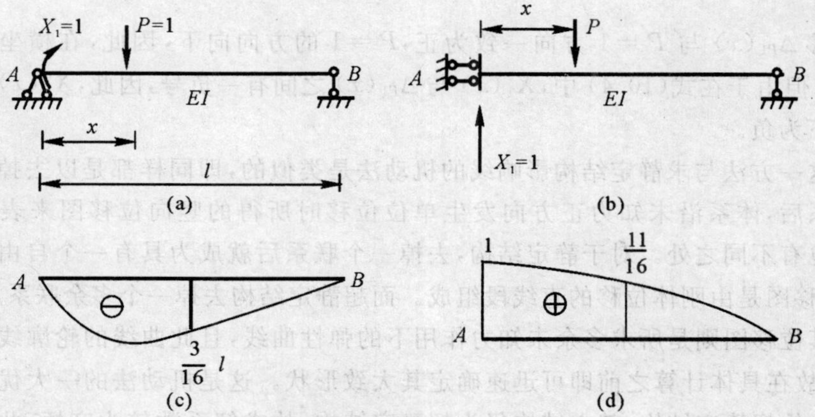

图　10.2

() 基本体系；(b) 基本体系；(c)M_A 影响线；(d)Y_A 影响线

分别通过力法建立影响线方程

$$X_1=M_A=-\frac{x(x-2l)(x-l)}{2l^2}$$

$$X_1=Y_A=\frac{(l-x)(2l^2+2lx-x^2)}{2l^3}$$

据此可绘出 M_A 和 Y_A 的影响线,如图 10.2(c),(d) 所示。

二、机动法

由力法方程 $\delta_{11}X_1+\Delta_{1P}=0$,得

$$X_1=-\frac{\Delta_{1P}}{\delta_{11}} \tag{10.1}$$

式中 Δ_{1P} 为基本结构在单位荷载 $P=1$ 移动到 x 时,引起的沿 X_1 方向的位移。根据位移互等定理,有

$$\Delta_{1P}=\Delta_{P1} \tag{10.2}$$

将式 (10.2) 代入式(10.1),可得

$$X_1=-\frac{\Delta_{P1}}{\delta_{11}} \tag{10.3}$$

这里Δ_{P1}是指基本结构在固定荷载$X_1=1$单独作用时，引起的沿荷载$P=1$作用方向的竖向位移。由于荷载$P=1$是移动的，所以Δ_{P1}是x的函数，因此，X_1也随荷载位置x而变化，即

$$X_1(x)=-\frac{\Delta_{P1}(x)}{\delta_{11}} \tag{10.4}$$

由此可知，$X_1(x)$随着$\Delta_{P1}(x)$的变化而变化，而$\Delta_{P1}(x)$的变化图形就是基本结构在$X_1=1$单独作用时的竖向位移图。这个竖向位移图即代表了$X_1(x)$的变化轮廓，即X_1的影响线的轮廓。

δ_{11}是一个常数，不随荷载位置变化。若假设$\delta_{11}=1$，代入式(10.4)，则

$$X_1(x)=-\Delta_{P1}(x)$$

这表明，基本结构沿$X_1=1$作用方向发生单位虚位移时引起的竖向位移图，就是X_1的影响线。

竖向位移$\Delta_{P1}(x)$与$P=1$方向一致为正，$P=1$的方向向下，因此，在横坐标轴以上的$\Delta_{P1}(x)$为负；但由于在式(10.4)中，$X_1(x)$与$\Delta_{P1}(x)$之间有一负号，因此，$X_1(x)$的影响线在横坐标轴以下为负。

实际上这一方法与求静定结构影响线的机动法是类似的，即同样都是以去掉与所求未知力相应的联系后，体系沿未知力正方向发生单位位移时所得的竖向位移图来表示该影响线的。但两者也有不同之处。对于静定结构，去掉一个联系后就成为具有一个自由度的几何可变体，故其位移图是由刚体位移的直线段组成。而超静定结构去掉一个多余联系后，仍为几何不变体系。其位移图则是所求多余未知力作用下的弹性曲线，且此曲线的轮廓线一般可凭直观勾绘出来，故在具体计算之前即可迅速确定其大致形状。这是机动法的一大优点。对于两次和两次以上的超静定结构，基本结构仍为超静定结构，故求解系数较为麻烦，此处从略。对于影响线纵坐标的计算，也可利用以后学习的矩阵位移法在计算机上求解，十分方便。下面将给出一些连续梁支座反力与内力影响线的轮廓，即去掉相应的约束，并使之发生单位位移或单位相对位移所形成的弹性曲线，分别如图10.3(b)，(c)，(d)，(e)所示。

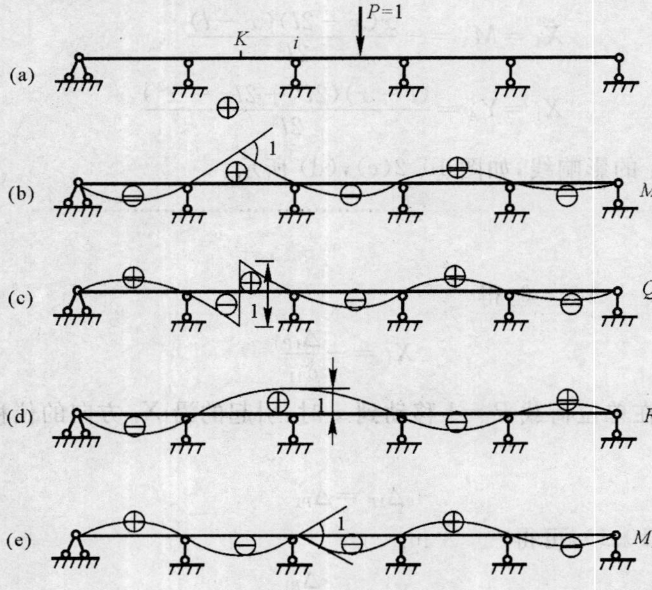

图　10.3

10.2　连续梁的均布荷载最不利位置及包络图

设计连续梁时，可先取足够多的截面，一一作出各截面的内力影响线，然后利用影响线计算在恒载和活载共同作用下各截面的最大、最小内力，最后绘出内力包络图，以此作为设计的依据。此过程与简支梁绘制包络图相似，工作量较大，在此不再详述。

当连续梁所承受的荷载为可动均布荷载（如人群、货物等）时，欲确定某量值的最不利荷载位置，只需绘出该量值的影响线轮廓，问题即不难解决。根据公式 $S=q\omega$ 可知，当均布活载布满对应影响线正号面积的部分时，即为该量值最大值的最不利荷载位置；反之，当均布活载布满对应影响线负号面积的部分时，则为该量值最小值的最不利荷载位置。而连续梁各量值影响线的轮廓，根据前述机动法，一般可凭直观绘出而无需具体计算。图 10.4 所示为一连续梁某些量值影响线的轮廓及其相应的最不利荷载位置的情形。在各量值的最不利荷载位置确定之后，其最大或最小值便容易求得。

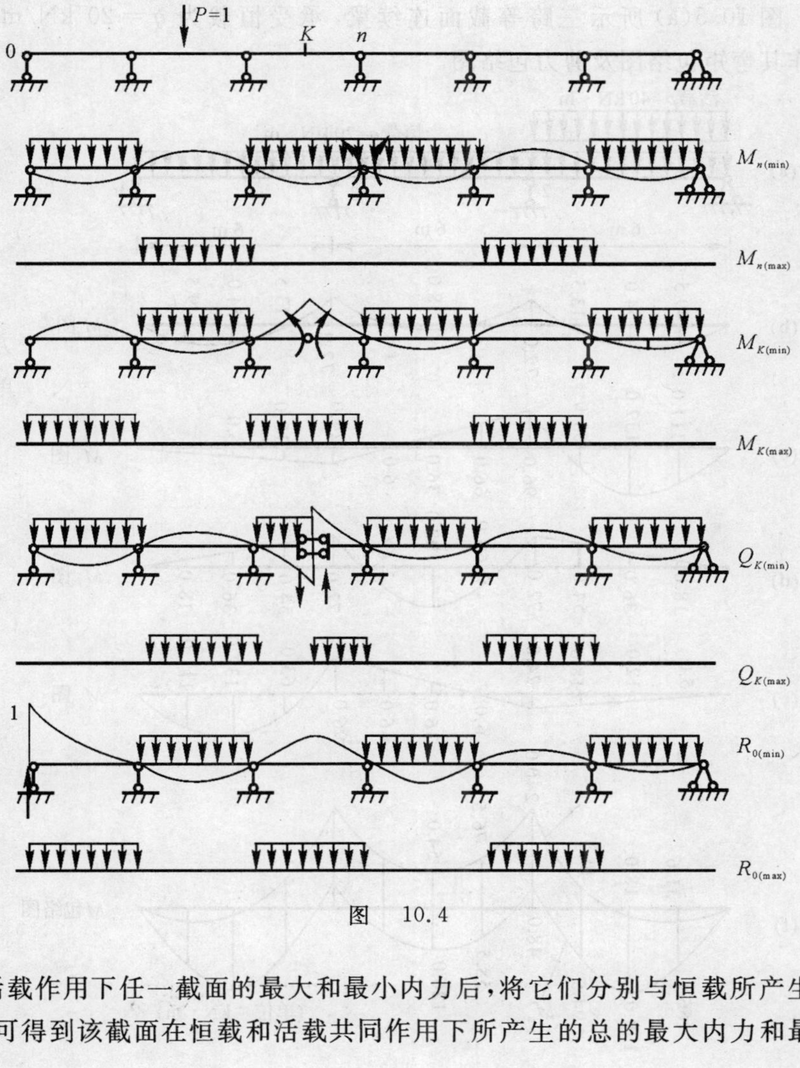

图　10.4

求出了活载作用下任一截面的最大和最小内力后，将它们分别与恒载所产生的该截面的内力相加，即可得到该截面在恒载和活载共同作用下所产生的总的最大内力和最小内力。把梁上各截面的最大内力和最小内力用图形表示出来，就得到连续梁的内力包络图。从图10.4所列的各种情况可以看出，连续梁各截面的内力影响线，大多是在某一跨内不变号的。因此，其相应最大、最小值的最不利荷载位置，大多是在若干跨内布满荷载。这只有少数情况例外，例如剪力 Q_K 影响线在其截面所在跨度内要变号，因此求最大、最小值时在该跨不应满跨加载，但为简便起见，也可将其满跨加载。这是一种近似处理，其误差对工程实际来说一般是容许的。这样，所有截面内力的最不利荷载位置都可以看成在若干跨度内满布荷载。于是各截面的最大、最小的内力计算便可简化。这时，只需把每一跨单独布满活载时的内力图逐一作出，然后对于任一截面，将这些内力图中对应的所有正值相加，便得到该截面在活载作用下的最大内力。同样，若将对应的所有负值相加，便得到该截面在活载作用下的最小内力。再将它们分别与恒载作用时的内力相加，便得到该截面总的最大、最小内力。按此方法算出各个截面的最大、最小内力后，便可据此绘出内力包络图。

包络图在连续梁的设计中是很有用的，它表示了连续梁上各截面弯矩变化的极限情况，据此可合理地选择截面尺寸。在设计钢筋混凝土梁时，它是布置钢筋的重要依据。

例 10.2 图10.5(a)所示三跨等截面连续梁，承受恒载为 $q=20$ kN/m，活载为 $p=40$ kN/m，试作其弯矩包络图及剪力包络图。

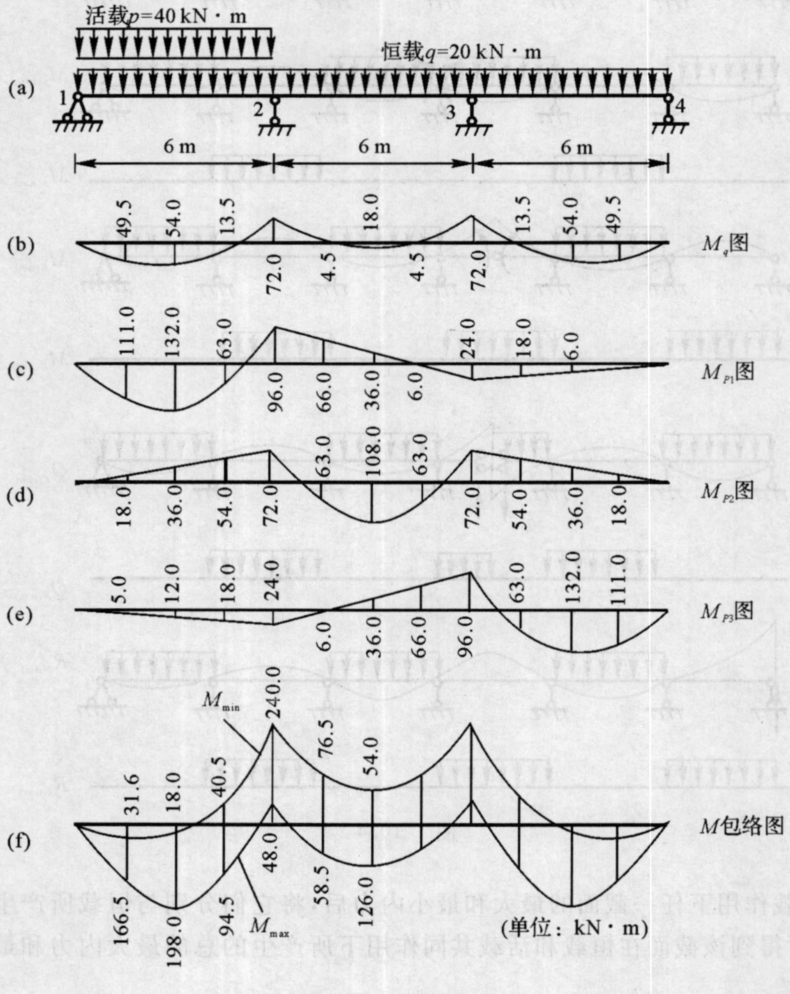

图 10.5

解　首先作出恒载作用下的弯矩图 M_q（见图 10.5(b)）和各跨分别承受活载时的弯矩图 M_{P1}，M_{P2}，M_{P3}（见图 10.5(c)，(d)，(e)）。然后将图 10.5(b) 中的竖标与图 10.5(c)，(d)，(e) 中对应的正（负）值竖标相加，即得最大（小）弯矩值。例如，在支座 2 处，则有

$$M_{2(\max)}=(-72.0)+24.0=-48.0\ \text{kN}\cdot\text{m}$$

$$M_{2(\min)}=(-72.0)+(-96.0)+(-72.0)=-240.0\ \text{kN}\cdot\text{m}$$

现将各跨均分四等分，算出各等分点的最大、最小弯矩值，并分别用曲线相连，即得弯矩包络图，如图 10.5(f) 所示。

为了作出剪力包络图，先分别作出恒载作用下的剪力活载时的剪力图（见图 10.6(b)，(c)，(d)）。然后将图 10.6(a) 的竖标与图 10.6(b)，(c)，(d) 中对应的正（负）值竖标相加，即得最大（小）剪力值。例如，在支座 2 左侧截面上，则有

$$Q_{2左(\max)}=(-72.0)+4=-68.0\ \text{kN}$$

$$Q_{2左(\min)}=(-72.0)+(-136)+(-12)=-220.0\ \text{kN}$$

由于在设计中用到的主要是支座附近截面上的剪力值，因此通常只将各支座两侧截面上的最大、最小剪力值求出，而在每跨中则近似地用直线相连，以此作为所求剪力包络图，如图 10.6(e) 所示。

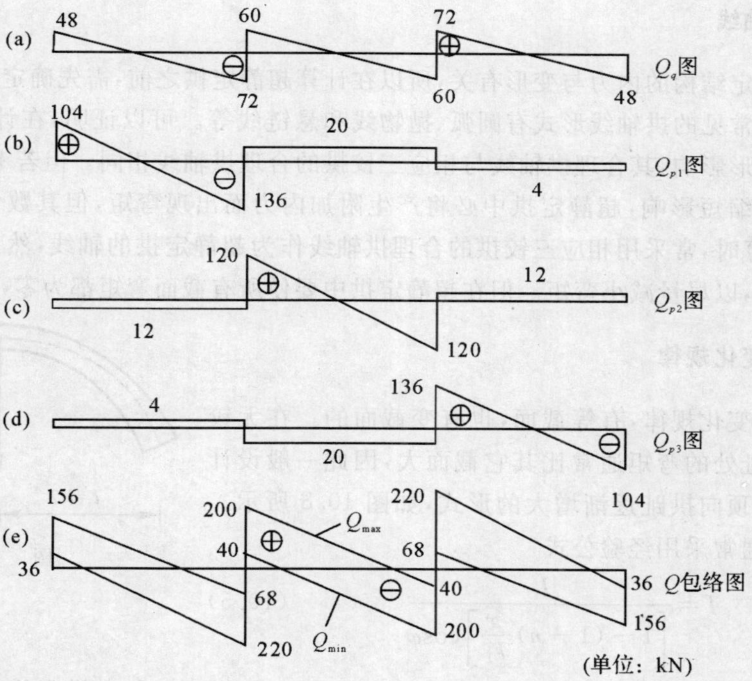

图　10.6

10.3　超静定拱概述

超静定拱是在工程中应用很广泛的一种结构形式。在桥梁方面，常采用钢筋混凝土拱桥和石拱桥（见图 10.7(a)）；在隧道等地下结构中的衬砌也是一种拱式结构（见图 10.7(b)）；在

房屋建筑中，除采用落地式拱顶结构外，通常采用带拉杆的拱式屋架（见图 10.7(c)）。

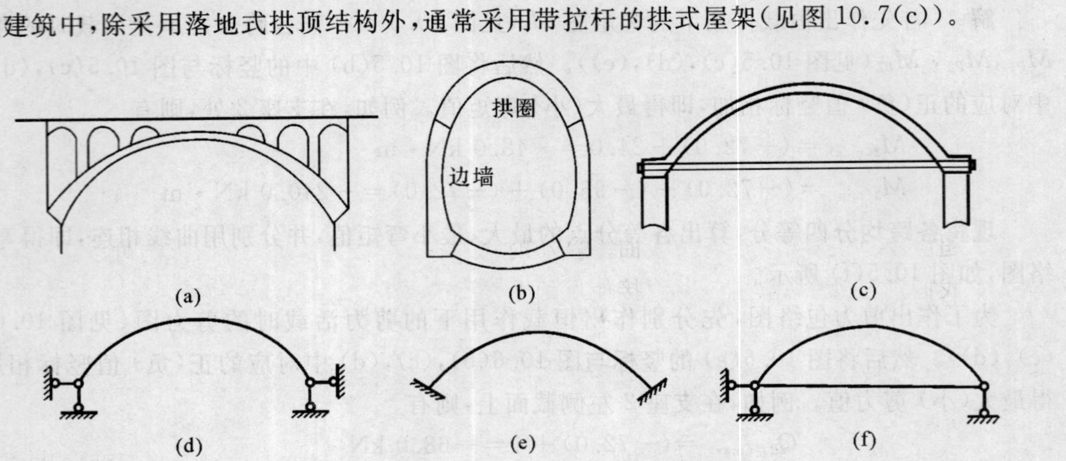

图 10.7

工程中超静定拱多数是对称的两铰拱和无铰拱，计算简图如图 10.7(d)，(e)，(f) 所示。其中，图 10.7(f) 所示为带拉杆的两铰拱。

一、拱的轴线

因为超静定结构的内力与变形有关，所以在计算超静定拱之前，需先确定拱轴线方程与截面变化规律。常见的拱轴线形式有圆弧、抛物线和悬链线等。可以证明，在计算超静定拱时，若忽略轴向变形影响，其合理拱轴线与相应三铰拱的合理拱轴线相同。但若考虑轴向变形，则由于拱轴受压缩短影响，超静定拱中必将产生附加内力而出现弯矩，但其数值通常不大。因此，在初步计算时，常采用相应三铰拱的合理拱轴线作为超静定拱的轴线，然后根据计算结果加以修改调整，以尽量减小弯矩。但在超静定拱中要使所有截面弯矩都为零，是难以做到的。

二、截面变化规律

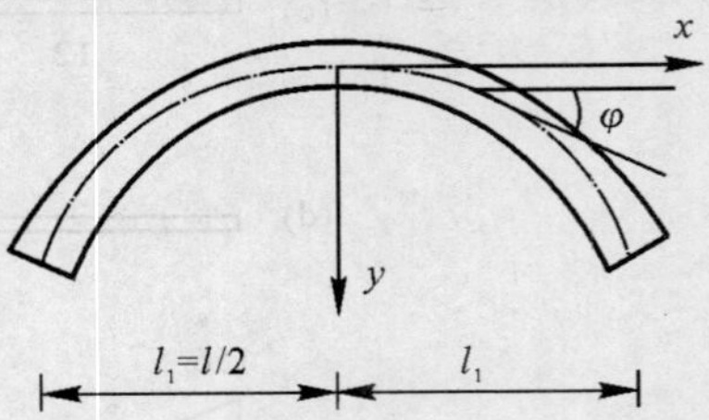

图 10.8

拱截面的变化规律，有等截面，也有变截面的。在无铰拱中，由于拱趾处的弯矩通常比其它截面大，因此一般设计截面采用从拱顶向拱趾逐渐增大的形式，如图 10.8 所示。拱桥设计中，通常采用经验公式

$$I=\frac{I_C}{\left[1-(1-n)\dfrac{x}{l_1}\right]\cos\varphi} \tag{10.5}$$

式中 I 为距拱顶为 x 处截面的惯性矩；φ 为该处拱轴切线的倾角；I_C 为拱顶截面的惯性矩；l_1 为跨度 l 的一半；n 为拱厚变换系数，其范围一般为 $0.25\sim1$。

由式(10.5) 也可以看出 n 愈大，I 愈大，即拱厚变化愈剧烈。当 $n=1$ 时，有

$$I=\frac{I_C}{\cos\varphi} \tag{10.6}$$

此时计算较为简便。若拱截面为 $b\times h$ 的矩形，而宽度 b 不变，则截面高度 h 和截面面积 A 应为

$$h=\frac{h_C}{\sqrt[3]{\cos\varphi}},\quad A=\frac{A_C}{\sqrt[3]{\cos\varphi}}$$

为了简化计算，常近似取

$$A=\frac{A_C}{\cos\varphi} \tag{10.7}$$

这样，在内力计算中所引起的误差通常不超过 1%。

当拱高 $f<\frac{l}{8}$ 时，因 $\cos\varphi\approx 1$，故可近似取 $A=A_C=$ 常数。

在超静定拱的计算中，当轴线曲率较小时，根据计算结果表明，这种影响可以忽略。因此，本章中我们忽略曲率的影响，而直接使用第 8 章所介绍的位移计算公式。

10.4　两铰拱及系杆拱的计算

两铰拱是一次超静定结构（见图 10.9(a)），其弯矩在两端拱趾处为零并逐渐向拱顶增大，截面一般亦相应设计为由拱趾向拱顶逐渐增大的形式。通常采用的变化规律为

$$I=I_C\cos\varphi \tag{10.8}$$

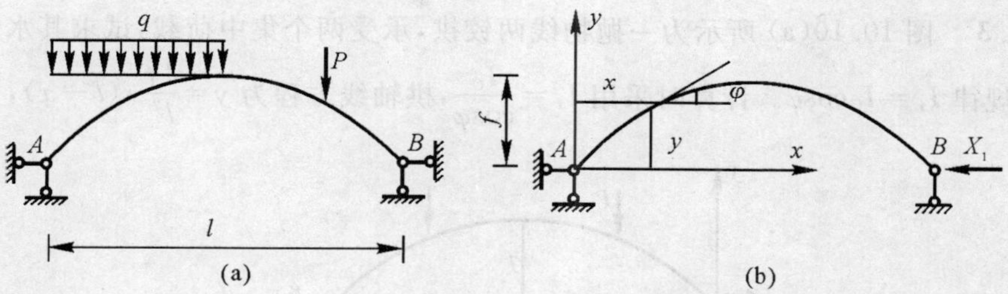

图　10.9

但按这个规律计算很不方便。经验表明，当 $f<\frac{l}{4}$ 时，可以采用式(10.6)，即

$$I=\frac{I_C}{\cos\varphi}$$

这样计算较为简便而结果相差无几。当然，实际制作时采用的截面仍为式(10.8)。取基本结构为图 10.9(b)，取支座 B 的水平支座链杆作为多余约束，则力法方程为

$$\delta_{11}X_1+\Delta_{1P}=0$$

这样计算系数和自由项时一般略去剪力影响，而轴力影响通常仅当 $f<\frac{l}{5}$ 时，才在 δ_{11} 中予以考虑。因此，有

$$\delta_{11}=\int\frac{\overline{M}_1^2}{EI}\mathrm{d}s+\int\frac{\overline{N}_1^2}{EA}\mathrm{d}s$$

$$\Delta_{1P}=\int\frac{\overline{M}_1M_P}{EI}\mathrm{d}s$$

当基本结构在 $X_1=1$ 作用下时，任一截面的弯矩和轴力分别为

$$\overline{M}_1=-y,\quad \overline{N}_1=\cos\varphi$$

基本结构在外荷载作用下，任一截面的弯矩表达式用 M_P 表示。在竖向荷载作用下，简支曲梁任意截面的弯矩与同跨度同荷载的简支水平梁相应截面的弯矩 M^0 彼此相等，即

$$M_P = M^0$$

代入上式，得

$$\delta_{11} = \int \frac{y^2}{EI} ds + \int \frac{\cos^2\varphi}{EA} ds$$

$$\Delta_{1P} = -\int \frac{yM^0}{EI} ds$$

再将 δ_{11} 和 Δ_{1P} 代入力法方程，得

$$X_1 = H = -\frac{\Delta_{1P}}{\delta_{11}} = \frac{\int \frac{yM^0}{EI} ds}{\int \frac{y^2}{EI} ds + \int \frac{\cos^2\varphi}{EA} ds} \tag{10.9}$$

水平推力 H 求出后，内力计算方法和三铰拱完全相同，即

$$\left.\begin{aligned} M &= M^0 - Hy \\ Q &= Q^0 \cos\varphi - H\sin\varphi \\ N &= Q^0 \sin\varphi + H\cos\varphi \end{aligned}\right\} \tag{10.10}$$

例 10.3 图 10.10(a) 所示为一抛物线两铰拱，承受两个集中荷载，试求其水平推力 H。截面变化规律 $I_x = I_C \cos\varphi$。计算时采用 $I_x = \frac{I_C}{\cos\varphi}$，拱轴线方程为 $y = \frac{4f}{l^2}x(l-x)$，且 $f > \frac{l}{5}$。

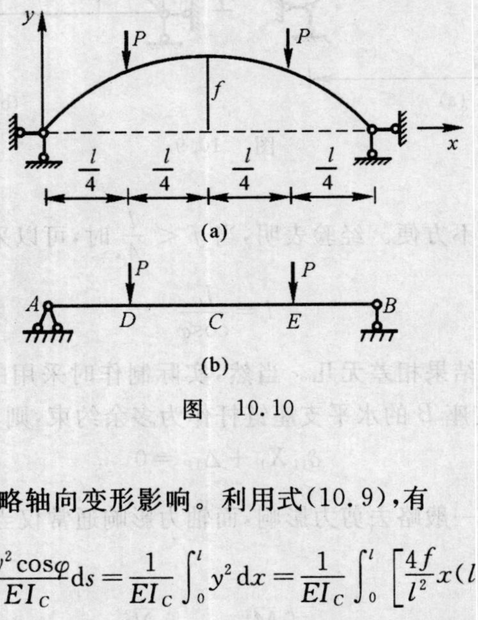

图 10.10

解 因 $f > \frac{l}{5}$，故忽略轴向变形影响。利用式(10.9)，有

$$\delta_{11} = \int_0^l \frac{y^2}{EI} ds = \int_0^l \frac{y^2 \cos\varphi}{EI_C} ds = \frac{1}{EI_C}\int_0^l y^2 dx = \frac{1}{EI_C}\int_0^l \left[\frac{4f}{l^2}x(l-x)\right]^2 dx = \frac{8f^2 l}{15EI_C}$$

计算 Δ_{1P} 时应先求简支梁的弯矩 M^0。如图 10.10(b) 所示，利用结构和荷载的对称性，取一半再乘 2 来计算。

$$M^0 = Px \quad \left(0 < x \leqslant \frac{l}{4}\right)$$

$$M^0 = P\frac{l}{4} \quad \left(\frac{l}{4} < x \leqslant \frac{l}{2}\right)$$

$$\Delta_{1P} = -\int \frac{yM^0 \cos\varphi}{EI_C} ds = -\frac{1}{EI_C}\int_0^l yM^0 dx = -\frac{2}{EI_C}\left[\int_0^{\frac{l}{4}} Pyx\,dx + \int_{\frac{l}{4}}^{\frac{l}{2}} \frac{Pyl}{4} x\,dx\right] = -\frac{19Pfl^2}{128EI_C}$$

将 δ_{11} 和 Δ_{1P} 代入式(10.9)，得

$$H=-\frac{\Delta_{1P}}{\delta_{11}}=\frac{\dfrac{19Pfl^2}{128EI_C}}{\dfrac{8f^2l}{15EI_C}}=0.278\frac{Pl}{f}$$

计算结果表明，水平推力 H 与荷载成正比，与拱的高跨比 $\frac{f}{l}$ 成反比，即在确定荷载作用下，拱愈平坦推力就愈大。

图 10.11 所示两铰桁架拱，中间是实腹部分，两边是桁架部分，组成一次超静定结构。仍取水平推力 X_1 为多余未知力，力法典型方程为

$$\delta_{11}X_1+\Delta_{1P}=0$$

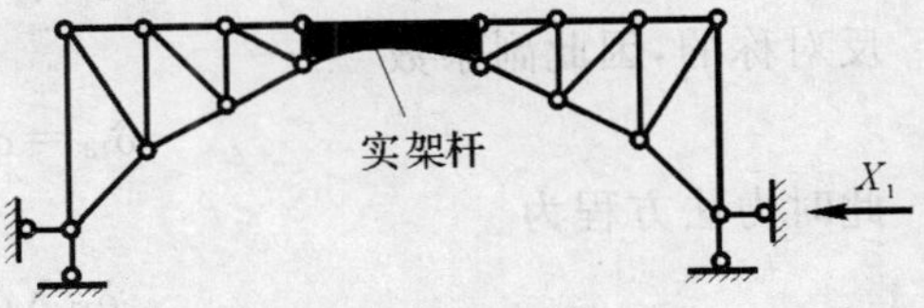

图　10.11

计算 δ_{11} 和 Δ_{1P} 时，桁架部分只有轴力影响，实腹部分只考虑弯矩影响，因此

$$\delta_{11}=\int\frac{\overline{M}_1^2}{EI}\mathrm{d}s+\sum\frac{\overline{N}_1^2}{EA}l$$

$$\Delta_{1P}=\int\frac{\overline{M}_1M_P}{EI}\mathrm{d}s+\sum\frac{\overline{N}_1N_P}{EA}l$$

由于两铰桁架拱自重较轻，对基础压力和推力较小，对基础承载力的要求相对较低。有时为了不把两铰拱的支座推力传给下部的支承结构，可用图 10.12(a) 所示带拉杆的两铰拱。此时拱的水平推力将由拉杆承受而不传到支座上去。如在屋盖结构中，常采取该种形式，基本结构如图 10.12(b) 所示。

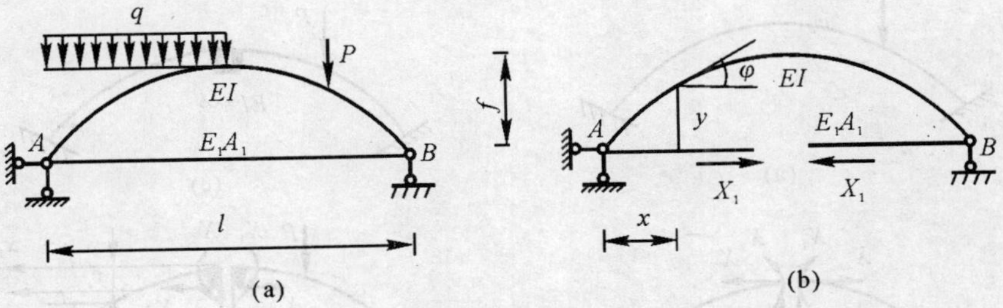

图　10.12

(a) 原结构；(b) 基本结构

典型方程为

$$\delta_{11}X_1+\Delta_{1P}=0$$

式中 δ_{11} 要考虑拉杆的轴向变形影响。

$$\delta_{11}=\int\frac{\overline{M}_1^2}{EI}\mathrm{d}s+\int\frac{\overline{N}_1^2}{EA}\mathrm{d}s+\frac{l}{E_1A_1}$$

$$\Delta_{1P}=\int\frac{\overline{M}_1M_P}{EI}\mathrm{d}s$$

式中 $\frac{l}{E_1A_1}$ 是拉杆在 $X_1=1$ 作用下的轴向变形。

以 $\overline{M}_1=-y$，$\overline{N}_1=\cos\varphi$ 代入上式，即得

$$X_1=-\frac{\Delta_{1P}}{\delta_{11}}=\frac{\int\frac{yM_P}{EI}ds}{\int\frac{y^2}{EI}ds+\int\frac{\cos^2\varphi}{EA}ds+\frac{l}{E_1A_1}} \tag{10.11}$$

由此式可知，具有拉杆的两铰拱的推力要比相应两铰拱的推力小，当 $E_1A_1\to\infty$ 时，则带拉杆拱内力与两铰拱相同。

10.5 对称无铰拱的简化计算方法——弹性中心法

对称无铰拱是工程上常采用的一种形式，如图 10.13(a) 所示。从对称轴处断开，得到基本结构如图 10.13(b) 所示。由于多余约束力中的弯矩 X_1 和轴力 X_2 是正对称的，剪力 X_3 是反对称的，因此副系数

$$\delta_{13}=\delta_{31}=0,\quad \delta_{23}=\delta_{32}=0$$

此时力法方程为

$$\left.\begin{aligned}\delta_{11}X_1+\delta_{12}X_2+\Delta_{1P}=0\\ \delta_{21}X_1+\delta_{22}X_2+\Delta_{2P}=0\\ \delta_{33}X_3+\Delta_{3P}=0\end{aligned}\right\} \tag{10.12}$$

由于 $\delta_{12}=\delta_{21}\neq 0$，此时方程仍需联立求解。

如果能设法使 $\delta_{12}=\delta_{21}$ 也等于零，则方程中所有副系数都为零，计算就更加简化。这可以通过引用“刚臂”的办法来达到目的。

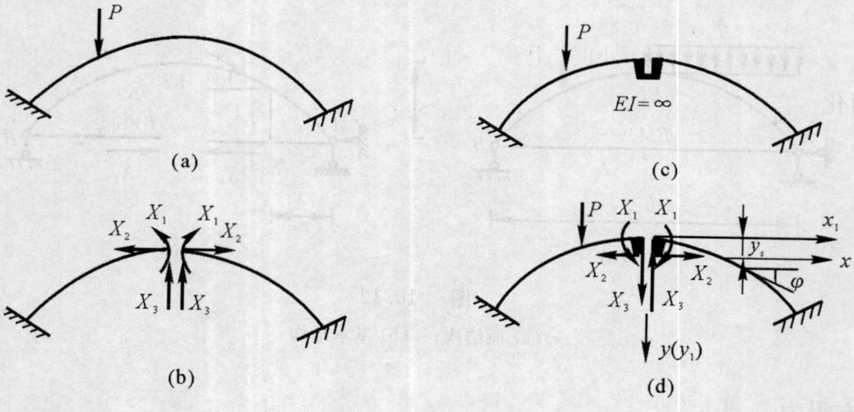

图 10.13

我们可以设想，将图 10.13(a) 所示对称无铰拱沿拱顶截面切开，在切口两边沿对称轴方向引出两个刚度无穷大的伸臂——刚臂，然后在两刚臂下端将其刚结，得到如图 10.13(c) 所示结构。由于刚臂不产生任何变形，因此，在拱顶切口处两边没有任何相对位移。这就保证了此结构与原无铰拱的变形完全一致，所以在计算中可以用它代替原无铰拱。将此结构从刚臂下端切开，取基本体系如图 10.13(d) 所示，它是两个带刚臂的曲梁。利用对称性，此时方程式 (10.12) 仍然适用。只要适当选取刚臂长度，便可以使典型方程中的所有副系数都等于零。

设刚臂长度为 y_s，为了计算刚臂的长度，首先建立参考坐标系 $x_1O_1y_1$。以对称轴的原切口处为坐标原点 O_1，以水平向右作为 x_1 轴的正方向，顺时针转动90° 作为 y_1 轴的正方向。同

时建立以刚臂端点 O 为坐标原点，并规定 x 轴向右为正，y 轴向下为正的坐标系，则 $y_s=y_1-y$。并规定弯矩以使拱内侧受拉为正，剪力以绕隔离体顺时针方向转为正，轴力以压力为正。则当 $X_1=1, X_2=1, X_3=1$ 分别作用基本结构时，各单位多余未知力作用的内力表达式为

$$\begin{cases}\overline{M}_1=1,\ \overline{Q}_1=0,\ \overline{N}_1=0\\ \overline{M}_2=y,\ \overline{Q}_2=\sin\varphi,\ \overline{N}_2=\cos\varphi\\ \overline{M}_3=x,\ \overline{Q}_3=\cos\varphi,\ \overline{N}_3=-\sin\varphi\end{cases}$$

式中 φ 为拱轴线各点切线的倾角，规定切线逆时针转到 x 轴方向为正，故 φ 在右半拱取正，左半拱取负。此时有

$$\delta_{12}=\delta_{21}=\int\frac{\overline{M}_1\overline{M}_2}{EI}\mathrm{d}s+\int\frac{\overline{N}_1\overline{N}_2}{EA}\mathrm{d}s+\int k\frac{\overline{Q}_1\overline{Q}_2}{GA}\mathrm{d}s=\int\frac{\overline{M}_1\overline{M}_2}{EI}\mathrm{d}s+0+0=$$

$$\int\frac{y}{EI}\mathrm{d}s=\int\frac{(y_1-y_s)}{EI}\mathrm{d}s=\int y_1\frac{\mathrm{d}s}{EI}-y_s\int\frac{\mathrm{d}s}{EI}$$

若令 $\delta_{12}=\delta_{21}=0$，则可得到刚臂长度 y_s 为

$$y_s=\frac{\int\frac{y_1}{EI}\mathrm{d}s}{\int\frac{1}{EI}\mathrm{d}s}\qquad(10.13)$$

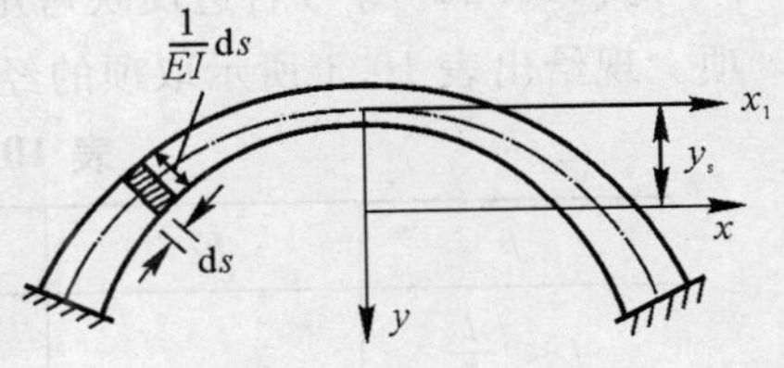

图　10.14

如果设想沿拱轴线作宽度为 $\frac{1}{EI}$ 的图形(见图 10.14)，则 $\frac{1}{EI}\mathrm{d}s$ 就代表此图中的微分面积，式(10.13) 就是针对这个面积的形心计算公式。由于此图形的面积与结构的弹性性质 EI 有关，因此称它为弹性面积，它的形心称为弹性中心，将刚臂引到弹性中心的方法称为弹性中心法。此时力法方程式(10.12) 简化为三个独立方程式

$$\left.\begin{aligned}\delta_{11}X_1+\Delta_{1P}=0\\ \delta_{22}X_2+\Delta_{2P}=0\\ \delta_{33}X_3+\Delta_{3P}=0\end{aligned}\right\}\qquad(10.14)$$

弹性中心法是一种普遍的方法，只要是封闭无铰的三次超静定实体结构均可使用，对于对称结构可以达到简化计算的目的，如图 10.15 所示。

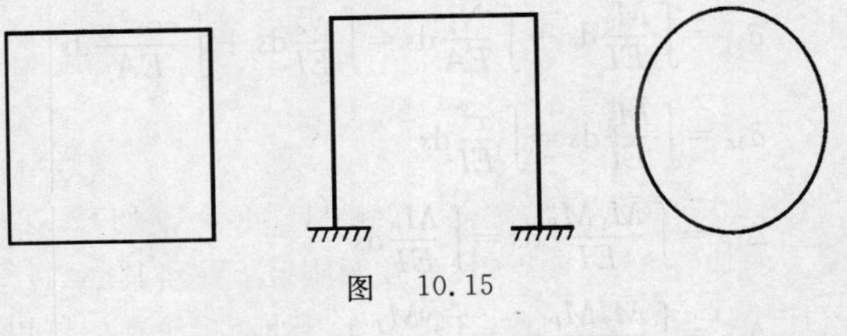

图　10.15

10.6　对称无铰拱在荷载作用下的计算

利用弹性中心法计算对称无铰拱时，根据式(10.14)，多余约束力为

$$\left.\begin{aligned} X_1 &= -\frac{\Delta_{1P}}{\delta_{11}} \\ X_2 &= -\frac{\Delta_{2P}}{\delta_{22}} \\ X_3 &= -\frac{\Delta_{3P}}{\delta_{33}} \end{aligned}\right\} \tag{10.15}$$

由于拱是曲杆，计算系数和自由项时，理应考虑到曲率对变形的影响，但计算结果表明这种影响一般很小，因此，可仍用直杆的位移计算公式来求系数和自由项。

$$\left.\begin{aligned} \delta_{ii} &= \int \frac{\overline{M}_i^2}{EI}\mathrm{d}s + \int \frac{\overline{N}_i^2}{EA}\mathrm{d}s + \int k\frac{\overline{Q}_i^2}{GA}\mathrm{d}s \\ \Delta_{iP} &= \int \frac{\overline{M}_i M_P}{EI}\mathrm{d}s + \int \frac{\overline{N}_i N_P}{EA}\mathrm{d}s + \int k\frac{\overline{Q}_i Q_P}{GA}\mathrm{d}s \end{aligned}\right\} \tag{10.16}$$

式(10.16)等号右边反映弯矩、剪力和轴力的影响，一般在少数情况下才保留轴力和剪力项。现给出表10.1所示取项的经验做法，计算时可作参考。

表 10.1　计算 δ_{ii} 和 Δ_{iP} 需考虑的项

f	h_C	δ_{11}	δ_{22}	δ_{33}	$\Delta_{1P},\Delta_{2P},\Delta_{3P}$
$f<\frac{l}{5}$		M	M,N	M	
$f>\frac{l}{5}$	$h_C>\frac{l}{10}$	M	M,N,Q	M,Q	M
	$h_C<\frac{l}{10}$	M	M	M	

在公路拱桥设计中，通常拱顶截面高度 $h_C<\frac{l}{10}$。实践证明，当拱高 $f<\frac{l}{5}$ 时，计算 δ_{22} 时要考虑轴力的影响。于是可将各系数和自由项的计算公式写为

$$\left.\begin{aligned} \delta_{11} &= \int \frac{\overline{M}_1^2}{EI}\mathrm{d}s = \int \frac{1}{EI}\mathrm{d}s \\ \delta_{22} &= \int \frac{\overline{M}_2^2}{EI}\mathrm{d}s + \int \frac{\overline{N}_2^2}{EA}\mathrm{d}s = \int \frac{y^2}{EI}\mathrm{d}s + \int \frac{\cos^2\varphi}{EA}\mathrm{d}s \\ \delta_{33} &= \int \frac{\overline{M}_3^2}{EI}\mathrm{d}s = \int \frac{x^2}{EI}\mathrm{d}s \\ \Delta_{1P} &= \int \frac{\overline{M}_1 M_P}{EI}\mathrm{d}s = \int \frac{M_P}{EI}\mathrm{d}s \\ \Delta_{2P} &= \int \frac{\overline{M}_2 M_P}{EI}\mathrm{d}s = \int \frac{yM_P}{EI}\mathrm{d}s \\ \Delta_{3P} &= \int \frac{\overline{M}_3 M_P}{EI}\mathrm{d}s = \int \frac{xM_P}{EI}\mathrm{d}s \end{aligned}\right\} \tag{10.17}$$

如果拱轴方程和截面变化规律已知，则式(10.17)中各项可用积分法进行计算。当截面按余弦规律变化，即 $I=\frac{I_C}{\cos\varphi}$，并取 $A=\frac{A_C}{\cos\varphi}$ 时，则有

$$\frac{ds}{I}=\frac{ds\cos\varphi}{I_C}=\frac{dx}{I_C}$$

$$\frac{ds}{A}=\frac{ds\cos\varphi}{A_C}=\frac{dx}{A_C}$$

此时

$$y_s=\frac{\frac{1}{EI_C}\int y_1\,dx}{\frac{1}{EI_C}\int dx}=\frac{\int y_1\,dx}{\int dx}=\frac{\int y_1\,dx}{l} \tag{10.18}$$

$$\left.\begin{aligned} EI_C\delta_{11}&=\int dx=l\\ EI_C\delta_{22}&=\int y^2\,dx+\frac{I_C}{A_C}\int\cos^2\varphi\,dx\\ EI_C\delta_{33}&=\int x^2\,dx\\ EI_C\Delta_{1P}&=\int M_P\,dx\\ EI_C\Delta_{2P}&=\int yM_P\,dx\\ EI_C\Delta_{3P}&=\int xM_P\,dx \end{aligned}\right\} \tag{10.19}$$

δ_{ii} 和 Δ_{iP} 求出后，代入式(10.15)可求得三个多余约束力。将荷载和多余约束力共同作用在基本结构，利用叠加法计算任一截面内力，即

$$\left.\begin{aligned} M&=X_1+yX_2+xX_3+M_P\\ Q&=X_2\sin\varphi+X_3\cos\varphi+Q_P\\ N&=X_2\cos\varphi-X_3\sin\varphi+N_P \end{aligned}\right\} \tag{10.20}$$

式中 M_P，Q_P，N_P 分别为基本结构在荷载作用下该截面的弯矩、剪力、轴力。

当拱轴方程及截面变化规律比较复杂时，积分运算是很困难的，甚至是不可解的。因此，工程上常采用数值积分法 即总和法来进行近似计算。通常可采用梯形法或辛卜生法(即抛物线法)进行计算，现分别介绍如下：

一、梯形法

求定积分 $\int_a^b F\,ds$ 的近似值时，将区间[a, b]等分为 n 个小区间(图 10.16(a))，其长度为 $\Delta s=\frac{b-a}{n}$。设各等分点处的被积函数值为 F_0，F_1，F_2，…，F_n，将每相邻两竖标的顶点连以直线，则有 n 个梯形。取这些梯形面积之和作为上述定积分的近似值，则得梯形公式为

$$\int_a^b F\,ds=\Delta s\left(\frac{1}{2}F_0+F_1+F_2+\cdots+F_{n-1}+\frac{1}{2}F_n\right) \tag{10.21}$$

二、辛卜生法

若使计算结果更为准确，则可采用辛卜生法。此时等分的数目 n 必须为偶数。取 $\frac{n}{2}$ 个抛

物线弧下的面积(见图 10.16(b))作为定积分的近似值,则可得辛卜生公式为

$$\int_a^b F\mathrm{d}s=\frac{\Delta s}{3}[F_0+4(F_1+F_3+\cdots+F_{n-1})+2(F_2+F_4+\cdots+F_{n-2})+F_n] \tag{10.22}$$

上述总和法不仅对于拱结构,而且在变截面梁和刚架的位移计算中也是经常采用的。

显然,按总和法计算时,分段的数目愈多,所得结果就愈精确,但工作量也随着增加。在实用中,一般只需将拱轴分为 8 ～ 12 段,就可得到满意的结果。

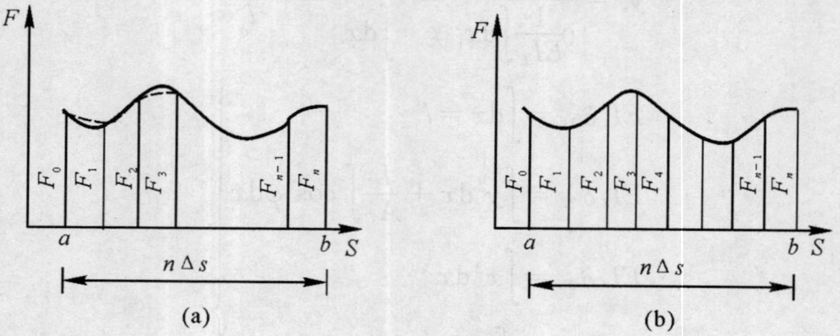

图 10.16

例 10.4 图 10.17(a) 所示对称无铰拱的轴线方程为 $y_1=\frac{4f}{l^2}x^2$。截面为矩形,拱顶截面高度 $h_C=0.6$ m,取宽度 $b=1$ m 来计算。$I=\frac{I_C}{\cos\varphi}$,并取 $A=\frac{A_C}{\cos\varphi}$。试作其内力图。

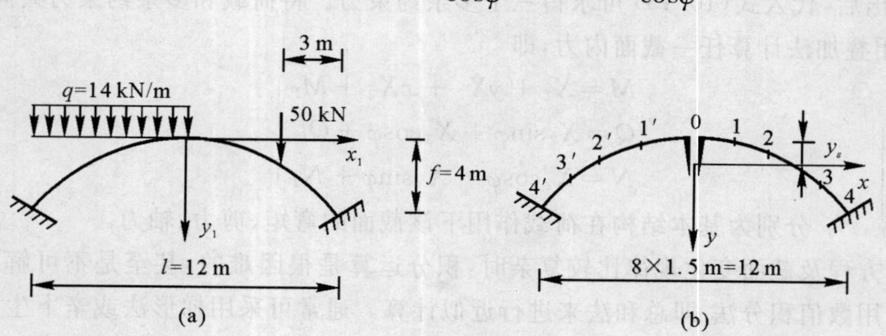

图 10.17

解 (1) 求多余约束力。基本结构如图 10.17(b) 所示。现将拱轴沿跨度分为 8 等份,$\Delta x=1.5$ m。用总和法按辛卜生公式计算,具体步骤如下:

1) 计算拱轴纵坐标。拱轴方程为

$$y_1=\frac{4f}{l^2}x^2=\frac{4\times4}{12^2}x^2=\frac{x^2}{9}$$

算得各分段点的 y_1,列于表 10.2 中。

2) 利用式(10.18) 求弹性中心。

$$y_s=\frac{\int y_1\frac{\mathrm{d}s}{EI}}{\int\frac{\mathrm{d}s}{EI}}=\frac{\frac{1}{EI_C}\int y_1\mathrm{d}x}{\frac{1}{EI_C}\int\mathrm{d}x}=\frac{\frac{1.5}{3}\times[32.00]}{12}=1.33\text{ m}$$

式中

$$\int y_1 \mathrm{d}x = \frac{\Delta x}{3}[4.00 + 4 \times (2.25 + 0.25 + 0.25 + 2.25) + 2 \times (1.00 + 0.00 + 1.00) + 4.00] = \frac{1.5}{3} \times [32.00]$$

其中方括号内的计算列于表 10.2 中。

3) 移轴。以弹性中心为原点，计算各分段点的纵坐标 $y = y_1 - y_s = y_1 - 1.33$，列于表10.2 中。

4) 计算系数和自由项。由式(10.19)，有关数据列于表 10.2 中，可得系数为

$$EI_C\delta_{11} = \int \mathrm{d}x = l = 12$$

$$EI_C\delta_{22} = \int y^2 \mathrm{d}x + \frac{I_C}{A_C}\int \cos^2\varphi \mathrm{d}x = \frac{1.5}{3} \times [34.40] + \frac{0.6^3}{12 \times 0.6} \times \frac{1.5}{3} \times [16.696] = 17.20 + 0.25 = 17.45$$

$$EI_C\delta_{33} = \int x^2 \mathrm{d}x = \frac{1.5}{3} \times [288] = 144$$

表 10.2　几何数据及主系数、自由项的计算

分段点	几何数据						主系数			自由项				求辛卜生总和时乘的系数
	$\frac{x}{\text{m}}$	$\frac{y_1}{\text{m}}$	$\frac{y = y_1 - y_0}{\text{m}}$	$\tan\varphi$	$\sin\varphi$	$\cos\varphi$	$\frac{x^2}{\text{m}^2}$	$\frac{y^2}{\text{m}^2}$	$\cos^2\varphi$	$M_P/(\text{kN}\cdot\text{m})$ $-7x^2$	$M_P/(\text{kN}\cdot\text{m})$ $-50\times(x-3)$	$\frac{xM_P}{\text{kN}}$	$\frac{yM_P}{\text{kN}}$	
4′	−6.0	4.00	2.67	−1.333	−0.800	0.600	36.00	7.13	0.360	−252.0		1 512	−673	1
3′	−4.5	2.25	0.92	−1.000	−0.707	0.707	20.25	0.85	0.500	−141.8		638	−130	4
2′	−3.0	1.00	−0.33	−0.667	−0.555	0.832	9.00	0.11	0.692	−63.0		189	21	2
1′	−1.5	0.25	−1.08	−0.333	−0.316	0.949	2.25	1.17	0.901	−15.8		24	17	4
0	0.0	0.00	−1.33	0.000	0.000	1.000	0.00	1.77	1.000			0	0	2
1	1.5	0.25	−1.08	0.333	0.316	0.949	2.25	1.17	0.901			0	0	4
2	3.0	1.00	−0.33	0.667	0.555	0.832	9.00	0.11	0.692			0	0	2
3	4.5	2.25	0.92	1.000	0.707	0.707	20.25	0.85	0.500		−75.0	−338	−69	4
4	6.0	4.00	2.67	1.333	0.800	0.600	36.00	7.13	0.360		−150.0	−900	−400	1
辛卜生总和		32.00					288	34.40	16.696	−1 458		2 286	−1 759	

以上计算 δ_{22} 中，本例 $\frac{f}{l} = \frac{1}{3} > \frac{1}{5}$，轴向变形对 δ_{22} 的影响只为弯曲变形影响的 $\frac{0.25}{17.20} = 1.45\%$，这一般是可以忽略的。

为了计算自由项，需写出基本结构在荷载作用下 M_P 的表达式

$$M_P = -\frac{1}{2}qx^2 = -7x^2 \qquad -6 \leqslant x \leqslant 0$$

$$M_P = 0 \qquad 0 \leqslant x \leqslant 3$$

$$M_P = -50(x-3) \qquad 3 \leqslant x \leqslant 6$$

$$EI_C\Delta_{1P} = \int M_P \mathrm{d}x = \frac{1.5}{3} \times (-1458) = -729$$

$$EI_C\Delta_{2P}=\int yM_P\,dx=\frac{1.5}{3}\times(-1759)=-879.5$$

$$EI_C\Delta_{1P}=\int xM_P\,dx=\frac{1.5}{3}\times(2286)=1143$$

5) 求出多余约束力。由式(10.15)得

$$X_1=-\frac{\Delta_{1P}}{\delta_{11}}=\frac{729}{12}=60.8\ \text{kN}\cdot\text{m}$$

$$X_2=-\frac{\Delta_{2P}}{\delta_{22}}=\frac{879.5}{17.45}=50.4\ \text{kN}$$

$$X_3=-\frac{\Delta_{3P}}{\delta_{33}}=\frac{1143}{144}=-7.9\ \text{kN}$$

(2) 绘制内力图。由式(10.20)有

$$M=X_1+X_2y+X_3x+M_P=60.8+50.4y-7.9x+M_P$$
$$Q=X_2\sin\varphi+X_3\cos\varphi+Q_P=50.4\sin\varphi-7.9\cos\varphi+Q_P$$
$$N=X_2\cos\varphi-X_3\sin\varphi+N_P=50.4\cos\varphi+7.9\sin\varphi+N_P$$

式中 M_P 已经给出；Q_P 和 N_P 分别为

$$Q_P=qx\cos\varphi=-14x\cos\varphi \qquad -6\leqslant x\leqslant 0$$
$$Q_P=0 \qquad 0\leqslant x\leqslant 3$$
$$Q_P=-P\cos\varphi=-50\cos\varphi \qquad 3\leqslant x\leqslant 6$$
$$N_P=qx\sin\varphi=14x\cos\varphi \qquad -6\leqslant x\leqslant 0$$
$$N_P=0 \qquad 0\leqslant x\leqslant 3$$
$$N_P=P\sin\varphi=50\sin\varphi \qquad 3\leqslant x\leqslant 6$$

计算见表 10.3、表 10.4，绘制内力图(见图 10.18)。

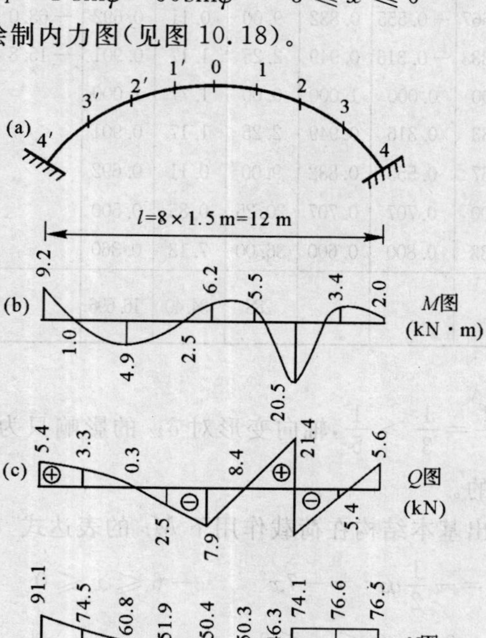

图 10.18

表 10.3　M 图的计算

分段点	坐标 x/m	坐标 y/m	$\frac{X_1}{\text{kN}\cdot\text{m}}$	$\frac{X_2 y}{\text{kN}\cdot\text{m}}$	$\frac{X_3 x}{\text{kN}\cdot\text{m}}$	M_P/(kN·m) $-7x^2$	M_P/(kN·m) $-50(x-3)$	$\frac{M}{\text{kN}\cdot\text{m}}$
4′	−6.0	2.67	60.8	134.6	47.4	−252.0		−9.2
3′	−4.5	0.92	60.8	46.4	35.6	−141.8		1.0
2′	−3.0	−0.33	60.8	−16.6	23.7	−63.0		4.9
1′	−1.5	−1.08	60.8	−54.4	11.9	−15.8		2.5
0	0.0	−1.33	60.8	−67.0	0			−6.2
1	1.5	−1.08	60.8	−54.4	−11.9			−5.5
2	3.0	−0.33	60.8	−16.6	−23.7			20.5
3	4.5	0.92	60.8	46.4	−35.6		−75.0	−3.4
4	6.0	2.67	60.8	134.6	−47.4		−150.0	−2.0

表 10.4　Q 图和 N 图的计算

分段点	$\frac{x}{\text{m}}$	$\sin\varphi$	$\cos\varphi$	$14x$	Q图的计算 $50.4\times\frac{\sin\varphi}{\text{kN}}$	$-7.9\times\frac{\cos\varphi}{\text{kN}}$	Q_P/kN $-14x\times\cos\varphi$	Q_P/kN $-50\times\cos\varphi$	$\frac{Q}{\text{kN}}$	N图的计算 $50.4\times\frac{\cos\varphi}{\text{kN}}$	$7.9\times\frac{\sin\varphi}{\text{kN}}$	N_P/kN $14x\times\sin\varphi$	N_P/kN $50\times\sin\varphi$	$\frac{N}{\text{kN}}$
4′	−6.0	−0.800	0.600	−84.0	−40.3	−4.7	50.4		5.4	30.2	−6.3	67.2		91.1
3′	−4.5	−0.707	0.707	−63.0	−35.6	−5.6	44.5		3.3	35.6	−5.6	44.5		74.5
2′	−3.0	−0.555	0.832	−42.0	−28.0	−6.6	34.9		0.3	41.9	−4.4	23.3		60.8
1′	−1.5	−0.316	0.949	−21.0	−15.9	7.5	19.9		−3.5	47.8	−2.5	6.6		51.9
0	0	0.000	1.000	0	0	−7.9	0		−7.9	50.4	0	0		50.4
1	1.5	0.316	0.949		15.9	−7.5			8.4	47.8	2.5			50.3
2左	3.0	0.555	0.832		28.0	−6.6			21.4	41.9	4.4			46.3
2右	3.0	0.555	0.832		28.0	−6.6		−41.6	−20.2	41.9	4.4		27.8	74.1
3	4.5	0.707	0.707		35.6	−5.6		−35.4	−5.4	35.6	5.6		35.4	76.6
4	6.0	0.800	0.600		40.3	−4.7		−30.0	5.6	30.2	6.3		40.0	76.5

习　　题

10.1　绘出题图 10.1 所示连续梁 $R_B, M_A, M_C, M_K, Q_K, Q_{B左}, Q_{B右}$ 的影响轮廓线。

10.2　绘出题图 10.2 所示连续梁 $R_B, R_F, M_C, M_D, Q_{B左}, Q_{B右}$ 的影响轮廓线。

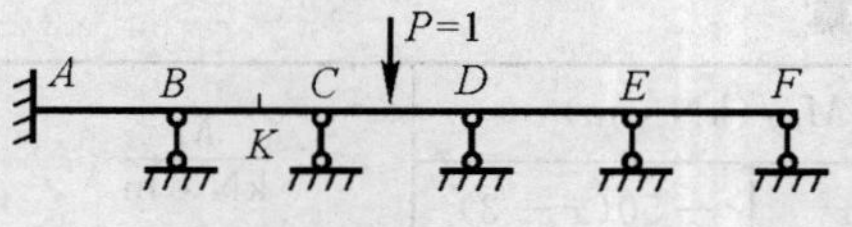

题图　10.1

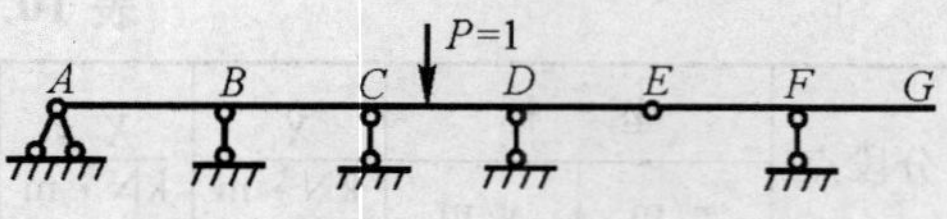

题图　10.2

10.3　变截面抛物线两铰拱的轴线 $y=\dfrac{4f}{l^2}x(l-x)$，$I_x=\dfrac{I_C}{\cos\varphi}$，$EI_C=5\ 000\ \text{kN}\cdot\text{m}^2$，系杆 $E_1A_1=2\times10^5\ \text{kN}$（见题图 10.3）。试求系杆轴力和截面 K 的内力。不计拱中轴向及剪切变形影响。

10.4　抛物线无铰拱的拱轴方程 $y_1=\dfrac{4f}{l^2}x^2$，截面变化规律为 $I=\dfrac{I_C}{\cos\varphi}$，$A=\dfrac{A_C}{\cos\varphi}$，$l=18\ \text{m}$，$f=3\ \text{m}$，拱顶处截面高度 $h_C=0.6\ \text{m}$（见题图 10.4）。考虑轴向变形的影响，试求拱的水平推力，拱顶和拱脚截面内力。

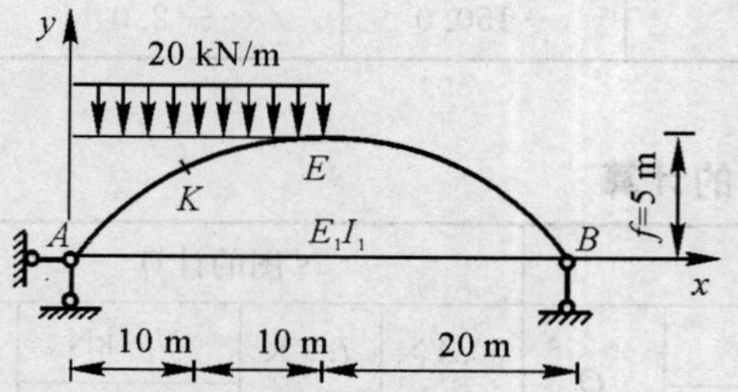

题图　10.3

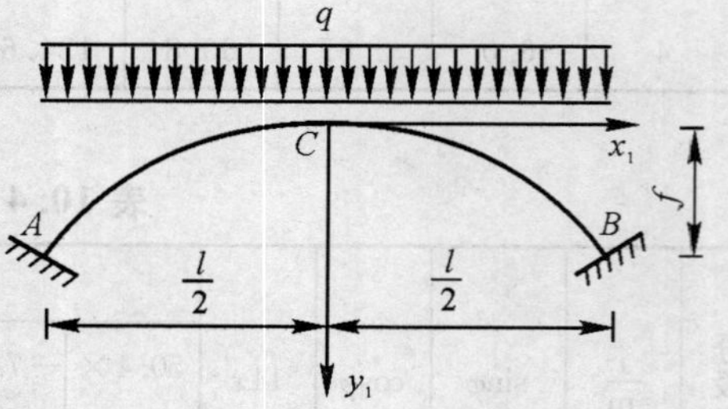

题图　10.4

第11章　位　　移　　法

11.1　概　　述

力法和位移法是分析超静定结构的两种基本方法。用力法计算超静定结构时，是以多余约束力作为基本未知量的。当结构的超静定次数较低时用力法计算很方便。但是，由于钢筋混凝土结构的问世，出现了大量的高次超静定结构，若再用力法计算就显得十分烦琐，于是，就在力法的基础上建立了另一种方法 —— 位移法。

几何不变的结构在一定的外因作用下，其内力与位移之间恒具有一定的关系，确定的内力只与确定的位移相对应。从这点出发，在分析超静定结构时，先设法求出内力，然后即可计算相应的位移，这便是力法；但也可以反过来，先确定某些位移，再据此推求内力，这便是位移法。力法是以多余约束力为基本未知量，通过变形条件建立力法方程，求出未知量后，即可通过平衡条件计算出结构的全部内力。位移法是以结构的结点位移作为基本未知量，通过平衡条件建立位移法方程，求出位移后，即可利用位移和内力之间的关系，求出杆件和结构的内力。

为了说明位移法的基本概念，我们来分析图 11.1(a) 所示刚架。在给定荷载作用下，若忽略杆件轴向变形，可知结点 C 只发生角位移。根据变形连续条件可知，汇交于该结点处的两杆杆端应有相同的角位移 θ_C（假设是顺时针方向的），变形图如图中虚线所示。根据结构的变形情况可知，杆 AC 相当于两端固定的梁，在梁的 C 端发生转角 θ_C；杆 CB 相当于一端固定一端铰支的梁，梁上除了承受荷载 P 以外，在梁的 C 端发生转角 θ_C（见图 11.1(b)，(c)）。以上两种单跨超静定梁的内力均可通过力法求出。若能设法把转角 θ_C 求出来，则两根梁的变形即确定，从而可求出其内力。如何求结点角位移，这正是位移法所要解决的问题。

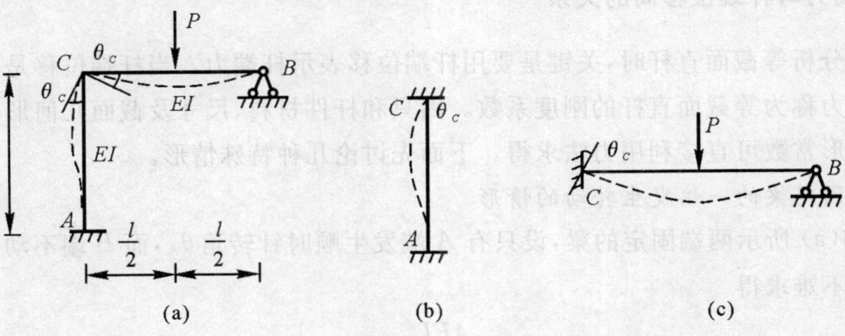

图　11.1

由以上分析可知，在位移法中需要解决以下三个问题。

(1) 首先确定结点位移的数目，即位移法的基本未知量的数目；

(2) 用力法算出单跨超静定梁当杆端发生各种位移以及荷载等因素作用下的内力;

(3) 如何建立求出这些结点位移的方程,即位移法的典型方程。

下面分节详细讨论这三个问题。

11.2 等截面直杆的转角位移方程

由上节讨论知道,位移法的基础是单跨超静定梁的内力分析。为此,先研究单跨超静定梁的杆端力与杆端位移、荷载间的关系。

图 11.2(a) 所示为一两端固定的等截面梁。设杆端 A 和 B 分别发生角位移 θ_A 和 θ_B 以及在垂直于杆轴 AB 的相对线位移 Δ_{AB}(见图 11.2(b)),统称为杆端位移。此时杆端 A 和 B 将对应有弯矩和剪力分别为 M_{AB},M_{BA},Q_{AB} 和 Q_{BA},统称为杆端力。为方便计算,对杆端力和杆端位移的正负号作以下规定。

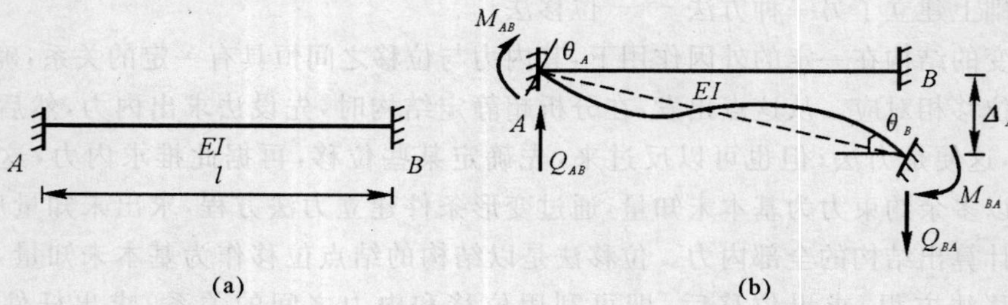

图 11.2

(1) 杆端力。杆端弯矩 M_{AB},M_{BA} 规定以顺时针方向转者为正,反之为负;杆端剪力 Q_{AB},Q_{BA} 规定以绕隔离体顺时针转为正,反之为负。

(2) 杆端位移。杆端角位移 θ_A,θ_B 规定以顺时针转为正;杆两端的相对线位移 Δ_{AB} 规定以使杆产生顺时针方向转者为正。

下面分述杆端力与杆端位移以及杆端力与荷载之间的关系。

一、杆端力与杆端位移间的关系

位移法分析等截面直杆时,关键是要用杆端位移表示杆端力。当杆端位移是单位值时,所得到的杆端力称为等截面直杆的刚度系数。因只和杆件材料、尺寸及截面几何形状有关,也称为形常数。形常数可直接利用力法求得。下面先讨论几种特殊情形。

1. 两端固定梁的一端发生转动的情形

图 11.3(a) 所示两端固定的梁,设只有 A 端发生顺时针转角 θ_A,而 B 端不动。

由力法不难求得

$$\left.\begin{aligned} M_{AB} &= \frac{4EI}{l}\theta_A = 4i\theta_A \\ M_{BA} &= 2i\theta_A \\ Q_{AB} &= Q_{BA} = -\frac{6i}{l}\theta_A \end{aligned}\right\} \tag{11.1}$$

式中 $i=\frac{EI}{l}$ 称为杆件的线刚度。其内力图如图 11.3(b),(c) 所示。

若杆 AB 的 A 端不动,B 端发生顺时针转动 θ_B,类似可得

$$\left.\begin{aligned} M_{AB}&=\frac{2EI}{l}\theta_B=2i\theta_B \\ M_{BA}&=4i\theta_B \\ Q_{AB}&=Q_{BA}=-\frac{6i}{l}\theta_B \end{aligned}\right\} \tag{11.2}$$

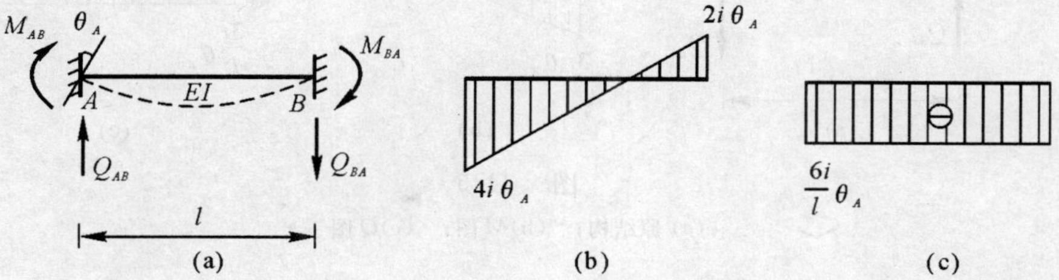

(a) (b) (c)

图 11.3

(a) 原结构; (b)M 图; (c)Q 图

2. 两端固定梁的两端发生相对线位移的情形

如图 11.4(a) 所示,同样可用力法求得

$$\left.\begin{aligned} M_{AB}&=-\frac{6i}{l}\Delta_{AB} \\ M_{BA}&=-\frac{6i}{l}\Delta_{AB} \\ Q_{AB}&=Q_{BA}=\frac{12i}{l^2}\Delta_{AB} \end{aligned}\right\} \tag{11.3}$$

内力图如图 11.4(b),(c) 所示。

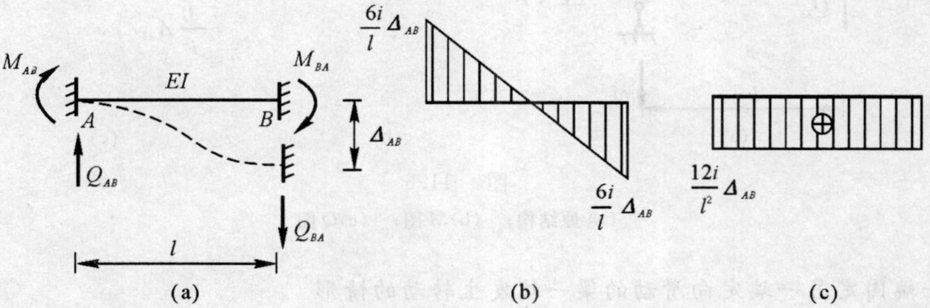

(a) (b) (c)

图 11.4

(a) 原结构; (b)M 图; (c)Q 图

3. 一端固定另一端铰支的梁的固定端发生转动的情形

如图 11.5(a) 所示,由力法求得

$$\left.\begin{aligned} M_{AB} &= 3i\theta_A \\ M_{BA} &= 0 \\ Q_{AB} &= Q_{BA} = -\frac{3i}{l}\theta_A \end{aligned}\right\} \tag{11.4}$$

内力图如图 11.5(b),(c) 所示。

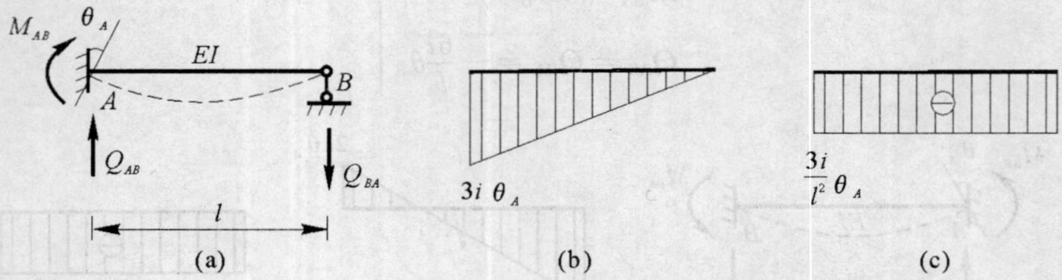

图 11.5

(a) 原结构； (b)M 图； (c)Q 图

4. 一端固定另一端铰支的梁的两端发生相对线位移的情形

如图 11.6(a) 所示,由力法求得

$$\left.\begin{aligned} M_{AB} &= -\frac{3i}{l}\Delta_{AB} \\ M_{BA} &= 0 \\ Q_{AB} &= Q_{BA} = \frac{3i}{l^2}\Delta_{AB} \end{aligned}\right\} \tag{11.5}$$

内力图如图 11.6(b),(c) 所示。

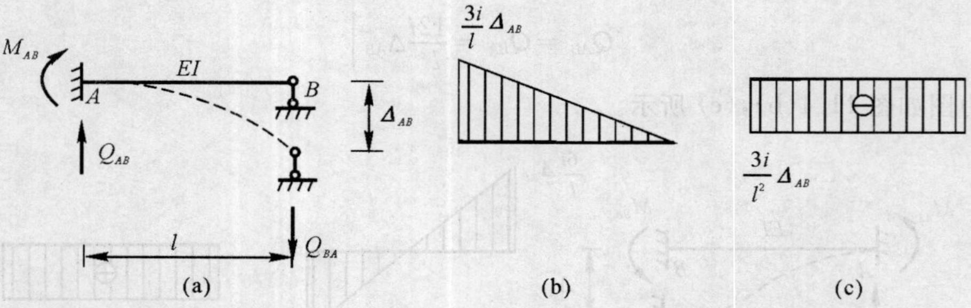

图 11.6

(a) 原结构； (b)M 图； (c)Q 图

5. 一端固定另一端定向滑动的梁一端发生转动的情形

如图 11.7(a) 所示,由力法可得

$$\left.\begin{aligned} M_{AB} &= i\theta_A \\ M_{BA} &= -i\theta_A \\ Q_{AB} &= Q_{BA} = 0 \end{aligned}\right\} \tag{11.6}$$

内力图如图 11.7(b),(c) 所示。

若杆 AB 的 A 端不动,B 端发生顺时针转动 θ_B,类似可得

$$\left.\begin{aligned} M_{AB} &= -i\theta_B \\ M_{BA} &= i\theta_B \\ Q_{AB} &= Q_{BA} = 0 \end{aligned}\right\} \tag{11.7}$$

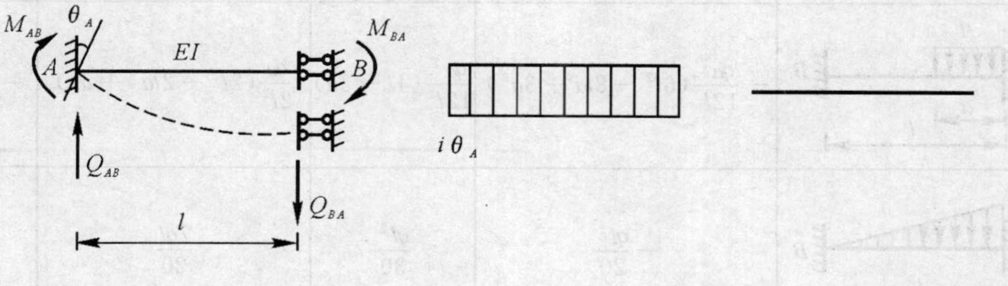

(a)　　(b)　　(c)

图　11.7

(a) 原结构；　(b) M 图；　(c) Q 图

二、杆端力与荷载间的关系

单跨等截面超静定梁，当只受到荷载作用时，所得的杆端力通常称为固端力（包括固端弯矩和固端剪力）。因它们与杆件所受荷载形式有关，也称为载常数。同样，也可用力法求出各种杆的杆端力。

为了以后应用方便，我们把等截面单跨超静定梁在各种不同情况下的杆端力列于表 11.1 中。

表 11.1　等截面直杆的杆端弯矩和剪力

编号	梁的简图	弯矩		剪力	
		M_{AB}	M_{BA}	Q_{AB}	Q_{BA}
1	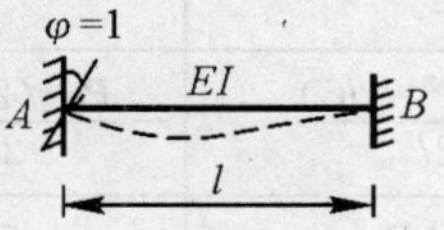	$4i$ $(i=\dfrac{EI}{l}$，下同)	$2i$	$-\dfrac{6i}{l}$	$-\dfrac{6i}{l}$
2	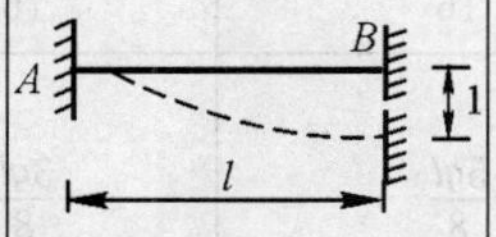	$-\dfrac{6i}{l}$	$-\dfrac{6i}{l}$	$\dfrac{12i}{l^2}$	$\dfrac{12i}{l^2}$
3	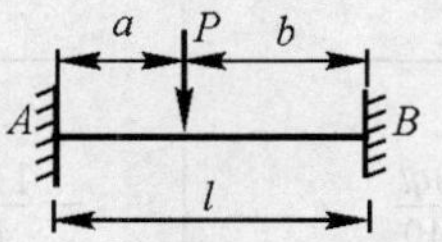	$-\dfrac{Pab^2}{l^2}$	$\dfrac{Pa^2b}{l^2}$	$\dfrac{Pb^2(l+2a)}{l^2}$	$-\dfrac{Pa^2(l+2b)}{l^2}$
		当 $a=b=l/2$ 时，$-\dfrac{Pl}{8}$	$\dfrac{Pl}{8}$	$\dfrac{P}{2}$	$-\dfrac{P}{2}$
4	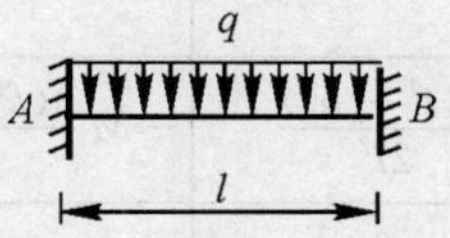	$-\dfrac{ql^2}{12}$	$\dfrac{ql^2}{12}$	$\dfrac{ql}{2}$	$-\dfrac{ql}{2}$

续表

编号	梁的简图	弯矩 M_{AB}	弯矩 M_{BA}	剪力 Q_{AB}	剪力 Q_{BA}
5	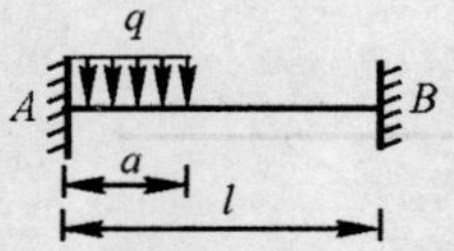	$-\frac{qa^2}{12l^2}(6l^2-8la+3a^2)$	$\frac{qa^2}{12l^2}(4l-3a)$	$\frac{qa}{2l^2}(2l^2-2la^2+a^2)$	$-\frac{qa^2}{2l^2}(2l-a)$
6	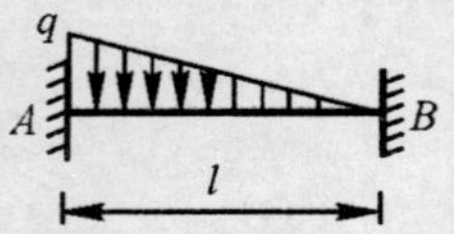	$-\frac{ql^2}{20}$	$\frac{ql^2}{30}$	$\frac{7ql}{20}$	$-\frac{3ql}{20}$
7	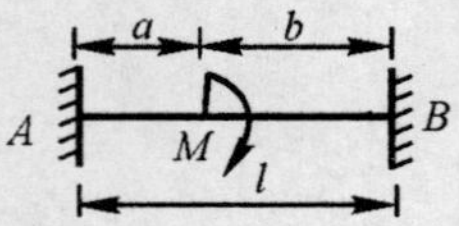	$M\frac{b(3a-l)}{l^2}$	$M\frac{a(3b-l)}{l^2}$	$-M\frac{6ab}{l^2}$	$-M\frac{6ab}{l^2}$
8	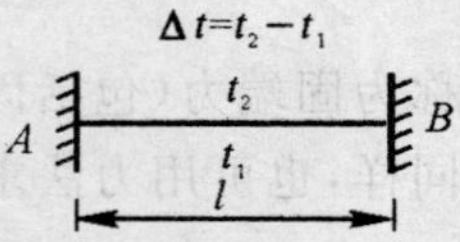	$-\frac{EIa\Delta t}{h}$	$\frac{EIa\Delta t}{h}$	0	0
9	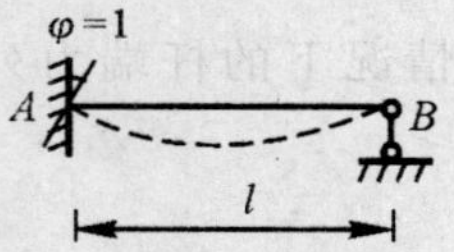	$3i$	0	$-\frac{3i}{l}$	$-\frac{3i}{l}$
10	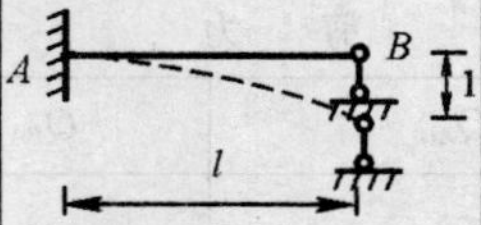	$-\frac{3i}{l}$	0	$\frac{3i}{l^2}$	$\frac{3i}{l^2}$
11	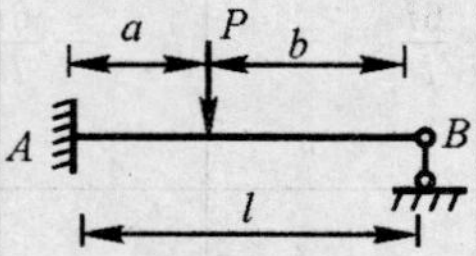	$-\frac{Pab(l+b)}{2l^2}$	0	$\frac{Pb(3l^2-b^2)}{2l^2}$	$-\frac{Pa^2(2l+b)}{2l^2}$
		当 $a=b=l/2$ 时，$-\frac{3Pl}{16}$	0	$\frac{11P}{16}$	$-\frac{5P}{16}$
12	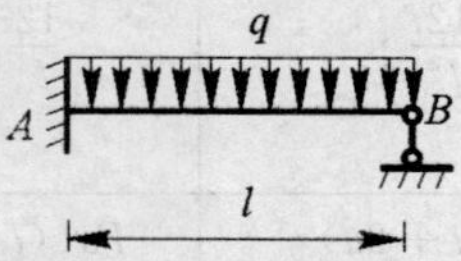	$-\frac{ql^2}{8}$	0	$\frac{5ql}{8}$	$-\frac{3ql}{8}$
13	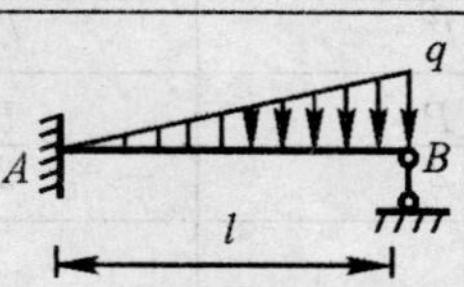	$-\frac{7ql^2}{120}$	0	$\frac{9ql}{40}$	$-\frac{11ql}{40}$
14	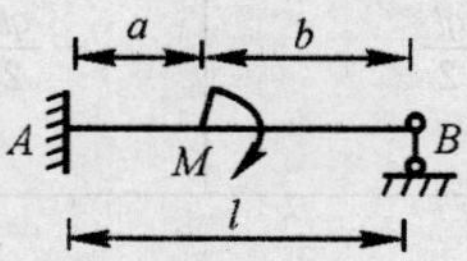	$M\frac{l^2-3b^2}{2l^2}$	0	$-M\frac{3(l^2-b^2)}{2l^2}$	$-M\frac{3(l^2-b^2)}{2l^2}$
		当 $a=l$ 时，$\frac{M}{2}$	$M_{B左A}=M$	$-M\frac{3}{2l}$	$-M\frac{3}{2l}$

续表

编号	梁的简图	弯矩		剪力	
		M_{AB}	M_{BA}	Q_{AB}	Q_{BA}
15	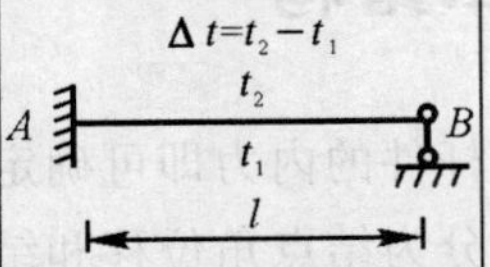	$-\frac{3EIa\Delta t}{2h}$	0	$\frac{3EIa\Delta t}{2hl}$	$\frac{3EIa\Delta t}{2hl}$
16	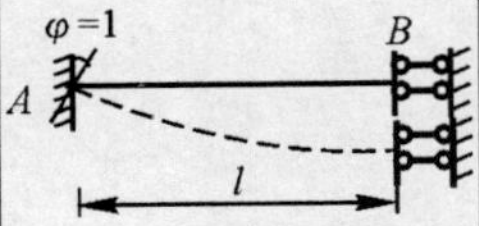	i	$-i$	0	0
17	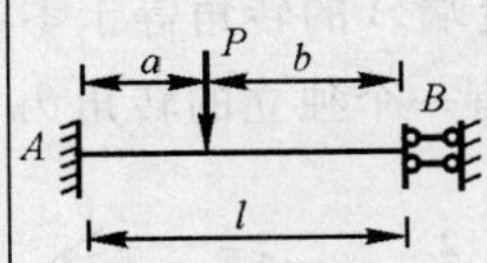	$-\frac{Pa}{2l}(2l-a)$	$-\frac{Pa^2}{2l}$	P	0
		当 $a=\frac{l}{2}$ 时，$-\frac{3Pl}{8}$	$-\frac{Pl}{8}$	P	0
18	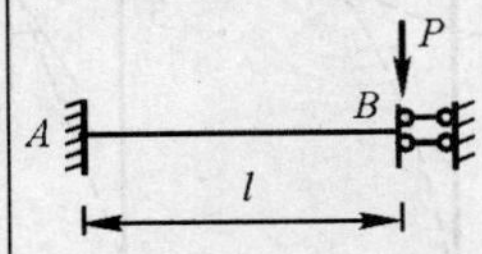	$-\frac{Pl}{2}$	$-\frac{Pl}{2}$	P	$Q_{B左}=P$ $Q_{B右}=0$
19	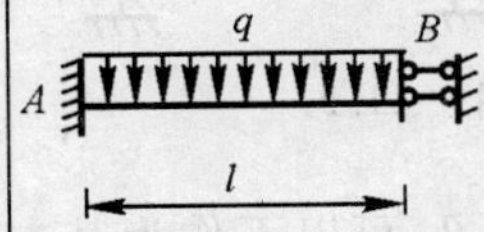	$-\frac{ql^2}{3}$	$-\frac{ql^2}{6}$	ql	0

当超静定梁承受荷载以及支座移动的共同作用时，可以将以上结果进行叠加求得。

对于等截面两端固定梁同时承受已知的杆端位移和荷载的作用，则根据叠加原理可求得杆端弯矩的一般公式为

$$\left.\begin{aligned}M_{AB}&=4i\theta_A+2i\theta_B-\frac{6i}{l}\Delta_{AB}+M_{AB}^g\\M_{BA}&=2i\theta_A+4i\theta_B-\frac{6i}{l}\Delta_{AB}+M_{BA}^g\end{aligned}\right\}\qquad(11.8)$$

式(11.8)称为两端固定等截面直杆的转角位移方程。

对于一端固定另一端铰支的等截面梁，其转角位移方程除利用叠加原理外，也可以由式(11.8)导出。设 B 端为铰支，则根据式(11.8)的第二式，有

$$M_{BA}=2i\theta_A+4i\theta_B-\frac{6i}{l}\Delta_{AB}+M_{BA}^g=0$$

故可求得

$$\theta_B=-\frac{1}{2}\left(\theta_A-\frac{3}{l}\Delta_{AB}+\frac{1}{2i}M_{BA}^g\right)\qquad(11.9)$$

可见，在此情况下 θ_B 为 θ_A 和 Δ_{AB} 的函数，它是不独立的。将式(11.9)代入式(11.8)的第一式中即得一端固定另一端铰支等截面直杆的转角位移方程

$$M_{AB}=3i\left(\theta_A-\frac{1}{l}\Delta_{AB}\right)+M_{AB}^g\qquad(11.10)$$

M^g_{AB},M^g_{BA} 称为固端弯矩,当荷载给定时,它们可由表 11.1 查得。

杆端弯矩求出后,杆端剪力便不难由平衡条件求出,兹不赘述。

11.3 位移法的基本未知量和基本结构

由上述可知,如果结构上每根杆件的杆端位移都已求出,则全部杆件的内力即可确定。因此,在位移法中,就是以结点位移作为基本未知量的。结点位移具体分为结点角位移和结点线位移。下面将分别讨论如何确定结点位移。

一、结点角位移的确定

图 11.8 所示连续梁,在荷载作用下,将产生虚线所示变形。固定端 A 的转角等于零,B 是自由刚结点,可以转动,根据变形连续条件可知,自由刚结点 B 处只有一个独立的转角 θ_B。

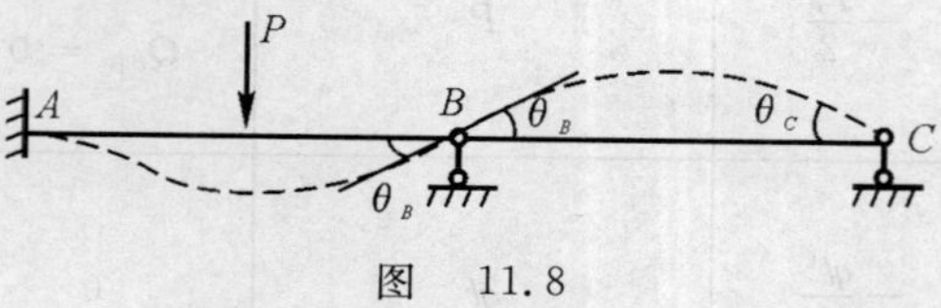

图 11.8

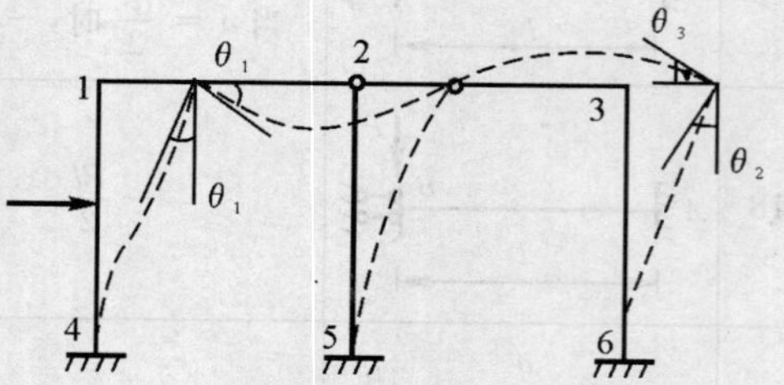

图 11.9

C 是铰结点,C 处转角为 θ_C,已知 $M_{CB}=0$,可知 θ_C 不独立,所以 θ_C 可以不作为基本未知量。因此,取自由刚结点 B 处的角位移 θ_B 作为基本未知量。由上述可知,结点角位移的数目就等于结构上自由刚结点的数目。例如图 11.9 所示刚架,其独立的结点角位移数目为 2。

二、结点线位移的确定

在一般情况下,每个结点均可能有水平线位移和竖向线位移。但是,为了简化计算,通常对于受弯直杆可以忽略其轴向变形,并设其弯曲变形也是微小的,于是可以认为受弯直杆两端之间的距离在变形前后保持不变,从而减少了独立结点线位移的数目。例如图 11.10(a) 所示刚架,A 和 B 是固定端为不动点,且杆 AC,BD 长度又不发生变化,故点 C 和点 D 都没有竖向线位移。而结点 C 和 D 虽有水平线位移,但由于杆 CD 长度不变,结点 C 和 D 的水平线位移应相等。因此,此刚架只有一个独立的结点线位移。

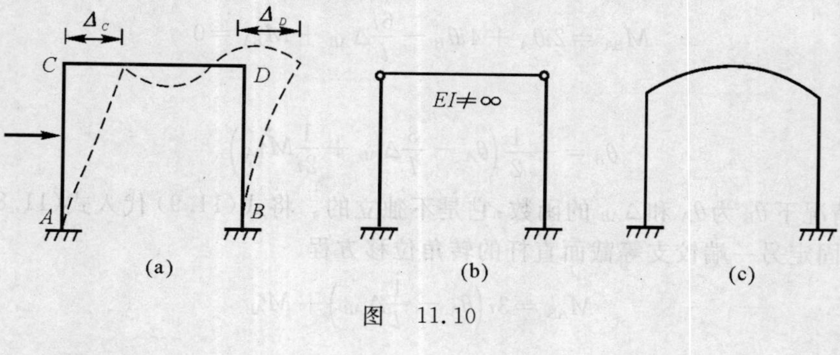

图 11.10

值得指出的是，上述确定独立的结点线位移数目的方法，是以受弯直杆忽略杆的轴向变形后为依据的。对于需要考虑轴向变形的链杆或受弯曲杆，则其两端距离不能看作是不变的。因此，对于图 11.10(b)，(c) 所示两结构，其独立结点线位移的数目均为 2 而不是 1。

由于受弯直杆结构，不考虑杆件长度的变化，因而结点的独立线位移的数目也可以用几何组成分析的方法来确定，即用结点铰化体系来判定。结点铰化体系就是将结构中所有的刚结点（包括固定支座）都改为铰结点，这样，原结构变成为用完全铰连接的体系，我们就称其为结点铰化体系。此结点铰化体系的自由度数就是原结构的独立结点线位移的数目。换句话说，为了使此体系成为几何不变体系而需要增加的最少的支座链杆数就等于原结构的独立结点线位移的数目。例如图 11.11(a) 所示刚架，为了确定独立结点线位移的数目，我们将所有刚结点（含固定支座）都改为铰结点，得到图 11.11(b) 所示结点铰化体系。显然，必须增加两根支座链杆（虚线）后，体系才由几何可变变为几何不变。由此可知，此刚架有两个独立结点线位移。

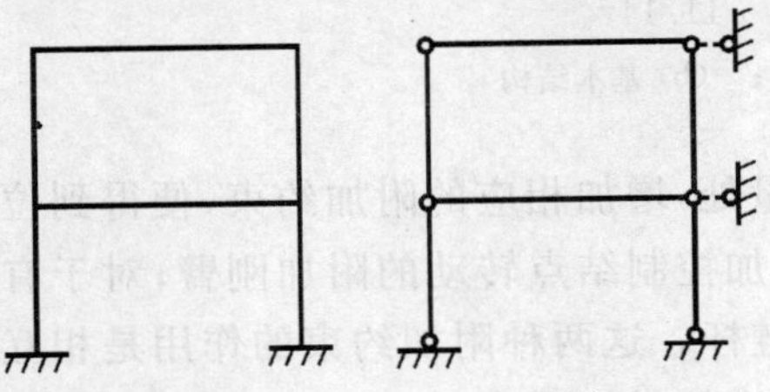

(a)　　(b)

图　11.11

(a) 原结构；(b) 铰化体系

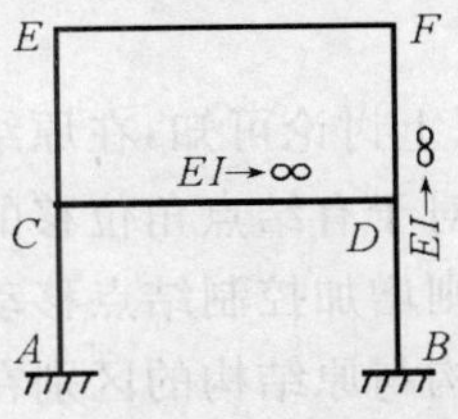

图　11.12

在确定结点位移时，还应注意到杆件抗弯刚度对结点位移的影响。如图 11.12 所示刚架，由于杆 BDF 的 $EI\to\infty$，所以结点 F，D 既无结点角位移也无结点线位移；另外，刚性杆 CD 也限制了点 C 转动，故该结构只有结点 E 有角位移。

总之，用位移法计算时，基本未知量的数目等于结点角位移数和结点线位移数的和。

三、位移法的基本结构

位移法的基本结构是通过增加附加约束将基本未知量完全约束住后，而得到的若干个单跨超静定梁的组合体。

如图 11.13(a) 所示刚架，有两个刚结点 A，B，所以有两个结点角位移 θ_A 和 θ_B，没有结点线位移。因此，可在刚结点 A 和 B 处增加两个控制结点转动的附加约束，用◤符号表示（注意这种约束只能阻止结点的转动，但不限制结点线位移），称为附加刚臂，而得到图 11.13(b) 所示的基本结构。

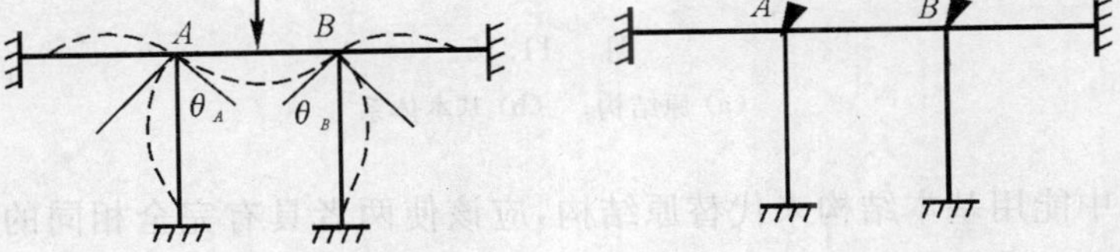

(a)　　(b)

图　11.13

(a) 原结构；(b) 基本结构

又如图11.14(a)所示刚架，其结点角位移数目为4(注意:其中结点2也是刚结点，即杆62与杆32在该处刚结)，结点线位移数目为2，共有6个基本未知量。于是除在有结点角位移的结点上分别加上控制结点转动的附加刚臂外，同时在有结点线位移的结点上沿位移方向分别加控制结点线位移的附加支座链杆，从而得到图11.14(b)所示的基本结构。

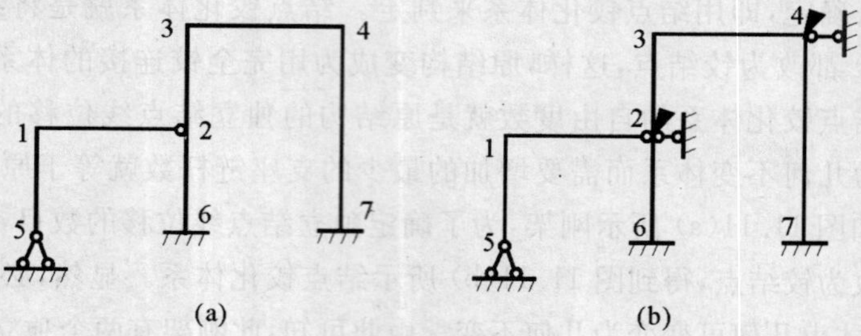

图 11.14

(a) 原结构；(b) 基本结构

通过以上讨论可知，在原结构基本未知量处，增加相应的附加约束，便得到位移法的基本结构。即:对于有结点角位移的刚结点处，增加控制结点转动的附加刚臂；对于有结点线位移的结点处，则增加控制结点移动的附加支座链杆。这两种附加约束的作用是相互独立的。因此，基本结构与原结构的区别在于，增加了人为的附加约束，把原结构变成为若干个单跨超静定梁的组合体。

11.4 位移法的典型方程

一、位移法方程的建立

以图11.15(a)所示刚架为例说明位移法方程的建立。

此刚架只有一个独立的结点角位移Δ_1，在结点1处加附加刚臂，便得到基本结构。

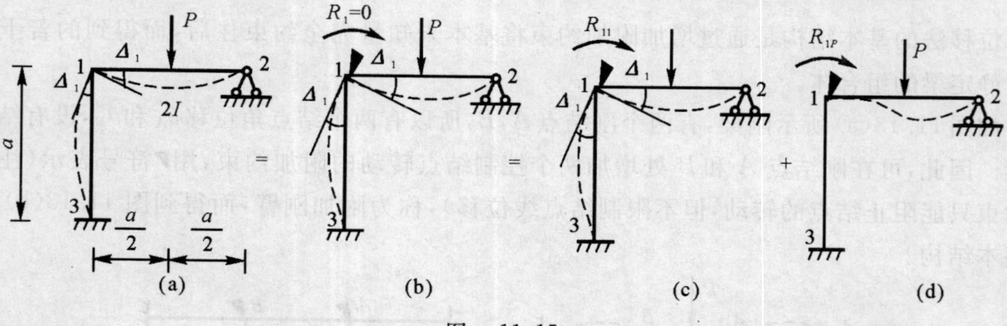

图 11.15

(a) 原结构；(b) 基本体系

为了在计算中能用基本结构来代替原结构，应该使两者具有完全相同的受力和变形。为了使基本结构的变形和受力情况与原结构相同，基本结构除了承受荷载P外，还必须强制附加刚臂发生与原结构相同的结点转角(见图11.15(b))，这样两者的位移和变形就完全一致了。基本结构在荷载和基本未知量即结点位移共同作用下的体系称为基本体系。此时，若基本体系与原结构的位移和受力完全相同，则附加刚臂上的反力矩应等于零。据此便可建立一个方程来求解基本未知量 Δ_1，即

$$R_1=0 \tag{11.11}$$

现在根据使 $R_1=0$ 的条件来建立位移法方程，实质上就是原结构的静力平衡条件。$R_1=0$ 可分解为两种情形的叠加。

(1) 基本结构在基本未知量 Δ_1 单独作用下的计算如图 11.15(c) 所示，使基本结构的结点 1 发生结点角位移 Δ_1，此时，在附加刚臂上将产生反力矩 R_{11}。

(2) 基本结构在荷载单独作用下的计算如图 11.15(d) 所示，这时，结点 1 处于约束状态。基本结构承受原来的荷载 P，此时，在附加刚臂上也将产生反力矩 R_{1P}。

将以上两种情况叠加，基本结构恢复到原结构的状态，即基本结构在 Δ_1 和荷载共同作用下附加刚臂上的反力矩 R_1 应消失。如图 11.15(b) 所示，虽然结点 1 处形式上有附加刚臂但实际上已不起作用，即结点 1 处于放松状态。据上述分析，则有

$$R_1=R_{11}+R_{1P}=0 \tag{11.12}$$

若以 k_{11} 表示由单位位移 $\Delta_1=1$ 所引起的附加刚臂上的反力矩，则式(11.12) 可写为

$$k_{11}\Delta_1+R_{1P}=0 \tag{11.13}$$

式(11.13) 就是求解 Δ_1 的方程，称为位移法方程。

二、位移法的典型方程

对于具有多个基本未知量的结构，仍然可以应用上述思想，建立位移法的方程。

1. 两个基本未知量的位移法方程

以图 11.16(a) 所示刚架为例说明。它在荷载作用下的变形情况如图中虚线所示(刚结点的转角为 Δ_1，结点的独立线位移为 Δ_2)。取基本结构如图 11.16(b) 所示。

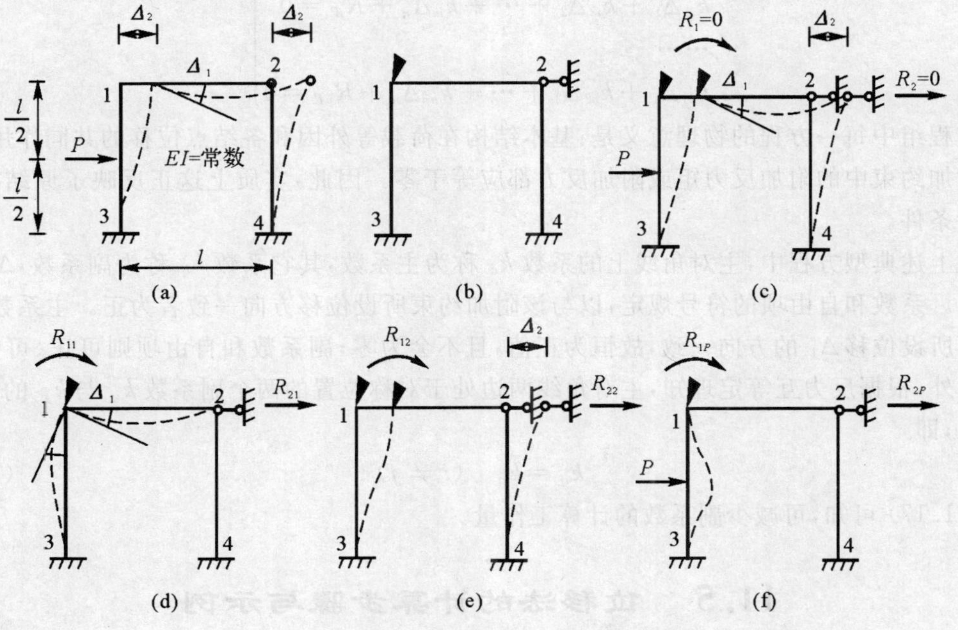

图 11.16

(a) 原结构；(b) 基本结构；(c) 基本体系

为使基本结构的变形和受力情况与原结构相同，除了使它承受相同的荷载 P 以外，还需使其附加约束发生与原结构相同的位移，即使基本结构的结点 1 转动 Δ_1，结点 1，2 沿其位移方向移动 Δ_2（见图 11.16(c)）。通常可用  表示设定方向刚结点的转角，用  表示设定方向的结点线位移）。此时，基本结构在荷载 P 和 Δ_1，Δ_2 的共同作用下，附加刚臂上的反力矩 R_1 和附加支座链杆的反力 R_2 都将自然消失而等于零（见图 11.16(c)）。据此，按叠加原理可建立求解基本未知量 Δ_1 和 Δ_2 的方程，即

$$\left.\begin{aligned} R_1 = R_{11} + R_{12} + R_{1P} = 0 \\ R_2 = R_{21} + R_{22} + R_{2P} = 0 \end{aligned}\right\} \tag{11.14}$$

式中 R_{11}，R_{12} 和 R_{1P} 表示基本结构分别在 Δ_1，Δ_2 和外荷载 P 单独作用时所引起的附加刚臂上的反力矩，如图 11.16(d)，(e)，(f) 所示；R_{21}，R_{22} 和 R_{2P} 表示基本结构分别在 Δ_1，Δ_2 和外荷载 P 单独作用时所引起的附加支座链杆上的反力，如图 11.16(d)，(e)，(f) 所示。

利用线性关系，将 R_{11}，R_{12}… 表示成与 Δ_1，Δ_2 有关的量。将式(11.14) 展开写为

$$\left.\begin{aligned} k_{11}\Delta_1 + k_{12}\Delta_2 + R_{1P} = 0 \\ k_{21}\Delta_1 + k_{22}\Delta_2 + R_{2P} = 0 \end{aligned}\right\} \tag{11.15}$$

式中 k_{11}，k_{21} 表示基本结构在结点角位移 $\Delta_1 = 1$ 单独作用时在附加约束 1 和 2 中产生的反力矩和反力；k_{12}，k_{22} 表示基本结构在结点线位移 $\Delta_2 = 1$ 单独作用时在附加约束 1 和 2 中产生的反力矩和反力。式(11.15) 就是有两个基本未知量的位移法方程。

2. 多个基本未知量的位移法方程

对于具有 n 个基本未知量的结构，用类似的方法，可得位移法方程如下：

$$\left.\begin{aligned} k_{11}\Delta_1 + k_{12}\Delta_2 + \cdots + k_{1n}\Delta_n + R_{1P} = 0 \\ k_{21}\Delta_1 + k_{22}\Delta_2 + \cdots + k_{2n}\Delta_n + R_{2P} = 0 \\ \cdots\cdots \\ k_{i1}\Delta_1 + k_{i2}\Delta_2 + \cdots + k_{in}\Delta_n + R_{iP} = 0 \\ \cdots\cdots \\ k_{n1}\Delta_1 + k_{n2}\Delta_2 + \cdots + k_{nn}\Delta_n + R_{nP} = 0 \end{aligned}\right\} \tag{11.16}$$

方程组中每一方程的物理意义是：基本结构在荷载等外因和各结点位移的共同作用下，每一个附加约束中的附加反力矩或附加反力都应等于零。因此，实质上这正反映了原结构的静力平衡条件。

在上述典型方程中，主对角线上的系数 k_{ii} 称为主系数，其它系数 k_{ij} 称为副系数，Δ_{ip} 称为自由项。系数和自由项的符号规定，以与该附加约束所设位移方向一致者为正。主系数 k_{ii} 的方向与所设位移 Δ_1 的方向一致，故恒为正值，且不会为零；副系数和自由项则可正、可负或为零。此外，根据反力互等定理知，主对角线两边处于对称位置的两个副系数 k_{ij} 与 k_{ji} 的数值是相等的，即

$$k_{ij} = k_{ji} \quad (i \neq j) \tag{11.17}$$

由式(11.17) 可知，可减少副系数的计算工作量。

11.5 位移法的计算步骤与示例

本节通过例题说明用位移法计算超静定结构的全过程。

例 11.1　用位移法计算图 11.17(a) 所示连续梁的内力。$EI=$常数。

解　(1) 基本未知量。此结构在结点 B 处有一个独立的结点角位移，无结点线位移。

(2) 位移法的基本体系如图 11.17(b) 所示。

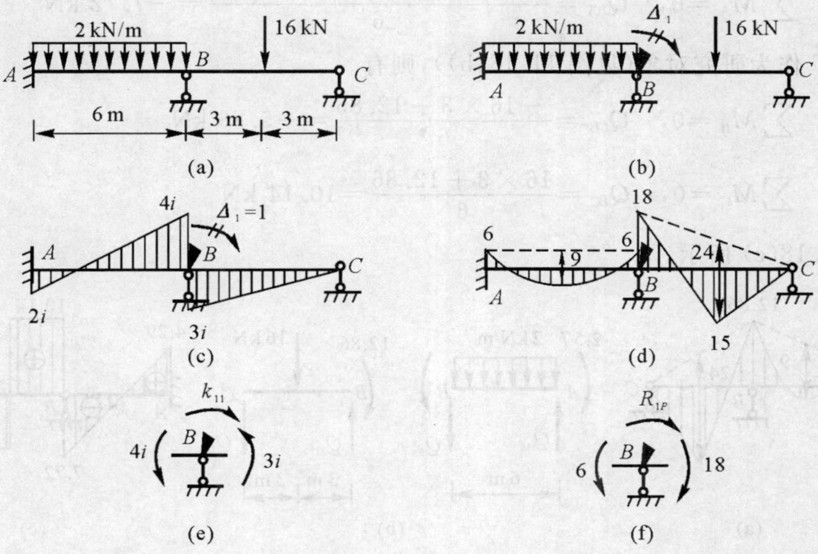

图　11.17

(a) 原结构；(b) 基本体系；(c) $\overline{M}_1$ 图；(d) M_P 图(kN·m)；(e),(f) 隔离体

(3) 根据图 11.17(b)，建立位移法典型方程为

$$k_{11}\Delta_1+R_{1P}=0$$

(4) 计算系数和自由项。根据表 11.1 绘出 $\overline{M}_1$ 图和 M_P 图，如图 11.1 7(c)，(d) 所示。由结点 B 的平衡条件，系数和自由项计算如下：

由图 11.17(e) 刚结点 B 的弯矩平衡 $\sum M_B=0$，可得

$$k_{11}=4i+3i=7i$$

由图 11.17(f) 刚结点 B 的弯矩平衡 $\sum M_B=0$，可得

$$R_{1P}=6-18=-12\ \text{kN}\cdot\text{m}$$

(5) 解位移法方程求基本未知量。将以上系数和自由项代入位移法方程，即

$$7i\Delta_1-12=0$$

得

$$\Delta_1=\frac{12}{7i}=\frac{1.714}{i}$$

(6) 绘 M 图。利用叠加公式 $M=\overline{M}_1\Delta_1+M_P$，计算每一杆端弯矩，则有

$$M_{AB}=2i\Delta_1+M_{AB}^g=2i\times\frac{1.714}{i}-6=-2.57\ \text{kN}\cdot\text{m}$$

$$M_{BA}=4i\Delta_1+M_{BA}^g=4i\times\frac{1.714}{i}+6=12.86\ \text{kN}\cdot\text{m}$$

$$M_{BC}=3i\Delta_1+M_{BC}^g=3i\times\frac{1.714}{i}-18=-12.86\ \text{kN}\cdot\text{m}$$

根据所求出的杆端弯矩，绘最后 M 图(见图 11.18(a))。

(7) 绘 Q 图。以杆 AB 作为研究对象(见图 11.18(b)),则有

$$\sum M_B=0,\quad Q_{AB}=\frac{-12.86+2\times6\times3+2.57}{6}=4.29\ \text{kN}$$

$$\sum M_A=0,\quad Q_{BA}=\frac{-12.86-2\times6\times3+2.57}{6}=-7.72\ \text{kN}$$

以杆 BC 作为研究对象(见图 11.18(b)),则有

$$\sum M_B=0,\quad Q_{CB}=\frac{-16\times3+12.86}{6}=-5.86\ \text{kN}$$

$$\sum M_C=0,\quad Q_{BC}=\frac{16\times3+12.86}{6}=10.14\ \text{kN}$$

Q 图如图 11.18(c) 所示。

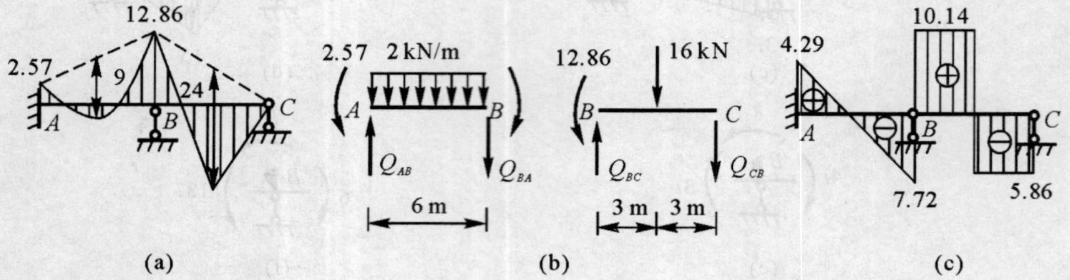

图 11.18

(a)M 图(kN·m); (b) 隔离体; (c)Q 图(kN)

通过以上例题,可将位移法的一般计算步骤归纳如下:

(1) 确定基本未知量,即独立的结点角位移和线位移的数目。

(2) 建立位移法的基本体系。在有结点位移的结点上增加附加约束,并标出正向未知结点位移,即形成了位移法的基本体系。

(3) 建立位移法的典型方程。根据位移法的基本结构在所有结点位移和外荷载共同作用下,各附加约束上的反力矩或反力均等于零的条件,即可建立位移法的典型方程。

(4) 计算方程中的系数和自由项。利用表 11.1 绘出基本结构在各单位结点位移和荷载等外因作用下的弯矩图,由平衡条件求出各系数和自由项。

(5) 解位移法方程。求出作为基本未知量的各结点位移。

(6) 绘制最后弯矩图。根据叠加原理,即可求出各杆端弯矩,绘制最后弯矩图;再根据弯矩图可绘出剪力图。

例 11.2 用位移法作图 11.19(a) 所示刚架的弯矩图。

解 (1) 确定基本未知量。此刚架有一个刚结点 C,所以有一个结点角位移,没有结点线位移。

(2) 位移法的基本体系如图 11.19(b) 所示。

(3) 根据图 11.19(b),建立位移法方程为

$$k_{11}\Delta_1+R_{1P}=0$$

(4) 计算系数和自由项。查表绘出 $\overline{M}_1$ 图和 M_P 图,如图 11.19(c),(d) 所示。在绘制 M_P 图时,根据表格利用了对称性。根据刚结点的平衡条件,计算系数和自由项。

由图 11.19(e) 所示结点 C 的平衡方程 $\sum M_C=0$,得

$$k_{11}=6i+4i+6i=16i$$

由图 11.19(f) 刚结点 C 的弯矩平衡 $\sum M_C=0$，得

$$R_{1P}=8-12=-4\ \text{kN}\cdot\text{m}$$

(5) 解位移法方程求基本未知量。将以主系数和自由项代入位移法方程，即

$$16i\Delta_1-4=0$$

得

$$\Delta_1=\frac{1}{4i}$$

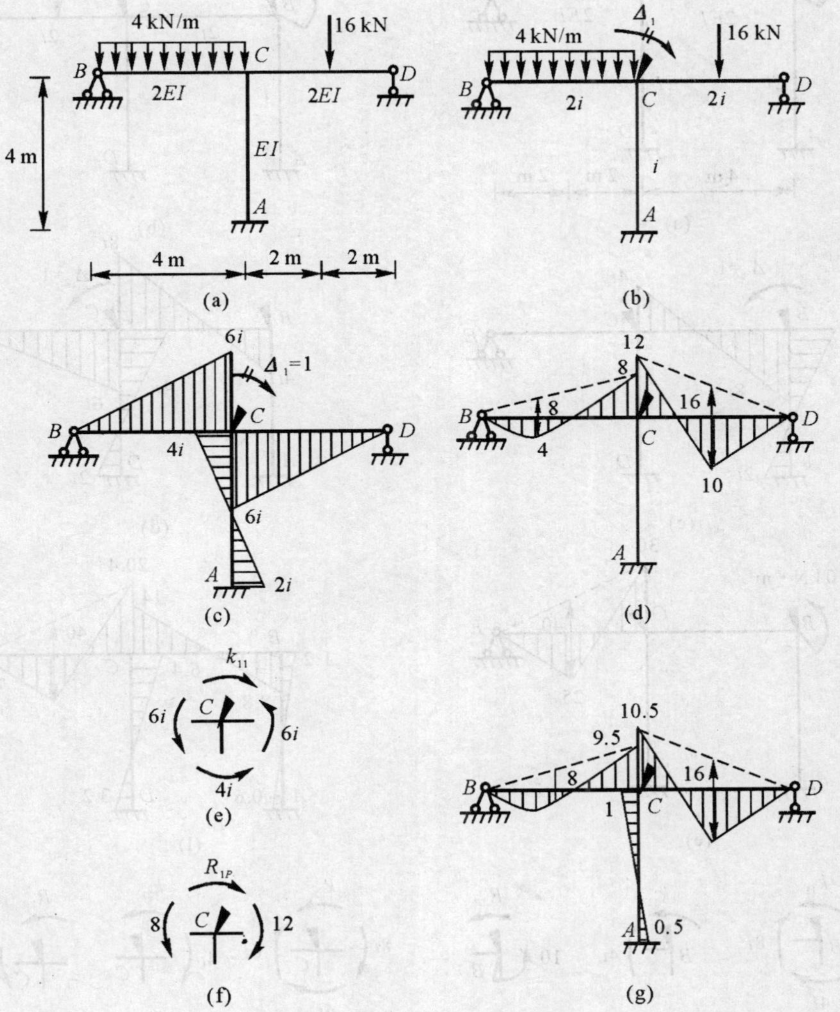

图 11.19

(a) 原结构； (b) 基本体系； (c) $\overline{M}_1$ 图； (d) M_P 图(kN·m)； (g) M 图(kN·m)； (e),(f) 隔离体

(6) 绘 M 图。利用叠加公式 $M=\overline{M}_1\Delta_1+M_P$，计算每一杆端弯矩，则有

$$M_{CA}=4i\Delta_1+M_{CA}^g=4i\times\frac{1}{4i}+0=1\ \text{kN}\cdot\text{m}$$

$$M_{AC}=2i\Delta_1+M_{AC}^g=2i\times\frac{1}{4i}+0=0.5\ \text{kN}\cdot\text{m}$$

$$M_{CB}=6i\Delta_1+M_{CB}^{g}=6i\times\frac{1}{4i}+8=9.5\ \text{kN}\cdot\text{m}$$

$$M_{CD}=6i\Delta_1+M_{CD}^{g}=6i\times\frac{1}{4i}-12=10.5\ \text{kN}\cdot\text{m}$$

根据所求出的杆端弯矩，绘最后 M 图(见图 11.19(g))。

例 11.3 试用位移法计算图 11.20(a) 所示刚架，并绘 M 图。

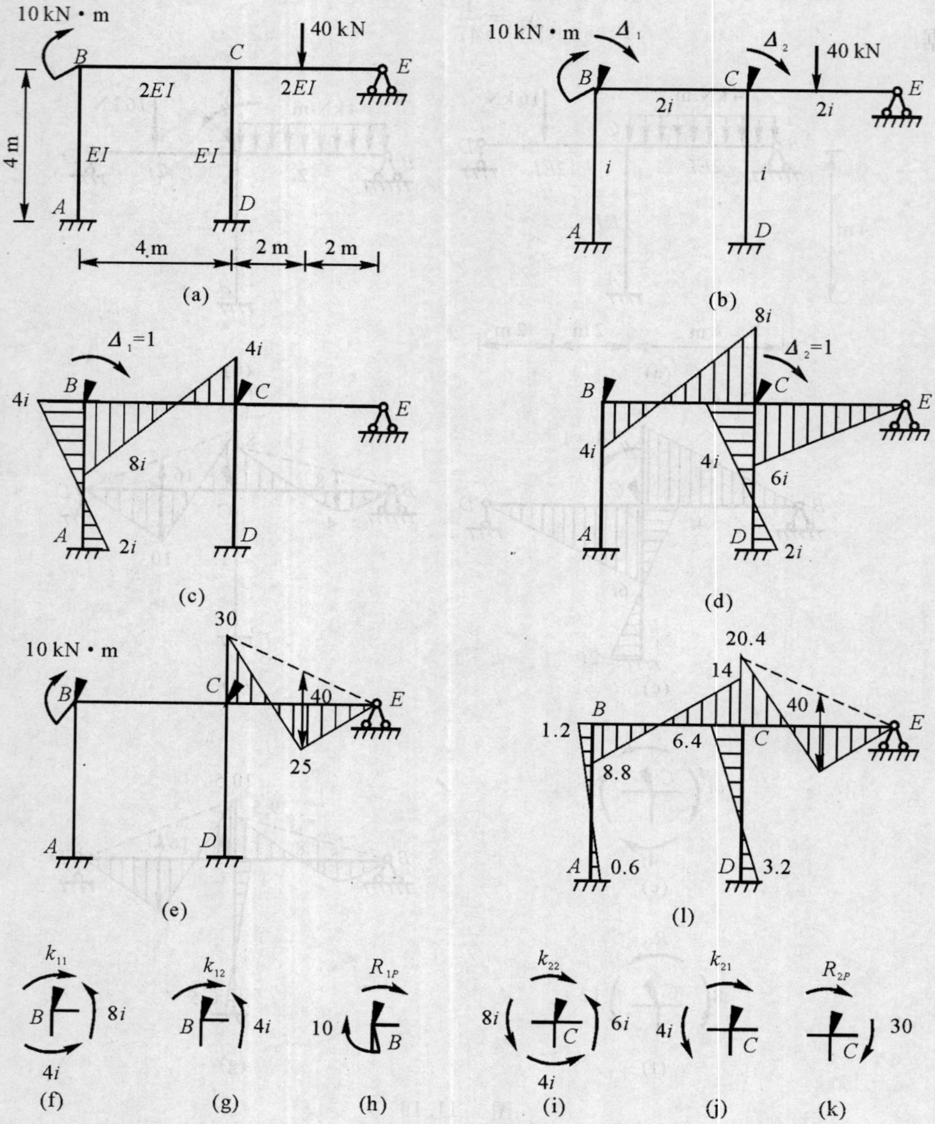

图 11.20

(a) 原结构； (b) 基本体系； (c)$\overline{M}_1$ 图； (d)$\overline{M}_2$ 图； (e)M_P 图； (f)M 图； (g) ～ (l) 隔离体

解 (1) 此刚架具有两个刚结点 B 和 C，有两个结点角位移，没有结点线位移。

(2) 位移法基本体系如图 11.20(b) 所示。

(3) 建立位移法方程为

$$\begin{cases}k_{11}\Delta_1+k_{12}\Delta_2+R_{1P}=0\\k_{21}\Delta_1+k_{22}\Delta_2+R_{2P}=0\end{cases}$$

(4) 计算系数和自由项。查表绘出 $\overline{M}_1$ 图、$\overline{M}_2$ 图和 M_P 图，如图 11.20(c)，(d)，(e) 所示。根据刚结点的平衡条件，计算系数和自由项。

根据刚结点 B 的弯矩平衡方程（见图 11.20(f)，(g)，(h)），得

$$k_{11}=12i,\quad k_{12}=4i,\quad R_{1P}=-10\ \text{kN}\cdot\text{m}$$

根据刚结点 C 的弯矩平衡方程（见图 11.20(i)，(j)，(k)），得

$$k_{21}=4i,\quad k_{22}=18i,\quad R_{2P}=-30\ \text{kN}\cdot\text{m}$$

(5) 联立位移法方程求基本未知量。将以上系数和自由项代入位移法方程，即

$$\begin{cases}12i\Delta_1+4i\Delta_2-10=0\\4i\Delta_1+18i\Delta_2-30=0\end{cases}$$

解之得

$$\Delta_1=\frac{3}{10i},\quad \Delta_2=\frac{8}{5i}$$

(6) 绘 M 图。利用叠加公式 $M=\overline{M}_1\Delta_1+\overline{M}_2\Delta_2+M_P$ 计算每一杆端弯矩值，从而绘出图 11.20(l) 所示的弯矩图。

以上例题均是无结点线位移，故称为无侧移结构。下面分析有结点线位移的有侧移刚架。

例 11.4 试用位移法计算图 11.21(a) 所示刚架，并绘 M 图。$EI=$ 常数。

解 (1) 此刚架具有一个结点角位移，同时还有一个独立结点线位移。

(2) 位移法的基本体系如图 11.21(b) 所示。

(3) 建立位移法方程为

$$\begin{cases}k_{11}\Delta_1+k_{12}\Delta_2+R_{1P}=0\\k_{21}\Delta_1+k_{22}\Delta_2+R_{2P}=0\end{cases}$$

(4) 计算系数和自由项。查表绘出 $\overline{M}_1$ 图、$\overline{M}_2$ 图和 M_P 图，如图 11.21(c)，(d)，(e) 所示。根据刚结点和的平衡条件，计算系数和自由项。

根据刚结点 C 的弯矩平衡方程，得

$$k_{11}=16i,\quad k_{12}=k_{21}=-\frac{6i}{l},\quad R_{1P}=-12\ \text{kN}\cdot\text{m}$$

并由图 11.21(f)，(g) 所示隔离体的投影平衡方程 $\sum X=0$，得

$$k_{22}=\frac{12i}{l^2},\quad R_{2P}=0$$

(5) 联立位移法方程求基本未知量。将以上系数和自由项代入位移法方程，即

$$\begin{cases}16i\Delta_1-\dfrac{6i}{l}\Delta_2-12=0\\-\dfrac{6i}{l}\Delta_1+\dfrac{12i}{l^2}\Delta_2=0\end{cases}$$

解之得

$$\Delta_1=\frac{12}{13i},\quad \Delta_2=\frac{6l}{13i}$$

(6) 绘 M 图。利用叠加公式 $M=\overline{M}_1\Delta_1+\overline{M}_2\Delta_2+M_P$，计算每一杆端弯矩值，从而绘出图 11.21(h) 所示的弯矩图。

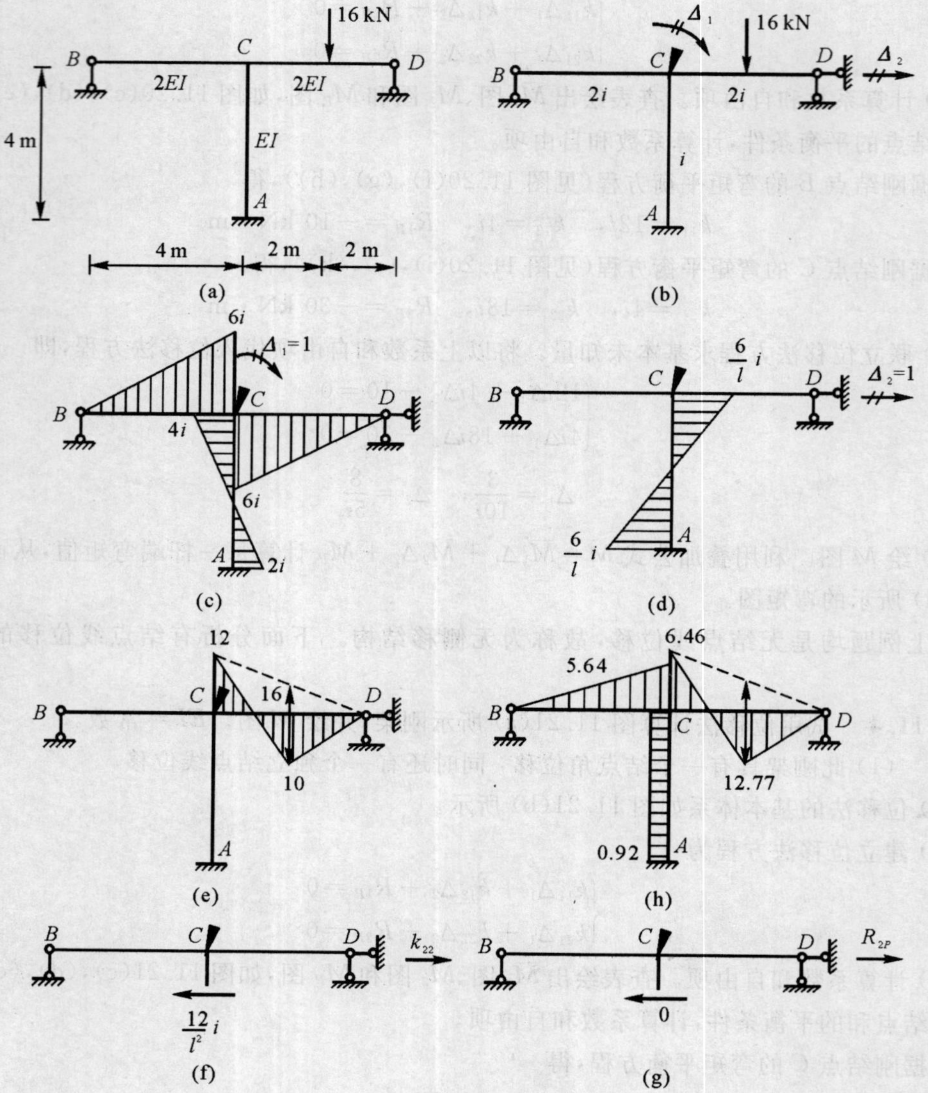

图 11.21

(a) 原结构； (b) 基本体系； (c)$\overline{M}_1$ 图； (d)$\overline{M}_2$ 图； (e)M_P 图(kN·m)； (f),(g) 隔离体； (h)M 图(kN·m)

例 11.5 试用位移法计算图 11.22(a) 所示刚架，并绘 M 图。$EI=$常数。

解 (1) 此刚架具有一个结点角位移，同时还有一个独立结点线位移。

(2) 位移法的基本体系如图 11.22(b) 所示。

(3) 建立位移法方程为

$$\begin{cases}k_{11}\Delta_1+k_{12}\Delta_2+R_{1P}=0\\k_{21}\Delta_1+k_{22}\Delta_2+R_{2P}=0\end{cases}$$

(4) 计算系数和自由项。查表绘出 $\overline{M}_1$ 图、$\overline{M}_2$ 图和 M_P 图，如图 11.22(c),(d),(e) 所示。根据刚结点和的平衡条件，计算系数和自由项。

根据刚结点 B 的弯矩平衡方程，得

$$k_{11}=11i,\quad k_{12}=k_{21}=-\frac{6i}{l},\quad R_{1P}=\frac{1}{8}Pl$$

并由图 11.22(f),(g) 所示隔离体的投影平衡方程 $\sum X=0$,得

$$k_{22}=\frac{15i}{l^2},\quad R_{2P}=-\frac{1}{2}P$$

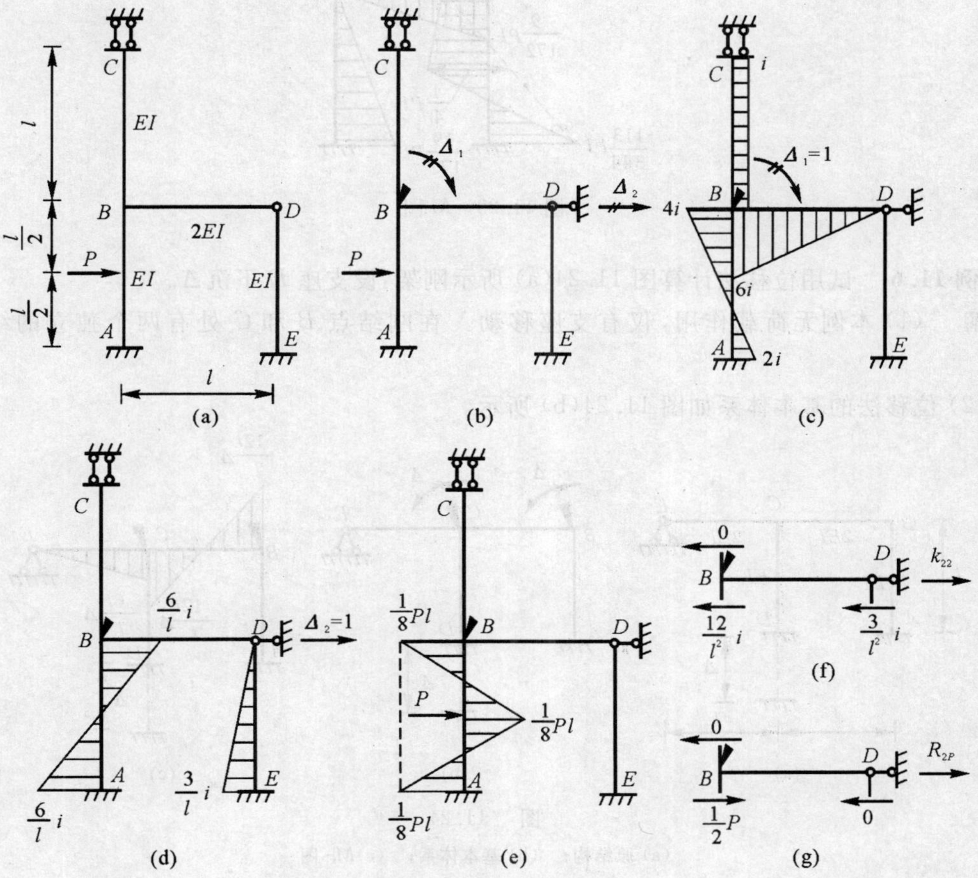

图　11.22

(a) 原结构；(b) 基本体系；(c) $\overline{M}_1$ 图；(d) $\overline{M}_2$ 图；(e) M_P 图；(f),(g) 隔离体

(5) 联立移法方程求基本未知量。将以上系数和自由项代入位移法方程,即

$$\begin{cases}11i\Delta_1-\dfrac{6i}{l}\Delta_2+\dfrac{1}{8}Pl=0\\ -\dfrac{6i}{l}\Delta_1+\dfrac{15i}{l^2}\Delta_2-\dfrac{1}{2}P=0\end{cases}$$

解之得

$$\Delta_1=\frac{3Pl}{344i},\quad \Delta_2=\frac{19Pl^2}{516i}$$

(6) 绘 M 图。利用叠加公式 $M=\overline{M}_1\Delta_1+\overline{M}_2\Delta_2+M_P$,计算每一杆端弯矩值,从而绘出图 11.23 所示的弯矩图。

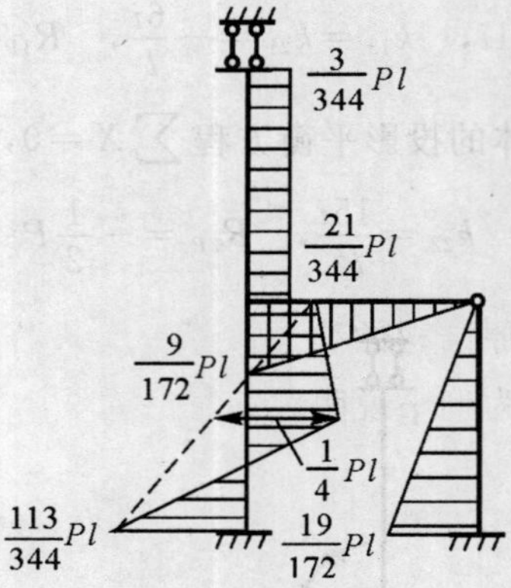

图 11.23　M 图

例 11.6　试用位移法计算图 11.24(a) 所示刚架，设支座 D 下沉 Δ。

解　(1) 本例无荷载作用，仅有支座移动。在刚结点 B 和 C 处有两个独立的结点角位移。

(2) 位移法的基本体系如图 11.24(b) 所示。

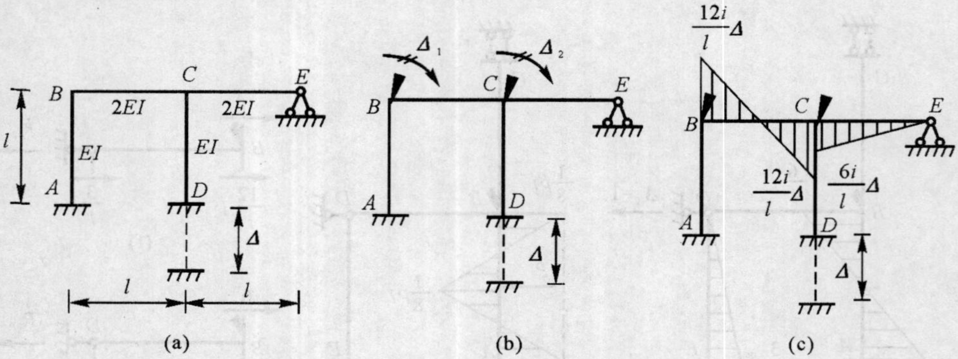

图　11.24

(a) 原结构；(b) 基本体系；(c) M_C 图

(3) 建立位移法方程为

$$\begin{cases} k_{11}\Delta_1 + k_{12}\Delta_2 + R_{1C} = 0 \\ k_{21}\Delta_1 + k_{22}\Delta_2 + R_{2C} = 0 \end{cases}$$

式中 R_{1C}，R_{2C} 分别表示由于支座 D 下沉 Δ 而在基本结构的附加约束 B 和 C 上所引起的反力矩。它们的值可以利用 M_C 图(见图 11.24(c)) 取结点 B 和 C 为隔离体，列出平衡方程求得

$$R_{1C} = -\frac{12i}{l}\Delta, \quad R_{2C} = \frac{6i}{l}\Delta - \frac{12i}{l}\Delta = -\frac{6i}{l}\Delta$$

其它系数的计算与前面相同，在这里不再计算。

将以上系数和自由项代入位移法方程，求得 Δ_1 和 Δ_2。再利用叠加公式 $M = \overline{M}_1\Delta_1 + \overline{M}_2\Delta_2 + M_C$，作出最后弯矩图。读者可以自行完成。

11.6　按平衡条件建立位移法典型方程

我们知道，基本体系的各杆端力与杆端位移和荷载之间的关系是由转角位移方程来确定的，而位移法典型方程又是反映了原结构的静力平衡条件。因此，我们也可以不通过基本体系，而直接利用转角位移方程和原结构的静力平衡条件建立位移法的典型方程。

现以图 11.25(a) 所示刚架为例来说明这种方法的计算步骤。

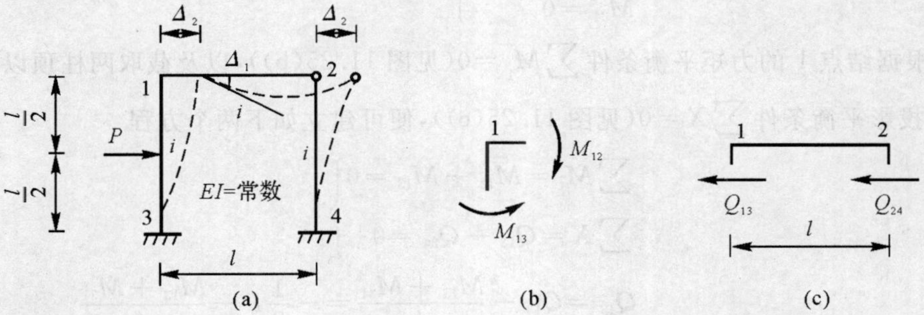

图　11.25

(1) 利用转角位移方程，写出各杆端弯矩的表达式。

杆 1－3　　$M_{13}=4i\varphi_{13}+2i\varphi_{31}-\frac{6i}{l}\Delta_{13}+M_{13}^{g}$

因为杆 1－3 的 3 端为固定支座，故 $\varphi_{31}=0$。此外，$M_{13}^{g}=\frac{1}{8}Pl$（见表 11.1)），所以有

$$M_{13}=4i\varphi_{13}-\frac{6i}{l}\Delta_{13}+\frac{1}{8}Pl$$

同理有　　$M_{31}=2i\varphi_{13}-\frac{6i}{l}\Delta_{13}-\frac{1}{8}Pl$

杆 1－2　　$M_{12}=3i\varphi_{12}-\frac{3i}{l}\Delta_{12}+M_{12}^{g}$

因为 $\Delta_{12}=0$，且 $M_{12}^{g}=0$，所以有

$$M_{12}=3i\varphi_{12}$$

而　　$M_{21}=0$

杆 2－4　　$M_{42}=3i\varphi_{42}-\frac{3i}{l}\Delta_{24}+M_{42}^{g}$

因为 $\varphi_{42}=0$，且 $M_{42}^{g}=0$，所以有

$$M_{42}=-\frac{3i}{l}\Delta_{24}$$

而　　$M_{24}=0$

(2) 利用杆端位移与结点位移必须协调的变形连续条件，将杆端转角 φ_{13}，φ_{12} 改用结点转角 Δ_1（$\varphi_{13}=\varphi_{12}=\Delta_1$）表示，将两竖柱的顶端位移 Δ_{13}，Δ_{24} 改用结点线位移 Δ_2 表示（$\Delta_{13}=\Delta_{24}=\Delta_2$），即可将杆端弯矩表示为

$$\left.\begin{aligned}M_{13}&=4i\Delta_1-\frac{6i}{l}\Delta_2+\frac{1}{8}Pl\\M_{31}&=2i\Delta_1-\frac{6i}{l}\Delta_2-\frac{1}{8}Pl\end{aligned}\right\}\tag{11.18}$$

$$\left.\begin{aligned}M_{12}&=3i\Delta_1\\M_{21}&=0\end{aligned}\right\}\tag{11.19}$$

$$\left.\begin{aligned}M_{42}&=-\frac{3i}{l}\Delta_2\\M_{24}&=0\end{aligned}\right\}\tag{11.20}$$

(3) 根据结点 1 的力矩平衡条件 $\sum M_1=0$(见图 11.25(b)),以及截取两柱顶以上部分为隔离体的投影平衡条件 $\sum X=0$(见图 11.25(c)),便可建立如下两个方程

$$\left.\begin{aligned}\sum M_1&=M_{12}+M_{13}=0\\\sum X&=Q_{13}+Q_{24}=0\end{aligned}\right\}\tag{11.21}$$

$$Q_{13}=Q_{13}^{g}-\frac{M_{13}+M_{31}}{l}=-\frac{1}{2}P-\frac{M_{13}+M_{31}}{l}\tag{11.22}$$

$$Q_{24}=-\frac{M_{42}}{l}\tag{11.23}$$

将式(11.18)、式(11.19)、式(11.20)、式(11.22)、式(11.23) 有关式子代入式(11.21),整理后得

$$\left.\begin{aligned}7i\Delta_1-\frac{6i}{l}\Delta_2+\frac{1}{8}Pl&=0\\-\frac{6i}{l}\Delta_1+\frac{15i}{l^2}\Delta_2-\frac{1}{2}P&=0\end{aligned}\right\}\tag{11.24}$$

式(11.24) 与按基本体系建立的位移法方程完全相同。

由此可见,上述计算超静定结构的方法在本质上与 11.4 节中所用的方法完全相同,只不过在建立典型方程时所经过的途径不同而已。

*11.7 力法和位移法的联合应用

力法和位移法是求解超静定结构的两种基本方法。对于不同类型的结构,两种方法各有优劣。例如图 11.26(a) 所示刚架,用力法计算只有一个多余约束力,而用位移法计算有 4 个结点角位移和 4 个独立结点线位移,显然用力法计算比较简便;而图 11.26(b) 所示刚架,用位移法计算只有一个结点角位移,而用力法计算有 9 个多余约束力,显然用位移法计算比较简便。所以在求超静定结构时,适当选择力法和位移法,可以使问题得到简化。但是,还有一种结构,无论用力法或位移法计算都不简便,但对结构的某一部分,用力法简便,而对另一部分,用位移法较简便。如图 11.26(c) 所示刚架,左边用位移法计算,右边用力法计算,将两种方法用于同一结构,同时发挥两种方法的长处以便简化计算。

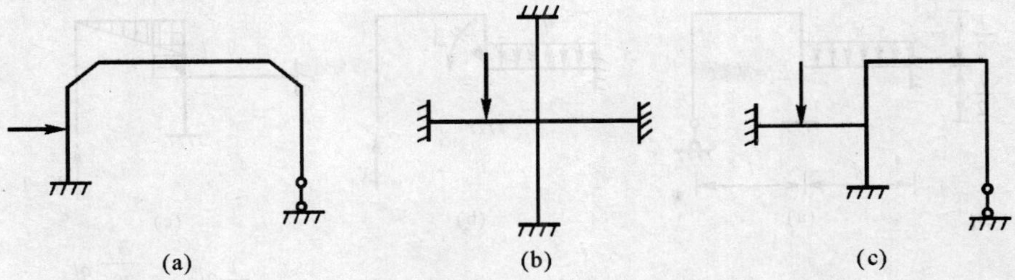

图　11.26

一、力法和位移法的联合应用

在位移法中，与力法一样，充分利用对称性可使计算得到简化。因为对称结构在承受一般荷载时，总可以分解为正对称和反对称两种晴况。根据对称结构在对称荷载和反对称荷载作用下其内力和变形的特点，可分别取其半个结构进行计算。例如图 11.27(a) 所示刚架，当承受任意荷载 P 作用时，可利用荷载分组的方法，将荷载分解为正对称和反对称两种情况，如图 11.27(b)，(c) 所示。对称结构在对称荷载作用下，取半刚架如图 11.27(d) 所示，可用位移法计算；对称结构在反对称荷载作用下，取半刚架，如图 11.27 (e) 所示，可用力法计算。将两种方法的计算结果叠加，这种方法称为联合法。

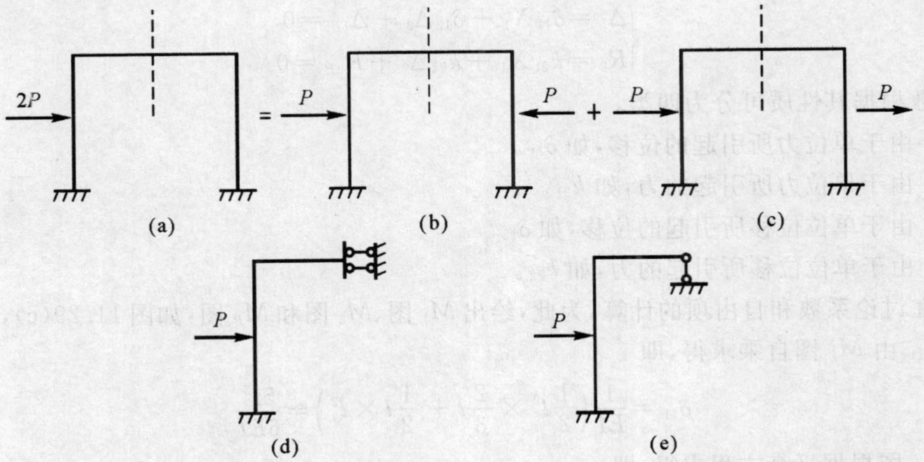

图　11.27

二、力法和位移的混合应用

图 11.28 所示刚架，下边有 1 个结点位移，有 6 个多余约束，所以用位移法分析为宜；上边有 2 个结点位移，却只有 1 个多余约束，因此用力法分析为宜。这种力法和位移法混合起来使用的方法叫混合法。

下面以图 11.29(a) 所示刚架为例说明混合法的基本要点。所取基本体系如图 11.29(b) 所示，它的左边是通过加附加约束而得到的单跨超静定梁的组合体，右边则是通过去掉多余约束而得到的静定部分。

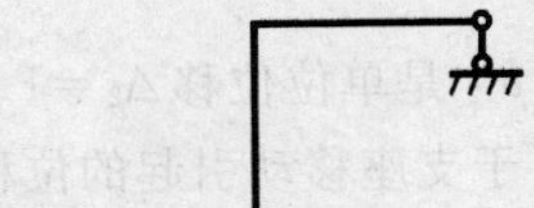

图　11.28

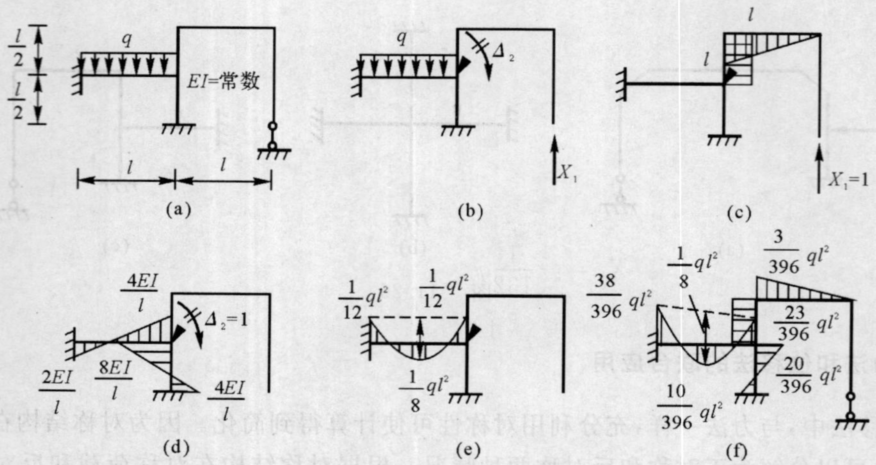

图 11.29

为了使基本体系与原结构在受力和变形上相同，在去掉多余约束处加上相应的多余约束力 X_1；在转角受控制的结点上，使其发生与原结构相同的角位移 Δ_2。当在去掉多余约束处的位移 $\Delta_1=0$ 和在附加约束上的反力 $R_2=0$ 时，基本体系的受力和变形将与原结构完全相同。按叠加原理，即可得到混合法的典型方程

$$\begin{cases}\Delta_1=\delta_{11}X_1+\delta_{12}\Delta_2+\Delta_{1P}=0\\ R_2=k_{21}X_1+k_{22}\Delta_2+R_{2P}=0\end{cases}$$

式中系数根据其性质可分为四类。

(1) 由于单位力所引起的位移，如 δ_{11}。

(2) 由于单位力所引起的力，如 k_{21}。

(3) 由于单位位移所引起的位移，如 δ_{12}。

(4) 由于单位位移所引起的力，如 k_{22}。

现在讨论系数和自由项的计算，为此，绘出 $\overline{M}_1$ 图、$\overline{M}_2$ 图和 M_P 图，如图 11.29(c)，(d)，(e) 所示。δ_{11} 由 $\overline{M}_1$ 图自乘求得，即

$$\delta_{11}=\frac{1}{EI}\left(\frac{1}{2}l^2\times\frac{2}{3}l+\frac{1}{2}l\times l^2\right)=\frac{5l^2}{6EI}$$

k_{22} 由 $\overline{M}_2$ 图根据平衡方程求得，即

$$k_{22}=\frac{4EI}{l}+\frac{8EI}{l}=\frac{12EI}{l}$$

δ_{12} 是单位位移 $\Delta_2=1$ 单独作用基本结构时引起的沿 X_1 方向的位移，可按第 7 章中静定结构由于支座移动引起的位移计算，即

$$\delta_{12}=-\sum\overline{R}_iC_i=-(l\times 1)=-l$$

k_{21} 是单位力 $X_1=1$ 单独作用基本结构时引起的附加刚臂上的反力矩，由 $\overline{M}_1$ 图根据平衡方程求得，即

$$k_{21}=+l$$

当然，也可根据反力位移互等定理 $\delta_{12}=-k_{21}$ 求得。由 M_P 图可知

$$\Delta_{1P}=0,\quad R_{2P}=\frac{1}{12}ql^2$$

将以上系数和自由项代入混合法方程

$$\begin{cases}\dfrac{5l^2}{6EI}X_1 - l\Delta_2 = 0 \\ lX_1 + \dfrac{12EI}{l}\Delta_2 + \dfrac{1}{12}ql^2 = 0\end{cases}$$

解之得

$$X_1 = -\frac{1}{132}ql\ ,\quad \Delta_2 = -\frac{5ql^3}{792EI}$$

利用叠加公式 $M = \overline{M}_1\Delta_1 + \overline{M}_2\Delta_2 + M_P$，可绘出弯矩图如图 11.29(f) 所示。

习　　题

11.1　确定题图 11.1 所示各结构用位移法计算时基本未知量数目和基本结构。

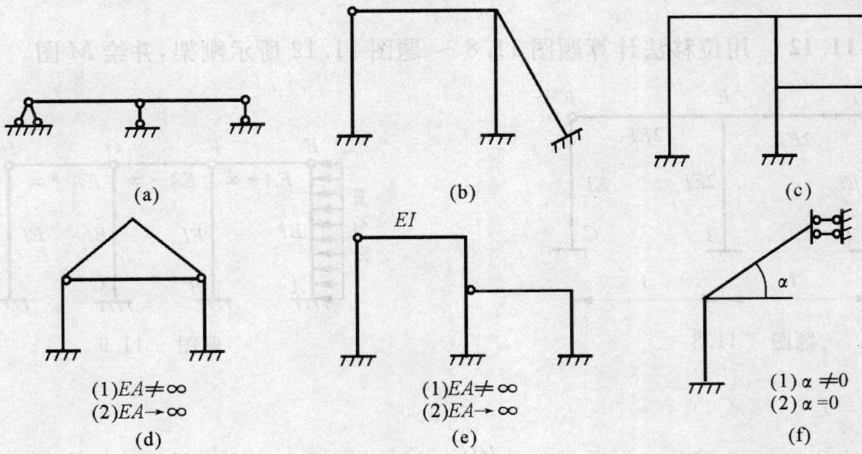

题图　11.1

11.2 ～ 11.7　用位移法计算题图 11.2 ～ 题图 11.7 所示结构，并绘其弯矩图。

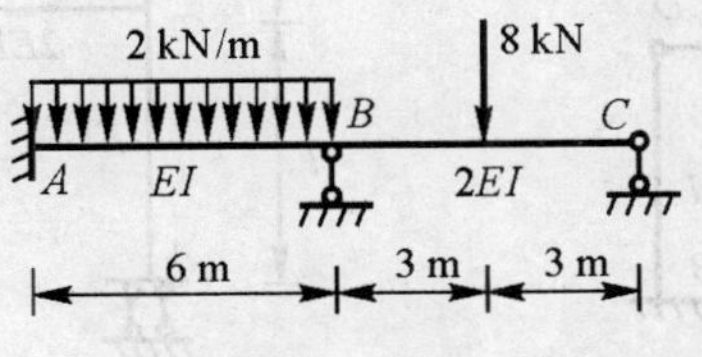

题图　11.2

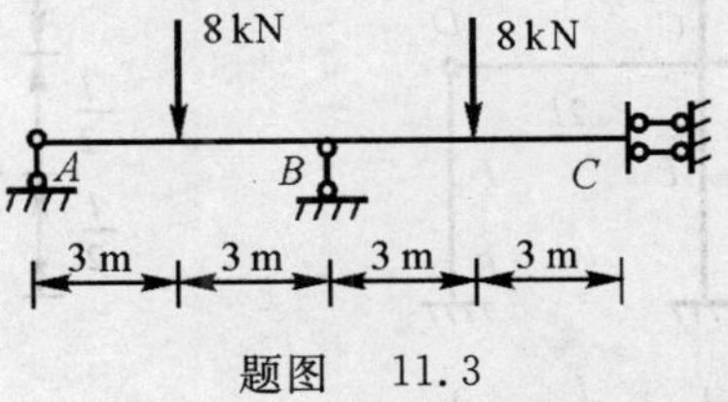

题图　11.3

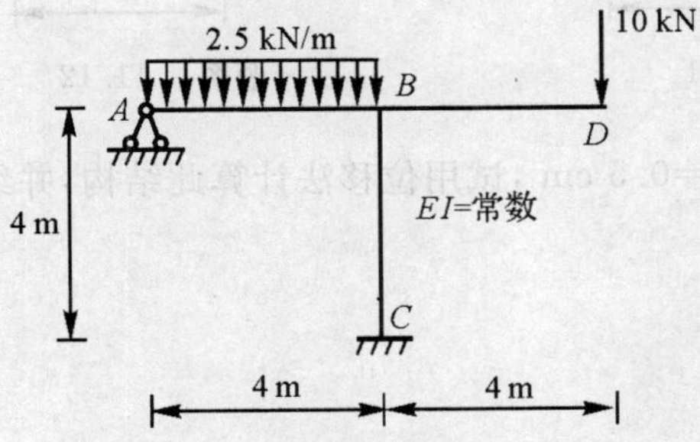

题图　11.4

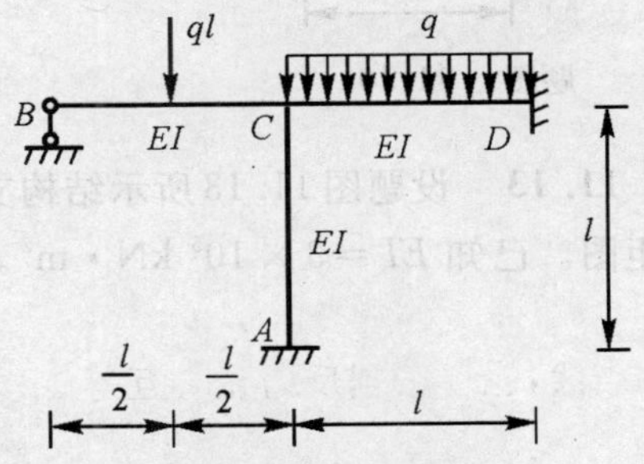

题图　11.5

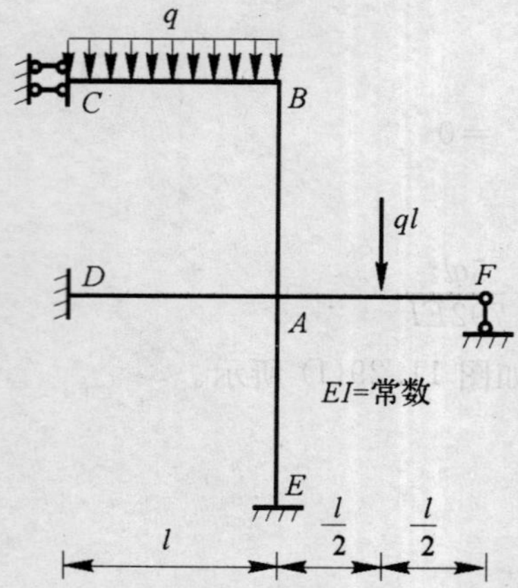

题图　11.6

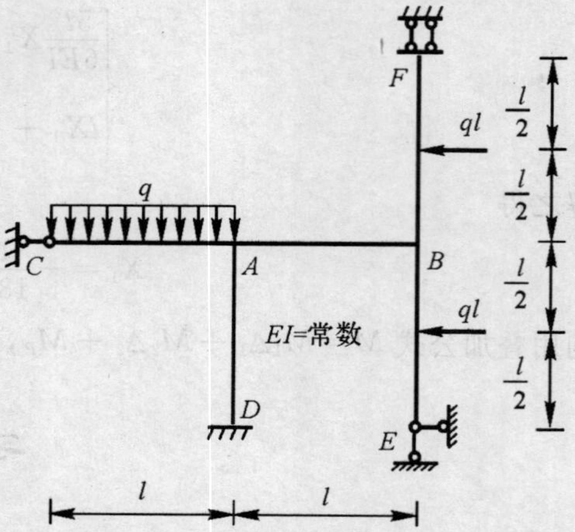

题图　11.7

11.8～11.12　用位移法计算题图 11.8～题图 11.12 所示刚架，并绘 M 图。

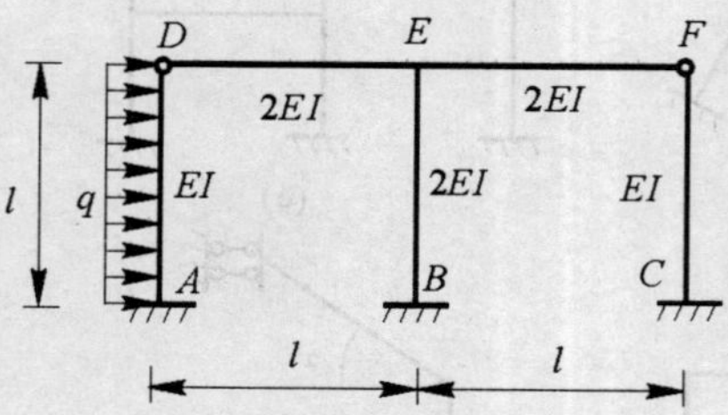

题图　11.8

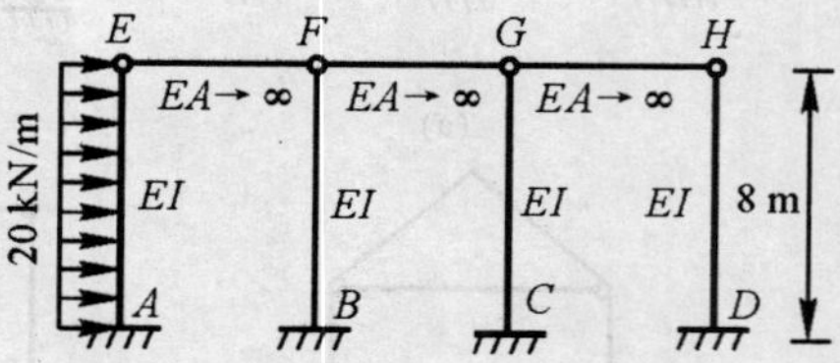

题图　11.9

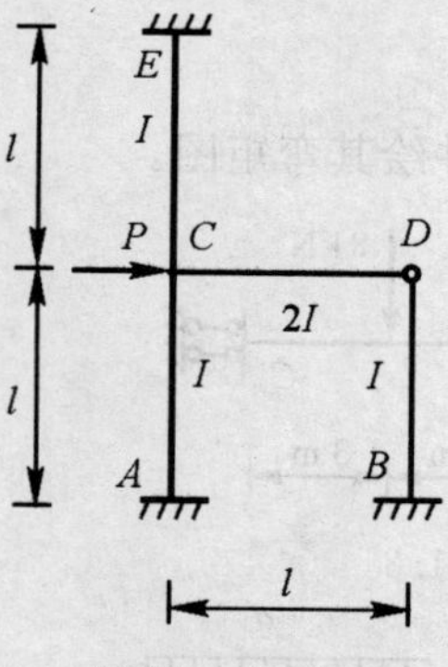

题图　11.10

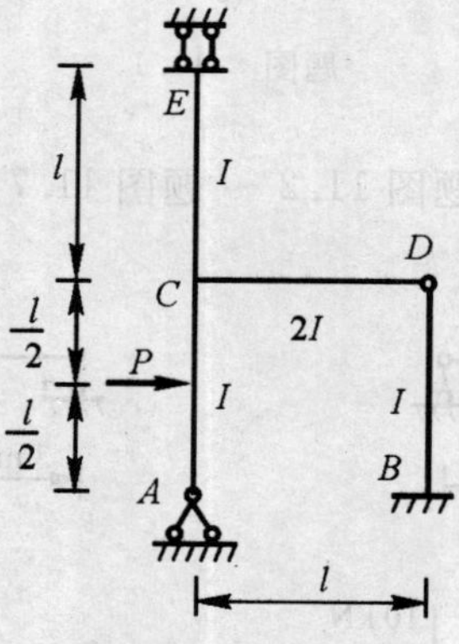

题图　11.11

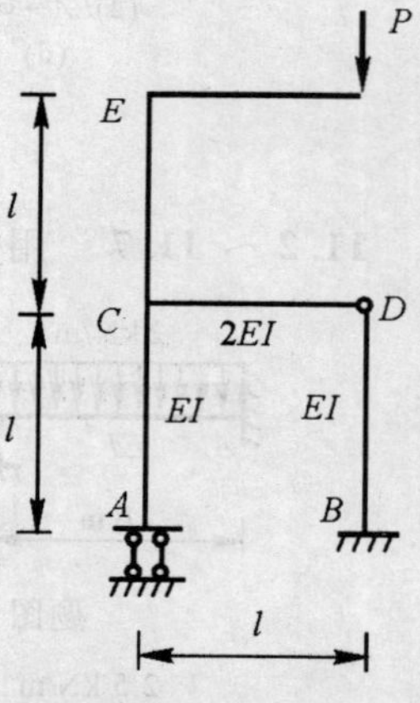

题图　11.12

11.13　设题图 11.13 所示结构支座 B 下沉 $\Delta_B=0.5$ cm，试用位移法计算此结构，并绘其弯矩图。已知 $EI=3\times10^5$ kN·m²。

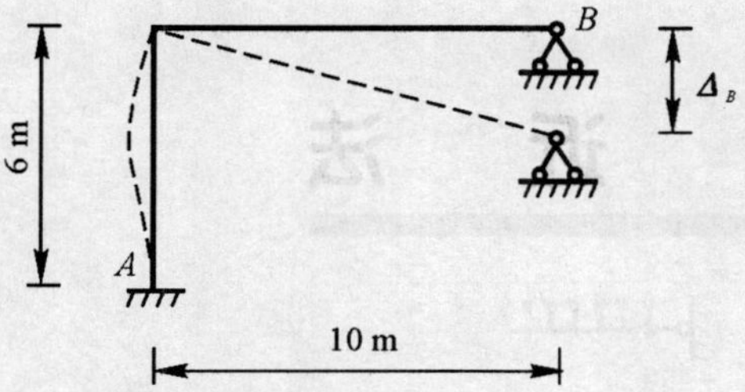

题图　11.13

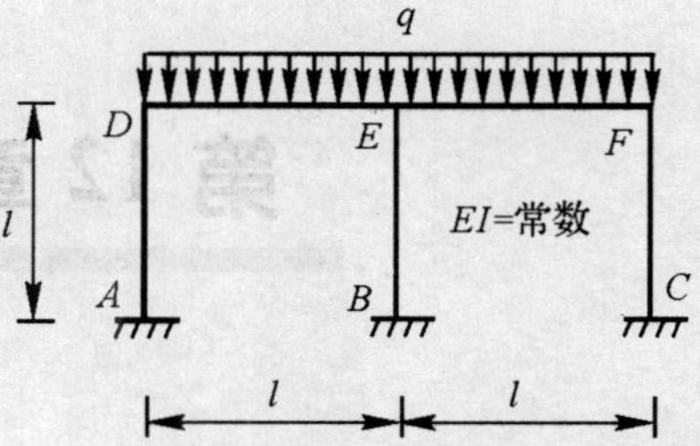

题图　11.14

11.14 ～ 11.15　用位移法计算题图 11.4 ～ 题图 11.5 所示对称结构，并绘制弯矩图。

***11.16**　试用混合法计算题图 11.16 所示刚架，并绘出其弯矩图。

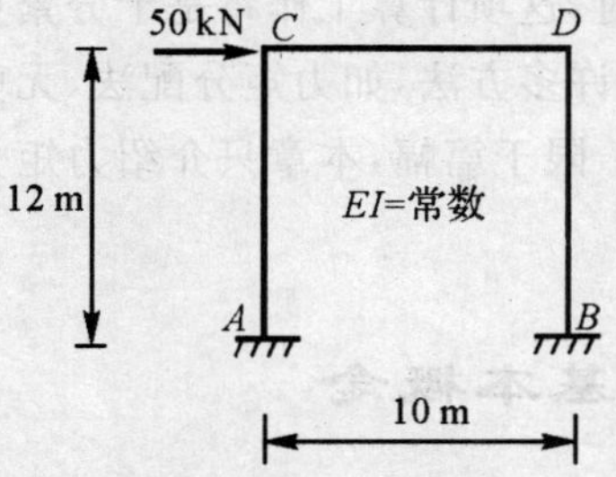

题图　11.15

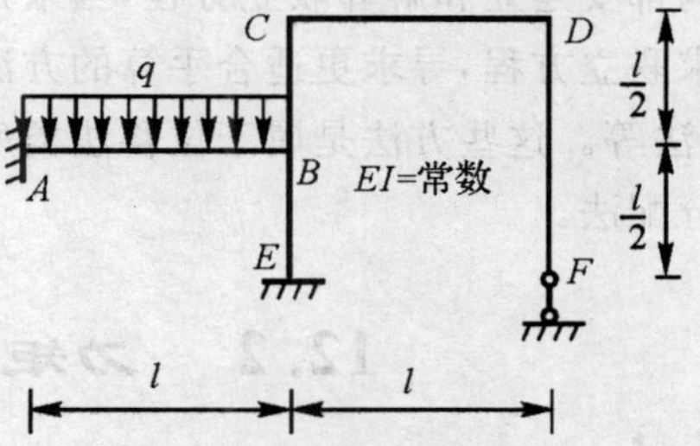

题图　11.16

*第12章　渐　近　法

12.1　概　述

前两章介绍了计算超静定结构的两种基本方法:力法和位移法。用力法和位移法计算超静定结构都要建立和解算联立方程,当未知量数目较多时,这项计算工作将是十分繁重的。为了避免求联立方程,寻求更适合手算的方法,人们提出了许多方法,如力矩分配法、无剪力分配法、迭代法等。这些方法是属于位移法类型的渐近解法。限于篇幅,本章只介绍力矩分配法和无剪力分配法。

12.2　力矩分配法的基本概念

力矩分配法,顾名思义是讨论力矩分配的一种方法。如图12.1(a)所示结构,在点A作用一力偶M,M由杆AB和杆AC的杆端弯矩M_{AB}和M_{AC}平衡。如果我们事先知道M是如何分配给各杆端的,则M_{AB}和M_{AC}即可确定。从图12.1(b)所示弯矩图上知道,B端和C端也有弯矩,这个弯矩可视为由它们的近端传递过来的。如果我们事先知道是如何传递的,则M_{BA}和M_{CA}也可确定,图12.1(b)所示的弯矩图就能最后确定。由此可看出,力矩分配法的核心是力矩如何分配和如何传递的。

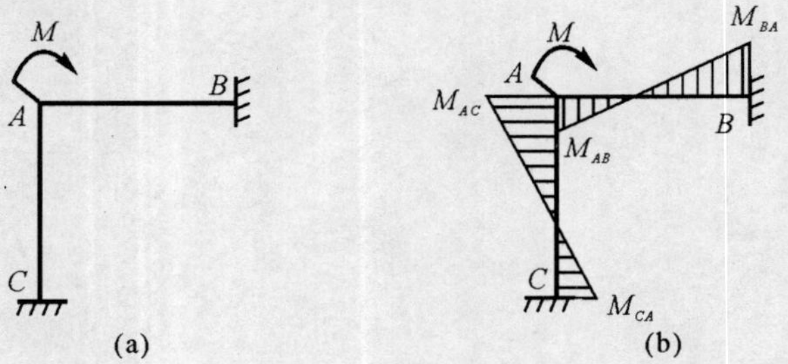

图　12.1

力矩分配法对于无侧移刚架和连续梁的计算特别方便。在计算的过程中,杆端弯矩的正负号规定与位移法相同,即以顺时针方向转为正。

一、基本概念

1. 劲度系数

劲度系数用S表示,又称转动刚度。

劲度系数表示杆端对转动的抵抗能力,它在数值上等于杆端发生单位转角时需要施加的力矩。图 12.2 给出了等截面直杆在 A 端的劲度系数 S_{AB} 的数值。

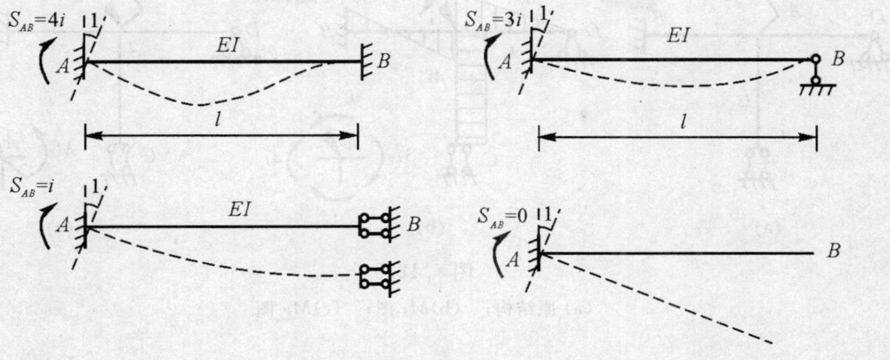

图　12.2

关于劲度系数应注意，在 S_{AB} 中，下标 A 是施力端，也称近端；B 是被动端，也称远端。S_{AB} 的数值大小与远端的支承情况有关，当远端支承情况不同时，S_{AB} 的数值也不同，见表 12.1。

表 12.1　等截面直杆的劲度系数和传递系数

远端支承情况	劲度系数 S	传递系数 C
固定	$S_{AB}=4i$	$\frac{1}{2}$
铰支	$3i$	0
滑动	i	-1
自由或轴向支杆	0	无意义

2. 传递系数

传递系数(用 C 表示）表示当杆件近端有转动时，杆件远端弯矩与近端弯矩的比值。

$$C_{AB}=\frac{M_{BA}}{M_{AB}}\quad 或 \quad M_{BA}=C_{AB}M_{AB} \tag{12.1}$$

对于不同的远端支承情况，相应的传递系数也不同。各等截面直杆的传递系数见表 12.1。

3. 分配系数(用 μ 表示)

通过实例说明分配系数的概念。如图 12.3(a) 所示刚架，当用位移法计算时，只有一个基本未知量即结点角位移 Δ_1，其典型方程为

$$k_{11}\Delta_1+R_{1P}=0$$

式中系数和自由项可由 $\overline{M}_1$ 图和 M_P 图(见图 12.3(b)，(c)) 求得，即

$$k_{11}=4i_2+i_3+3i_1=S_{AB}+S_{AC}+S_{AD}=\sum S_{Ai}$$

$\sum S_{Ai}$ 代表汇交于结点 A 的各杆端的劲度系数的总和。

$$R_{1P}=-M$$

代入位移法方程，求得

$$\Delta_1=-\frac{R_{1P}}{k_{11}}=\frac{M}{\sum S_{Ai}}$$

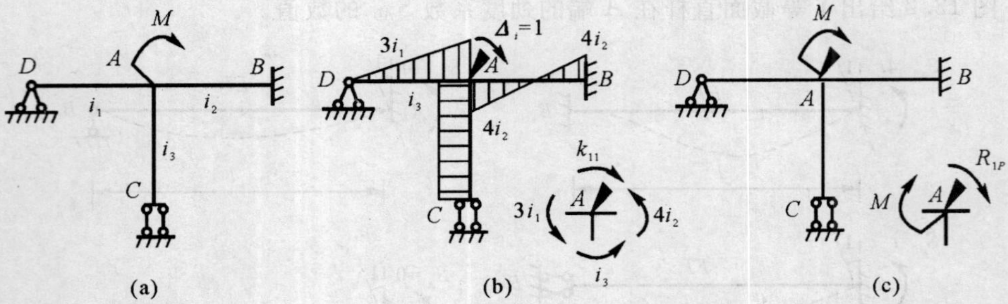

图 12.3

(a) 原结构； (b)$\overline{M}_1$ 图； (c)M_P 图

利用叠加公式 $M=\overline{M}_1\Delta_1+M_P$，计算出各杆端弯矩。各杆汇交于结点 A 的一端为近端，另一端为远端。各近端弯矩为

$$\begin{cases} M_{AB}=4i_2\Delta_1=\dfrac{S_{AB}}{\sum S_{Ai}}M \\ M_{AD}=3i_1\Delta_1=\dfrac{S_{AD}}{\sum S_{Ai}}M \\ M_{AC}=i_4\Delta_1=\dfrac{S_{AC}}{\sum S_{Ai}}M \end{cases}$$

式中各杆端弯矩可统一写成

$$M_{Ai}=\frac{S_{Ai}}{\sum\limits_{i=B}^{D}S_{Ai}}M=\mu_{Ai}M \tag{12.2}$$

即

$$\mu_{Ai}=\frac{S_{Ai}}{\sum\limits_{i=B}^{D}S_{Ai}} \tag{12.3}$$

μ_{Ai} 称为各杆件的力矩分配系数。显然，汇交于一结点的所有各杆件的分配系数之和等于 1，即 $\sum\mu_{Ai}=1$。

4. 不平衡力矩 M

位移法的基本结构在荷载作用下所引起的附加刚臂上的反力矩，即位移法中的 R_{iP} 称为结点的不平衡力矩。

以上是通过位移法的计算，给出力矩分配法的基本概念。下面用力矩分配法分析单结点的无侧移刚架和连续梁的弯矩图。

例 12.1 图 12.4(a) 所示无侧移刚架，在结点 D 有结点力偶 $M=100$ kN·m 的作用，试用力矩分配法计算，并绘 M 图。$EI=$ 常数。

解 (1) 先计算各杆的劲度系数和分配系数。各杆的劲度系数为

$$S_{DA}=4i_{DA}=4i$$

$$S_{DB}=i_{DB}=i$$

$$S_{DC}=3i_{DC}=3i$$

由式(12.3)可得各杆的分配系数为

$$\mu_{DA}=\frac{S_{DA}}{\sum_{i=A}^{C}S_{Di}}=\frac{4i}{4i+i+3i}=\frac{1}{2}$$

$$\mu_{DB}=\frac{S_{DB}}{\sum_{i=A}^{C}S_{Di}}=\frac{i}{4i+i+3i}=\frac{1}{8}$$

$$\mu_{DC}=\frac{S_{DC}}{\sum_{i=A}^{C}S_{Di}}=\frac{3i}{4i+i+3i}=\frac{3}{8}$$

(2) 计算各杆端分配弯矩(用 M^{μ} 表示)。由式(12.2),可得各杆端分配弯矩为

$$M_{DA}=\mu_{DA}M=\frac{1}{2}\times 100=50\ \text{kN}\cdot\text{m}$$

$$M_{DB}=\mu_{DB}M=\frac{1}{8}\times 100=12.5\ \text{kN}\cdot\text{m}$$

$$M_{DC}=\mu_{DC}M=\frac{3}{8}\times 100=37.5\ \text{kN}\cdot\text{m}$$

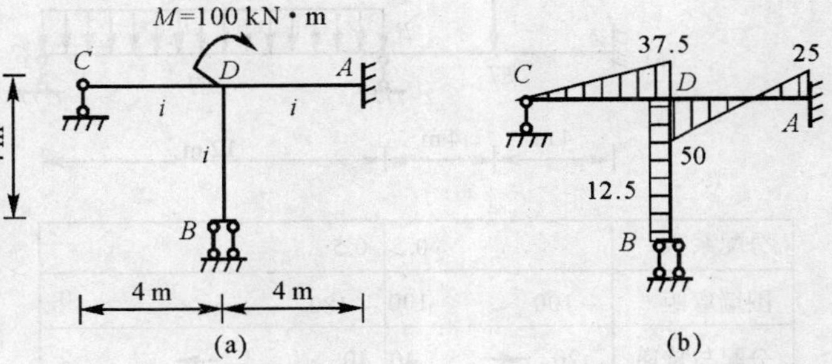

图　12.4

(3) 计算各杆端传递弯矩(用 M^{C} 表示)。由式(12.1),可得各杆传递弯矩为

$$M_{AD}^{C}=C_{DA}M_{DA}^{\mu}=\frac{1}{2}\times 50=25\ \text{kN}\cdot\text{m}$$

$$M_{BD}^{C}=C_{DB}M_{DB}^{\mu}=-1\times 12.5=-12.5\ \text{kN}\cdot\text{m}$$

$$M_{CD}^{C}=C_{DC}M_{DC}^{\mu}=0\times 37.5=0$$

在结点力偶作用下,所求得各杆的分配弯矩和传递弯矩,即为各杆端的最终弯矩,利用其结果绘制 M 图,如图 12.4(b) 所示。

例 12.2　用力矩分配法计算图 12.5(a) 所示连续梁,并绘弯矩图。

解　(1) 计算各杆端分配系数。杆 AB,BC 的线刚度为

$$i_{AB}=\frac{EI}{8},\quad i_{BC}=\frac{2EI}{12}=\frac{EI}{6}$$

分配系数为

$$\mu_{BA}=\frac{S_{BA}}{\sum S_{Bi}}=\frac{4\times\frac{EI}{8}}{4\times\frac{EI}{8}+3\times\frac{EI}{6}}=\frac{1}{2}$$

$$\mu_{BC}=\frac{S_{BC}}{\sum S_{Bi}}=\frac{3\times\dfrac{EI}{6}}{4\times\dfrac{EI}{8}+3\times\dfrac{EI}{6}}=\frac{1}{2}$$

(2) 由于是非结点荷载的作用，所以先在刚结点位移限制或固定的状态下，求出各杆固端弯矩。根据表 11.1，有

$$M_{AB}^{g}=-\frac{1}{8}Pl=-100\ \text{kN}\cdot\text{m}$$

$$M_{BA}^{g}=\frac{1}{8}Pl=100\ \text{kN}\cdot\text{m}$$

$$M_{BC}^{g}=-\frac{1}{8}ql^{2}=-180\ \text{kN}\cdot\text{m}$$

$$M_{CB}^{g}=0$$

根据结点 B 的平衡条件，计算结点 B 的不平衡弯矩，则有

$$M_{B}^{u}=M_{BA}^{g}+M_{BC}^{g}=100-180=-80\ \text{kN}\cdot\text{m}$$

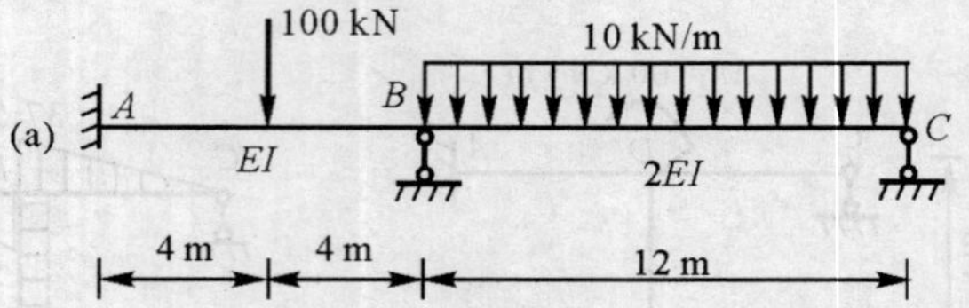

分配系数		0.5	0.5	
围墙弯距	-100	100	-180	0
分配与传递	20 ←	40	40 →	0
最后弯距	-80	140	-140	0

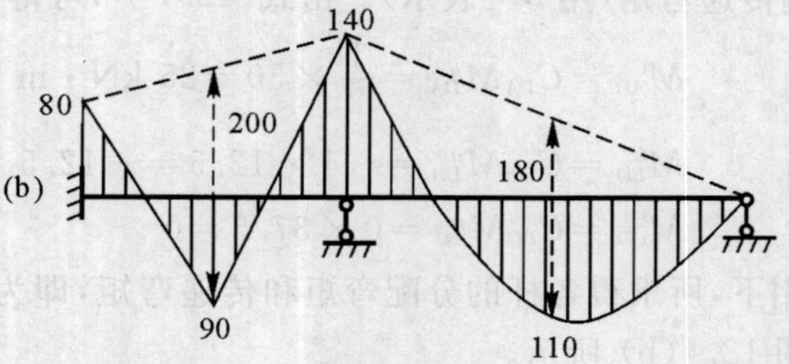

M图(kN · m)

图 12.5

(3) 进行力矩的分配和传递。为了消除结点 B 的不平衡力矩 $M_{B}^{u}=-80\ \text{kN}\cdot\text{m}$，应放松该结点，即以此不平衡力矩的反号乘以各杆件的分配系数，得各杆端分配弯矩

$$M_{BA}^{u}=\mu_{BA}(-M_{B}^{u})=0.5\times[-(-80)]=40\ \text{kN}\cdot\text{m}$$

$$M_{BC}^{u}=\mu_{BC}(-M_{B}^{u})=0.5\times[-(-80)]=40\ \text{kN}\cdot\text{m}$$

各杆端传递弯矩为

$$M_{AB}^{C}=C_{BA}M_{BA}^{u}=\frac{1}{2}\times 40=20\ \text{kN}\cdot\text{m}$$

$$M_{CB}^{C}=C_{BC}M_{BC}^{\mu}=0$$

(4) 各杆端最后弯矩。将固端弯矩和分配弯矩、传递弯矩叠加，即代数和，可得到各杆端的最后弯矩，则有

$$M_{BA}=M_{BA}^{g}+M_{BA}^{\mu}=100+40=140\ \text{kN}\cdot\text{m}$$

$$M_{AB}=M_{AB}^{g}+M_{AB}^{C}=-100+20=-80\ \text{kN}\cdot\text{m}$$

$$M_{BC}=M_{BC}^{g}+M_{BC}^{\mu}=-180+40=-140\ \text{kN}\cdot\text{m}$$

$$M_{CB}=M_{CB}^{g}+M_{CB}^{C}=0$$

据此可绘出其 M 图，如图 12.5 所示。以上计算过程，也可用表格的形式描述，从而避免罗列大量的算式，使得结果更直观，如图 11.6 所示。

通过以上实例，从中可以看出，用力矩分配法计算的基本步骤：

(1) 将结点固定，求荷载作用下的杆端弯矩，即固端弯矩。利用结点平衡求出结点的不平衡力矩。

(2) 求各杆端的分配系数，将不平衡力矩反号乘以分配系数得到分配弯矩。

(3) 将分配弯矩乘以传递系数，得到传递弯矩。

(4) 固端弯矩和分配弯矩、传递弯矩叠加，得到各杆端最终弯矩，绘出 M 图。

例 12.3　计算图 12.6(a) 所示刚架，绘制 M 图，$EI=$常数。

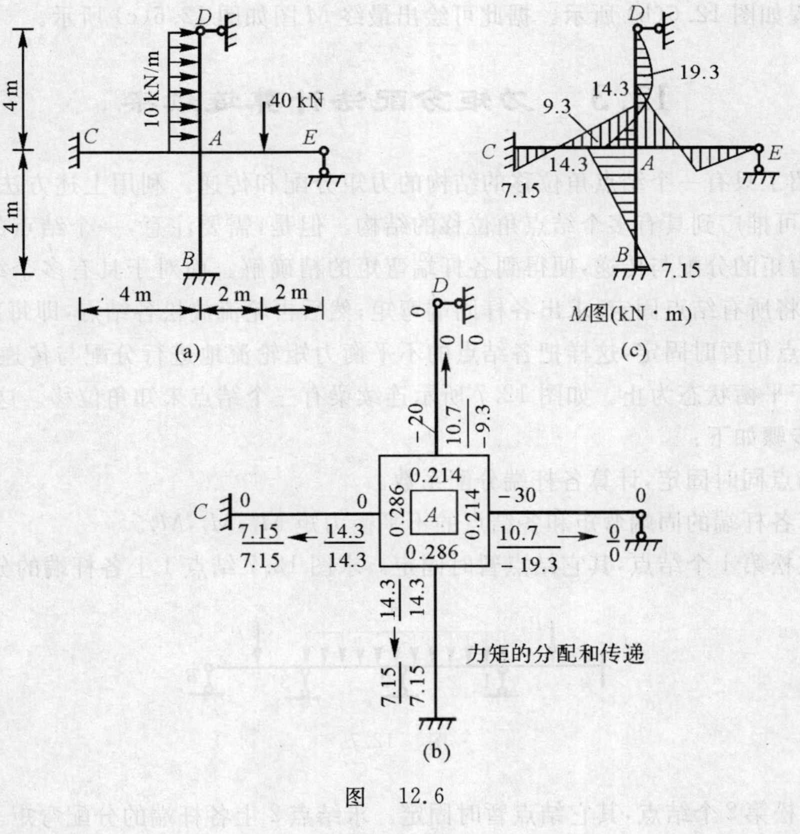

图　12.6

解　(1) 求分配系数

$$\mu_{AB}=\frac{S_{AB}}{\sum S_{Ai}}=\frac{4\times\frac{EI}{4}}{4\times\frac{EI}{4}+4\times\frac{EI}{4}+3\times\frac{EI}{4}+3\times\frac{EI}{4}}=\frac{2}{7}$$

$$\mu_{AC}=\frac{S_{AC}}{\sum S_{Ai}}=\frac{EI}{\frac{7}{2}EI}=\frac{2}{7}$$

$$\mu_{AD}=\frac{S_{AD}}{\sum S_{Ai}}=\frac{3}{14}$$

$$\mu_{AE}=\frac{S_{AE}}{\sum S_{Ai}}=\frac{3}{14}$$

(2) 求固端弯矩。查表 11.1 可知

$$M_{AD}^{g}=-\frac{1}{8}ql^{2}=-20\ \text{kN}\cdot\text{m}$$

$$M_{AE}^{g}=-\frac{3}{16}Pl=-30\ \text{kN}\cdot\text{m}$$

根据结点 A 的平衡条件，得

$$M_{A}^{g}=M_{AB}^{g}+M_{AC}^{g}+M_{AD}^{g}+M_{AE}^{g}=-50\ \text{kN}\cdot\text{m}$$

其它计算过程如图 12.6(b) 所示。据此可绘出最终 M 图如图 12.6(c) 所示。

12.3　力矩分配法计算连续梁

上面介绍了只有一个结点角位移的结构的力矩分配和传递。利用上述方法，结合逐次渐近的办法，便可推广到具有多个结点角位移的结构。但是，需要注意，一个结点的力矩分配只需进行一次力矩的分配与传递，便得到各杆端弯矩的精确解。而对于具有多个结点角位移的结构，需首先将所有结点固定，求出各杆固端弯矩；然后再轮流放松各结点，即每次只放松一个结点，其它结点仍暂时固定，这样把各结点的不平衡力矩轮流地进行分配与传递，直到所有结点都近似处于平衡状态为止。如图 12.7 所示连续梁有三个结点未知角位移。这时，用力矩分配法求解的步骤如下：

(1) 各结点同时固定，计算各杆端分配系数。

(2) 计算各杆端的固端弯矩和各结点的不平衡力矩 M_1^g, M_2^g, M_3^g。

(3) 先放松第 1 个结点，其它结点暂时固定。求图 12.7 结点 1 上各杆端的分配弯矩。

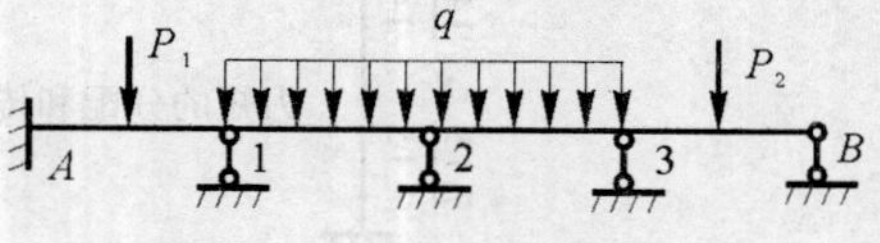

图　12.7

(4) 再放松第 2 个结点，其它结点暂时固定。求结点 2 上各杆端的分配弯矩。这时需要注意结点 2 的不平衡力矩已不是 M_2^g，而应加上结点 1 进行力矩分配时传递到 12 杆 2 端的传递弯矩，即 $M_2^{g(\mu)}=M_2^g+M_{21}^C$。

(5) 最后放松结点 3，方法同结点 2。求出结点 3 上各杆端的分配弯矩。

各结点轮流完成一次力矩分配之后，结点 1，2 又都处于不平衡状态。这样再重复步骤(3)～(5)，直到传递力矩按精度要求可以略去时，即可停止计算。最后，将各项步骤所得的杆端弯矩叠加，即得所求杆端的最终弯矩。

例 12.4　用力矩分配法计算图 12.8(a) 所示连续梁的各杆端弯矩，并绘制弯矩图。

解　(1) 计算分配系数。结点 B 上两杆件的分配系数为

$$\mu_{BA}=\frac{S_{BA}}{\sum S_{Bi}}=\frac{6i}{6i+4i}=0.6$$

$$\mu_{BC}=\frac{4i}{6i+4i}=0.4$$

结点 C 上两杆件的分配系数为

$$\mu_{CB}=\frac{4i}{6i+4i}=0.4$$

$$\mu_{CD}=\frac{6i}{6i+4i}=0.6$$

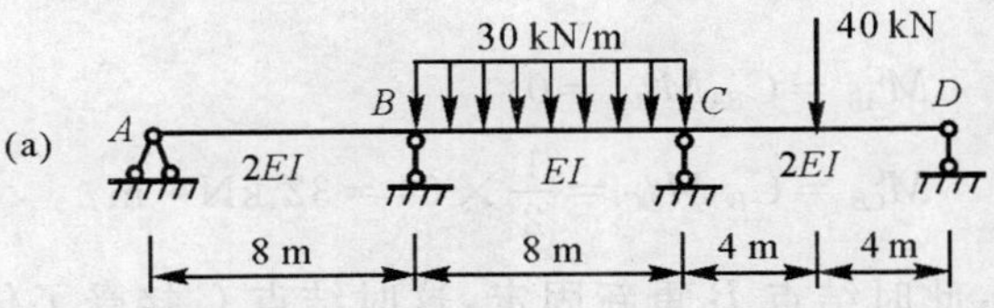

分配系数			0.6	0.4	0.4	0.6	
围墙弯距			0	-160	160	-60	
1	放松结点B	0 ←	96	64 →	32		
	放松结点C			-26.4	← -52.8	-72.9 →	0
2	放松结点B	0 ←	15.84	10.56 →	5.28		
	放松结点C			-1.06	← -2.11	-3.17 →	0
3	放松结点B	0 ←	0.64	0.42 →	0.21		
	放松结点C				-0.08	-0.13 →	0
最后弯距		0	112.48	-112.48	142.5	-142.5	0

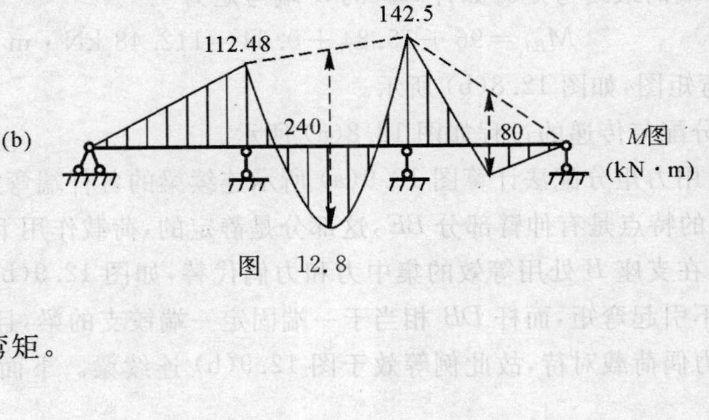

图　12.8

(2) 查表计算固端弯矩。

$$M_{AB}^{g}=M_{BA}^{g}=0$$

$$M_{BC}^{g}=-\frac{1}{12}ql^{2}=-160\ \text{kN}\cdot\text{m}$$

$$M_{CB}^{g}=\frac{1}{12}ql^{2}=160\ \text{kN}\cdot\text{m}$$

$$M_{CD}^{g}=-\frac{3}{16}Pl=-60\ \text{kN}\cdot\text{m}$$

$$M_{DC}^{g}=0$$

(3) 第一次力矩分配与传递。为了使计算时收敛较快，分配宜从不平衡力矩较大的结点开始，本例先单独放松结点 B。结点 B 的不平衡力矩为

$$M_{B}^{\mu}=M_{BA}^{g}+M_{BC}^{g}=-160\ \text{kN}\cdot\text{m}$$

杆端分配弯矩分别为

$$M_{BA}^{\mu}=\mu_{BA}(-M_{B}^{\mu})=0.6\times160=96\ \text{kN}\cdot\text{m}$$

$$M_{BC}^{\mu}=\mu_{BC}(-M_{B}^{\mu})=0.4\times160=64\ \text{kN}\cdot\text{m}$$

各杆端传递弯矩为

$$M_{AB}^{C}=C_{BA}M_{BA}^{\mu}=0$$

$$M_{CB}^{C}=C_{BC}M_{BC}^{\mu}=\frac{1}{2}\times64=32\ \text{kN}\cdot\text{m}$$

再单独放松结点 C，此时结点 B 重新固定，这时结点 C 接受了传递弯矩，其不平衡力矩变为

$$M_{C}^{(\mu)}=M_{C}^{\mu}+M_{CB}^{C}=M_{CB}^{g}+M_{CD}^{g}+M_{CB}^{C}=160-60+32=132\ \text{kN}\cdot\text{m}$$

分配弯矩为

$$M_{CB}^{\mu}=\mu_{CB}(-M_{C}^{\mu})=0.4\times(-132)=-52.8\ \text{kN}\cdot\text{m}$$

$$M_{CD}^{\mu}=\mu_{CD}(-M_{C}^{\mu})=0.6\times(-132)=-79.2\ \text{kN}\cdot\text{m}$$

各杆端传递弯矩为

$$M_{BC}^{C}=C_{CB}M_{CB}^{\mu}=\frac{1}{2}\times(-52.8)=-26.4\ \text{kN}\cdot\text{m}$$

$$M_{DC}^{C}=0$$

(4) 此时结点 B 又不再平衡，需重新进行分配和传递，即第(3)步，直到传递力矩足够小，按计算精度要求可以略去时，计算即可结束。

(5) 计算最终杆端弯矩。将各杆端的固端弯矩及历次得到的分配弯矩和传递弯矩代数求和，即得到各杆端的最终弯矩。如杆 AB 的 B 端弯矩为

$$M_{BA}=96+15.84+0.64=112.48\ \text{kN}\cdot\text{m}$$

(6) 绘制弯矩图，如图 12.8(b) 所示。

此题力矩分配与传递的过程如图 12.8(a) 所示。

例 12.5 用力矩分配法计算图 12.9(a) 所示连续梁的各杆端弯矩，绘制弯矩图。

解 本题的特点是有伸臂部分 BE，这部分是静定的，荷载作用下的内力已知。计算时可将这部分去掉，在支座 B 处用等效的集中力和力偶代替，如图 12.9(b) 所示。此时，集中力直接传至支座而不引起弯矩，而杆 DB 相当于一端固定一端铰支的梁，且集中力偶 20 kN·m 作为铰支端的外力偶荷载对待，故此例等效于图 12.9(b) 连续梁。下面针对图 12.9(b) 所示连

续梁进行计算。

计算分配系数：

结点 1　$\mu_{CA}=\dfrac{4\times\dfrac{EI}{6}}{4\times\dfrac{EI}{6}+4\times\dfrac{EI}{4}}=\dfrac{2}{5}$，　$\mu_{CD}=\dfrac{4\times\dfrac{EI}{4}}{4\times\dfrac{EI}{6}+4\times\dfrac{EI}{4}}=\dfrac{3}{5}$

结点 2　$\mu_{DC}=\dfrac{4\times\dfrac{EI}{4}}{4\times\dfrac{EI}{4}+3\times\dfrac{EI}{6}}=\dfrac{2}{3}$，　$\mu_{DB}=\dfrac{3\times\dfrac{EI}{6}}{4\times\dfrac{EI}{4}+3\times\dfrac{EI}{6}}=\dfrac{1}{3}$

查表算出各固端弯矩后，其余计算如图 12.9(b) 所示。最后弯矩图如图 12.9(c) 所示。

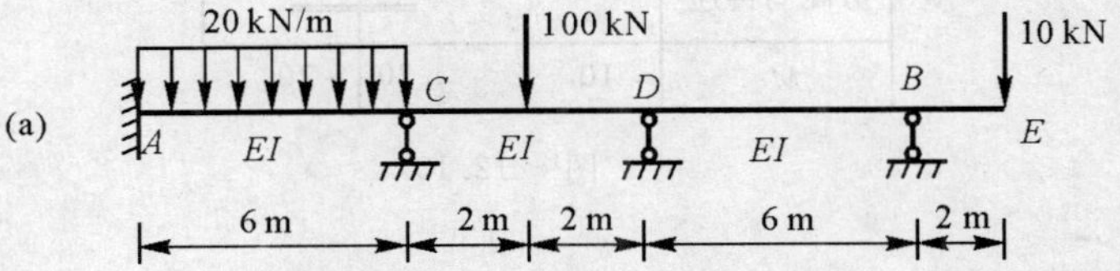

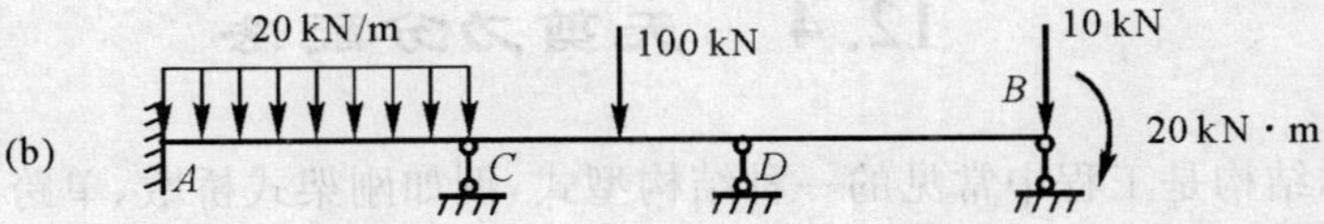

分配系数			$\frac{2}{5}$	$\frac{3}{5}$	$\frac{2}{3}$	$\frac{1}{3}$	
围墙弯距		−60	60	−50	50	10	20
1	放松结点 B			−20 ←	−40	−20 →	
	放松结点 C	2 ←	4	6 →	3		
2	放松结点 B			−1 ←	−2	−1 →	0
	放松结点 C	0.2 ←	0.4	0.6 →	0.3		
3	放松结点 B			−0.1 ←	−0.2	−0.1 →	0
	放松结点 C		0.04	0.06			
最后弯距		−57.8	64.44	−64.44	11.1	−11.1	20

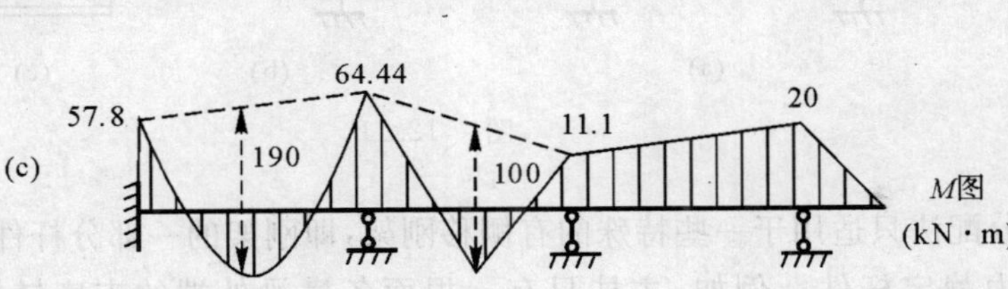

图　12.9

此题中杆 DB 固端弯矩也可以利用力矩分配法的概念求得。如图 12.10 所示，先不去掉悬臂，而暂时将结点 B 固定，于是可写出各固端弯矩如图 12.10 所示。然后，按力矩分配的方法消除结点 B 的不平衡力矩 $M_B^g=-20\ \text{kN}\cdot\text{m}$。此时，$\mu_{BD}=1$，$\mu_{BE}=0$。由图 12.10 可知，其结果与前述相同。而结点 B 此次放松后便不再被固定，在以后的计算中则作为铰支端处理。

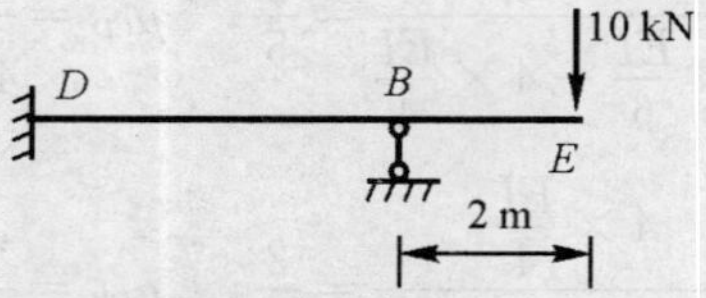

μ		1	0
M^g			−20
分配与传递	10 ←	20	0
M	10	20	−20

图　12.10

12.4　无剪力分配法

单跨对称结构是工程中常见的一种结构型式，例如刚架式桥墩、单跨厂房等。在对称荷载作用下，由于结点只有转角，没有侧移，因此可用前述力矩分配法进行计算。在反对称荷载作用下，结点除有转角以外，还有侧移。针对这种特殊的有侧移刚架，可以用与力矩分配法类似的无剪力分配法进行计算。

图 12.11(a) 所示为一承受反对称荷载的对称刚架，它的半刚架如图 12.11(b) 所示。此半刚架的变形和受力有如下特点：各横梁虽有水平位移但两端结点并无相对线位移，这种杆件称为无侧移杆件；各柱的两端结点虽有相对侧移，但剪力是静定的(图 12.11(c) 所示为各柱剪力图，可根据平衡条件直接求出)，这种杆件称为剪力静定杆件。

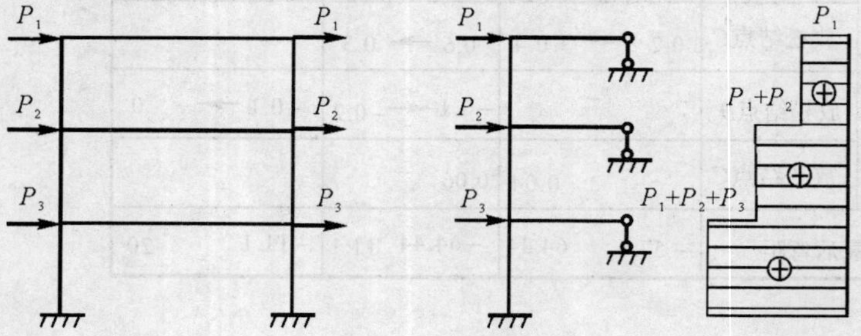

(a)　(b)　(c)

图　12.11

无剪力分配法只适用于一些特殊的有侧移刚架，即刚架的一部分杆件是无侧移杆件，其余杆件都是剪力静定杆件。例如，主柱只有一根而各横梁外端的支座链杆与主柱平行(见图 12.12) 就属于这种情况。而如图 12.13 所示有侧移刚架，竖柱 AB 和 CD 不是剪力静定杆件，这种刚架不能用无剪力分配法计算。

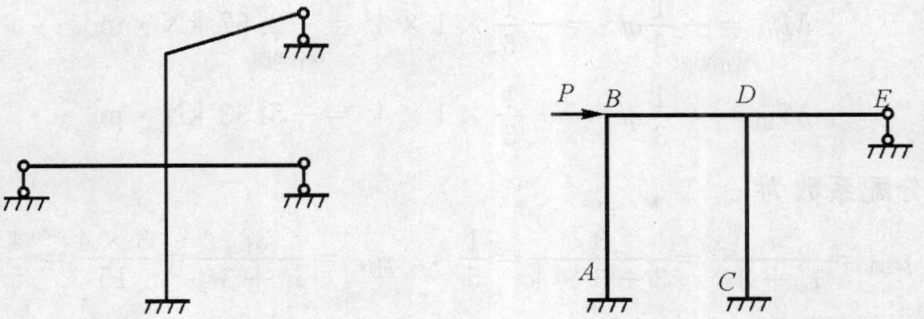

图　12.12　　　　　　　　　　　图　12.13

图 12.14(a) 所示刚架,采用无剪力分配法计算时,计算过程分两步:第一步是固定结点(只加附加刚臂阻止结点角位移,但不加水平链杆阻止线位移),如图 12.14(b) 所示。这样柱 AB 的上端虽不能转动但可自由地水平滑动,故相当于下端固定上端滑动的梁(见图 12.14(c)。横梁 BC 因其水平移动并不影响其内力,仍相当于一端固定另一端铰支的梁。查表可得柱的固端弯矩为

$$M_{AB}^{g}=-\frac{1}{3}ql^{2},\quad M_{BA}^{g}=-\frac{1}{6}ql^{2}$$

第二步是放松结点。为了消除附加刚臂上的不平衡力矩,现在放松结点 B,进行力矩的分配和传递。此时结点 B 不仅转动 Δ_1,同时也发生水平位移,如图 12.14(d) 所示。由于柱 AB 为下端固定上端滑动,当上端转动时柱的剪力为零而处于纯弯曲受力状态(见图 12.14(e),因此可知其劲度系数为 i_1,而传递系数为 -1。于是结点 B 的分配系数为

$$\mu_{BA}=\frac{i_1}{i_1+3i_2},\quad \mu_{BC}=\frac{3i_2}{i_1+3i_2}$$

并求出各杆的分配弯矩和传递弯矩。将上述两步的结果叠加,即求得原刚架的最后杆端弯矩。

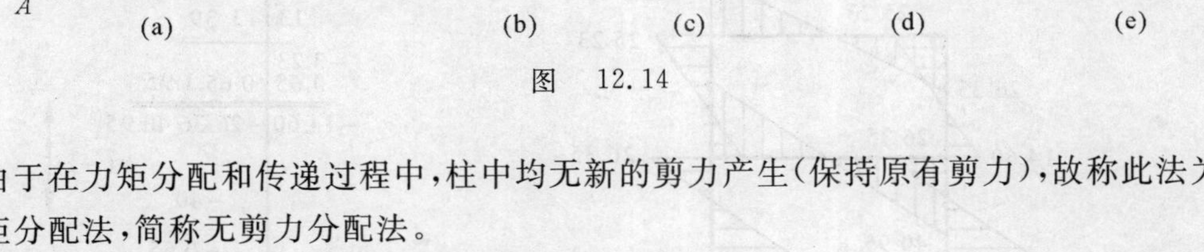

图　12.14

由于在力矩分配和传递过程中,柱中均无新的剪力产生(保持原有剪力),故称此法为无剪力力矩分配法,简称无剪力分配法。

例 12.6　试作图 12.15(a) 所示刚架的弯矩图。

解　刚架中的杆 BC 为两端无相对侧移杆件,杆 AB 为剪力静定杆件,故可用无剪力分配法计算。固端弯矩为

$$M_{BC}^{g}=-\frac{3}{16}Pl=-\frac{3}{16}\times 5\times 4=-3.75\ \text{kN}\cdot\text{m}$$

$$M_{BA}^{g}=-\frac{1}{6}ql^{2}=-\frac{1}{6}\times 1\times 4^{2}=-2.67\ \text{kN}\cdot\text{m}$$

$$M_{AB}^{g}=-\frac{1}{3}ql^{2}=-\frac{1}{3}\times 1\times 4^{2}=-5.33\ \text{kN}\cdot\text{m}$$

结点 B 的分配系数为

$$\mu_{BA}=\frac{i_1}{i_1+3i_2}=\frac{3}{3+3\times 4}=\frac{1}{5},\quad \mu_{BC}=\frac{3i_2}{i_1+3i_2}=\frac{3\times 4}{15}=\frac{4}{5}$$

杆 BA 的传递系数为 -1。

无剪力分配的计算过程如图 12.15(b) 所示，M 图如图 12.15(c) 所示。

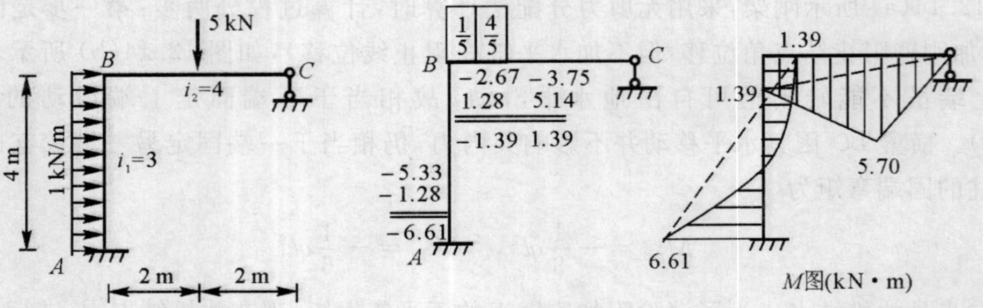

图 12.15

例 12.7 作图 12.16(a) 所示刚架在水平力作用下的弯矩图。

解 由于刚架为对称结构，在反对称荷载作用下，半刚架如图 12.16(b) 所示。其中横梁长度减少一半，故线刚度增大 1 倍。

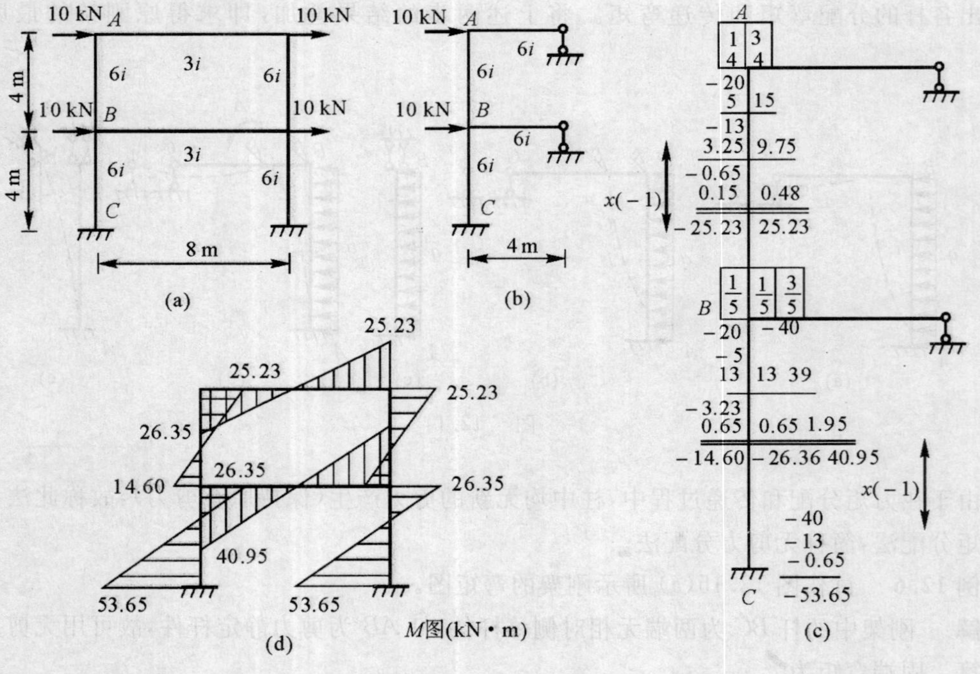

图 12.16

(1) 固端弯矩。对于柱 AB，则有

$$M_{AB}^{g}=-\frac{1}{2}P_{1}l=-\frac{1}{2}\times10\times4=-20\ \text{kN}\cdot\text{m}$$

$$M_{BA}^{g}=-\frac{1}{2}P_{1}l=-\frac{1}{2}\times10\times4=-20\ \text{kN}\cdot\text{m}$$

对于柱 BC，除受本层荷载外还有柱 AB 的剪力的影响，故有

$$M_{CB}^{g}=M_{BC}^{g}=-\frac{1}{2}P_{2}l=-\frac{1}{2}\times(10+10)\times4=-40\ \text{kN}\cdot\text{m}$$

其余计算如图 12.16(c) 所示，M 图如图 12.16(d) 所示。

习　题

12.1 ～ 12.3　试用力矩分配法计算题图 12.1 ～ 题图 12.3 所示结构，并绘制其弯矩图。

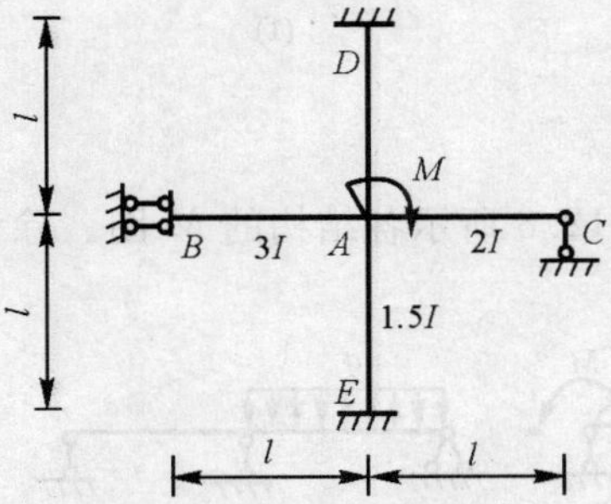

题图　12.1

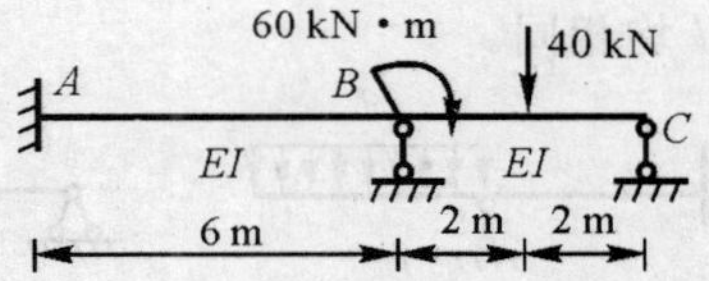

题图　12.2

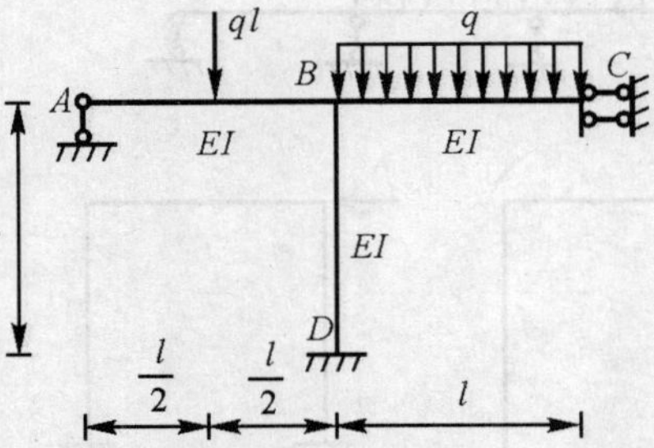

题图　12.3

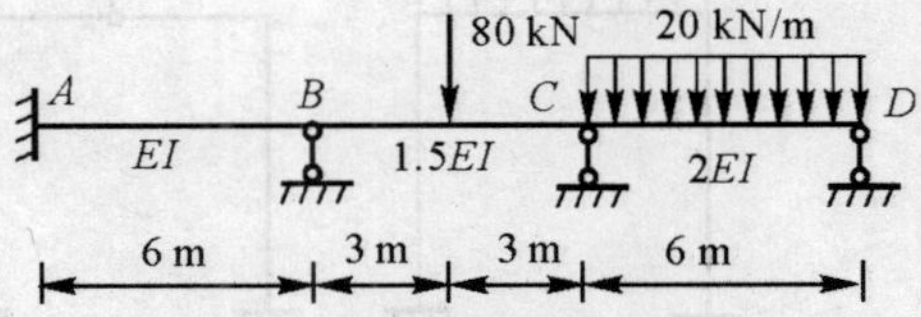

题图　12.4

12.4 ～ 12.5　题图 12.4 ～ 题图 12.5 所示连续梁 EI = 常数，试用力矩分配法计算其杆端弯矩，并绘制 M 图。

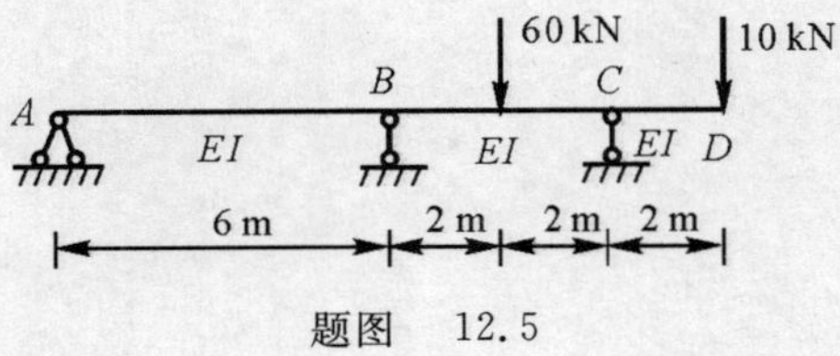

题图　12.5

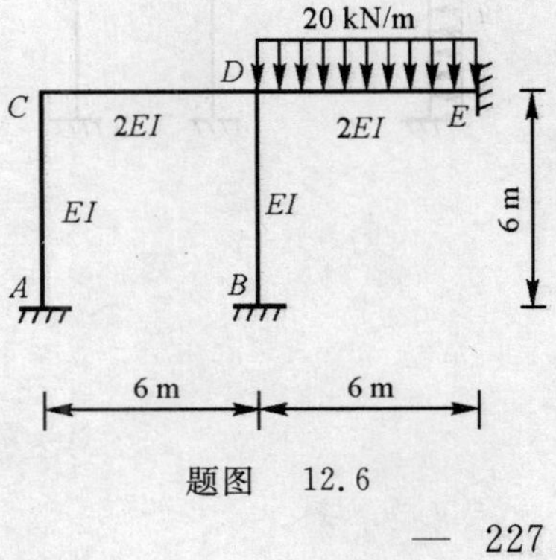

题图　12.6

12.6 用力矩分配法计算题图 12.6 所示刚架并绘 M 图。

12.7 题图 12.7 所示各结构哪些可以用无剪力分配法计算？对于图(f)，若可用无剪力分配法计算，劲度系数 S_{AB} 应等于多少？

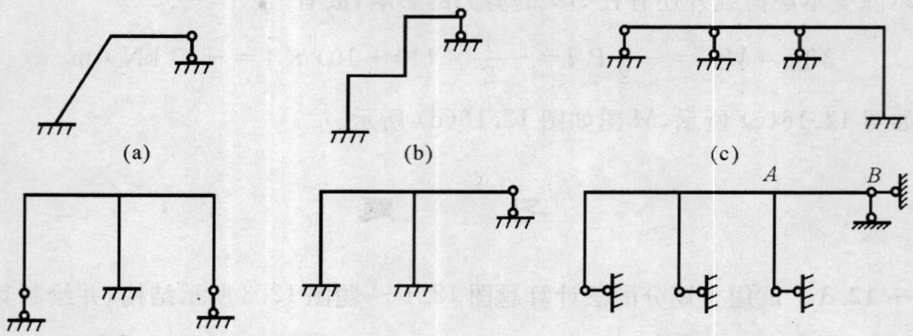

题图 12.7

12.8 试用最简捷的方法(甚至心算)绘出题图 12.8 所示各结构的 M 图。除注明外，各杆的 EI，l 均相同。

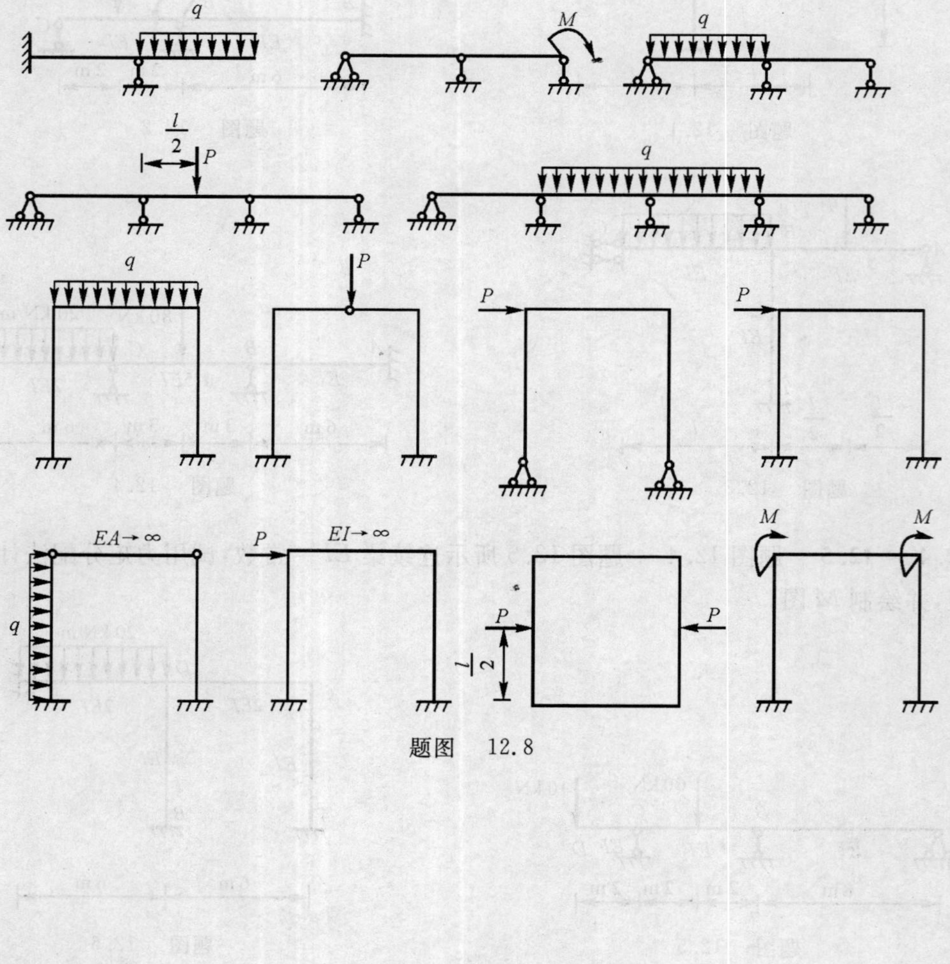

题图 12.8

第 13 章　矩阵位移法计算连续梁

13.1　概　　述

前面介绍的力法和位移法都是传统的结构力学方法，其相应的计算手段是手算，因而只能解决计算简图较粗略、未知量数目不太多的结构分析问题。由于计算机的出现并被广泛地使用，给力学特别是给以计算为特征的结构力学，在计算方法上带来了较大变革和发展。而基于计算机解题的结构矩阵分析方法在 19 世纪 60 年代迅速发展起来。结构矩阵分析又称为杆系结构的有限元法，分为矩阵力法和矩阵位移法。由于矩阵位移法易于实现计算过程程序化，因此本章只讨论矩阵位移法。

矩阵位移法在对支承条件处理的先后顺序上又分为后处理与前处理两种方法。后处理计算程度易于编写，但通用性差；前处理计算程序编写较为烦琐，但通用性好。本书主要介绍前处理计算方法。

矩阵位移法是以传统结构力学的位移法为理论基础，利用矩阵在计算机上进行运算的一种方法。它的主要内容包括以下两部分：

一是把结构先分解为有限个较小的单元，即进行结构的离散化。对于杆件结构，一般以一根杆件或杆件的一部分作为一个单元，进而分析单元的内力与位移之间的关系，建立单元刚度矩阵，即单元分析。

二是把各单元又集合成原来的结构，这就要求各单元满足原结构的几何条件（包括支承条件和结点处的变形连续条件）和平衡条件，从而建立整个结构的刚度方程，以求解原结构的位移和内力，即整体分析。

本章只是简单地介绍矩阵位移法的基本思想和处理方法，并通过纯弯结构（主要是连续梁）的分析，给出矩阵位移法的解题步骤和计算过程。

13.2　矩阵位移法的基本概念

为了对矩阵位移法有一个粗略和清晰的了解，我们来研究它的雏形——连续梁的矩阵位移法。

一、进行单元分析，形成单元刚度矩阵

图 13.1 为一连续梁，首先进行结构的离散。将连续梁划分为 3 个单元和 4 个结点，进行单元和结点统一编码，如图 13.1 所示。

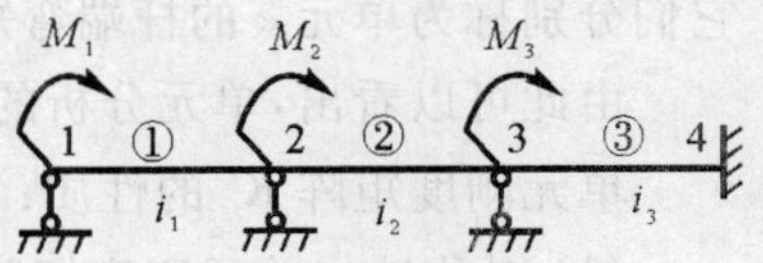

图　13.1

对于纯弯结构，进行单元分析的目的就是建立杆端弯矩 M_1^e，M_2^e 与杆端转角 φ_1^e，φ_2^e 之间的关系式。为此，从若干单元中取出一个单元，如图 13.2(a) 所示。单元中的两个端点重新编码为 1，2。

这里要注意结点的两种编码：一种是在整体结构中的统一编码，称为结点总码，在整体分析中使用；一种是单元中的编码，称为结点局部编码，在单元分析中使用。

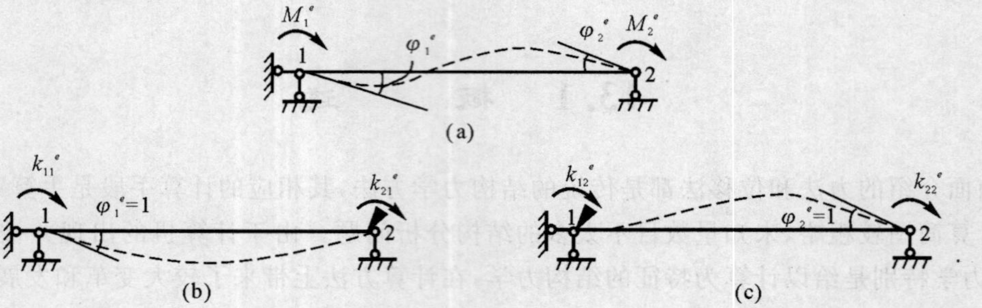

图　13.2

首先使结点 1 产生单位转角，结点 2 固定无转角，如图 13.2(b) 所示。此时，在两杆端所需弯矩为

$$k_{11}^e = 4i,\quad k_{21}^e = 2i$$

同理，使结点 1 固定无转角，使结点 2 产生单位转角，如图 13.2(c) 所示。两杆端所需弯矩为

$$k_{12}^e = 2i,\quad k_{22}^e = 4i$$

当两端点同时产生转角 φ_1^e，φ_2^e 时，杆端弯矩应为

$$\left.\begin{aligned} M_1^e &= k_{11}^e\varphi_1^e + k_{12}^e\varphi_2^e \\ M_2^e &= k_{21}^e\kappa_1^e + k_{22}^e\varphi_2^e \end{aligned}\right\} \tag{13.1}$$

将系数 k_{ij}^e 称做单元 e 的刚度系数。其中 $i,j=1,2$。将式(13.1)写成矩阵形式，即

$$\begin{bmatrix} M_1^e \\ M_2^e \end{bmatrix} = \begin{bmatrix} k_{11}^e & k_{12}^e \\ k_{21}^e & k_{22}^e \end{bmatrix} \begin{bmatrix} \varphi_1^e \\ \varphi_2^e \end{bmatrix} \tag{13.2}$$

或简写做

$$\boldsymbol{M}^e = \boldsymbol{K}^e\boldsymbol{\varphi}^e \tag{13.3}$$

式中

$$\boldsymbol{M}^e = \begin{bmatrix} M_1^e \\ M_2^e \end{bmatrix},\quad \boldsymbol{\varphi}^e = \begin{bmatrix} \varphi_1^e \\ \varphi_2^e \end{bmatrix} \tag{13.4}$$

$$\boldsymbol{K}^e = \begin{bmatrix} k_{11}^e & k_{12}^e \\ k_{21}^e & k_{22}^e \end{bmatrix} = \begin{bmatrix} 4i & 2i \\ 2i & 4i \end{bmatrix} \tag{13.5}$$

它们分别称为单元 e 的杆端弯矩列向量、杆端转角列向量和单元刚度矩阵。

由此可以看出，单元分析的任务就是求出单元刚度矩阵 $\boldsymbol{K}^e$。

单元刚度矩阵 $\boldsymbol{K}^e$ 的性质：

(1) 对称性。单元刚度矩阵 $\boldsymbol{K}^e$ 是一个对称矩阵，即位于主对角线两边对称位置的两个元素是相等的，由反力互等定理即可得出此结论。

(2) 转换矩阵是由杆端转角列向量 $\boldsymbol{\varphi}^e$ 求杆端弯矩列向量 $\boldsymbol{M}^e$ 时的转换矩阵。

(3)$\boldsymbol{K}^e$ 中的每个元素是一个刚度系数。

例如，元素 k_{ij}^e 表示当 j 端发生单位转角 $\varphi_j^e=1$ 时在 i 端所产生的杆端弯矩 M_i^e，元素 k_{ij}^e 的列码 j 对应于单位转角 $\varphi_j^e=1$ 的号码，行码 i 对应于杆端弯矩 M_i^e 的号码。三者的对应关系如下：

$$\begin{array}{c} \text{杆端位移分量} \\ \begin{array}{cc} \varphi_1^e=1 & \varphi_2^e=1 \end{array} \end{array}$$

$$\text{杆端力分量}\quad \begin{array}{c} M_1^e \rightarrow \\ M_2^e \rightarrow \end{array} \begin{bmatrix} k_{11}^e & k_{12}^e \\ k_{21}^e & k_{22}^e \end{bmatrix}$$

从上面的对应关系可明显看出，第一列的两个元素是当1端发生单位转角 $\varphi_1^e=1$ 时在两个杆端分别引起的弯矩，第一行的两个元素是当两个杆端分别发生单位转角时在 1 端产生的杆端弯矩。

二、整体分析，形成结构刚度矩阵：

图 13.3(a) 所示连续梁有 3 个单元，3 个结点角位移 φ_1，φ_2，φ_3，以及 3 个结点力偶荷载 M_1，M_2，M_3。

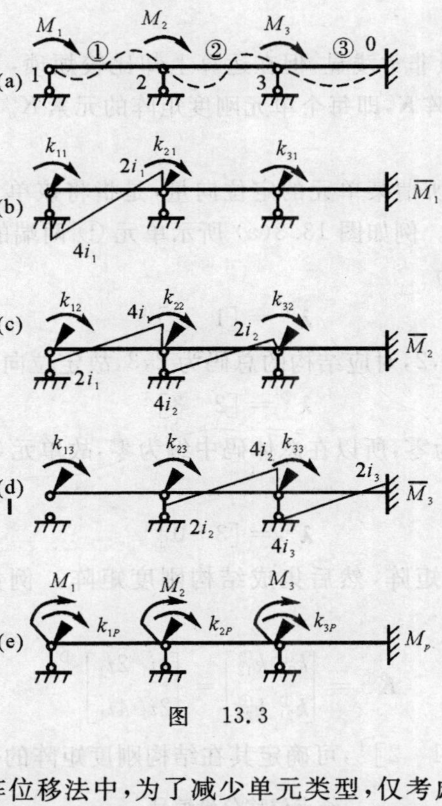

图　13.3

这里要说明一下，在矩阵位移法中，为了减少单元类型，仅考虑相当位移法中的两端固定情况，所以杆件的铰支端的转角也必须作为基本未知量。这主要是为适应计算机不怕重复计算的特点。

下面用位移法来建立连续梁的刚度方程。其中，$\overline{M}_1$ 图与 M_P 图如图 13.3(b)，(c)，(d)，(e) 所示，并可求得所有系数，这里不再赘述。由位移法方程

$$\begin{cases} k_{11}\varphi_1 + k_{12}\varphi_2 + k_{13}\varphi_3 + R_{1P} = 0 \\ k_{21}\varphi_1 + k_{22}\varphi_2 + k_{23}\varphi_3 + R_{2P} = 0 \\ k_{31}\varphi_1 + k_{32}\varphi_2 + k_{33}\varphi_3 + R_{3P} = 0 \end{cases}$$

可得矩阵形式为

$$\begin{bmatrix} k_{11} & k_{12} & k_{13} \\ k_{21} & k_{22} & k_{23} \\ k_{31} & k_{32} & k_{33} \end{bmatrix} \begin{bmatrix} \varphi_1 \\ \varphi_2 \\ \varphi_3 \end{bmatrix} = - \begin{bmatrix} R_{1P} \\ R_{2P} \\ R_{3P} \end{bmatrix}$$

代入数值后为

$$\begin{bmatrix} 4i_1 & 2i_1 & 0 \\ 2i_1 & 4i_1 + 4i_2 & 2i_2 \\ 0 & 2i_2 & 4i_2 + 4i_3 \end{bmatrix} \begin{bmatrix} \varphi_1 \\ \varphi_2 \\ \varphi_3 \end{bmatrix} = \begin{bmatrix} M_1 \\ M_2 \\ M_3 \end{bmatrix} \tag{13.6}$$

简写为

$$\boldsymbol{K\varphi} = \boldsymbol{M} \tag{13.7}$$

式(13.7)称为结构刚度方程，$\boldsymbol{M}$，$\boldsymbol{\varphi}$ 分别为结构的结点力偶和结点位移的列向量，$\boldsymbol{K}$ 即为连续梁结点角位移和结点力偶的转换矩阵，也就是结构刚度矩阵或总刚度矩阵。可以看出，$\boldsymbol{K}$ 也是对称矩阵。

上述推导方法，概念上虽非常浅显，但在运算上却比较烦琐，且不易在计算机上实现。下面从另一角度求结构刚度矩阵 $\boldsymbol{K}$，即每个单元刚度矩阵的元素 K_{ij}^e 所对应于结构刚度矩阵的位置，依次集成结构刚度矩阵。

首先引入定位向量 $\boldsymbol{\lambda}$。所谓某单元的定位向量，是指将该单元的单元编码所对应结构的总码按顺序排列成的列向量。例如图 13.3(a) 所示单元 ① 两端的单元编码为 1，2，对应结构的总码为 1，2，故定位向量为

$$\boldsymbol{\lambda}^{①} = [1 \quad 2]^{\mathrm{T}}$$

单元 ② 两端的单元编码为 1，2，对应结构的总码为 2，3，故定位向量为

$$\boldsymbol{\lambda}^{②} = [2 \quad 3]^{\mathrm{T}}$$

对于单元 ③，由于右端转角为零，所以在总体码中编为零，故单元 ③ 的单元编码对应的总码为 3，0，定位向量为

$$\boldsymbol{\lambda}^{③} = [3 \quad 0]^{\mathrm{T}}$$

现在可以形成单元刚度矩阵，然后集成结构刚度矩阵。例如单元 ① 的刚度矩阵由式(13.5)可得

$$\boldsymbol{K}^{①} = \begin{bmatrix} k_{11}^{①} & k_{12}^{①} \\ k_{21}^{①} & k_{22}^{①} \end{bmatrix} = \begin{bmatrix} 4i_1 & 2i_1 \\ 2i_1 & 4i_1 \end{bmatrix}^{①}$$

由该单元的定位向量 $\boldsymbol{\lambda}^{①} = [1 \quad 2]^{\mathrm{T}}$，可确定其在结构刚度矩阵的位置，即

结点位移分量编号

结点力分量编号

$$\begin{array}{c|cc} \lambda^{①} & 1 & 2 \\ \hline 1 & k_{11}^{①} & k_{12}^{①} \\ 2 & k_{21}^{①} & k_{22}^{①} \end{array} = \begin{bmatrix} 4i_1 & 2i_1 \\ 2i_1 & 4i_1 \end{bmatrix}^{①}$$

由 $\boldsymbol{\lambda}$ 的定义及 $\boldsymbol{K}^e$ 的性质，$k_{11}^{①}$ 对应于 k_{11}，$k_{12}^{①}$ 对应于 k_{12}，$k_{21}^{①}$ 对应于 k_{21}，$k_{22}^{①}$ 对应于 k_{22}。装入结构刚度矩阵后，可得

$$\boldsymbol{K}=\begin{bmatrix} k_{11}^{①} & k_{12}^{①} & 0 \\ k_{21}^{①} & k_{22}^{①} & 0 \\ 0 & 0 & 0 \end{bmatrix}=\begin{bmatrix} 4i_1 & 2i_1 & 0 \\ 2i_1 & 4i_1 & 0 \\ 0 & 0 & 0 \end{bmatrix}$$

同理，对于单元 ②，可得

$$\begin{matrix} \lambda^{②} & 2 & 3 \\ 2 & k_{11}^{②} & k_{12}^{②} \\ 3 & k_{21}^{②} & k_{22}^{②} \end{matrix} \quad \begin{bmatrix} k_{11}^{②} & k_{12}^{②} \\ k_{21}^{②} & k_{22}^{②} \end{bmatrix}=\begin{bmatrix} 4i_2 & 2i_2 \\ 2i_2 & 4i_2 \end{bmatrix}^{②}$$

与结构刚度矩阵中的对应关系为

$$k_{11}^{②}\rightarrow k_{22},\quad k_{12}^{②}\rightarrow k_{23},\quad k_{21}^{②}\rightarrow k_{32},\quad k_{22}^{②}\rightarrow k_{33}$$

在已装入单元 ① 的基础上，再将上述各元素装入结构刚度矩阵，得

$$\boldsymbol{K}=\begin{bmatrix} k_{11}^{①} & k_{12}^{①} & 0 \\ k_{21}^{①} & k_{22}^{①}+k_{11}^{②} & k_{22}^{②} \\ 0 & k_{21}^{②} & k_{22}^{②} \end{bmatrix}=\begin{bmatrix} 4i_1 & 2i_1 & 0 \\ 2i_1 & 4i_1+4i_2 & 2i_2 \\ 0 & 2i_2 & 4i_2 \end{bmatrix}$$

对于单元 ③，可得

$$\begin{matrix} \lambda^{③} & 3 & 0 \\ 3 & k_{11}^{③} & k_{12}^{③} \\ 0 & k_{21}^{③} & k_{22}^{③} \end{matrix} \quad \begin{bmatrix} k_{11}^{③} & k_{12}^{③} \\ k_{21}^{③} & k_{22}^{③} \end{bmatrix}=\begin{bmatrix} 4i_2 & 2i_2 \\ 2i_2 & 4i_2 \end{bmatrix}^{③}$$

这里零对应的项在结构刚度矩阵中不出现，故仅有 $k_{11}^{(3)}\rightarrow k_{33}$，最后再装入结构刚度矩阵中，得

$$\boldsymbol{K}=\begin{bmatrix} k_{11} & k_{12} & k_{13} \\ k_{21} & k_{22} & k_{23} \\ k_{31} & k_{32} & k_{33} \end{bmatrix}=\begin{bmatrix} k_{11}^{①} & k_{12}^{①} & 0 \\ k_{21}^{①} & k_{22}^{②}+k_{11}^{②} & k_{12}^{③} \\ 0 & k_{21}^{②} & k_{22}^{②}+k_{11}^{③} \end{bmatrix}=\begin{bmatrix} 4i_1 & 2i_1 & 0 \\ 2i_1 & 4i_1+4i_2 & 2i_2 \\ 0 & 2i_2 & 4i_2+4i_3 \end{bmatrix}$$

可见 $\boldsymbol{K}$ 与式(13.6) 中的 $\boldsymbol{K}$ 是完全一样的。

两种方法形成的结构刚度矩阵，后者方法比较单一。即：先形成单元刚度矩阵，然后利用定位向量集成结构刚度矩阵，很有规律，有利于在计算机上编写程序运算，此法称为直接刚度法。但力学原理不如第一种方法明了。

例 13.1　形成图 13.4 所示连续梁的结构刚度矩阵 $\boldsymbol{K}(EI=15\times10^5\ \text{kN}\cdot\text{m}^2)$。

解　(1) 对单元和结点进行编码(即考虑各结点的位移条件)，如图 13.4 所示。

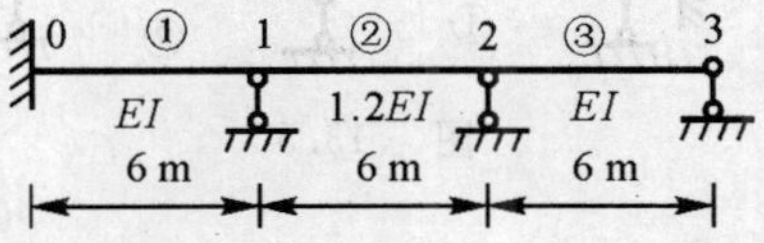

图　13.4

(2) 各单元的定位向量为

$$\boldsymbol{\lambda}^{①}=[0\quad 1]^{\mathrm{T}},\quad \boldsymbol{\lambda}^{②}=[1\quad 2]^{\mathrm{T}},\quad \boldsymbol{\lambda}^{③}=[2\quad 3]^{\mathrm{T}}$$

(3) 各单元的单元刚度矩阵 $\boldsymbol{K}^e$。

$$\begin{matrix} & & & & & 0 & 1 & \leftarrow \text{定位向量} \end{matrix}$$

$$\boldsymbol{K}^{①}=\begin{bmatrix}4i_1 & 2i_1\\ 2i_1 & 4i_1\end{bmatrix}=\begin{bmatrix}4i & 2i\\ 2i & 4i\end{bmatrix}\begin{matrix}0\\1\end{matrix}$$

$$\boldsymbol{K}^{②}=\begin{bmatrix}4i_2 & 2i_2\\ 2i_2 & 4i_2\end{bmatrix}=\begin{bmatrix}4.8i & 2.4i\\ 2.4i & 4.8i\end{bmatrix}\begin{matrix}1\\2\end{matrix}$$

$$\boldsymbol{K}^{③}=\begin{bmatrix}4i_3 & 2i_3\\ 2i_3 & 4i_3\end{bmatrix}=\begin{bmatrix}4i & 2i\\ 2i & 4i\end{bmatrix}\begin{matrix}2\\3\end{matrix}$$

(4) 形成结构刚度矩阵 $\boldsymbol{K}$。

$$\boldsymbol{K}=\begin{bmatrix}k_{11} & k_{12} & k_{13}\\ k_{21} & k_{22} & k_{23}\\ k_{31} & k_{32} & k_{33}\end{bmatrix}=\begin{bmatrix}4i_1+4i_2 & 2i_2 & 0\\ 2i_2 & 4i_2+4i_3 & 2i_3\\ 0 & 2i_3 & 4i_3\end{bmatrix}$$

$$=\begin{bmatrix}8.8i & 2.4i & 0\\ 2.4i & 8.8i & 2i\\ 0 & 2i & 4i\end{bmatrix}=\begin{bmatrix}22 & 6 & 0\\ 6 & 22 & 5\\ 0 & 5 & 10\end{bmatrix}\times 10^5$$

三、非结点荷载的处理

以上讨论了连续梁在结点力偶荷载作用下的计算问题，现在进一步讨论在非结点荷载作用下的计算问题。

1. 求等效结点荷载

图 13.5(a) 所示一连续梁，承受非结点荷载。计算时可分两步：第一步，在各结点上增加附加约束，阻止结点转动(见图 13.5(b))。各单元的定位向量为

$$\boldsymbol{\lambda}^{①}=[1\quad 2]^{\mathrm{T}},\quad \boldsymbol{\lambda}^{②}=[2\quad 3]^{\mathrm{T}}$$

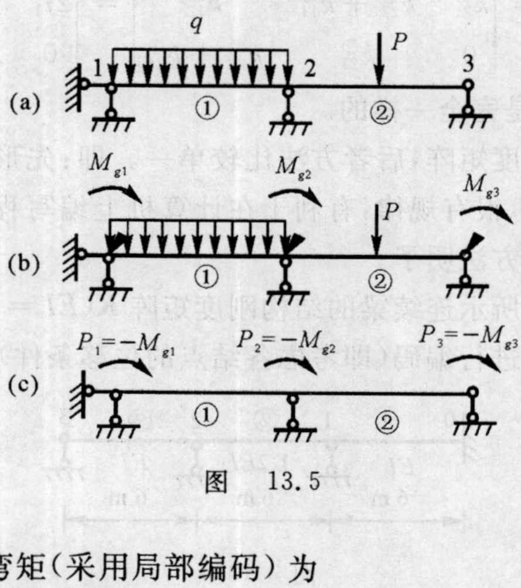

图 13.5

这时，单元 ①,② 产生固端弯矩(采用局部编码) 为

$$\begin{bmatrix}M_{g1}^{(1)}\\ M_{g2}^{(1)}\end{bmatrix}\begin{matrix}1\\2\end{matrix},\quad \begin{bmatrix}M_{g1}^{(2)}\\ M_{g2}^{(2)}\end{bmatrix}\begin{matrix}2\\3\end{matrix}$$

利用定位向量求各结点的约束弯矩(采用整体编码) 为

$$\begin{bmatrix} M_{g1} \\ M_{g2} \\ M_{g3} \end{bmatrix} = \begin{bmatrix} M_{g1}^{①} \\ M_{g2}^{①} + M_{g1}^{②} \\ M_{g2}^{②} \end{bmatrix} \begin{matrix} 1 \\ 2 \\ 3 \end{matrix}$$

第二步，去掉各结点的约束。这相当于在各结点施加外力偶荷载 **P**，其大小与约束力偶相等，但方向相反(见图 13.5(c))，并称 **P** 为原非结点荷载的等效结点荷载，即

$$\begin{bmatrix} P_1 \\ P_2 \\ P_3 \end{bmatrix} = - \begin{bmatrix} M_{g1}^{①} \\ M_{g2}^{①} + M_{g1}^{②} \\ M_{g2}^{②} \end{bmatrix} \begin{matrix} 1 \\ 2 \\ 3 \end{matrix} \tag{13.8}$$

显然，把图 13.5(b) 和(c) 两种情况叠加，就可得到图 13.5(a) 给出的情况。当结构上同时受有直接作用于结点的结点力偶荷载 **M** 和非结点荷载时，结点力偶列向量 **P** 应为结点力偶荷载和等效结点荷载的叠加，并称为综合结点荷载。

例 13.2　形成图 13.6 所示连续梁的等效结点荷载。

解　(1) 对连续梁的单元和结点进行编号，如图 13.6 所示。

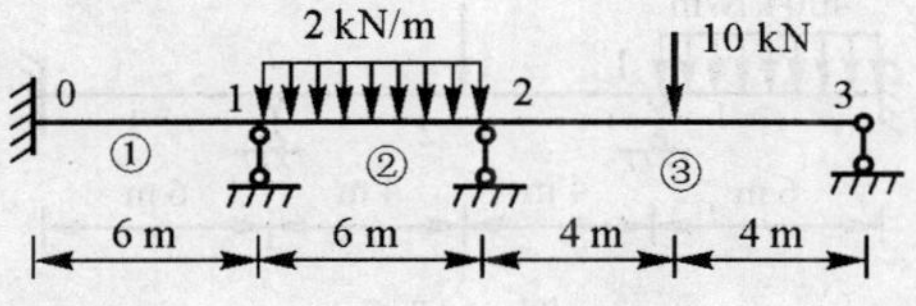

图　13.6

(2) 各单元的定位向量及固端弯矩。

$$\boldsymbol{\lambda}^{①} = [0\quad 1]^{\mathrm{T}},\quad \boldsymbol{\lambda}^{②} = [1\quad 2]^{\mathrm{T}},\quad \boldsymbol{\lambda}^{③} = [2\quad 3]^{\mathrm{T}}$$

$$\begin{bmatrix} M_{g1}^{①} \\ M_{g2}^{①} \end{bmatrix} = \begin{bmatrix} 0 \\ 1 \end{bmatrix} \begin{matrix} 0 \\ 1 \end{matrix},\quad \begin{bmatrix} M_{g1}^{②} \\ M_{g2}^{②} \end{bmatrix} = \begin{bmatrix} -\dfrac{2\times 6^2}{12} \\ +\dfrac{2\times 6^2}{12} \end{bmatrix} = \begin{bmatrix} -6 \\ +6 \end{bmatrix} \begin{matrix} 1 \\ 2 \end{matrix}$$

$$\begin{bmatrix} M_{g1}^{③} \\ M_{g2}^{③} \end{bmatrix} = \begin{bmatrix} -\dfrac{10\times 8}{8} \\ +\dfrac{10\times 8}{8} \end{bmatrix} = \begin{bmatrix} -10 \\ +10 \end{bmatrix} \begin{matrix} 2 \\ 3 \end{matrix}$$

(3) 求等效结点荷载。利用式(13.8)及定位向量

$$\begin{bmatrix} P_1 \\ P_2 \\ P_3 \end{bmatrix} = - \begin{bmatrix} M_{g2}^{(1)} + M_{g1}^{(2)} \\ M_{g2}^{(2)} + M_{g1}^{(3)} \\ M_{g2}^{(3)} \end{bmatrix} = - \begin{bmatrix} 0-6 \\ 6-10 \\ 10 \end{bmatrix} = \begin{bmatrix} 6 \\ 4 \\ -10 \end{bmatrix}$$

2. *求各杆端弯矩*

连续梁在非结点荷载作用下的杆端弯矩由两部分组成：一部分是在结点加阻止转动约束条件下的杆端弯矩，即各杆的固端弯矩，第二部分为等效结点荷载作用下的杆端弯矩。即：先求出结点转角，再利用式(13.2)求出杆端弯矩。将两部分杆端弯矩叠加起来，即可得出非结点荷载作用下各杆的杆端弯矩如下：

$$\begin{bmatrix} M_1^e \\ M_2^e \end{bmatrix} = \begin{bmatrix} k_{11}^e & k_{12}^e \\ k_{21}^e & k_{22}^e \end{bmatrix} \begin{bmatrix} \varphi_1^e \\ \varphi_2^e \end{bmatrix} + \begin{bmatrix} M_{g1}^e \\ M_{g2}^e \end{bmatrix} = \begin{bmatrix} 4i & 2i \\ 2i & 4i \end{bmatrix}^e \begin{bmatrix} \varphi_1^e \\ \varphi_2^e \end{bmatrix} + \begin{bmatrix} M_{g1}^e \\ M_{g2}^e \end{bmatrix} \tag{13.9}$$

13.3 计算步骤及示例

用矩阵位移法计算连续梁的步骤归纳如下：

(1) 整理原始数据，进行编码。

(2) 求各单元的定位向量。

(3) 求非结点荷载作用下的固端弯矩、等效结点荷载及综合结点荷载。

(4) 形成单元刚度矩阵。

(5) 根据定位向量集成结构刚度矩阵。

(6) 解结构刚度方程，求结点转角。

(7) 求各杆端弯矩，画出 M 图。

例 13.3 绘制图 13.7 所示连续梁的弯矩图。

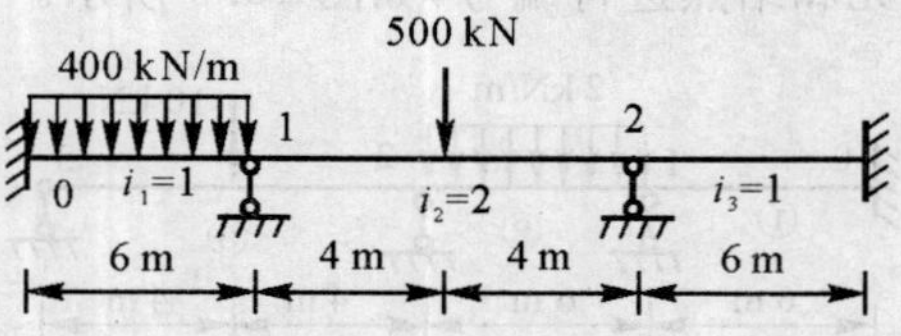

图 13.7

解 (1) 原始数据及编号(见图 13.7)。

(2) 求各单元的定位向量。

$$\boldsymbol{\lambda}^{①}=[0\quad 1]^{\mathrm{T}},\quad \boldsymbol{\lambda}^{②}=[1\quad 2]^{\mathrm{T}},\quad \boldsymbol{\lambda}^{③}=[2\quad 0]^{\mathrm{T}}$$

(3) 求固端弯矩及等效结点荷载。

$$\begin{bmatrix} M_{g1}^{①} \\ M_{g2}^{①} \end{bmatrix}=\begin{bmatrix} -1200 \\ +1200 \end{bmatrix}\begin{matrix} 0 \\ 1 \end{matrix},\quad \begin{bmatrix} M_{g1}^{②} \\ M_{g2}^{②} \end{bmatrix}=\begin{bmatrix} -500 \\ +500 \end{bmatrix}\begin{matrix} 1 \\ 2 \end{matrix},\quad \begin{bmatrix} M_{g1}^{③} \\ M_{g2}^{③} \end{bmatrix}=\begin{bmatrix} 0 \\ 0 \end{bmatrix}\begin{matrix} 2 \\ 0 \end{matrix}$$

根据定位向量集成等效结点荷载向量（本例无直接结点力偶荷载）

$$\boldsymbol{P}=\begin{bmatrix} P_1 \\ P_2 \end{bmatrix}=-\begin{bmatrix} M_{g2}^{①}+M_{g1}^{②} \\ M_{g2}^{②}+M_{g1}^{③} \end{bmatrix}=\begin{bmatrix} -700 \\ -500 \end{bmatrix}$$

(4) 形成单元刚度矩阵。应用式(13.5)，则有

$$K^{①}=\begin{bmatrix} 4 & 2 \\ 2 & 4 \end{bmatrix},\quad K^{②}=\begin{bmatrix} 8 & 4 \\ 4 & 8 \end{bmatrix},\quad K^{③}=\begin{bmatrix} 4 & 2 \\ 2 & 4 \end{bmatrix}$$

(5) 利用定位向量形成结构刚度矩阵，即

$$K=\begin{bmatrix} 4+8 & 4 \\ 4 & 8+4 \end{bmatrix}$$

(6) 解结构刚度方程。基本方程为

$$\begin{bmatrix} 12 & 4 \\ 4 & 12 \end{bmatrix}\begin{bmatrix} \varphi_1 \\ \varphi_2 \end{bmatrix}=\begin{bmatrix} -700 \\ -500 \end{bmatrix}$$

解得

$$\begin{bmatrix} \varphi_1 \\ \varphi_2 \end{bmatrix}=\begin{bmatrix} -50 \\ -25 \end{bmatrix}$$

(7) 求各杆杆端弯矩。应用式(13.9)，则有

单元 ①：$\begin{bmatrix} M_1 \\ M_2 \end{bmatrix}^{①} = \begin{bmatrix} 4 & 2 \\ 2 & 4 \end{bmatrix} \begin{bmatrix} 0 \\ -50 \end{bmatrix} + \begin{bmatrix} -1200 \\ +1200 \end{bmatrix} = \begin{bmatrix} -1300 \\ +1000 \end{bmatrix}$

单元 ②：$\begin{bmatrix} M_1 \\ M_2 \end{bmatrix}^{②} = \begin{bmatrix} 8 & 4 \\ 4 & 8 \end{bmatrix} \begin{bmatrix} -50 \\ -25 \end{bmatrix} + \begin{bmatrix} -500 \\ +500 \end{bmatrix} = \begin{bmatrix} -1000 \\ +100 \end{bmatrix}$

单元 ③：$\begin{bmatrix} M_1 \\ M_2 \end{bmatrix}^{③} = \begin{bmatrix} 4 & 2 \\ 2 & 4 \end{bmatrix} \begin{bmatrix} -25 \\ 0 \end{bmatrix} + \begin{bmatrix} 0 \\ 0 \end{bmatrix} = \begin{bmatrix} -100 \\ -50 \end{bmatrix}$

由此可作出弯矩图如图 13.8 所示。

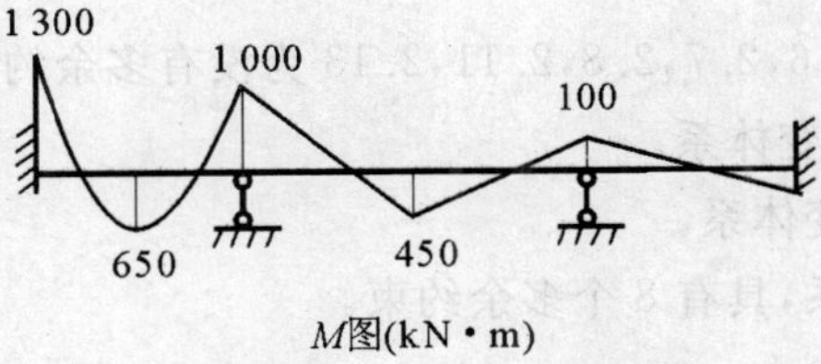

图 13.8　M 图(kN·m)

习　　题

13.1　试用矩阵位移法形成题图 13.1 所示式结构的结构刚度矩阵。不考虑轴向变形影响。

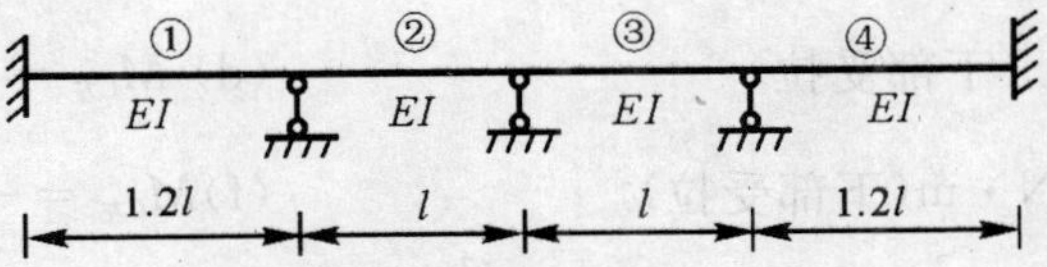

题图　13.1

13.2 ～ 13.4　用矩阵位移法计算题图 13.2 ～ 题图 13.4 所示连续梁杆端弯矩，并绘弯矩图。

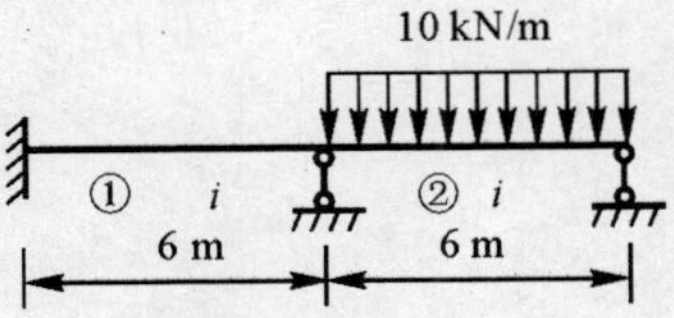

题图　13.2

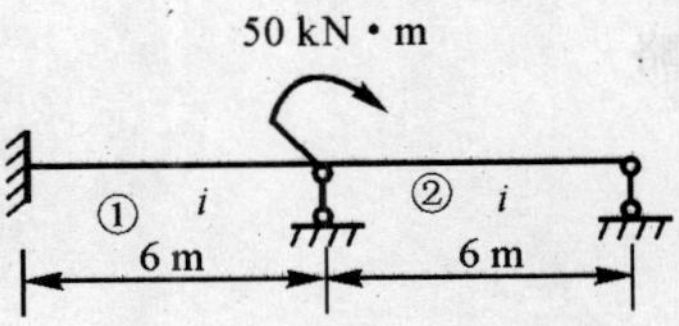

题图　13.3

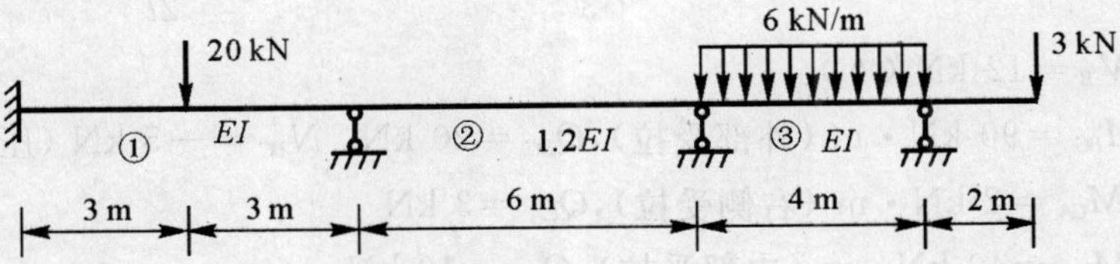

题图　13.4

附录 习题答案

第2章

题 2.1,2.2,2.4,2.5,2.6,2.7,2.8,2.11,2.13 为没有多余约束的几何不变体系。

题 2.3,2.10,2.14 为瞬变体系。

题 2.9,2.12 为几何可变体系。

题 2.15 为几何不变体系,具有 8 个多余约束。

第3章

3.1 (a)$M_A=20$ kN·m(下部受拉) (b)$M_A=40$ kN·m(上部受拉)

(c)$M_C=\frac{40}{3}$ kN·m(下部受拉) (d) $M_C=15$ kN·m(下部受拉)

3.2 (a) 跨中 $M=0$ (b)$M_C=\frac{1}{4}Pl$ (下部受拉)

(c)$M_C=\frac{1}{2}Pl$ (下部受拉) (d) $M_{C左}=\frac{1}{2}Pl$ (下部受拉)

(e) $M_E=5$ kN·m(下部受拉) (f)$M_{C左}=-2$ kN·m(上部受拉)

3.3 (a)$M_{\max}=\frac{1}{8}ql^2$ (b) $M_{\max}=\frac{ql^2}{8\cos\alpha}$ (c) $M_{\max}=\frac{1}{8}ql^2$

3.4 (a)$M_B=-60$ kN·m(上部受拉) (b)$M_C=\frac{3}{2}qa^2$(下部受拉)

(c)$M_C=-1$ kN·m(上部受拉)

3.5 略

第4章

4.1 (a)$V_B=60$ kN (↑) (b) $V_A=\frac{20}{3}$ kN (↑) (c) $V_B=\frac{M}{2l}$ (↑)

(d) $V_B=12$ kN (↑)

4.2 (a)$M_{BC}=90$ kN·m (外部受拉),$Q_{BC}=20$ kN, $N_{BC}=-5$ kN (压力)

(b) $M_{CA}=2$ kN·m (右侧受拉),$Q_{CA}=3$ kN

(c) $M_{CA}=40$ kN·m (内部受拉),$Q_{CD}=10$ kN

(d) $M_{EC}=pl$ (外部受拉),$Q_{DC}=-p$

4.3　(a) $M_{DC}=16$ kN·m（左侧受拉）
(b) $M_{CA}=20$ kN·m（左侧受拉）
(c) $M_{DB}=16$ kN·m（右侧受拉）
(d) $M_{A}=40$ kN·m（右侧受拉）

4.4　略

4.5　略

第 5 章

5.1　$H=50, M_K=103.1$ kN·m$, Q_{K左}=33.9$ kN$, Q_{K右}=-41.0$ kN
$N_{K左}=66.1$ kN$, N_{K右}=38.0$ kN

5.2　$M_D=1.07q$

5.3　拉杆轴力 5 kN$, M_K=44$ kN·m$, Q_K=-0.6$ kN$, N_K=-5.8$ kN（拉力）

5.4　略

第 6 章

6.1　略

6.2　略

6.3　(a) $N_1=-\frac{8}{3}P$(压)，$N_2=\frac{5}{6}P$(拉)，$N_2=2P$(拉)，$N_4=-\frac{1}{2}P$(压)
(b) $N_b=-45$ kN(压)
(c) $N_1=125$ kN(拉)，$N_2=150$ kN(拉)
(d) $N_2=\frac{1}{3}P$(拉)

6.4　(a) $N_a=5$ kN(拉)，$N_b=15$ kN(拉)
(b) $N_c=-\frac{\sqrt{5}}{2}P$(压)
(c) $N_b=P$(拉)，$N_b=0$
(d) $N_b=-20$ kN(压)
(e) $N_a=0$，$N_b=0$
(f) $N_a=-\frac{\sqrt{5}}{3}P$(压)
(g) $N_a=\frac{\sqrt{5}}{3}P$(拉)
(h) $N_a=0$，$N_b=5\sqrt{13}$ kN(拉)

6.5　(a) $N_a=20\sqrt{2}$ kN(拉)
(b) $N_a=0$，$N_b=30$ kN(拉)

6.6　(a) $N_{DF}=60$ kN(拉)，$M_G=45$ kN·m(内侧受拉)

(b) 水平反力　$H=25\ \text{kN}$

6.7 (a) $N_a=0$　(b) $N_a=\sqrt{2}P$(拉)

第7章

7.1～7.16　略

7.17　$Q_{C右}=-\frac{40}{3}\ \text{kN}, M_C=75\ \text{kN}\cdot\text{m}$

7.18　$Q_{C右}=11.67\ \text{kN}, M_C=9.17\ \text{kN}\cdot\text{m}$

7.19　略

7.20　$M_{C\max}=242.5\ \text{kN}\cdot\text{m}$

7.21　略

7.22　$426.7\ \text{kN}\cdot\text{m}$

7.23　略

第8章

8.1　(1) $\Delta_{By}=\frac{7ql^4}{24EI}(\downarrow)$　(2) $\varphi_A=\frac{Ml}{3EI}$(↙), $\Delta_{Cy}=\frac{Ml^2}{16EI}(\uparrow)$　(3) $\Delta_{Cx}=\frac{ql^4}{24EI}(\rightarrow)$

(4) $\Delta_{Bx}=\frac{qR^4}{2EI}(\leftarrow)$

8.2　(1) $\Delta_{Dx}=\frac{3.83}{EA}Pa(\leftarrow)$, $\varphi_{CD}=\frac{P}{EA}$(↙)　(2) $\Delta_{Gy}=\frac{123}{EA}(\downarrow)$

8.4　$\Delta_{By}=\frac{ql^4}{8EI}(\downarrow)$

8.5　$\Delta_{Cy}=\frac{2}{3EI}(\uparrow), \varphi_C=\frac{1}{3EI}$(↘)

8.6　$\varphi_B=\frac{19}{8EI}$(↙)

8.7　$\Delta_{By}=\frac{41ql^4}{384EI}(\downarrow)$

8.8　$\Delta_{Ax}=\frac{7ql^4}{24EI}(\rightarrow), \Delta_{Ay}=\frac{5ql^4}{8EI}(\downarrow)$

8.9　$\Delta_A=\frac{0.45}{EI}(\nearrow)$

8.10　$\Delta_{Cx}=\frac{469.3}{EI}(\rightarrow), \varphi_D=\frac{10.7}{EI}$(↙)

8.11　$\frac{Pa^2}{6EI}$(↘↙), $\frac{\sqrt{2}Pa^3}{24EI}(\rightarrow\leftarrow)$

8.12　$\Delta_{Dx}=0.52\ \text{mm}\ (\rightarrow)$

8.13　$\Delta_{Dx}=165\alpha l\ (\rightarrow)$

8.14　$\Delta_{Ey}=10\alpha t\ (\uparrow)$

8.15　$\Delta_{Cx}=2\ \text{cm}$ (→)，$\varphi_C=0.003\ 3\ \text{rad}$ (↻)

8.16　$\Delta_{Dy}=0.01a$ (↓)，$\varphi_{C左右}=0.01\ \text{rad}$ (↺↻)

8.17　$\Delta_{Fx}=0.125\ \text{cm}$ (→)

第9章

9.1　(a) 2　(b) 5　(c) 4　(d) 3　(e) 4　(f) 2

9.2　(a) $M_{BC}=15.7\ \text{kN}\cdot\text{m}$（上侧受拉）

(b) $M_{BA}=6.64\ \text{kN}\cdot\text{m}$（上侧受拉）

(c) $M_{DB}=20\ \text{kN}\cdot\text{m}$（上侧受拉）

(d) $M_{DB}=22.86\ \text{kN}\cdot\text{m}$（上侧受拉）

(e) $M_{DB}=8\ \text{kN}\cdot\text{m}$（下侧受拉）

(f) $M_{CD}=\frac{1}{2}Pl$（上侧受拉）

9.3　(a) $M_{BE}=5\ \text{kN}\cdot\text{m}$（左侧受拉）

(b) $M_{DE}=\frac{1}{20}ql^2$（上侧受拉）

(c) $M_{DB}=\frac{76}{191}Pl$（左侧受拉）

(d) $M_{AD}=\frac{3}{16}Pl$（左侧受拉）

9.4　$N_{CD}=0.442P$（拉）

9.5　$N_{CD}=125.2\ \text{kN}$（拉）

9.6　(a) $M_{AC}=11.1\ \text{kN}\cdot\text{m}$（左侧受拉）

(b) $N_{DB}=-13.33\ \text{kN}$，　$N_{CD}=-10\ \text{kN}$

9.7　(a) $M_{DE}=2.56\ \text{kN}\cdot\text{m}$（上侧受拉）

(b) $M_{CA}=\frac{1}{4}Pl$（左侧受拉）

(c) $M_{CA}=60\ \text{kN}\cdot\text{m}$（右侧受拉）

(d) $M_{BA}=\frac{1}{4}Ph$（右侧受拉）

9.8　$M_{CB}=\frac{480\alpha EI}{l}$（上侧受拉），$\varphi_A=60\alpha$ (↻)

9.9　$N_{DE}=1.41\alpha EA$（拉）

9.10　$M_{AB}=-\frac{3EI\Delta}{l^2}$（上侧受拉）

9.11　$\Delta_{Ky}=\frac{13.5}{EI}$ (↑)

9.12　略

第10章

10.1,10.2 略

10.3 $N_{AB}=99.8\ \text{kN}$， $M_K=126\ \text{kN}\cdot\text{m}$

10.4 $H_B=13.05q$

第11章

11.1 (a)1； (b)1； (c)7； (d) (1) 5,(2) 4； (e) (1) 5,(2) 4； (f) (1) 2,(2) 1

11.2 $M_{BA}=7.2\ \text{kN}\cdot\text{m}$(上侧受拉)

11.3 $M_{BA}=14.4\ \text{kN}\cdot\text{m}$(上侧受拉)

11.4 $M_{BA}=20\ \text{kN}\cdot\text{m}$(上侧受拉)

11.5 $M_{CA}=\frac{5}{132}ql^2$(右侧受拉)

11.6 $M_{DA}=\frac{77}{1\ 224}ql^2$

11.7 $M_{AD}=\frac{29}{120}ql^2$(右侧受拉)

11.8 $M_{EB}=\frac{3}{28}ql^2$(右侧受拉)

11.9 $M_{AE}=280\ \text{kN}\cdot\text{m}$(左侧受拉)

11.10 $M_{BD}=\frac{1}{9}Pl$(左侧受拉)

11.11 $M_{EC}=\frac{5}{136}Pl$(右侧受拉)

11.12 $M_{CD}=\frac{6}{7}Pl$

11.13 $M_{CD}=31.05\ \text{kN}\cdot\text{m}$

11.14 $M_{AD}=\frac{1}{48}ql^2$

11.15 $M_{AC}=-171.4\ \text{kN}\cdot\text{m}$

11.16 $M_{CD}=-\frac{1}{132}ql^2$

第12章

12.1 $M_{AB}=\frac{3}{19}M$

12.2 $M_{BC}=17.6\ \text{kN}\cdot\text{m}$

12.3 $M_{BA}=\frac{31}{128}ql^2$

12.4　$M_{BC}=22.71\ \text{kN}\cdot\text{m}$

12.5　$M_{BC}=14\ \text{kN}\cdot\text{m}$

12.6　$M_{ED}=72.9\ \text{kN}\cdot\text{m}$

12.7　(c)　(d)　(f)；　在(f)中，$S_{AB}=0$

12.8　略

第13章

13.1　$\boldsymbol{K}=\dfrac{EI}{l}\begin{bmatrix}7.33 & 2 & 0\\ 2 & 8 & 2\\ 0 & 2 & 7.33\end{bmatrix}$

13.2　$\begin{bmatrix}M_1\\ M_2\end{bmatrix}^{①}=\begin{bmatrix}12.86\\ 25.71\end{bmatrix}\ \text{kN}\cdot\text{m}$

13.3　$\begin{bmatrix}M_1\\ M_2\end{bmatrix}^{①}=\begin{bmatrix}14.286\\ 28.572\end{bmatrix}\ \text{kN}\cdot\text{m}$

13.4　$\begin{bmatrix}M_1\\ M_2\end{bmatrix}^{②}=\begin{bmatrix}-6.53\\ 2.186\end{bmatrix}\ \text{kN}\cdot\text{m}$

参 考 文 献

[1] 李廉锟.结构力学.北京:高等教育出版社,1983.

[2] 包世华.结构力学.北京:中央广播电视大学出版社,1995.

[3] 龙驭球.有限元法概念.北京:人民教育出版社,1978.

[4] 于克萍,胡庆安.结构力学.西安:西北工业大学出版社,2001.

[5] 万德臣.结构力学.北京:人民交通出版社,2007.